全国中医药行业高等职业教育“十三五”规划教材

无机化学

（第二版）

（供中药学、药学、药品生产技术专业用）

主　编◎叶国华

中国中医药出版社
·北　京·

图书在版编目（CIP）数据

无机化学 / 叶国华主编 .—2 版 .—北京：中国中医药出版社，2018.8
全国中医药行业高等职业教育“十三五”规划教材
ISBN 978 – 7 – 5132 – 4887 – 7

Ⅰ . ①无… Ⅱ . ①叶… Ⅲ . ①无机化学—高等职业教育—教材
Ⅳ . ① 061

中国版本图书馆 CIP 数据核字（2018）第 074798 号

中国中医药出版社出版
北京市朝阳区北三环东路 28 号易亨大厦 16 层
邮政编码 100013
传真 010-64405750
山东百润本色印刷有限公司印刷
各地新华书店经销

开本 787 × 1092 1/16 印张 24.25 字数 507 千字
2018 年 8 月第 2 版 2018 年 8 月第 1 次印刷
书号 ISBN 978 – 7 – 5132 – 4887 – 7

定价 78.00 元
网址 www.cptcm.com

社 长 热 线 010–64405720
购 书 热 线 010–89535836
维 权 打 假 010–64405753

微信服务号 zgzyycbs
微商城网址 https://kdt.im/LIdUGr
官 方 微 博 http://e.weibo.com/cptcm
天猫旗舰店网址 https://zgzyycbs.tmall.com

如有印装质量问题请与本社出版部联系（010-64405510）

全国中医药职业教育教学指导委员会

李伏君（千金药业有限公司技术副总经理）
李灿东（福建中医药大学校长）
李建民（黑龙江中医药大学佳木斯学院教授）
李景儒（黑龙江省计划生育科学研究院院长）
杨佳琦（杭州市拱墅区米市巷街道社区卫生服务中心主任）
吾布力·吐尔地（新疆维吾尔医学专科学校药学系主任）
吴　彬（广西中医药大学护理学院院长）
宋利华（连云港中医药高等职业技术学院教授）
迟江波（烟台渤海制药集团有限公司总裁）
张美林（成都中医药大学附属针灸学校党委书记）
张登山（邢台医学高等专科学校教授）
张震云（山西药科职业学院党委副书记、院长）
陈　燕（湖南中医药大学附属中西医结合医院院长）
陈玉奇（沈阳市中医药学校校长）
陈令轩（国家中医药管理局人事教育司综合协调处副主任科员）
周忠民（渭南职业技术学院教授）
胡志方（江西中医药高等专科学校校长）
徐家正（海口市中医药学校校长）
凌　娅（江苏康缘药业股份有限公司副董事长）
郭争鸣（湖南中医药高等专科学校校长）
郭桂明（北京中医医院药学部主任）
唐家奇（广东湛江中医学校教授）
曹世奎（长春中医药大学招生与就业处处长）
龚晋文（山西卫生健康职业学院/山西省中医学校党委副书记）
董维春（北京卫生职业学院党委书记）
谭　工（重庆三峡医药高等专科学校副校长）
潘年松（遵义医药高等专科学校副校长）
赵　剑（芜湖绿叶制药有限公司总经理）
梁小明（江西博雅生物制药股份有限公司常务副总经理）
龙　岩（德生堂医药集团董事长）

前言

中医药职业教育是我国现代职业教育体系的重要组成部分，肩负着培养新时代中医药行业多样化人才、传承中医药技术技能、促进中医药服务健康中国建设的重要职责。为贯彻落实《国务院关于加快发展现代职业教育的决定》(国发〔2014〕19号)、《中医药健康服务发展规划(2015—2020年)》(国办发〔2015〕32号)和《中医药发展战略规划纲要(2016—2030年)》(国发〔2016〕15号)(简称《纲要》)等文件精神，尤其是实现《纲要》中“到2030年，基本形成一支由百名国医大师、万名中医名师、百万中医师、千万职业技能人员组成的中医药人才队伍”的发展目标，提升中医药职业教育对全民健康和地方经济的贡献度，提高职业技术院校学生的实际操作能力，实现职业教育与产业需求、岗位胜任能力严密对接，突出新时代中医药职业教育的特色，国家中医药管理局教材建设工作委员会办公室(以下简称“教材办”)、中国中医药出版社在国家中医药管理局领导下，在全国中医药职业教育教学指导委员会指导下，总结“全国中医药行业高等职业教育‘十二五’规划教材”建设的经验，组织完成了“全国中医药行业高等职业教育‘十三五’规划教材”建设工作。

中国中医药出版社是全国中医药行业规划教材唯一出版基地，为国家中医中西医结合执业(助理)医师资格考试大纲和细则、实践技能指导用书、全国中医药专业技术资格考试大纲和细则唯一授权出版单位，与国家中医药管理局中医师资格认证中心建立了良好的战略伙伴关系。

本套教材规划过程中，教材办认真听取了全国中医药职业教育教学指导委员会相关专家的意见，结合职业教育教学一线教师的反馈意见，加强顶层设计和组织管理，是全国唯一的中医药行业高等职业教育规划教材，于2016年启动了教材建设工作。通过广泛调研、全国范围遴选主编，又先后经过主编会议、编写会议、定稿会议等环节的质量管理和控制，在千余位编者的共同努力下，历时1年多时间，完成了83种规划教材的编写工作。

本套教材由50余所开展中医药高等职业教育院校的专家及相关医院、医药企业等单位联合编写，中国中医药出版社出版，供高等职业教育院校中医学、针灸推拿、中医骨伤、中药学、康复治疗技术、护理6个专业使用。

本套教材具有以下特点：

1. 以教学指导意见为纲领，贴近新时代实际

注重体现新时代中医药高等职业教育的特点，以教育部新的教学指导意

见为纲领，注重针对性、适用性以及实用性，贴近学生、贴近岗位、贴近社会，符合中医药高等职业教育教学实际。

2. 突出质量意识、精品意识，满足中医药人才培养的需求

注重强化质量意识、精品意识，从教材内容结构设计、知识点、规范化、标准化、编写技巧、语言文字等方面加以改革，具备“精品教材”特质，满足中医药事业发展对于技术技能型、应用型中医药人才的需求。

3. 以学生为中心，以促进就业为导向

坚持以学生为中心，强调以就业为导向、以能力为本位、以岗位需求为标准的原则，按照技术技能型、应用型中医药人才的培养目标进行编写，教材内容涵盖资格考试全部内容及所有考试要求的知识点，满足学生获得“双证书”及相关工作岗位需求，有利于促进学生就业。

4. 注重数字化融合创新，力求呈现形式多样化

努力按照融合教材编写的思路和要求，创新教材呈现形式，版式设计突出结构模块化，新颖、活泼，图文并茂，并注重配套多种数字化素材，以期在全国中医药行业院校教育平台“医开讲－医教在线”数字化平台上获取多种数字化教学资源，符合职业院校学生认知规律及特点，以利于增强学生的学习兴趣。

本套教材的建设，得到国家中医药管理局领导的指导与大力支持，凝聚了全国中医药行业职业教育工作者的集体智慧，体现了全国中医药行业齐心协力、求真务实的工作作风，代表了全国中医药行业为“十三五”期间中医药事业发展和人才培养所做的共同努力，谨此向有关单位和个人致以衷心的感谢！希望本套教材的出版，能够对全国中医药行业职业教育教学的发展和中医药人才的培养产生积极的推动作用。需要说明的是，尽管所有组织者与编写者竭尽心智，精益求精，本套教材仍有一定的提升空间，敬请各教学单位、教学人员及广大学生多提宝贵意见和建议，以便今后修订和提高。

国家中医药管理局教材建设工作委员会办公室

全国中医药职业教育教学指导委员会

2018 年 1 月

《无机化学》

编 委 会

主　编

叶国华（山东中医药高等专科学校）

副主编

陈　凯（四川中医药高等专科学校）
杨　婕（江西中医药大学）
戴　航（广西中医药大学）
冯　瑞（南阳医学高等专科学校）
张　悦（河西学院）

编　委（以姓氏笔画为序）

于胜爽（烟台南山学院）
孙　倩（辽宁卫生职业技术学院）
邹妍琳（重庆三峡医药高等专科学校）
张淑凤（沧州医学高等专科学校）
陈　方（山东省青岛卫生学校）
熊亚楠（连云港中医药高等职业技术学校）
薛俊娟（山东中医药高等专科学校）

学术秘书

王　赟（山东中医药高等专科学校）

编写说明

《无机化学》是全国中医药行业高等职业教育“十三五”规划教材之一，是依据《国家中长期教育改革和发展规划纲要（2010—2020年）》和《国务院关于加快发展现代职业教育的决定》以及《现代职业教育体系建设规划（2014—2020年）》的精神，充分发挥中医药高等职业教育的引领作用，满足中医药事业发展对于高素质技术技能人才的需求，由全国中医药职业教育教学指导委员会、国家中医药管理局教材建设工作委员会办公室统一规划、宏观指导，中国中医药出版社具体组织，全国中医药高等职业教育院校联合编写，供中医药高等职业教育教学使用的教材。

化学是以实践为基础的自然科学，融“教、学、做”于一体，已成为当今化学教学改革的共识。根据无机化学专业基础课的特点，坚持“三基五性”，“三基”即基本知识、基本理论和基本技能，“五性”即思想性、科学性、先进性、启发性和教材适用性，以培养学生化学知识的应用能力和创新能力为主线，参考近几年国内外无机化学教学改革最新成果，由全国12所中医药高等职业院校教师，依照我国高等职业教育改革的最新理念以及全套教材编写的总原则和要求精心编写而成。

本教材是基于中医药行业工作岗位用人情况的调研和各高职高专院校中药、药学和药品生产技术类专业人才培养方案中所规定的无机化学知识要求、技术要求和能力要求，以及《无机化学》教学大纲为依据编写而成，供高职高专三年制或五年制中药学、药学、药品生产技术等专业学生使用。

本教材主要包括物质结构、无机化学基本理论、元素及其化合物和实训四个部分。物质结构部分包括原子结构和分子结构，共2章；基本理论包括溶液理论（溶液、胶体溶液和表面现象）和四大平衡（酸碱平衡、沉淀－溶解平衡、氧化还原平衡和配位平衡）等，共7章；元素化合物部分共3章，主要讲述s区元素、p区元素、d区元素；另根据后续课程需要，列“矿物药简介”一章。实训部分共设计实训十五个，由各院校根据本校情况选用。

在突出重点注重教材内容整体优化的原则下，全书简明扼要、深入浅出、通俗易懂。为达到职业教育的培养目标，本教材非常注重对学生实践能力的培养，较以往相关教材增加了实践教学时数。同时，为了增强学生学习的目的性及教材内容的可读性、趣味性，激发学生的学习积极性，提高学生分析问题、解决问题及自主学习的能力等，每章前设“学习目标”，使教有目的，学有方向；正文插入“知识链接”等，以拓宽学生思路；章后设“重点小结”

和“复习思考”，使学生能抓住重点，掌握要点，自我检测学习效果。为顺应教育信息化的发展，制作了与教材配套的ppt课件，供教师及学生参考。

本教材的编写由中国中医药出版社组织，山东中医药高等专科学校、四川中医药高等专科学校、江西中医药大学、广西中医药大学、南阳医学高等专科学校、沧州医学高等专科学校、辽宁卫生职业技术学院、重庆三峡医学高等专科学校、连云港中医药高等职业技术学校、山东省青岛卫生学校、河西学院、烟台南山学院12所院校的教师集体编写而成。

本教材的编写，采用了主编负责、分工合作、集体编写的方法。具体分工如下：叶国华编写绪论；杨婕编写第二章原子结构和第十章配位化合物；熊亚楠编写第三章分子结构；陈凯编写第四章溶液；陈凯和于胜爽编写第六章化学反应速率和化学平衡；薛俊娟编写第五章胶体溶液和表面现象；冯瑞编写第七章酸碱平衡和第十二章p区主要元素及其化合物（第一、二节）；张淑凤编写第八章难溶电解质的沉淀－溶解平衡；戴航编写第九章氧化还原与电极电势；孙倩编写第十一章s区主要元素及其化合物；邹妍琳编写第十二章（第三、四节）；张悦编写第十三章d区主要元素及其化合物；王赟编写第十四章矿物药简介。陈方编写了无机化学实训基本知识和部分实训。

本教材在编写过程中，参考了近年来出版的高等中医药专业的相关教材，在此谨向原书作者表示真挚的谢意。

虽然各编者在教材编写过程中做了大量工作，但由于水平有限，不足之处在所难免，敬请各院校师生在使用过程中提出宝贵意见，以便修订和完善。

《无机化学》编委会

2018年5月

目录

扫一扫，看课件

第一章
绪　论

【学习目标】

1. 掌握无机化学的研究内容；生物元素的概念和生理功能。
2. 熟悉无机化学课程的内容和学习无机化学的方法。
3. 了解无机化学的发展史；无机药物与化学的关系。

案例导入

炼丹术、炼金术与化学

炼丹术发源于古代中国，是高温冶炼矿石和水银等制成固体丸状丹药，以供皇帝长征不老之用。唐代，炼丹术与道教结合，进入全盛时代，孙思邈的著作《丹房诀要》就讲到不少化学知识，据统计共有化学药物六十多种，还有许多关于化学变化的记载。

炼金术是从黄铜中冶炼黄金的技术，后经阿拉伯传至欧洲。

二者虽然理论荒谬，但通过炼丹和炼金术，人们了解了化学操作的经验，发明了多种实验器具，认识了许多天然矿物，成为化学产生和发展的基础。“化学”(拉丁文 chemia)一词就是从阿拉伯语“炼丹术”(拉丁文 alchemistica)一词演变而来。

问题：1. 什么是化学？化学的研究对象是什么？

2. 化学与医药、健康生活有什么关系？

第一节　无机化学的发展史和研究内容

化学(chemistry)是一门以实验为基础，研究物质的组成、结构、性质及其变化规律的基础学科，是自然科学的一个分支。

化学在人类的生存和社会的发展中起重要作用。从古至今，人们就从事与化学相关的生产实践，如制陶、金属冶炼和火药的应用。当今世界，像环境保护、新能源的开发利用、功能材料的研究、生命奥秘的探索等重大问题都与化学紧密相关。

一、无机化学的发展史

在社会发展的早期，受当时生产力水平和条件的限制，化学工作者的研究以实用为目的，研究对象主要为矿物等无机物，化学中的许多基本概念和规律，如元素、化合、分解和元素周期律等，大都是在化学早期发展过程中形成和发现的。从这个意义看，早期的化学发展史也就是无机化学发展史。化学的发展大致经历了三个时期。

17 世纪以前，化学具有实用和经验的特点，尚未形成理论体系，称为古代化学时期。早在旧石器时代，人类学会利用火，用火加热是人类进行的第一个化学反应，标志着化学史的开端。火的应用为金属冶炼、制陶和药物炮制创造了必要条件。这一时期经历了实用化学、炼丹和炼金、医用化学和冶金化学等阶段。在化学实践活动中制造的用于研究物质变化的各类器皿和创造的各种实验方法，对化学科学的发展做出了重大的贡献。

从 17 世纪中叶到 19 世纪末，这一时期明确了化学的科学性，建立了化学的理论体系。1661 年，英国科学家波意耳（Boyle，1627—1691）首次提出元素的概念，由此化学被确立为一门科学，进入近代化学时期。18 世纪 70 年代，法国化学家拉瓦锡开创了定量分析的实验方法，否定了古代化学中“燃素说”，提出了燃烧是氧化反应的理论学说；1803 年，英国化学家、物理学家道尔顿（John Dalton，1766—1844）提出了原子的概念，创立了“原子学说”，为人们进行物质微观结构的研究奠定了基础，它是化学发展史上的一次飞跃；1811 年，意大利物理学家阿佛加德罗（Avogadro）建立了阿佛加德罗定律和分子学说，为研究物质结构奠定了基础。19 世纪中叶，人们已经发现了 63 种元素，测定了几十种元素的原子量。1869 年俄国科学家门捷列夫（Менделеев，1834—1907）在总结前人工作的基础上，提出了元素周期律，周期律的建立奠定了现代无机化学的基础，是化学发展史上的一个里程碑。使化学的研究摆脱了对无数个别零散事实作无规律的罗列。19 世纪无机化学工业（如制酸、制碱、漂白、火药和无机盐）的兴起，有力地推动了无机化学的发展。这一时期，化学得到了迅速发展，并逐渐形成了无机化学、有机化学、分析化学和物理化学等四大分支学科。

从 19 世纪末开始，科技的迅猛发展影响着化学，卢瑟福（Ernest Rutherford，1871—1937）含核原子的“天体行星模型”和波尔（Niels Bohr，1885—1962）原子模型的相继建立，初步解释了原子的内部结构和微观粒子的运动规律；20 世纪 40 年代以来，借助量子力学理论和化学、电磁学等实验技术，加深了对物质结构本质的认识，标志着现代化学的建立。人类对原子和分子的微观结构有了进一步了解，建立了现代化学键理论和现代原子结构模型，揭示了分子结构的本质。一个比较完整的具有实验和理论基础的现代无机化学新体系已经建立。

这一时期，化学的发展既高度分化又高度综合。一方面，化学和其他自然科学相互交叉渗透，产生了一系列的边缘学科，如化学和生物学之间的渗透形成生物化学、化学仿生学、生物电化学；化学和物理的结合形成激光化学和核化学；化学和地质学、地理学的交叉又产生了地球化学、海洋化学；化学和数学的交叉形成计算机化学等。另一方面，近30年来，由于有机化学、物理化学、生物化学和催化化学等学科对无机化学的渗透和影响，拓宽了无机化学的研究领域，产生了不少新的分支科学，如无机固体化学、生物无机化学、金属有机化学等。

总之，几个世纪以来，随着生产实践与科学技术的不断发展，化学这门科学从定性向定量发展、从描述性向推理性进步、从无序向系统过渡、从宏观向微观深入，展示出了一部辉煌的发展史。可以预言，未来无机化学将面临着许多新的课题，也充满着无限的生机和挑战。

二、无机化学的研究内容

无机化学是化学中最古老的分支学科，其研究对象主要是无机物质，是研究无机物质的组成、性质、结构和反应的学科。无机物质包括所有化学元素的单质和它们的化合物，不过大部分的含碳元素化合物除外（CO、CO_2、CS_2、碳酸盐、氰化物等简单化合物属于无机化合物，其余含碳化合物均属于有机物质）。

近几十年来，无机化学的任务除了传统的研究无机物质的组成、性质、结构和反应外，还要不断运用新的理论和技术，研究新型无机化合物的合成和应用，以及新研究领域的开辟和建立。生命科学在20世纪后半叶的一系列重大发现推动了化学与生物学的融合，生物无机化学利用化学的原理和方法对生物体系中无机元素及其化合物的结构和功能进行了研究。现代无机化学已形成了许多分支学科，如元素无机化学、制备无机化学、配位无机化学等。元素无机化学中的稀土元素化学近年来发展迅速，由于稀土元素的特殊电子构型，使其具有许多独特的光、电、磁性质，新型稀土永磁材料、稀土高温超导材料、稀土发光材料、稀土激光晶体等不断问世，被誉为新材料的宝库。与稀土元素相关的生物无机化学和无机药物化学也都成为了非常活跃的研究领域。

根据中药学、药学专业的需要，在本教材中无机化学课程的内容主要包括物质结构、无机化学基本理论、元素及其化合物和实训四个部分。物质结构部分包括原子结构和分子结构，基本理论包括溶液理论（溶液、胶体溶液和表面现象）和四大平衡（酸碱平衡、沉淀-溶解平衡、氧化还原平衡和配位平衡），元素化合物部分主要讲述 s 区元素、p 区元素、d 区元素，加上“矿物药”。实训部分包括无机化学实训基本知识和实训内容两部分。

第二节 生物元素与无机药物

人类早已认识到生命机体的构成和活动与生物元素息息相关，生物元素在生物体内含量超标或者不足以及失去平衡，是引起各种疾病的主要原因。随着人类对生命奥秘探索的不断深入，也认识到了无机药物对人类健康的重要性。

一、生物元素

生物体内广泛参与生物活动的，以有机化合物形式存在的 C、H、O、N、S、P 等元素被称为生物非金属元素。此外，生物体液中的电解质含有 K^+、Na^+、Ca^{2+}、Mg^{2+} 等离子；各种酶、辅酶、结合蛋白质的辅基中含有 Fe、Mn、Co、Cu、Zn、Mo 等元素，这些元素被称为生物金属元素。生物元素在生物体内维持其正常的生物功能，是生物体内不可缺少的化学元素。

(一) 生物必需元素的分类

必需元素通常是指构成生物体组织，维持生命正常活动的元素。判断某一元素是否属于必需元素，要遵循 3 个原则：①若无该元素存在，生物将停止生长或不能完成其生命周期；②该元素在生物体内的功能不能由其他元素完全代替；③该元素具有一定的生物功能或对生物功能产生直接影响，并参与其代谢过程。

根据元素在生物体内的含量和生物效应可分为必需宏量元素、必需微量元素、非必需元素和有害元素。

必需宏量元素：是指参与生物体的各种生理活动，占生物体总质量 0.01% 以上的元素，如碳、氢、氧、氮、磷、硫、氯、钠、钾、钙和镁等 11 种元素。

必需微量元素：凡含量只占生物体总质量 0.01% 以下的元素均称为必需微量元素或必需痕量元素，如铁、铜、锌、铬、锰、钴、镍、锡、钼、钒、锶、硒、硅、硼、碘、氟、砷等 17 种元素。

非必需微量元素：目前既没有明显的生物作用，也未发现毒性的元素。主要有铷、钡、钛、氖、锆等。

有害元素：对人体生命功能产生侵害的元素，主要是重金属元素以及部分非金属元素，如砷、汞、镉、铅、铋、锑、铍、铊、镓、铟、铊等。

不过必需元素和有害元素间并无明确的界限，许多元素在一定浓度内对人体有益，超过这一定浓度范围就对人体有害，如铜、氟、硒、碘等。元素对人体是否有害，还与元素的价态有关，例如铁，高价态铁对身体有害。

必需微量元素与常见地方疾病的关系

微量元素的状况	地方病	主 要 症 状
碘缺乏、碘中毒	地方性甲状腺肿	甲状腺肿大，功能亢进
碘缺乏	地方性克汀病	呆(傻)、小(矮)、聋、哑、瘫
锌缺乏	侏儒症、先天性畸形	厌食，生长障碍，骨畸形
硒缺乏	克山病	心律不齐、心脏扩大、心率衰竭
慢性砷中毒	黑皮(脚)病	皮肤色素沉着，神经性皮炎，脚趾自发性坏死，致癌
慢性甲基汞中毒	水俣病	感觉、语言障碍，共济失调，眼运动异常，智力障碍，震颤
慢性镉中毒	骨痛病	易骨折，骨质疏松，软化变形，全身疼痛
水中铊中毒	鬼剃头	脱发，头晕，乏力，食欲不振，视物模糊
水中氟过量	地方性氟中毒	氟斑釉齿，氟骨病，心脏病

（二）生物元素的存在形式

生物元素在生物体内的化学形式多样，有些以水合离子形式存在于细胞内、外液中，并维持一定浓度梯度，如 Na、Mg、K、Ca、Cl 等元素；有些难溶无机化合物形式存于硬组织中，如 SiO_2、$CaCO_3$等；Mo、Mn、Fe、Cu、Co、Ni、Zn 等则形成生物大分子，如血红蛋白中的 Fe、维生素 B_{12}中的 Co 等；有些以小分子形式存在；有些元素的存在形式还有待进一步研究确定。

（三）生物元素的生理功能

生物元素在生物体内起到的生理和生化现象称为生物元素的生理功能。生物元素不仅是生命体的重要组成部分，而且不同元素具有不同特异性的功能，在人体内的生理功能主要有以下几个方面。

1. 构成了生命体 生物元素中 Ca、P 可以构成硬组织，C、H、O、N、S 构成有机大分子，如糖类、蛋白质、核酸等。

2. 参与运载作用 生物体中某些元素和营养物质的吸收、输送、传递，不是简单的扩散或渗透过程，金属离子或它们所形成的一些配合物在这个过程起着载体的作用。例如，血红蛋白中 Fe^{2+} 能把氧携带到每一个细胞中去供代谢需要。

3. 调节体液的物理、化学特性 体液主要是由水和溶解于其中的电解质所组成的。生物体的大部分生命活动是在体液中进行的。例如，Na^+、K^+、Cl^- 等为维持体液中水、电解质和酸碱平衡，保证体内正常的生理、生化功能，起着重要的作用。

4. 作为酶的活性因子 人体约有四分之一酶的活性与金属离子有关。酶是生物体内具有催化作用、结构复杂的蛋白质。金属酶是指金属离子参与酶的固定组成。例如，酪氨酸酶是含铜的金属酶，属于黑素代谢酶。Cu^{2+}作为细胞色素氧化酶的中心离子，若缺失它，酶便失去活性；Fe^{2+}是许多酶的活性中心。有些酶需要有金属离子存在才能被激活并发挥催化功能，这些酶称为金属激活酶。例如，金属锌不仅是碳酸酐酶、DNA 聚合酶、RNA 聚合酶等几十种酶的必需成分，而且也是近百种酶的激活剂；Zn^{2+}、Mn^{2+}、Fe^{2+}、Co^{2+}、Ni^{2+}等均可以作为酶的激活剂。

5. 维持核酸的正常代谢 核酸是由许多单核苷酸组成的。核酸和核苷酸作为配体，与生命金属元素形成配合物。核酸中的微量元素（如 Zn、Co、Cr、Fe、Mn、Cu、Ni、V 等）在稳定核酸构型、性质及 DNA 的正常复制等方面起着重要的作用。

6. 充当“信使”作用 生物体需要不断协调机体内各种生物过程，需要有传递各种信息的完善体系。细胞间信号的传递需要有接收器，化学信号的接收器是蛋白质。例如，Ca^{2+}是细胞中功能最多的“信使”，当钙媒介蛋白质与Ca^{2+}结合被激活后，可调节多种酶的活性。因此，Ca^{2+}起到传递某种生命信息的作用。

7. 参与激素和维生素的生理作用 激素是人体生长代谢过程中不可缺少的物质，某些微量元素直接参与激素的组成或影响激素的功能。例如，胰岛素中含有铬，甲状腺中含有碘，使其生理功能得到正常发挥；钴是维生素 B_{12}的主要成分，起着高效生血的作用，对红细胞的发育成熟和血红蛋白的合成等均有重要的生理功能。

二、无机药物

（一）无机药物的类型

无机药物是指具有药理作用的简单无机或合成金属化合物。人类很早就使用无机药物治病，临床上广泛使用的无机药物主要有以下几类：

1. 简单的无机药物 临床上常用的简单无机药物有很多。例如，氯化钠用来补充体内电解质；硫酸亚铁治疗缺铁性贫血；芒硝（$Na_2SO_4 \cdot 10H_2O$）和玄明粉（Na_2SO_4）都用作缓泻剂；一氧化氮有血管舒张作用；硫酸镁可用于治疗胆囊炎胆石症；碳酸锂抗抑郁症；三氧化二砷治疗白血病。

2. 合成无机金属药物 进入 21 世纪，合成无机金属药物的研究取得巨大进展。例如，铂、锑、锡、钒、硒、锗等的配合物用作抗癌药物；银化合物用以抗菌；金化合物治疗类风湿性关节炎；铋化合物抗溃疡；锌与磺胺类的配合物治疗烧伤和烫伤；锑化合物抗寄生虫；稀土配合物具有抗凝血、抗炎抗菌、抗动脉硬化和治疗烧伤等。顺铂是最早用于临床的抗癌药物，推动了癌症的治疗和生物无机化学的形成和发展。

3. 矿物药是重要的无机药物 我国矿物药种类繁多，历史悠久。早在春秋战国时期就有矿物药的文字记载，明代李时珍的《本草纲目》对226种矿物药进行了全面而系统的阐述。现今《中华人民共和国药典》收录了部分矿物药。矿物药按金属离子的种类分为钠、汞、铜、铁、砷、铅、钙、硅、铝化合物类和化石类等；按功效分为清热解毒、利水通淋、利血、平肝潜阳、镇静安神、补阳止泻、消积和外用类等；按原料性质分为原矿物、矿物制品和矿物制剂类。

矿物药以其独特、显著的疗效为中华民族的健康做出了巨大的贡献。但是，部分矿物药尚无统一的质量标准，名称因地、因人而异，缺乏统一的质检方法和手段，尤其是微量元素的含量因地域和测试方法的不同而出现较大的差异。因此，应加强矿物药的鉴定、炮制、毒性、重金属检测及临床安全用量的研究，为矿物药的临床正确应用奠定基础。

（二）无机药物与化学的关系

无机药物与各化学分支密切相关。无论是药物的研发、提取，还是药物剂型、药理和毒理研究，都要依靠化学知识。例如：

1. 合成具有特定功能的无机药物要用无机化学和有机化学理论和方法，了解药物的结构－性质－生物效应关系也要研究各种化学反应。

2. 在药物生产中，分析原料药、药物中间体以及制剂中的有效成分及杂质要用化学分析和仪器分析的方法。

3. 研究无机药物的稳定性、生物利用度和药物代谢动力学要用无机化学和物理化学的方法。

（三）开发无机药物是现代医学发展的需要

目前，无机金属药物的研究涵盖了抗肿瘤药物、抗糖尿病药物、抗寄生虫药物、抗菌抗病毒药物等诸多方面。很多无机药物对人体的某些疾病的治疗具有显著效果，如顺式二氯二氨合铂、碳铂、二氯茂铁是发展中的第一至第三代抗癌药物；EDTA的钙盐是排出人体中铅及某些放射性元素的高效解毒剂等。抗癌的铂配合物、抗炎及抗病毒的金和铜化合物、治疗糖尿病的钒化合物、治疗白血病的砷化合物等的研究开发已成为生物无机化学研究的新潮流。随着无机药物研究成果的不断问世，人类的一些疑难疾病有望得到良好的治疗。

第三节 无机化学的学习方法

学习无机化学和学习其他学科一样，没有固定的学习方法，因人而异。培养较强的自学能力，提高发现问题、分析问题和解决问题的能力是学好无机化学的关键。

无机化学是中药和药学专业的一门基础课，通过无机化学的学习，为有机化学、分析化学、药物化学、中药化学等专业课程的学习打下坚实的基础。无机化学课程内容多，课时少，为确保学好无机化学，要做好如下几个方面：

1. 课前预习 在每一次上课前，要浏览本节课的教学内容，以求对这节课的知识有一些认识，对本节课的重点和知识难点有一定的了解。这样既可培养自学能力又能保证有的放矢地听老师讲解。

课前预习也是成功完成化学实训的关键。实训前，要仔细阅读实训内容和有关操作指导，明确目的要求、原理和操作步骤，并简明扼要地写好预习报告，切忌抄书。实训步骤按要求，用方块、箭头或表格形式表达，简单明了。并预留空白位置记录实验现象或原始数据。

2. 认真听课，并积极互动

(1)认真听课：课堂听讲十分关键，听课时要紧跟教师的思路，积极思考教师提出的问题。特别要注意弄清基本概念、弄懂基本原理。还要注意老师分析问题和解决问题的思路和方法，从中受到启发，以利培养自己良好的思维方式。听课时应做些笔记，重点的内容记下来，以备复习用。

(2)积极互动：教学是一种双向活动，是教与学相互作用的过程，互动式教学是化学教学常用的模式。在教学互动过程中，教师、学生都是平等的参与者，教师要创造教学情境，学生要积极参与其中，通过师生互动、生生互动，形成和谐、愉悦的学习气氛，提高教学效率，实现教学相长。

3. 重视实验实训 实训课是无机化学课程重要组成部分，是理解和掌握课程内容、学习科学实验方法、培养动手能力的重要环节。实训课前要预习实训内容，做到实训过程中原理清楚、目的性强、步骤明确。要规范操作，仔细观察，正确记录。逐步提高实验操作能力、观察能力、分析问题和解决问题的能力。实训完毕要认真处理实验数据，分析实验现象，得出正确结论，写好实训报告。并通过实训培养实事求是的科学态度和严谨的学风。

4. 及时复习 课后复习，及时消化是掌握所学知识的重要环节。本门课程的特点是理论性强，有些概念、理论比较抽象，复习时，要学会善于运用分析对比和联系归纳的方法，掌握概念、原理、公式的含义、特点以及应用条件和适用范围。在理解的基础上，记忆一些基本概念、基本原理、重点公式，努力做到熟练掌握，灵活运用，融会贯通。做练习有利于深入理解、掌握和运用课程内容。要重视书本例题，努力培养独立思考和分析问题、解决问题的能力。特别要提出的是复习要及时，要有计划性。

5. 培养自主学习的习惯 提倡学生自主学习，学会学习，培养自学能力。除预习、复习、做练习外，阅读参考书刊和上网浏览是自学的重要内容，也是培养学生综合能力和创新能力的好方法。只读教材，思路难免受到限制，如能查阅参考文献和书刊，不但可以加深理解课程内容，还可以扩大知识面、活跃思维、提高学习兴趣。提高自学能力不仅是现在的需要，更是个人终生学习可持续发展的需要。

重点小结

本章主要介绍无机化学的发展简史，无机化学的研究内容；生物元素与无机药物；学习无机化学的方法。

一、无机化学的发展简史与研究内容

1. 无机化学的发展大致经历了三个时期：

(1) 古代化学时期，化学具有实用和经验的特点，尚未形成理论体系。

(2) 近代化学时期，明确了化学的科学性，建立了化学的理论体系。

(3) 现代化学时期，建立具有实验和理论基础的现代无机化学新体系。

2. 无机化学的研究内容

无机化学的研究内容：化学基本原理、所有元素的单质和化合物(除碳氢化合物及其衍生物之外)。

二、生物元素与无机药物

1. 生物元素的分类

- 必需宏量元素
- 必需微量元素
- 非必需元素
- 有害元素

2. 生物元素的存在形式

- 水合离子形式
- 难溶无机化合物
- 生物大分子
- 小分了形式

3. 生物元素的生理功能

- (1) 构成生命体
- (2) 参与运载作用
- (3) 调节体液的物理、化学特性
- (4) 作为酶的活性因子
- (5) 维持核酸的正常
- (6) 充当“信使”的作用
- (7) 参与激素和维生素的生理作用

三、学习无机化学方法

- (1) 课前预习
- (2) 认真听讲，并积极互动
- (3) 重视实验实训
- (4) 及时复习
- (5) 培养自主学习的习惯

复习思考

一、选择题

1. “原子学说”的创始人是(　　)

A. 道尔顿　　B. 波义尔　　C. 拉瓦锡
D. 门捷列夫　　E. 牛顿

2. 元素周期律的提出是化学史上的一个里程碑，提出元素周期律的科学家是(　　)

A. 波义尔　　B. 卢瑟福　　C. 门捷列夫
D. 波尔　　E. 道尔顿

3. 20 世纪 40 年代初，建立在量子力学基础上的现代原子结构模型及化学键理论，揭示了(　　)本质

A. 原子核结构　　B. 原子结构　　C. 分子结构
D. 晶体结构　　E. 物质结构

4. 下列不属于无机化合物的是(　　)

A. CO_2　　B. CH_4　　C. CS_2
D. CaC_2　　E. H_2CO_3

5. 下列不是人体必需元素的是(　　)

A. 铜　　B. 锰　　C. 银
D. 氟　　E. 砷

6. 下列不是人体必需的常量元素是(　　)

A. 碳　　B. 硫　　C. 氯
D. 铁　　E. 镁

7. 属于微量元素，又是血红蛋白必需元素的是(　　)

A. N　　B. Fe　　C. Ca
D. Zn　　E. Na

8. 医学上常给人口服 NaI 溶液诊断甲状腺疾病，这是由于合成甲状腺激素的重要原料是(　　)

A. 钠　　B. 钙　　C. 碘
D. 铁　　E. 氯

9. 长期锌缺乏会导致(　　)

A. 侏儒症　　B. 克山病　　C. 克汀病
D. 水俣病　　E. 黑皮病

10. 现代研究表明，某些无机药物对人体的某些疾病显示了强大的活力，其中具有抗癌作用的是( )

A. 铁配合物　　B. 铂配合物　　C. 铜配合物

D. 金配合物　　E. 钴配合物

二、填空题

1. 依据化学发展的特征，可分为________、________和________三个阶段。

2. 人们把维持生命所必需的元素称为生命必需元素，大多数科学家认为，生命必需元素有________种。占生物体总质量________以上的称为________元素；占生物体总质量________以下的称为________元素。

3. 无机化学是研究无机物质________、________、________和________的科学。

4. 多吃海带可预防“大脖子病”，是因为海带中含有丰富的__________。

三、判断题

1. H、C、N、P、O、S 被称为生命体的六大重要元素。( )

2. 氯化钠是人体最基本的电解质，钠有维持高血压的功能，因此多吃高盐分的食品对身体健康并无大碍。( )

3. 铝和铝盐不被人体吸收，无毒无害，因此铝可以广泛应用于各种食品器皿制造、药物合成及食品加工等领域。( )

4. 钒是人体必需微量元素，其四价和五价化合物对人体都具有生物学意义。( )

5. 铬是人体必需微量元素，其三价和六价化合物对人体都具有生物学意义。( )

四、名词解释

1. 无机物质　2. 生物元素　3. 必需宏量元素　4. 必需微量元素　5. 有害元素

五、简答题

1. 简述无机化学的发展。

2. K、Na、Ca、Fe 在生物体内有何功能？

3. 联系自己的实际，谈谈如何学好无机化学。

扫一扫，知答案

扫一扫，看课件

第二章

原子结构

【学习目标】

1. 掌握原子的组成和质量数的概念、表示方法及意义。了解同位素的概念、分类和放射性同位素的应用。

2. 了解核外电子运动的特征，掌握电子云、原子轨道、四个量子数的意义及取值规律。

3. 掌握原子轨道能级、能级组、屏蔽效应和钻穿效应以及核外电子排布的三原则。

4. 掌握元素周期表的结构，周期、族、区的概念；元素周期律的概念，元素金属性、非金属性的周期性变化规律。

案例导入

宇宙中有很大部分是由孤立的氢原子构成，因此氢原子光谱的研究很早就受到人们重视。

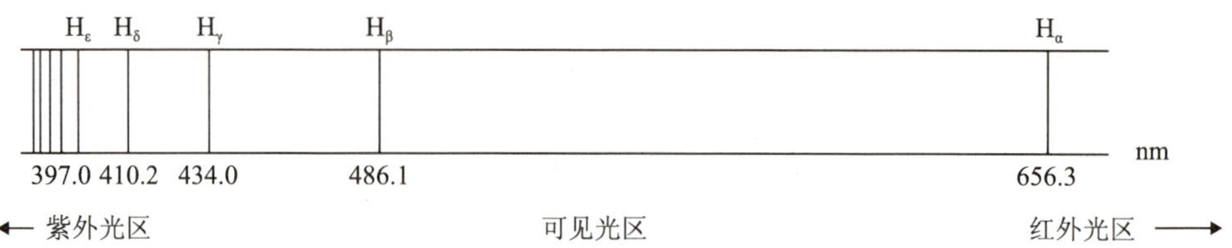

图 2－1　氢原子线状光谱

氢原子光谱在可见光区内有五条明显的谱线，分别为 H_α、H_β、H_γ、H_δ、H_ε，可以看出，从 H_α 到 H_ε 等谱线间的距离越来越短(图 2－1)，呈现出明显的规

律性。氢原子光谱是线状不连续光谱。同时也说明：原子中的电子运动的能量是不连续的，是量子化的。

太阳光通过棱镜折射后可形成七色光带，光带间没有明显的分界线，这种光谱称之为连续光谱。与氢原子的线性光谱不同。

按照经典电磁理论，若氢原子的电子绕原子核做圆周运动时，原子将不断发射连续波长的电磁波，所以原子光谱就应该是连续的，这个结论显然与氢原子光谱实验事实不相符，说明不能用经典物理学理论来解释氢原子的光谱。

问题：1. 氢原子光谱与连续光谱有什么不同？

2. 为什么不能用经典物理学理论来解释氢原子光谱？

原子结构的知识是了解物质结构和性质的基础。自然界的物质种类繁多，性质各异，但它们都是由种类不同的原子组成。原子以不同的种类、数目和方式结合，形成了无数的物种，构成我们这个缤纷的世界。化学变化包含着旧的化学键断裂和新的化学键形成，化学变化一般只涉及核外电子运动状态的改变，所以我们研究原子结构时，主要研究核外电子的运动状态。

第一节　原子的组成及同位素

一、原子的组成

科学家们已证实，原子是由居于原子中心带正电的原子核与核外带负电的电子构成的，而原子核由质子和中子构成。每个电子带 1 个单位的负电荷，每个质子带 1 个单位的正电荷，中子呈电中性。

原子作为一个整体不显电性，而核电荷数又是由质子数决定的。按核电荷数由小到大的顺序给元素编号，所得的序号称为该元素的原子序数。显然：

原子序数 = 核电荷数 = 核内质子数 = 原子核外电子数

实验测得，每个质子的质量为 1.6726×10^{-27}kg，中子的质量为 1.6748×10^{-27}kg，电子的质量很小，仅约为质子质量的 1/1836，所以，原子的质量主要集中在原子核上。由于质子、中子的质量很小，计算很不方便，因此，通常用它们的相对质量。

作为相对原子质量标准的 ^{12}C 的质量是 1.9927×10^{-26}kg，它的 1/12 为 1.6606×10^{-27}kg，质子和中子对它的相对质量都近似为 1。如果忽略电子质量，将原子核内所有的质子和中子的相对质量取近似整数值，相加所得的数值称为原子的质量数，用符号 A 表示。若中子数用符号 N 表示，质子数用符号 Z 表示。则：

$$\text{质量数}(A)=\text{质子数}(Z)+\text{中子数}(N)$$

归纳起来，若以${}_Z^AX$表示一种质量数为A、质子数为Z的原子，那么，构成原子各微粒间的关系可表示如下：

$$\text{原子}{}_Z^AX\begin{cases}\text{原子核}\begin{cases}\text{质子} & Z\text{个}\\ \text{中子} & (A-Z)\text{个}\end{cases}\\ \text{核外电子} & Z\text{个}\end{cases}$$

二、同位素

元素是相同质子数的一类原子的总称，例如质子数为1的氢元素就有H(${}_1^1H$)、D(${}_1^2H$)和T(${}_1^3H$)3种原子，分别称为氢(氕)、重氢(氘)和超重氢(氚)。元素仅代表种类，没有数量多少的含义，而原子既代表种类也有数量的含义。对于质子数相同，中子数不同的原子在周期表中是同一个位置，因此也称为同位素。

据目前情况所知，除少数几种元素外，绝大多数元素都有同位素。例如，碳元素有${}_6^{12}C$、${}_6^{13}C$和${}_6^{14}C$等几种同位素，氮元素的同位素有${}_7^{14}N$和${}_7^{15}N$。同一元素的各种同位素虽然质量数不同，但它们的化学性质基本相同。

根据来源和稳定性，同位素可分为稳定性同位素(如${}_1^1H$、${}_6^{12}C$、${}_6^{13}C$等)和放射性同位素(如${}_1^3H$、${}_6^{14}C$、${}_{27}^{60}Co$等)，由人工方法制造出的同位素称为人造放射性同位素。同位素在工农业生产、科研、国防和医学等领域上有着广泛应用。

同位素示踪技术在医学检验、药物作用原理、药品质量鉴定等许多领域已得到越来越广泛的应用。放射性同位素放出的射线，很容易被灵敏的射线探测仪器所发现和测定，从而找到它们的踪迹，所以放射性同位素的原子被称为“示踪原子”。人体甲状腺的功能需要碘，碘被吸收后会聚集在甲状腺内，给人注射碘的放射性同位素${}^{131}I$，然后定时测量甲状腺及邻近组织的放射强度，有助于诊断甲状腺的器质性和功能性疾病。往人体静脉中注射对人体安全、含${}^{24}Na$的氯化钠溶液，可以进行人体血液循环的示踪实验，以查明系统是否有狭窄或障碍情况。此外，${}^{14}C$应用于人体内、体外的诊断和病理研究，${}^{51}Cr$应用于血液分析，${}^{3}H$用于脱氧核糖核酸和核糖核酸形成过程的研究。

第二节　核外电子的运动状态

在经典力学中，宏观物体的运动有确定轨道，任一瞬间都有确定的坐标和动量(或速度)。例如子弹、炮弹和行星等宏观物体在运动过程中，不仅具有一定速度，同时随时可准确地确定它们的位置。而对于具有波粒二象性的微观粒子，是否也可以这样呢？答案是否定的。电子是质量极轻、体积极小、带负电的微粒，它在原子核外很小的空间内做高速(近光速)运动，其运动规律与宏观物体不同，我们不能同时准确地测出它们在某一时刻的运动速度和所处的位置，也不能描画出它的运动轨迹，因此，不能用经典力学(牛顿力学)来描述。电子的运行符合海森堡测不准关系

$$\Delta x \cdot \Delta p \geq \frac{h}{2\pi}$$

式中，Δx 为确定粒子位置时的测不准量，Δp 为确定粒子动量时的测不准量，h 为普朗克常数。

20 世纪初，普朗克([德]M. Planck，1858—1947)提出了量子论，1924 年，法国物理学家德布罗意(L. V. Broglie，1892—1987)从事量子论研究时，在光的波粒二象性基础上，首次提出微观粒子具有波粒二象性。这个假设被后来的电子衍射实验所证实。1927 年，海森堡([德]W. Heisenberg，1901—1976)依据微观粒子的波粒二象性提出了测不准原理。爱因斯坦([德]A. Einstein，1885—1962)提出了光子学说。玻尔([丹]N. Bohr，1885—1962)在上述理论基础上于 1913 年提出了他的设想，建立了玻尔理论，把原子结构理论推向新的高度。

一、电子云

在以原子核为原点的空间坐标系内，我们采用量子力学的方法，通过研究电子在核外空间运动的概率分布来描述核外电子的运动规律。研究表明，电子在原子核外空间各区域出现的概率是不同的。电子云是电子在核外空间出现的概率密度分布的形象化表示法。小黑点比较密集的区域是电子出现概率较大的区域，即该区域内电子云的密度较大。

通常氢原子的电子云呈球形对称[图 2－2(a)]，离核越近处电子云的密度越大，离核越远处电子云密度越小。通常把电子出现概率最大而且密度相等的地方连接起来作为电子云的界面(界面以内电子出现的总概率已达 95%)，界面所构成的图形，就是电子云的界面图[图 2－2(b)]。

电子云界面图表示电子在核外空间的运动范围。电子在核外空间的一定运动范围叫作一个原子轨道。氢原子的 s 电子云是球形对称的，电子云在核外空间中半径相同的各个方向上出现的几率密度相同。

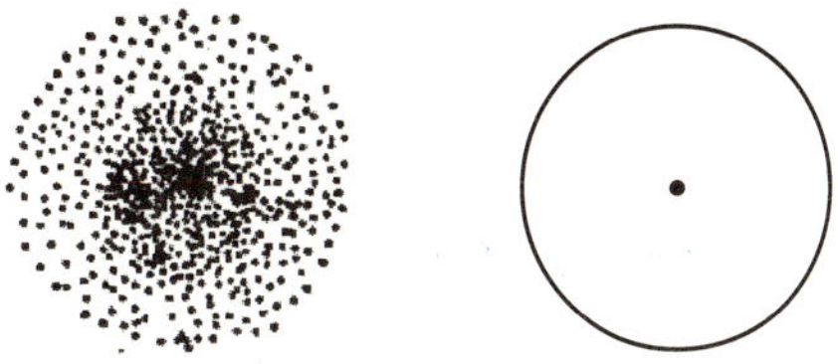

(a) 基态氢原子的电子云　(b) 氢原子电子云的界面图

图 2－2　基态氢原子的电子云和它的界面图

二、核外电子运动状态的描述

对于原子核外某一个给定的电子，其运动状态是指电子离核平均距离的远近和能量的大小、电子云和原子轨道的形状、电子云和原子轨道的伸展方向和电子的自旋方向。如果一个电子的这些指标确定了，该电子的运动状态也就确定了。

由于表征电子运动状态的物理量都是量子化(即不连续地变化)的，所以把这些物理量称为量子数。核外电子的运动状态可以用 n、l、m、m_s 四个量子数来描述。

(一)主量子数 n

主量子数 n 用来描述电子离核的远近，是决定电子能量高低的主要因素。n 的取值为 1，2，3，4 等正整数，相应地用符号 K，L，M，N 等表示。如 $n=1$，表示第一电子层，$n=2$，表示第二电子层，依此类推。n 越大，电子离核的平均距离越远，该层电子的能量越高。

(二)角量子数 l

角量子数用来描述电子云的形状，是决定电子能量的次要因素，又称副量子数。研究发现，在多电子原子中，同一电子层中的不同电子，其能量大小可能有差别，电子云的形状也不一定相同。根据这个差别，又将电子层分成 1 个或几个亚层，l 的每一个取值就代表着一种电子云的形状或同一电子层中不同状态的亚层。

l 的取值受 n 的限制，当 n 值确定时，l 可取 0，1，2，3，…，$(n-1)$ 共 n 个值，可分别用 s，p，d，f 等符号来表示。

当 $n=1$ 时，$l=0$。这表示第一电子层只有一个亚层，该亚层称为 1s 亚层；在 1s 亚层上的电子，称为 1s 电子。

当 $n=2$ 时，l 的取值为 0 和 1。这表示第二电子层有两个亚层，分别称为 2s 亚层和 2p 亚层；其余以此类推。

同一电子层各亚层的能量稍有差别，并按 s、p、d、f 的顺序增高。不同亚层的电子云形状不同，s 电子云为球形对称，p 电子云为哑铃型，d 电子云为四叶花瓣形，在核外空间有 5 种不同的分布。f 电子云形状较为复杂。s、p、d 电子云形状如图 2－3 所示。

(三)磁量子数 m

同一亚层的电子云形状虽然相同，但电子云所处的空间位置不同，即有不同的伸展方向。磁量子数是用来描述电子云在空间伸展方向的参数。

m 的取值受到角量子数 l 的限制。当 l 确定时，m 的取值为从 $-l$ 至 $+l$(包括 0)的所有整数，共 $(2l+1)$ 个值，每个 m 值代表电子云的一种伸展方向；通常，把在一定电子层中，具有一定形状和伸展方向的电子云所占据的原子核外空间称为一个原子轨道(简称轨道)。

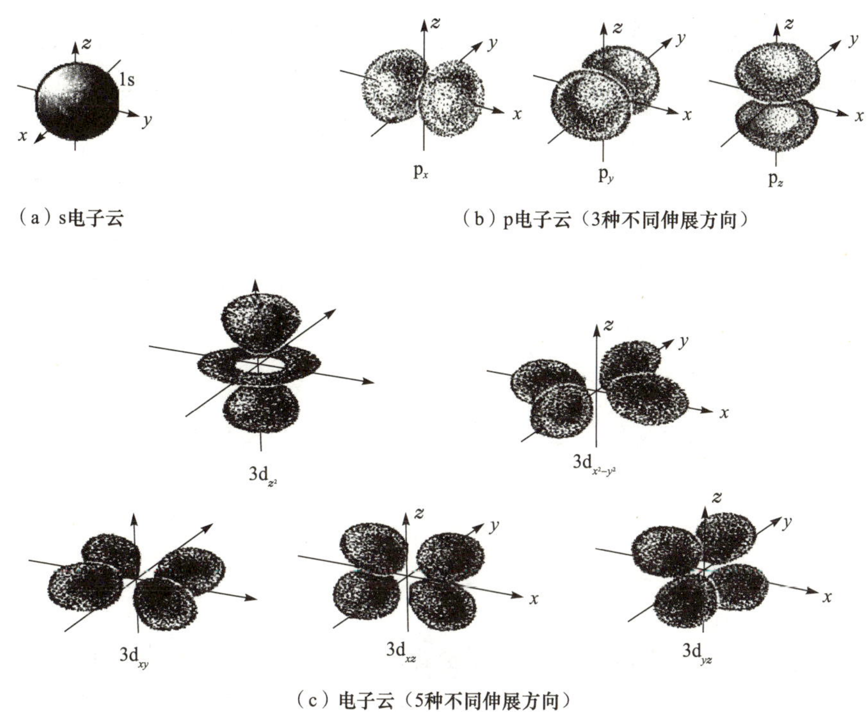

图 2-3　s、p、d 电子云及其空间伸展方向示意图

用一组三个量子数(n, l, m)可以描述原子核外的一个原子轨道。必须注意的是，原子轨道不是电子运动的轨迹，仅仅代表电子的一种运动状态或运动范围。

$l=0$ 时，s 电子云是球形对称的，没有方向性，$m=0$；或者说 s 亚层只有 1 个轨道，即 s 轨道。

$l=1$ 时，m 可有 -1，0，+1 共 3 个值，说明 p 电子云在空间可有 3 种取向，分别为沿 x、y、z 轴分布的 p_x、p_y、p_z 3 个 p 轨道。

$l=2$ 时，m 有 -2，-1，0，+1，+2 共 5 个值，即 d 电子云在空间有五种取向，可有 5 个 d 轨道。

s、p、d 电子云空间伸展方向如图 2-3 所示，各亚层轨道数目见表 2-1。

课堂互动

请写出 $l=2$，m 的所有值，并说出各轨道的名称和数目。

表 2-1 量子数与原子轨道及核外电子运动状态数间的关系

n	l(取值 $l<n$)	轨道符号(能级)	m(取值 $m\leq l$)	轨道数	各电子层轨道数	可容纳的电子数($2n^2$)
1	0	1s	0	1	1	2
2	0	2s	0	1	4	8
	1	2p	+1, 0, -1,	3		
3	0	3s	0	1	9	18
	1	3p	+1, 0, -1	3		
	2	3d	+2, +1, 0, -1, -2	5		
4	0	4s	0	1	16	32
	1	4p	+1, 0, -1,	3		
	2	4d	+2, +1, 0, -1, -2	5		
	3	4f	+3, +2, +1, 0, -1, -2, -3	7		

n 与 l 相同时，m 不同的电子云形状完全相同，只是电子云的伸展方向不同，因此电子的能量与磁量子数无关，也就是说，n 与 l 相同而 m 不同的各原子轨道，其能量完全相同。这种能量相同的原子轨道称为简并轨道(或等价轨道)。例如 $2p_x$、$2p_y$ 和 $2p_z$ 三个轨道的能量相同，属于简并轨道。

(四)自旋量子数 m_s

原子中的电子不仅围绕着原子核运动，而且也绕自身轴转动。电子绕自身轴的运动叫做电子的自旋，用自旋量子数表示。电子的自旋方向只有 2 个，即顺时针方向和逆时针方向。所以，m_s 的取值也只有 2 个，即 $+\frac{1}{2}$ 和 $-\frac{1}{2}$，通常用“↑”和“↓”表示自旋方向相反的 2 个电子。

综上所述，电子在原子核外的运动状态是由电子层、电子亚层、电子云伸展方向和电子的自旋四个方面来确定的，可用 n、l、m、m_s 四个量子数来描述。根据四个量子数可以推算出每个电子层最多能容纳的电子数，即电子运动状态数，见表 2-1。

课堂互动

请为下列各组量子数填充合理的值。

(1) $n=($　　$)$，$l=3$，$m=+2$，$m_s=+1/2$

(2) $n=2$，$l=($　　$)$，$m=+1$，$m_s=-1/2$

(3) $n=4$，$l=0$，$m=($　　$)$，$m_s=+1/2$

(4) $n=1$，$l=0$，$m=0$，$m_s=($　　$)$

第三节　原子核外电子的排布

多电子原子(除H以外的所有元素的原子)的核外电子的排布是根据原子轨道能级高低顺序来进行的，由于有钻穿效应和屏蔽效应的共同影响，轨道能量高低并不仅仅由主量子数决定，还与角量子数及电子的具体排布有关，最终根据光谱实验的结果和对元素周期律的分析、归纳、总结出核外电子的排布规律。

一、原子轨道近似能级图

美国化学家鲍林(Pauling)根据大量光谱实验数据，总结出多电子原子中原子轨道能量相对高低的一般情况，并绘制成图，称为鲍林近似能级图(图2－4)。图中，每一个小圈表示一个原子轨道，其位置的高低按能量由低向高的顺序排列。显然，原子轨道的能量是不连续的，像阶梯一样逐级变化，轨道的这种不同能量状态称为能级。虚线方框内各原子轨道能级较接近，划为一个能级组，这种能级组的划分与元素周期表中七个周期的划分相一致。

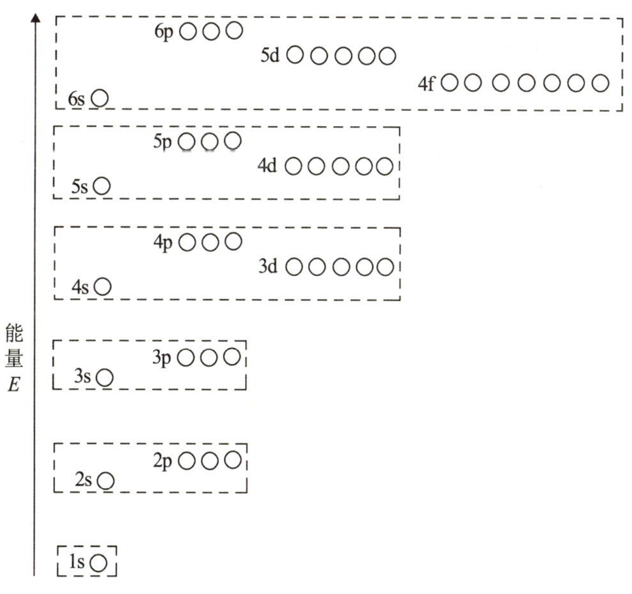

图2－4　多电子轨道近似能级图

由图2－4可以看出，在多电子原子中，电子的能量由该电子的 n、l 值来决定。同一主量子数，电子的能量为 $E_{ns}<E_{np}<E_{nd}<E_{nf}$。不同主量子数，同一角量子数，电子的能量随 n 的增加而增加，例如 $E_{1s}<E_{2s}<E_{3s}<E_{4s}$。当 n 和 l 都不同时(即不同类型的亚层之间)，出现外层轨道能量反而比内层轨道能量低的现象，如 $E_{4s}<E_{3d}<E_{4p}$，$E_{6s}<E_{4f}<$

$E_{5d} < E_{6p}$，这种现象叫做能级交错现象。因此，电子填充各轨道的顺序如图 2－5 所示。

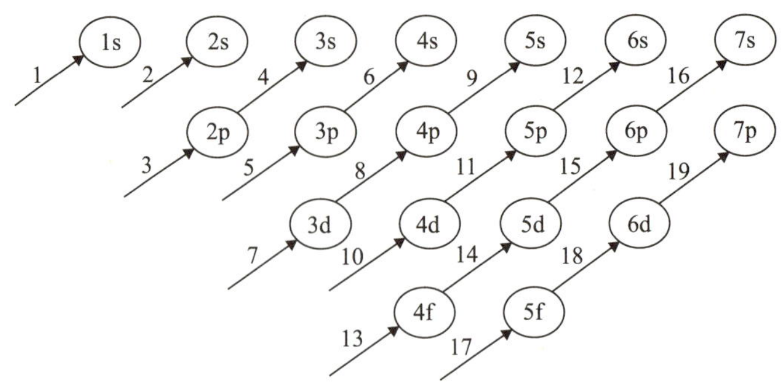

图 2－5　电子填充各轨道的先后顺序

二、屏蔽效应

在多电子原子中的每个电子不仅要受到原子核的吸引，同时还要受到其他电子的排斥，从而会使核对该电子的吸引力降低。由于核外电子处于高速运动状态，要准确地确定这种排斥作用是不可能的，因此可以采取一种近似处理方法：将其他电子对某一电子排斥的作用归结为抵消了一部分核电荷，使其有效核电荷（effective nuclear charge）降低，削弱了核电荷对该电子吸引的作用，称为屏蔽效应（sereening effect）。被其他电子屏蔽后的核电荷数称为有效核电荷数，常用符号 Z^* 表示。有效核电荷数与核电荷数的关系为：

$$Z^* = Z - \sigma \tag{2-1}$$

式（2－1）中，σ 称为屏蔽常数，它表示其他电子对指定电子的排斥作用，相当于其他电子将核电荷抵消的部分。这样，我们就可以把多电子原子体系近似地看成具有一定有效核电荷数的单电子体系。电子离核越远，被屏蔽的核电荷越多，受到核的吸引力越小，因此能量越高。

三、钻穿效应

l 值越小，钻穿作用越大，受到的屏蔽作用就较小，能感受到更多的有效核电荷，能量随之降低。这种由于角量子数 l 不同，电子的钻穿能力不同，而引起的能级能量的变化称为钻穿效应（drilling effect）。

在多电子原子中，原子轨道的能级变化大体有以下三种：

1. n 不同、l 相同的能级，n 越大，轨道离核越远，外层电子受内层的屏蔽效应也越大，能量越高。如：$E_{1s} < E_{2s} < E_{3s} < E_{4s}$。

2. n 相同、l 不同的能级，则 l 值越大，能级的能量越高。

如：$E_{4s} < E_{4p} < E_{4d} < E_{4f}$。

3. n 不同，l 不同的能级，可由公式 $E=n+0.7l$ 求算能级的能量，E 值越大，能级能量越高。如：$E_{4s}=4+0.7\times0=4$，$E_{3d}=3+0.7\times2=4.4$。

所以，$E_{4s}<E_{3d}$，4s 能级的能量比 3d 能级的能量低。

这可用钻穿效应加以解释。例如 4s 的能级低于 3d，因 4s 电子钻的较深，核对它的吸引力增强，使轨道能级降低的作用超过了主量子数增大使轨道能级升高的作用，故 $E_{4s}<E_{3d}$，使能级发生错位，也称能级交错。

四、核外电子排布的三原则

在正常状态下，原子核外电子分布在离核较近、能量较低的轨道上，体系处于相对稳定的状态，原子的这种状态称为基态。基态原子的核外电子排布一般遵循以下 3 条原则：

（一）能量最低原理

科学研究证明，核外电子一般尽量先排布在能量最低的轨道里，只有在能量低的轨道被占满后，电子才依次进入到能量较高的轨道，这个规律叫做能量最低原理。

（二）泡利（Pauli）不相容原理

在同一原子中不可能有四个量子数完全相同的 2 个电子存在，这一规律称为泡利不相容原理。例如，氦元素有 2 个电子，用四个量子数来描述第 1 个电子的运动状态时，$n=1$，$l=0$，$m=0$，$m_s=+\frac{1}{2}$；另 1 个电子的四个量子数必然是 $n=1$，$l=0$，$m=0$，$m_s=-\frac{1}{2}$。由此可知，每个轨道最多容纳 2 个自旋方向相反的电子。如果自旋方向相同，那么它们彼此就会互相排斥，自旋方向相反，则产生的磁场方向相反，彼此吸引，才能够共存。各电子层最多可容纳 $2n^2$ 个电子。

（三）洪特（Hund）规则

电子排布到能量相同的等价轨道时，电子将尽可能分占不同的轨道，且自旋方向相同，这个原则称为洪特规则。经量子力学证明，这样的电子排布可使体系能量最低。

如 C 原子核外 6 个电子，2 个在 1s 轨道，2 个在 2s 轨道，另外 2 个不是同在一个 2p 轨道，而是以相同的自旋方向分占 2 个 p 轨道。这种排布可用轨道表示式表示为：

1s	2s	$2p_x$	$2p_y$	$2p_z$
↑↓	↑↓	↑	↑	

也可用电子排布式表示为：$1s^2 2s^2\ \ 2p_x^1 2p_y^1 2p_z^0$，常简写为 $1s^2 2s^2 2p^2$。

课堂互动

请分别写出氮原子和硫原子的电子排布式和轨道表示式。

作为洪特规则的特例，当等价轨道全充满、半充满或全空状态时，具有较低的能量和较大的稳定性。即具有下列电子层结构的原子是比较稳定的：

全充满：p^6，d^{10}，f^{14}

半充满：p^3，d^5，f^7

全　空：p^0，d^0，f^0

注意：电子填充是按近似能级图自能量低向能量高的轨道排布的，但书写电子排布式时，要把同一主层（n 相同）的轨道写在一起；为了简化电子排布式的书写，通常将内层已达到稀有气体电子层结构的部分写成“原子实”，用稀有气体符号加方括号来表示。根据以上规则，可以得出下列原子在基态时的核外电子排布式。

$_{8}O$ 原子：$1s^2 2s^2 2p^4$

$_{17}Cl$ 原子：$1s^2 2s^2 2p^6 3s^2 3p^5$

$_{19}K$ 原子：$1s^2 2s^2 2p^6 3s^2 3p^6 4s^1$

$_{24}Cr$ 原子：$1s^2 2s^2 2p^6 3s^2 3p^6 3d^5 4s^1$ 或 $[Ar]3d^5 4s^1$

$_{29}Cu$ 原子：$1s^2 2s^2 2p^6 3s^2 3p^6 3d^{10} 4s^1$ 或 $[Ar]3d^{10} 4s^1$。

需要指出的是，核外电子的排布情况是通过实验测定的。上述 3 个规律是从大量客观事实中总结出来的，它可以帮助我们了解元素原子核外电子排布的一般规律，但不能用它解释有关电子排布的所有问题。因此，核外电子的排布必须以实验事实为依据。

表 2－2 列出了 54 种元素基态原子中的电子排布情况（其余基态原子的电子排布参考书后的元素周期表），这是根据光谱的实验数据分析得到的。其中绝大多数元素的电子排布与电子的排布原则是一致的，但也有少数不符合，对此，必须尊重事实，并在此基础上探求符合实际的理论解释。

表 2－2　部分基态原子的电子构型

周期	原子序数	元素符号	K	L		M			N				O				P				Q			
			1	2		3			4				5				6				7			
			s	s	p	s	p	d	s	p	d	f	s	p	d	f	s	p	d	f	s	p	d	f
一	1	H	1																					
	2	He	2																					
二	3	Li	2	1																				
	4	Be	2	2																				
	5	B	2	2	1																			
	6	C	2	2	2																			
	7	N	2	2	3																			
	8	O	2	2	4																			
	9	F	2	2	5																			
	10	Ne	2	2	6																			

续 表

周期	原子序数	元素符号	K	L		M			N				O				P				Q			
			1	2		3			4				5				6				7			
			s	s	p	s	p	d	s	p	d	f	s	p	d	f	s	p	d	f	s	p	d	f
三	11	Na	2	2	6	1																		
	12	Mg	2	2	6	2																		
	13	Al	2	2	6	2	1																	
	14	Si	2	2	6	2	2																	
	15	P	2	2	6	2	3																	
	16	S	2	2	6	2	4																	
	17	Cl	2	2	6	2	5																	
	18	Ar	2	2	6	2	6																	
四	19	K	2	2	6	2	6		1															
	20	Ca	2	2	6	2	6		2															
	21	Sc	2	2	6	2	6	1	2															
	22	Ti	2	2	6	2	6	2	2															
	23	V	2	2	6	2	6	3	2															
	24	Cr	2	2	6	2	6	5	1															
	25	Mn	2	2	6	2	6	5	2															
	26	Fe	2	2	6	2	6	6	2															
	27	Co	2	2	6	2	6	7	2															
	28	Ni	2	2	6	2	6	8	2															
	29	Cu	2	2	6	2	6	10	1															
	30	Zn	2	2	6	2	6	10	2															
	31	Ga	2	2	6	2	6	10	2	1														
	32	Ge	2	2	6	2	6	10	2	2														
	33	As	2	2	6	2	6	10	2	3														
	34	Se	2	2	6	2	6	10	2	4														
	35	Br	2	2	6	2	6	10	2	5														
	36	Kr	2	2	6	2	6	10	2	6														
五	37	Rb	2	2	6	2	6	10	2	6			1											
	38	Sr	2	2	6	2	6	10	2	6			2											
	39	Y	2	2	6	2	6	10	2	6	1		2											
	40	Zr	2	2	6	2	6	10	2	6	2		2											
	41	Nb	2	2	6	2	6	10	2	6	4		1											
	42	Mo	2	2	6	2	6	10	2	6	4		2											
	43	Tc	2	2	6	2	6	10	2	6	5		2											
	44	Ru	2	2	6	2	6	10	2	6	7		1											
	45	Rh	2	2	6	2	6	10	2	6	8		1											
	46	Pd	2	2	6	2	6	10	2	6	10		0											
	47	Ag	2	2	6	2	6	10	2	6	10		1											
	48	Cd	2	2	6	2	6	10	2	6	10		2											
	49	In	2	2	6	2	6	10	2	6	10		2	1										
	50	Sn	2	2	6	2	6	10	2	6	10		2	2										
	51	Sb	2	2	6	2	6	10	2	6	10		2	3										
	52	Te	2	2	6	2	6	10	2	6	10		2	4										
	53	I	2	2	6	2	6	10	2	6	10		2	5										
	54	Xe	2	2	6	2	6	10	2	6	10		2	6										

原子光谱

原子光谱是研究原子结构的基础，它是气体热蒸气的原子受到适当激发而发射出来的一条条谱线，称为线状光谱。每种原子都有其特征谱线，能发出特殊的光。如钠原子能发出黄色的光(589nm)，现代照明用的节能灯就是根据钠原子的特性制造的。原子特有的线状光谱可以作为化学分析的工具，根据原子的发射光谱可以作元素的定性分析，利用谱线的强度可以作元素的定量测定。

第四节　元素周期律与元素周期表

一、元素周期律

元素以及由其形成的单质与化合物的性质，随原子序数(核电荷数)的递增，呈周期性的变化，这一规律称为周期律。元素这些呈周期性变化的性质包括原子核外电子排布、原子半径、电离能、电子亲和能和电负性等。元素周期律总结和揭示了元素性质从量变到质变的特征和内在依据。元素的原子核外电子层结构的周期性变化是元素周期律的本质所在，而元素周期表(表 2 -3)就是元素周期律的具体表现形式。

表 2 -3　维尔纳长式元素周期表

碱金属　碱土金属　过渡元素　主族金属　非金属　稀有气体

	IA	IIA	IIIB	IVB	VB	VIB	VIIB	VIII			IB	IIB	IIIA	IVA	VA	VIA	VIIA	0	
1	H																	He	K 2
2	Li	Be											B	C	N	O	F	Ne	L 28
3	Na	Mg											Al	Si	P	S	Cl	Ar	M 288
4	K	Ca	Sc	Ti	V	Cr	Mn	Fe	Co	Ni	Cu	Zn	Ga	Ge	As	Se	Br	Kr	N 28188
5	Rb	Sr	Y	Zr	Nb	Mo	Tc	Ru	Rh	Pd	Ag	Cd	In	Sn	Sb	Te	I	Xe	O 2818188
6	Cs	Ba	La	Hf	Ta	W	Re	Os	Ir	Pt	Au	Hg	Tl	Pb	Bi	Po	At	Rn	P 281832188
7	Fr	Ra	Ac	Rf	Db	Sg	Bh	Hs	Mt	Uun	Uuu	Uub							

镧系	La	Ce	Pr	Nd	Pm	Sm	Eu	Gd	Tb	Dy	Ho	Er	Tm	Yb	Lu
锕系	Ac	Th	Pa	U	Np	Pu	Am	Cm	Bk	Cf	Es	Fm	Md	No	Lr

二、元素周期表

自从 1869 年俄国化学家 Mendeleev 制出第一张元素周期表的 100 多年来，至少已经出现了 700 多种不同形式的周期表。制作周期表的目的是为研究元素性质的周期性变化。研究对象不同，周期表的形式不同。现今使用的周期表称 Werner 长式周期表，是由诺贝尔得主 Werner(1866—1919)首先提出的。下面介绍元素周期表与电子层结构的关系。

(一)周期与能级组

在元素周期表中，每一横行称为一个周期，共有七个周期。除第一周期外，其余每一个周期的元素原子的最外电子排布都是由 $ns^1 \rightarrow np^6$，呈现明显的周期性。各周期内所含元素与各能级组内原子轨道所能容纳的电子数相等。元素在周期表中的周期数等于该元素原子的最外电子的主量子数 n，且与能级序号完全对应(表 2-3)。

(二)族与价层电子构型

价电子是指原子参加化学反应时，能参与成键的电子。价电子所在的亚层统称为价电子层，简称价层。原子的价层电子构型，是指价层的电子排布式，它能反映该元素原子在电子层结构上的特征。

将元素原子的价层电子分布相同或相似的元素排成一个纵列，称为族。周期表中有 18 个纵列，我国常见的分族方法是：除八、九、十这三个纵列为Ⅷ族外，其余每一列为一族。元素周期表共有 16 个族——7 个主(A)族、7 个副(B)族、1 个 0 族和 1 个Ⅷ族。同族元素虽然电子层数不同，但价层电子构型基本相同(少数例外)，所以原子的价层电子构型相同是元素分族的实质。这种分主、副族的方法，将主族割裂为前后两部分，且副族的排列也不是由低到高。

(三)周期表元素分区

根据周期、族和原子结构特征的关系，可将周期表中的元素划分为五个区(表 2-4)。

1. s 区元素 包括ⅠA 族元素和ⅡA 族元素，其电子构型为 $ns^{1\sim2}$，除 H 元素外，均为活泼金属。

2. p 区元素 包括ⅢA ~ ⅦA 族元素和 0 族元素，其外层电子构型为 $ns^2np^{1\sim6}$(He 为 $1s^2$)。p 区元素大部分为非金属元素，0 族元素为稀有气体元素。

3. d 区元素 包括ⅢB ~ ⅦB 族元素和Ⅷ族元素，其外层电子构型为 $(n-1)d^{1\sim10}ns^{0\sim2}$。d 区元素都是金属元素，也称过渡元素。

4. ds 区元素 包括ⅠB 元素和ⅡB 族元素，其外层电子构型为 $(n-1)d^{10}ns^{1\sim2}$。ds 元素都是金属元素，也称为过渡元素。

5. f 区元素 包括镧系元素和锕系元素，其外层电构型为 $(n-2)f^{1\sim14}(n-1)d^{0\sim2}ns^2$。f 区元素又称内过渡元素，都是金属元素。

表2－4 周期表中元素的分区

	ⅠA	ⅡA	ⅢB	ⅣB	ⅤB	ⅥB	ⅦB	ⅧB	ⅠB	ⅡB	ⅢA	ⅣA	ⅤA	ⅥA	ⅦA	0
1																
2																
3																
4																
5	s区		d区						ds区		P区					
6																
7																

镧系	f区
锕系	

综上所述，原子的电子层结构与元素周期表之间有着密切的关系。对于多数元素来说，如果知道了元素的原子序数，便可写出该元素原子的电子层结构，从而判断它所在的周期和族，反之，如果已知某元素所在的周期和族，便可写出该元素原子的电子层结构，也能推知它的原子序数。

例2－1 已知某元素的原子序数是35，试写出该元素的电子排布式，并指出该元素位于周期表中哪个周期？哪一族？哪一区？并写出该元素的名称和化学符号？

解：原子序数为35的元素，电子排布式为 $1s^22s^22p^63s^23p^63d^{10}4s^24p^5$

或简写为：$[Ar]3d^{10}4s^24p^5$

根据周期数＝能级组数，族数＝价层电子数

因为第4能级组为4s3d4p，价电子层构型为 $4s^24p^5$，所以该元素属于第4周期，ⅦA族元素，位于p区，元素名称为溴，化学符号为Br。

三、元素周期表中元素性质的递变规律

元素的性质随着核电荷的递增而呈现周期性变化，这个规律称为元素周期律。元素周期律正是原子内部结构周期性变化的反映，元素性质的周期性来源于原子的电子层结构的周期性，下面通过元素的一些主要性质的周期变化规律来揭示这种内在的联系。

(一)原子半径

通常所说的原子半径，是指分子或晶体中相邻同种原子的核间距离的一半。由于原子间的成键类型不同，所得的原子半径也会有所不同。

1. 共价半径 同种元素的两个原子以共价键结合时，相邻两个原子核间距离的一半，称为该原子的共价半径。

2. 金属半径 金属晶体中相邻两个原子的核间距的一半称为金属半径。

3. 范德华半径 在分子晶体中，分子间以范德华力结合，相邻两个原子核间距离的

一半，称为该原子的范德华半径。

同一种元素的三种半径的数值不同，一般而言，金属半径比共价半径大 10% ~25%；范德华半径比共价半径大得多。表 2－5 列出了周期表中各元素的共价半径。

表 2－5　元素的原子半径(pm)

ⅠA	ⅡA	ⅢB	ⅣB	ⅤB	ⅥB	ⅦB	Ⅷ			ⅠB	ⅡB	ⅢA	ⅣA	ⅤA	ⅥA	ⅦA	0
H																	He
30																	140
Li	Be											B	C	N	O	F	Ne
152	113											88*	77*	70*	66*	64*	154**
Na	Mg											Al	Si	P	S	Cl	Ar
186	160											126*	118	108	106*	99	188**
K	Ca	Sc	Ti	V	Cr	Mn	Fe	Co	Ni	Cu	Zn	Ga	Ge	As	Se	Br	Kr
232	197	162	147	136	128	127	126	124	124	128	134	135*	128	125	117*	114	202**
Rb	Sr	Y	Zr	Nb	Mo	Tc	Ru	Rh	Pd	Ag	Cd	In	Sn	Sb	Te	I	Xe
248	215	180	160	146	139	136	134	134	137	144	149	167*	151	145	137*	133	216**
Cs	Ba	La	Hf	Ta	W	Re	Os	Ir	Pt	Au	Hg	Tl	Pb	Bi	Po	At	Rn
265	217	183	159	146	139	137	135	135	138	144	151	176*	175	155		143	

注：摘自 Lange's Handbook of Chemistry，15ed.(1999)，金属半径，配位数为 12；当配位数为 8、6、4 时，半径值要分别乘以 0.97、0.96、0.88。

* 摘自 Lange's Handbook of Chemistry，15ed.(1999)；原子共价半径(单位：pm)。

** van der Waals 半径(单位：pm)为 Bondi 数据。

从表 2－5 可以看出，同一周期的主族元素，随着原子序数的递增，原子半径由大逐渐变小。这是由于原子核每增加 1 个单位正电荷，最外层相应增加了 1 个电子。核电荷的增加使原子核对外层电子的吸引力增强，外层电子有向原子核靠近的趋势；而外层电子的增加又加剧了电子之间的相互排斥作用，使电子远离原子核的趋势增大。两者相比之下，由于电子层数并不增加，核对外层电子引力增强的因素起主导作用。因此，同一周期的主族元素从左至右随着核电荷数的递增，原子半径逐渐减小。

同一主族元素，从上到下原子半径增大。这是由于从上到下电子层数增多，核电荷数也同时增加。电子层数的增加起主要作用，故同一主族的元素从上到下原子半径增大。

同一周期的副族元素，从左到右随着核电荷的增加，原子半径略有减小。同一周期的 f 区元素，新增电子填在外数第三层的 f 轨道上，原子半径减小得更少。从 La 到 Lu，15 种元素的原子半径仅减少 13pm，这个变化称为镧系收缩。

同一族的副族元素除钪(Sc)分族以外，原子半径的变化趋势与主族元素的变化趋势相同，但原子半径增大的幅度减小。特别是第五周期和第六周期的同一副族之间，原子半径非常接近。这种情况是由镧系收缩引起的。

（二）电离能

一个基态的气态原子失去电子成为气态正离子所需要吸收的能量，称为该元素的第一电离能(ionization energy)，符号为 I，单位为 kJ · mol^{-1}。一个多电子原子，可以失去多个电子，因此具有第一电离能 I_1，第二电离能 I_2等多个电离能，且 $I_1 < I_2 < \cdots\cdots$

电离能的数值大小主要与原子的有效核电荷数、原子半径和原子的电子构型有关。一般而言，原子半径越小，有效核电荷数越大，电离能就越大；反之，电离能就越小。电子构型越稳定，电离能也越大。

元素的电离能越小，元素的原子越易失去电子，则该元素的金属性就越强；元素的电离能越大，元素的原子越难失去电子，则该元素的金属性就越弱。因此，电离能是衡量元素金属性强弱的一个重要参数。

同一周期，从左到右，随着原子序数的增加，元素的第一电离能总体趋势是逐渐增大的。但有些元素也出现反常现象。例如氮的第一电离能大于氧的第一电离能，这是因为氮原子的电子排布处于较稳定的半充满状态。同一周期中，稀有气体元素的电离能最大，因为稀有气体元素原子的电子排布处于稳定的全充满状态。

（三）电子亲和能

一个基态的气态原子获得一个电子成为气态阴离子时所释放的能量，称为该元素的电子亲和能(electron energy)，符号为 E，单位为 kJ · mol^{-1}。一个多电子原子，可以得到多个电子，因此具有第一电子亲和能 E_1，第二电子亲和能 E_2等。

电子亲和能的大小主要与原子有效核电荷数、原子半径和原子的电子构型有关。一般而言，原子半径越小，有效核电荷数越大，电子亲和能就越大；反之，电子亲和能就越小。电子构型越稳定，电子亲和能也越大。

元素的电子亲和能越大，元素的原子越容易得到电子，则该元素的非金属性就越强；反之，元素的非金属性就越弱。因此，电子亲和能是衡量元素非金属性强弱的一个重要参数。

同一周期，从左到右，随着原子序数的增加，元素的第一电子亲和能总体趋势是逐渐增大的，但ⅡA、ⅤA、0 族例外，例如氮的电子亲和能是吸热的，这是因为得到电子时破坏了其稳定的半充满结构。

（四）电负性

1932 年，美国化学家鲍林首先提出：在分子中，元素原子吸引电子的能力叫作元素的电负性。并指定最活泼的非金属元素氟的电负性为 4.0，根据热化学方法可求出其他元素的相对电负性，故元素的电负性没有单位。表 2 - 6 列出鲍林电负性数值，但自鲍林提出电负性概念之后，有不少人对这个问题进行探讨，也提出了相应的电负性数据，因此在使用电负性数据时要注意尽量采取同一套电负性数据。值得注意的是，下表所列电负性是该元素最稳定的氧化态的电负性值，同一元素处于不同氧化态时，其电负性值也会不同。根据元素的电负性大小也可衡量元素的金属性和非金属性的强弱。

表2－6　鲍林的元素电负性

H																
2.18																
Li	Be											B	C	N	O	F
0.98	1.57											2.04	2.55	3.04	3.44	3.98
Na	Mg											Al	Si	P	S	Cl
0.93	1.31											1.61	1.90	2.19	2.58	3.16
K	Ca	Sc	Ti	V	Cr	Mn	Fe	Co	Ni	Cu	Zn	Ga	Ge	As	Se	Br
0.82	1.00	1.36	1.54	1.63	1.66	1.55	1.8	1.88	1.91	1.90	1.65	1.81	2.01	2.18	2.55	2.96
Rb	Sr	Y	Zr	Nb	Mo	Tc	Ru	Rh	Pd	Ag	Cd	In	Sn	Sb	Te	I
0.82	0.95	1.22	1.33	1.60	2.16	1.9	2.28	2.2	2.2	1.93	1.69	1.73	1.96	2.05	2.1	2.66
Cs	Ba	La	Hf	Ta	W	Re	Os	Ir	Pt	Au	Hg	Tl	Pb	Bi	Po	At
0.79	0.89	1.10	1.3	1.5	2.36	1.9	2.2	2.2	2.28	2.54	2.00	2.04	2.33	2.02	2.0	2.2

注：引自 Mac Millian. Chemistry and Physical Date(1992)。

从上表可以看出元素的电负性在周期表中也呈现出周期性变化。在每一周期都是左边碱金属的电负性最低，右边的卤素电负性最高，由左向右电负性逐渐增加，主族元素间的变化明显，副族元素之间的变化幅度小一些。

主族元素的电负性一般是从上向下递减，但也有个别元素的电负性值异常，其原因有待进一步研究。副族元素由上向下的规律性不强。

在所有元素中氟的电负性最大，是非金属性最强的元素，铯的电负性最小，是金属性最强的元素；通常情况下，金属元素的电负性在2.0以下，非金属元素的电负性在2.0以上，但它们没有严格的界限。

总之，元素的电负性的大小是表示分子中原子吸引电子的能力大小，所以它能方便地定性反映元素的某些性质，如：金属性与非金属性、氧化还原性、估计化合物中化学键的类型、键的极性等，因此在化学领域中被广泛地运用。

课堂互动

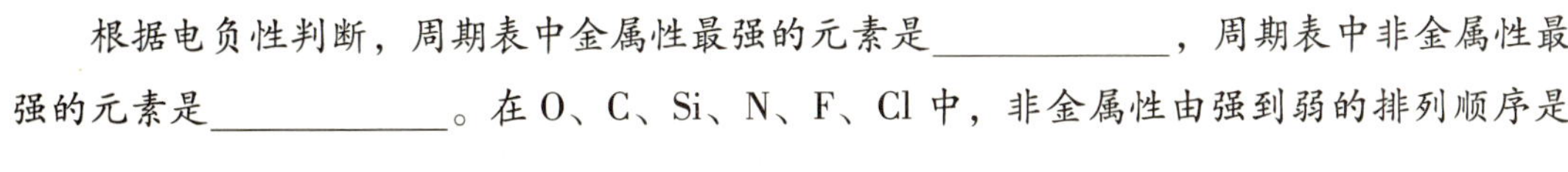

根据电负性判断，周期表中金属性最强的元素是＿＿＿＿＿＿，周期表中非金属性最强的元素是＿＿＿＿＿＿。在O、C、Si、N、F、Cl中，非金属性由强到弱的排列顺序是＿＿＿＿＿＿。

重点小结

一、原子的组成及同位素的概念

$$原子{}^{A}_{Z}X\begin{cases}原子核\begin{cases}质子 & Z个\\ 中子(A-Z)个\end{cases}\\ 核外电子 \quad Z个\end{cases}$$

二、核外电子运动状态的描述

1. 电子云是电子在核外空间出现的概率密度分布的形象化表示法。s 电子云是球形，p 轨道电子云形状是哑铃型。

2. 四个量子数：主量子数 n 决定电子层数，角量子数 l 决定原子轨道的形状，磁量子数 m 决定原子轨道的伸展方向，自旋量子数 m_s 决定电子的自旋方向。各量子数取值有特定限制。即 $l \leqslant n-1$，$|m| \leqslant l$。n 和 l 决定电子的能量，n、l、m 决定电子所处的轨道；n、l、m、m_s 共同决定核外电子的运动状态。

3. 原子核外电子排布遵循三个原则。

三、元素周期律和元素周期表

1. 原子的电子层数 = 周期表中周期数

主族元素最外层电子数(价电子数) = 周期表中主族序数

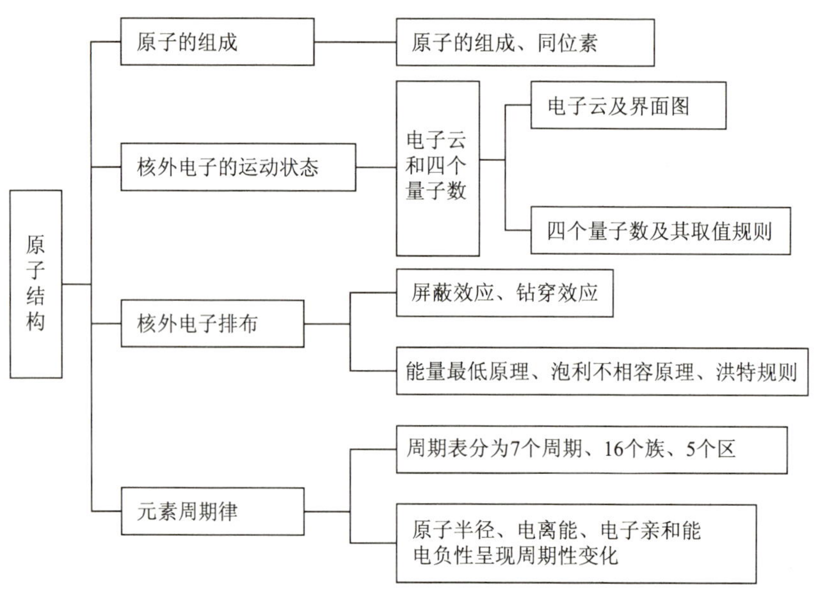

2. 元素周期表的结构

元素周期表根据容纳元素的数目分为短周期(第 1、2、3 周期)、长周期(第 4、5、6

周期）和不完全周期（第 7 周期）；族分为 7 个主族（A）、7 个副族（B）、1 个 0 族、1 个Ⅷ族；划分为五个区，即 s 区、p 区、ds 区、d 区、f 区。

3. 元素的主要性质，如原子半径、电离能、电子亲和能、元素的电负性随着原子序数的递增而呈现周期性的变化。

复习思考

一、选择题

1. 道尔顿的原子学说主要有下列三个论点：①原子是不能再分的微粒；②同种元素的原子的各种性质和质量都相同；③原子是微小的实心球体。从现代原子－分子学说的观点看，你认为不正确的是（　　）

A. 只有①　　B. 只有②　　C. 只有③

D. ①②　　E. ①②③

2. 下列能级中轨道数为 3 的是（　　）

A. s 能级　　B. p 能级　　C. d 能级

D. f 能级　　E. g 能级

3. 下列各原子或离子的电子排布式错误的是（　　）

A. Al　$1s^22s^22p^63s^23p^1$　　B. S^{2-}　$1s^22s^22p^63s^23p^4$

C. Na^+　$1s^22s^22p^6$　　D. F　$1s^22s^22p^5$　　E. Ne　$1s^22s^22p^6$

4. 下列说法正确的是（　　）

A. 原子的种类由原子核内质子数、中子数决定

B. 分子的种类由分子组成决定

C. ${}^{3}_{2}He$ 代表原子核内有 2 个质子和 3 个中子的氦原子

D. ${}^{17}_{8}O$ 和 ${}^{18}_{8}O$ 原子的核外电子数是前者大

E. 分子的种类由原子组成决定

5. 有关核外电子运动规律的描述错误的是（　　）

A. 核外电子质量很小，在原子核外做高速运动

B. 核外电子的运动规律与普通物体不同，不能用牛顿运动定律来解释

C. 在电子云示意图中，通常用小黑点来表示电子绕核做高速圆周运动

D. 在电子云示意图中，小黑点密表示电子在核外空间单位体积内电子出现的机会多

E. 核外电子的运动符合海森堡的测不准原理

6. 对原子中的电子来说，下列成套量子数中不合理的是(　　)

A. 3，1，1，-1/2　　B. 2，1，-1，+1/2　　C. 3，3，0，+1/2

D. 4，3，-3，-1/2　　E. 4，3，0，-1/2

7. 对于基态原子电子排布规则，下列叙述中正确的是(　　)

A. 按照泡利不相容原理，每个电子层的电子容量为 $2n^2$ 个

B. 当轨道处于完全充满时，电子较稳定，故 ^{35}Br 的电子排布为 $[Ar]3d^{10}4s^14p^6$

C. 原子中核外电子的排布是根据三规则、一特例得出的

D. 能量最低原理解决了电子在不同亚层中的排布顺序问题，而洪特规则解决了电子在简并轨道中的排布问题

E. 周期表中的所有元素的核外电子排布全部依据电子三原则按鲍林轨道能级图填充

8. 决定多电子原子能量 E 的量子数是(　　)

A. n　　B. n 和 l　　C. n、l、m

D. l　　E. l 和 m

9. s 区元素包括几个纵列(　　)

A. 1　　B. 2　　C. 6

D. 8　　E. 4

10. 下列元素中电负性最大的是(　　)

A. H　　B. Cs　　C. F

D. Cr　　E. At

二、填空题

1. $n=4$ 时，如果没有能级交错，该层各轨道能级由低到高的顺序应为________，3d 电子实际在第________周期的元素中开始出现。

2. 原子中，主量子数为 n 的电子层中有________个原子轨道，最多容纳的电子数为________。角量子数为 l 的亚层中含有________个原子轨道。

3. Cu^{2+} 的价电子构型为________；Cl 的价电子构型为________。

4. 主族元素的原子电负性变化规律是____________________。

5. 微观粒子的运动具有________性和________性，微观粒子的运动状态具有统计规律，原子核外电子的运动状态可由____________来描述。

6. 每一个原子轨道需要用________个量子数描述，其符号分别是________，表征电子自旋方式的量子数有________个，具体值分别是________。

三、判断题

1. 微观粒子的质量越小，运动速度越快，波动性就表现得越明显。(　　)

2. 凡核外电子排布相同的微粒，它们的化学性质也相同。(　　)

3. 不同磁量子数 m 表示不同的原子轨道，它们所具有的能量也不相同。(　　)

4. 主量子 n 相同而角量子数 l 不同的轨道，随着 l 的增大，屏蔽作用也增强。(　　)

5. 主族元素的电负性一般是从上向下递减的。(　　)

6. 磁量子数 $m=0$ 的轨道都是球形对称的轨道。(　　)

7. 鲍林能级近似图中的能级组数与元素周期表中的周期数是一致的。(　　)

8. 某原子的价电子构型为 $3s^2 3p^2$，若用四个量子数表示 $3p^2$ 两个价电子的运动状态，则分别为 3，1，0，$-1/2$ 和 3，1，1，$+1/2$。(　　)

9. Na 原子的 3s 能级与 K 原子的 3s 能级具有相同的能量。(　　)

10. ⅣA 族的所有元素的价电子层排布均为 $4s^2 4p^2$。(　　)

四、名词解释

1. 电子云　2. 同位素　3. 四个量子数　4. 原子轨道　5. 屏蔽效应

五、问答题

1. 为什么 Pauling 原子轨道近似能级图中出现能级分裂和能级交错现象?

2. 什么是原子核外电子排布的三原则?

3. 某元素 +3 价离子和氩原子的电子构型相同，试写出该元素属哪个周期、哪族、其元素符号。

4. 第四周期某元素原子中的未成对电子数为 1，但通常可形成 +1 和 +2 价态的化合物。试确定该元素在周期表中的位置。

扫一扫，知答案

扫一扫，看课件

第三章

分子结构

【学习目标】

1. 掌握化学键、离子键、共价键、氢键的概念及特点；经典共价键理论——共价键的形成和极性，配位键的形成；现代价键理论——共价键的类型（σ 键、π 键）和参数；杂化轨道理论——基本要点、杂化轨道的形成和类型。

2. 熟悉分子极性的产生；分子间作用力的产生；氢键的形成和形成条件；分子间作用力和氢键对物质性质的影响。

3. 熟悉金属键的形成；几种不同分子间作用力的产生及影响分子间作用力大小的因素；离子晶体、分子晶体、原子晶体和金属晶体在组成质点、质点间作用力和特性等方面的不同点。

4. 了解影响离子极化性和变形性大小的因素；离子极化作用对物质结构和性质的影响；氢键的特点、分类和形成的意义。

案例导入

原子如何结合成为分子？

1803 年，英国化学家、物理学家道尔顿（J. Dalton）提出所有物质都是由原子组成的假设。但原子如何结合成为分子和化合物呢？早期化学家假设原子之间有一种神秘的钩相互钩住。这种设想一直延续至今。现代化学键的“键”字仍然保留着最原始“钩”的意思。经过 100 多年化学家和物理学家的探索，现在化学“钩”（键）的本质已基本弄清楚，原子或原子团之间的相互作用力就是化学键，分为离子键、共价键、金属键、配位键等。

问题：1. 原子是通过什么来结合成分子？

2. 各种分子中原子的结合方式有什么不同？

分子是能够独立存在并保持物质基本化学性质的一种微粒，也是参与化学反应的基本单元。分子由原子组成，分子内原子之间的结合形式，以及各原子在空间的排列即分子的空间结构，是决定分子性质的内在因素。另外，在分子与分子之间也存在较弱的作用力即分子间力和氢键，它们影响着物质的物理性质，如分子是否有极性，熔点和沸点的高低等。研究分子结构及分子间作用力，对了解物质的性质和化学变化规律都具有重要的意义。

第一节　化 学 键

原子能结合成分子，是因为原子之间存在着一种强烈的相互作用。这种相邻原子间的强烈相互作用，称为化学键(chemical bond)。

原子结合成分子时，原子核没有变化，主要是外层电子排布发生了变化。由于各原子的核外电子排布不同，各原子间的相互作用力也不同。按原子间作用力产生的方式不同，将化学键分为离子键、共价键和金属键三种类型。

一、离子键

1. 离子键的形成　当活泼金属元素(K、Na、Ca、Mg等)和活泼的非金属元素(F、O、Cl等)相互作用时，金属元素原子失去电子成为带正电荷的阳离子，非金属元素原子获得电子而成为带负电荷的阴离子，然后这两种电性相反的离子通过静电相互作用而结合。这种阴、阳离子之间通过静电相互作用形成的化学键叫离子键(ionic bond)。NaCl的形成过程用电子式表示为：

Na失去电子生成Na^+　　$n\text{Na}(1s^22s^22p^63s^1) - ne \longrightarrow n\text{Na}^+(1s^22s^22p^6)$

Cl得到电子生成Cl^-　　$n\text{Cl}(1s^22s^22p^63s^23p^5) + ne \longrightarrow n\text{Cl}^-(1s^22s^22p^63s^23p^6)$

Na^+与Cl^-通过离子键形成氯化钠　　$n\text{Na}^+ + n\text{Cl}^- \longrightarrow n\text{NaCl}$

一般说来，成键的两原子间电负性差值大于1.7时，可形成离子键。

像氯化钠这样由离子键结合而构成的化合物称为离子化合物，如绝大部分的盐类、碱类和部分金属氧化物等都是离子化合物，如$MgCl_2$、Na_2SO_4、KOH、MgO等。

2. 离子键的特点　无方向性和饱和性。对于任意一个离子来说，我们可以把它看做一个带电的球体，其形成的电场是均匀分布的，在空间各个方向都可以与带相反电荷的离子结合成离子键，因此，离子键无方向性。另外，由于阳离子和阴离子之间的结合是电场中的电性引力，某一带电离子在其电场内，只要空间和距离条件允许，将尽可能多的吸引带相反电荷的离子，其作用力大小由离子所带的电荷与离子间的距离决定，这种现象说明离子键无饱和性。

如图3-1所示，在NaCl晶体中，每个Na^+周围吸引着6个Cl^-，每个Cl^-周围吸引着6个Na^+，因此，在离子化合物的晶体中没有单个分子，其化学式只表示离子的数目比。

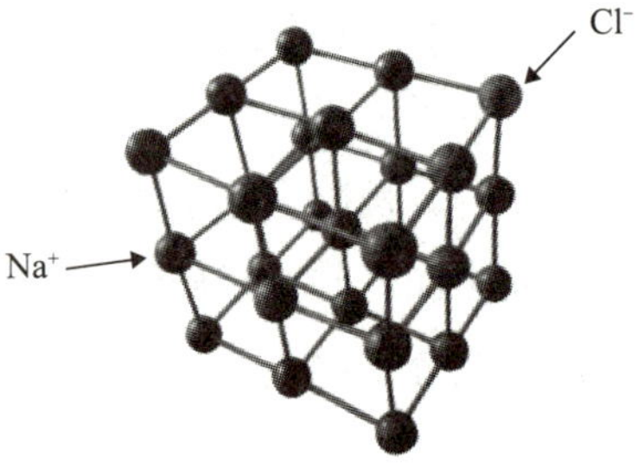

Cl⁻
Na⁺

图3-1 氯化钠的晶体结构

3. 离子键的强弱 离子键的强弱与离子的性质有关，简单离子的性质又主要决定于离子的电荷和离子的半径。

(1)离子的电荷：离子键的实质是阴、阳离子之间的静电引力，阴、阳离子所带电荷直接影响离子键的强弱。离子所带电荷越多，与带相反电荷的离子之间的静电作用越强，形成的离子键就越牢固。

(2)离子半径：离子键是否稳定除了与离子所带电荷多少有关以外，还与阳离子和阴离子之间的距离有关，距离越近，离子键越牢固，而成键的离子间的距离大小与阳离子和阴离子的半径大小有关。

常见离子半径见表3-1所示，由表中数据归纳出以下结论：

①同一周期元素阳离子的半径较小，阴离子的半径较大。

②同周期电子层结构相同的元素的阳离子半径随离子所带正电荷数的增加而减小，如$Na^+ > Mg^{2+} > Al^{3+}$；阴离子半径随离子所带负电荷数增加而增大，如$N^{3-} > O^{2-} > F^-$。

③周期表中同一主族元素离子半径自上而下递增，如$F^- < Cl^- < Br^- < I^-$。

④同一元素的阴离子半径大于原子半径，阳离子半径小于原子半径，低价态半径大于高价态半径，$Cl^- > Cl$，$Fe > Fe^{2+} > Fe^{3+}$。

表3-1 常见离子的离子半径

离子	半径/pm	离子	半径/pm	离子	半径/pm
H^+	208	Li^+	60	Ba^{2+}	135
F^-	136	Na^+	95	Fe^{2+}	74
Cl^-	181	K^+	133	Pb^{2+}	120
Br^-	195	Rb^+	148	Ga^{2+}	62
I^-	216	Cs^+	169	Fe^{3+}	50
O^{2-}	140	Cu^+	96	Pb^{4+}	84
S^{2-}	184	Cu^{2+}	72	Al^{3+}	50
Se^{2-}	198	Mg^{2+}	65	Sn^{4+}	71
Te^{2-}	221	Ca^{2+}	99	Mn^{2+}	80

二、金属键

1. 金属键的形成 金属的特点是原子的最外层电子容易失去，在金属单质的晶体中，原子的最外层电子可以在整块金属范围内自由运动，将这种在某一瞬间不受一定原子束缚的电子称为自由电子，当电子从某一原子离开时，原子就变成阳离子，当阳离子与电子结合时又变成原子。所以，金属内总是存在着中性原子、阳离子和自由电子。这些金属原子和离子沉浸在电子氛中，被电子吸引而结合在一起。在金属晶体中，这种由于自由电子运动而引起金属原子和离子间相互结合的化学键称为金属键。

2. 金属的特性 金属键无饱和性和方向性。因为原子和离子紧密堆积，所以金属密度大，延展性好。又因为自由电子的存在，所以金属容易导电和导热。

三、共价键

(一) 经典共价键理论

1916 年美国化学家路易斯(G. N. Lewis)提出共价学说，建立了经典的共价键理论。他认为同种元素的原子及电负性相近元素的原子间可以通过共用电子对相结合，电子共用成对后每个原子都达到稳定的稀有气体的原子结构，即 8 电子结构(H 除外)，所以经典的共价键理论又叫八隅体理论。

1. 共价键的形成 当电负性相同或相近的原子相互结合时，成键的原子各自提供数目相同的电子，形成共用电子对，共同围绕两个成键原子核运动，为两个原子所共有，使双方原子都达到稳定的电子构型。我们把原子间通过共用电对所形成的化学键叫做共价键。如 H_2、Cl_2、HCl 的形成。

$$\mathrm{H}\cdot + {}^{\times}\mathrm{H} \longrightarrow \mathrm{H}\overset{\cdot}{\underset{\times}{}}\mathrm{H}$$

$$:\overset{\cdot\cdot}{\underset{\cdot\cdot}{\mathrm{Cl}}}\cdot + \times\overset{\times\times}{\underset{\times\times}{\mathrm{Cl}}}\,\overset{\times}{\underset{\times}{}} \longrightarrow\ :\overset{\cdot\cdot}{\underset{\cdot\cdot}{\mathrm{Cl}}}\,\overset{\cdot}{\underset{\times}{}}\,\overset{\times\times}{\underset{\times\times}{\mathrm{Cl}}}\,\overset{\times}{\underset{\times}{}}$$

$$\mathrm{H}\times + \cdot\overset{\cdot\cdot}{\underset{\cdot\cdot}{\mathrm{Cl}}}: \longrightarrow \mathrm{H}\,\overset{\times}{\underset{\cdot}{}}\,\overset{\cdot\cdot}{\underset{\cdot\cdot}{\mathrm{Cl}}}:$$

2. 共价键的特点 共价键具有方向性和饱和性。这是区别于离子键的主要特点，将在共价键理论中加以解释。

3. 共价键的极性 共价键是通过共用电子对成键的，两个相同原子形成共价键时，它们的电负性相同，吸引电子的能力完全相同，共用电子对均匀的分布在两个原子之间，不偏向任何一个原子，成键的原子都不显电性，这种共价键称为非极性共价键，简称非极性键(non - polar bond)。例如 H_2、Cl_2、O_2等分子中的共价键都是非极性键。

如果不相同原子形成的共价键，由于成键原子的电负性不同，共用电子对偏向电负性较大的原子，电荷分布不对称。其中电负性较大的原子一端带有部分负电荷，电负性较小的原子一端带部分正电荷，正负电荷重心不重合，这样的共价键具有极性，称为极性共价键，简称极性键(polar bond)。例如 H—Cl 键、O—H 键就是极性键。在极性键中，成键原子的电负性差值越大，键的极性越大；电负性差值越小，键的极性也就越小。

4. 配位键 配位键是一种特殊的共价键。它是由成键两原子中的一个原子单独提供电子对进入另一个原子的空轨道共用而形成的共价键，称为配位共价键，简称配位键，为了区别于正常的共价键，配位共价键通常用"⟶"表示，箭头的方向从提供电子对的原子指向接受电子对的原子。例如，NH_3与 H^+离子结合成 NH_4^+离子，氨分子中氮原子的孤对电子进入氢离子的空轨道，与氢共用，形成配位键。NH_4^+离子的形成过程如下：

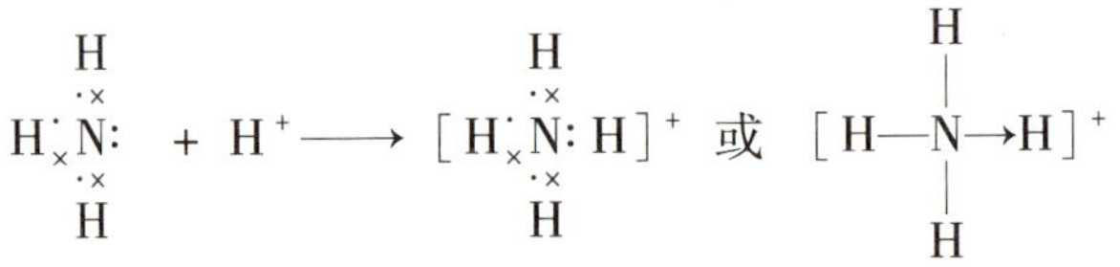

$$\mathrm{H\overset{H}{\underset{H}{\dot{\times}N\colon}}} + \mathrm{H^+} \longrightarrow \left[\mathrm{H\overset{H}{\underset{H}{\dot{\times}N\colon}}H}\right]^+ \text{ 或 } \left[\mathrm{H{-}\overset{H}{\underset{H}{N}}{\rightarrow}H}\right]^+$$

配位键的形成必须同时具备两个条件：一个原子的价电子层有未共用的电子对即孤电子对，而另一个原子的价电子层有可接受孤电子对的空轨道。配位键的形成方式虽然与正常共价键不同，但一旦形成之后，两者就没有差别了。

课堂互动

Cl_2、NH_4Cl、CO_2、NaOH、CH_4、NaCl，这些分子中哪些是离子化合物，哪些是共价化合物？存在的是哪种化学键？

(二)现代价键理论

经典共价键理论初步揭示了共价键不同于离子键的本质，对分子结构的认识前进了一步。但是依然存在着局限性，如它不能解释两个带负电荷的电子为什么不互相排斥而相互配对成键；也不能解释原子间共用电子对如何生成具有一定空间构型的稳定分子，以及许多共价化合物分子中原子的外层电子数虽少于8(如 BF_3)或多于8(如 PCl_5、SF_6等)仍能稳定存在。1927 年，德国化学家海特勒(W. H. Heitler)和伦敦(F. W. London)首先把量子力学理论应用到分子结构中，后来鲍林等人在此基础上建立了现代价键理论(valence bond theory)，简称 VB 法，又叫做电子配对法。下面我们重点讨论 VB 法。

1. VB 法的要点

(1)共价键的形成：具有自旋方向相反的未成对电子的两个原子相互接近时，核间电子云密度增大，才可以配对形成稳定的共价键。

若 A、B 两个原子各有一个未成对的电子且自旋相反，二者相互靠近时电子云重叠，核间电子云密度较大，可以配对形成稳定的共价单键(如 H—Cl)；若 A、B 两原子有两个或三个未成对的电子，且自旋相反，可以形成共价双键或叁键(如 O═O、N≡N)。

(2)共价键的饱和性：一个原子有几个未成对的电子，便可和几个自旋方向相反的电子配对成键。而已成键的电子就不能再与其他电子配对成键，这便是共价键的“饱和性”。按照价键理论，原子未成对的电子数，等于原子形成共价键的数目。如一个氧原子有两个未成对电子，就可以和两个氢原子形成两个 O—H 键，从而构成 H_2O 分子。当 H_2O 分子形成后，氧就不能再与第三个原子结合。

(3)共价键的方向性：在形成共价键时，原子间总是尽可能地沿着原子轨道最大重叠的方向成键。成键电子的原子轨道重叠程度越大，所形成的共价键越牢固，这就是原子轨道最大重叠原理。原子轨道中除 s 轨道呈球形对称外，p、d 和 f 轨道都有一定的空间取向。因此，除了 s 轨道与 s 轨道成键没有方向限制外，其余原子轨道的重叠只有沿一定的方向进行才能达到最大程度的重叠，因而共价键具有一定的方向性。例如，在形成 HCl 分子时，H 原子的 1s 轨道与 Cl 原子的 $3p_x$轨道，只有沿着 X 轴的方向靠近，才能使两原子之间轨道最大程度的重叠，形成稳定共价键，如：图 3－2(a)。其他方向重叠，如：图 3－2(b)和图 3－2(c)，因原子轨道重叠部分抵消或重叠很少，所以不能成键，也就不能形成稳定的 HCl 分子。

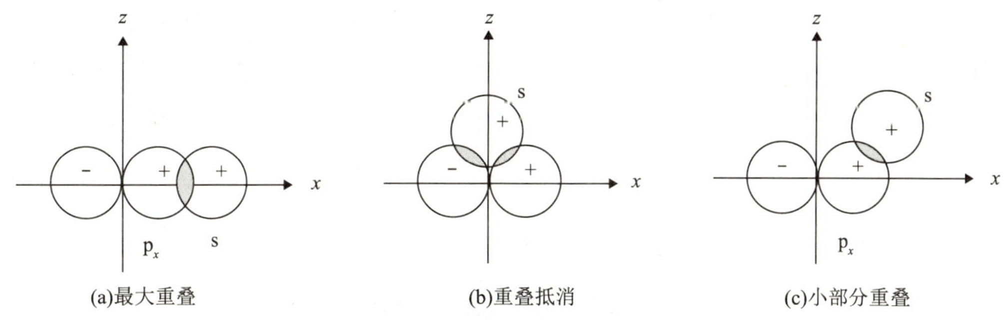

图 3－2　原子轨道最大重叠原理

2. 共价键的类型　根据成键时原子轨道重叠方式的不同，共价键分为 σ 键与 π 键。

(1)σ 键：两个原子成键轨道沿键轴(通常为 x 轴)方向以“头碰头”的方式重叠所形成的共价键，称为 σ 键。如图 3－3(a)所示，如 H_2分子中的 s－s 重叠，HCl 分子中的 s－p_x 重叠，Cl_2分子中 p_x－p_x 重叠等。

(2)π 键：两原子轨道沿着键轴方向以“肩并肩”的方式发生轨道重叠，重叠后得到的电子云图像呈镜像对称，这种共价键称为 π 键。如图 3－3(b)所示。

如 N_2分子中两个 N 原子以三对共用电子结合在一起，两个 N 原子的 p_x 轨道以“头碰头”的方式重叠，形成一个 σ 键，而 p_y 和 p_y，p_z 和 p_z 分别以“肩并肩”的方式重叠形成两

个互相垂直的 π 键，如图 3-3(b)所示。因此，在 N_2分子中，两个 N 原子是以一个 σ 键和两个 π 键相结合的。N_2分子的结构可用 N≡N 来表示。

如果两个原子间形成单键，必然是 σ 键；若形成双键或叁键，除一个 σ 键外，其余则是 π 键。σ 键和 π 键的比较见表 3-2。

表 3-2　σ 键与 π 键的比较

	σ 键	π 键
成键轨道	由 s-s、s-p、p-p 原子轨道重叠形成	由 p-p、p-d 原子轨道重叠形成
成键方式	原子轨道以“头碰头”方式重叠	原子轨道以“肩并肩”方式重叠
存在形式	存在于单键、双键或叁键中	存在于双键或叁键中
键的性质	重叠程度大，键能大，稳定性高	重叠程度小，键能小，稳定性低

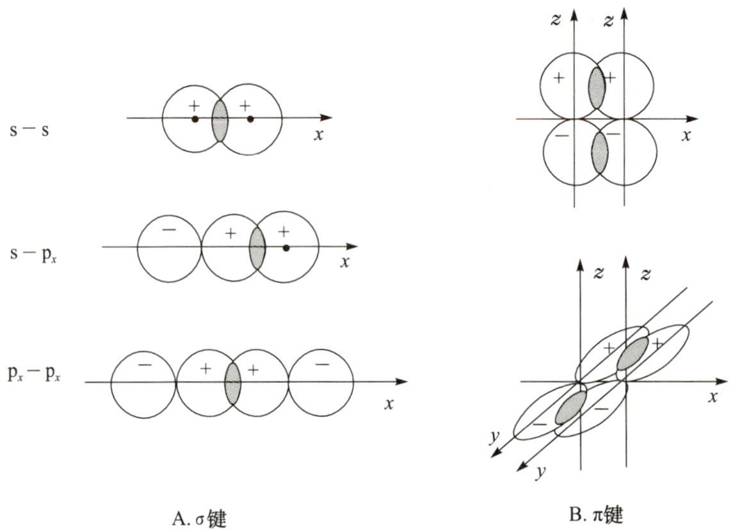

图 3-3　σ 键和 π 键形成示意图

3. 共价键参数　共价键参数是表征共价键性质的物理量，主要有键能、键长、键角等。共价键参数可以用来判断共价键的稳定性、分子的几何构型及分子的极性等。

(1)键能(E)：用来描述化学键强弱的物理量。在 101.3kPa，298K 的标准状态下，将 1mol 理想气态 AB 分子的键断开，解离为理想的气态原子 A 和 B 所需要的能量称为 AB 解离能(D)，单位为 kJ · mol^{-1}。

对于双原子分子，键能等于离解能，单位为 kJ · mol^{-1}，例如：

$H_2(g) \longrightarrow 2H(g) \qquad E_{H-H} = D_{H-H} = 436kJ \cdot mol^{-1}$

$N_2(g) \longrightarrow 2N(g) \qquad E_{N\equiv N} = D_{N\equiv N} = 941kJ \cdot mol^{-1}$

对于多原子分子，键能等于全部离解能的平均值，例如：

$NH_3(g) \longrightarrow NH_2(g) + H(g)$　　$D_1 = 435kJ \cdot mol^{-1}$

$NH_2(g) \longrightarrow H(g) + NH(g)$　　$D_2 = 397kJ \cdot mol^{-1}$

$NH(g) \longrightarrow H(g) + N(g)$　　$D_3 = 339kJ \cdot mol^{-1}$

在 NH_3分子中，N—H 键的键能等于 3 个等价 N—H 键离解能的平均值，即

$$E_{N-H} = (D_1 + D_2 + D_3)/3 = 391kJ \cdot mol^{-1}$$

一般来说，键能越大，相应的共价键越牢固，组成的分子越稳定。一些双原子分子的键能和某些键的平均键能见表 3－3。

表 3－3　一些双原子分子的键能和某些键的平均键能 $E(kJ \cdot mol^{-1})$

分子名称	键能	分子名称	键能	共价键	键能	共价键	键能
H_2	436	HF	565	C—H	414	N—H	389
F_2	158	HCl	431	C—F	460	N—N	159
Cl_2	244	HBr	366	C—Cl	326	N═N	418
Br_2	192	HI	299	C—Br	289	N≡N	946
I_2	150	NO	286	C—I	230	O—O	142
N_2	946	CO	1071	C—C	347	O═O	495
				C═C	611	O—H	463
				C≡C	837		

(2)键长(l)：分子中两个成键原子核间的平均距离为键长。一般键越长，表明键能越小；键越短，键能越大。所以可以从键长的数据来估计化学键的稳定程度。一些共价键的平均键长见表 3－4。

表 3－4　一些共价键的平均键长(pm)

X	C—X	C═X	C≡X	H—X	N—X	N═X
C	154	134	120	109	147	137
N	147	127	115	101	141	124
O	143	121		96		
F	140			96		
Cl	177			128	177	
Br	191			142		
I	212			162		
P	187					
S	182			135		

(3)键角(α)：分子中键和键之间的夹角叫键角。键角是表征分子空间结构的参数。例如 H_2O 分子中两个 O—H 键的夹角为 104.5°，这就决定了水分子是 V 形结构；CO_2分子中两个 C ═ O 键间的夹角为 180°，表明 CO_2分子为直线型结构。键长和键角决定了分子的空间构型。

（三）杂化轨道理论

价键理论简要阐明了共价键的形成过程和本质，成功解释了共价键的方向性和饱和性，但在解释一些分子的空间结构方面却遇到了困难。1931 年鲍林提出了杂化轨道理论（hybrid orbital theory），丰富和发展了现代价键理论。

1. 杂化轨道的形成过程 杂化轨道在形成时，首先，原子基态上某一轨道上的电子从基态跃迁到能量较高的空轨道上去，形成激发态，激发态的 2 个或多个轨道再进行混杂，重新分配能量和空间取向，成为成键能力更强的新原子轨道。这个过程称为原子轨道的杂化。形成的新原子轨道称为杂化轨道。

2. 杂化轨道理论的基本要点

（1）只有同一原子中能量相近的原子轨道可参与杂化，形成杂化轨道，但轨道数目不变。

（2）形成的杂化轨道数等于参与杂化的原子轨道数。

（3）杂化改变了原子轨道的形状、能量和伸展方向，轨道成键能力增强，杂化轨道变得一头大，一头小，电子云更集中，更有利于轨道的最大重叠。杂化轨道的取向对称，使成键的电子对间距离最远，斥力最小，形成的分子更稳定。

3. 杂化轨道的类型 杂化轨道的类型很多，本章主要介绍 s－p 杂化的三种类型：sp、sp^2 和 sp^3 杂化。

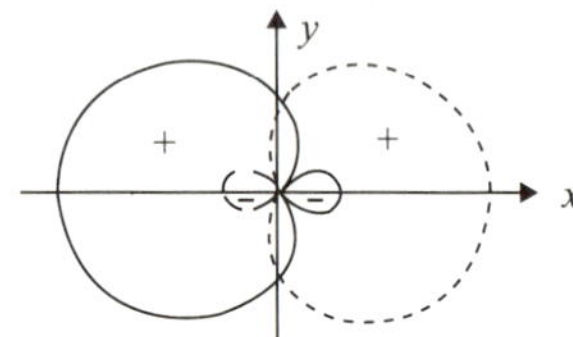

图 3－4 sp 杂化轨道示意图

（1）sp 杂化：同一原子能量相近的一个 *n*s 轨道和一个 *n*p 轨道杂化，可形成两个等价的 sp 杂化轨道，每个 sp 轨道中含 1/2 的 s 成分和 1/2 的 p 成分，轨道呈一头大、一头小，两 sp 杂化轨道之间的夹角为 180°，如图 3－4 所示。分子呈直线型构型。

例如气态 $BeCl_2$ 分子的形成。基态 Be 原子的外层电子构型为 $2s^2$，无未成对电子。但 Be 的一个 2s 电子可以吸收能量激发到 2p 轨道上，形成两个单电子，然后通过 sp 杂化形成两个等价的 sp 杂化轨道，分别与两个 Cl 的 3p 轨道沿键轴方向重叠，生成两个（sp－p）σ 键。故 $BeCl_2$ 分子呈直线型。其杂化过程如下：

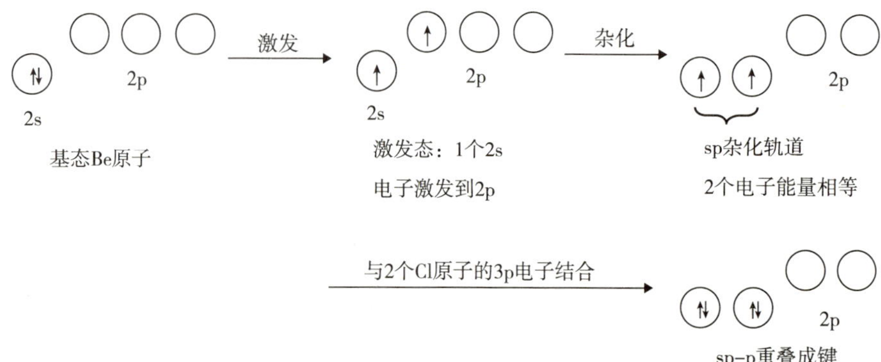

(2)sp^2杂化：同一原子能量相近的一个 ns 轨道和两个 np 轨道杂化，可形成三个等价的 sp^2杂化轨道。每个 sp^2杂化轨道含有 1/3 的 ns 轨道成分和 2/3 的 np 轨道成分，轨道呈一头大、一头小，各 sp^2杂化轨道之间的夹角为 120°。分子呈平面正三角形构型。

例如，BF_3分子的形成。基态 B 原子的外层电子构型为 $2s^22p^1$，似乎只能形成一个共价键。按杂化轨道理论，成键时 B 的一个 2s 电子被激发到空的 2p 轨道上，激发态 B 原子的外层电子构型为 $2s^12p_x^{\ 1}2p_y^{\ 1}$，通过 sp^2杂化，形成三个等价的 sp^2杂化轨道，指向平面正三角形的三个顶点，分别与三个 F 的 2p 轨道重叠，形成三个$(sp^2-p)\sigma$ 键，键角为 120°。所以，BF_3分子呈平面正三角形。其杂化过程如下：

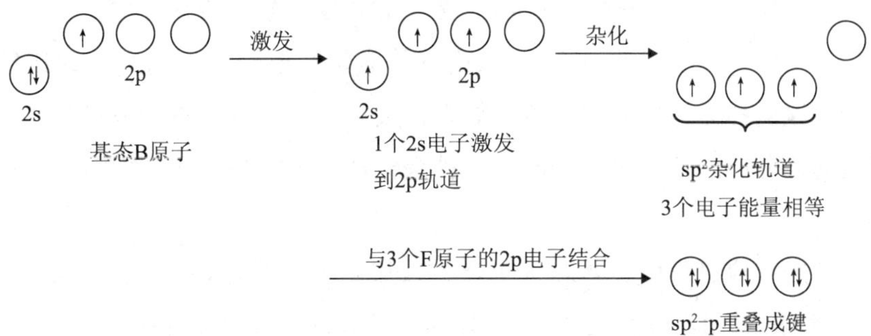

(3)sp^3杂化：同一原子的一个 ns 轨道和三个 np 轨道杂化，可形成四个等价的 sp^3杂化轨道。每个 sp^3杂化轨道含 1/4 的 ns 轨道成分和 3/4 的 np 轨道成分，轨道呈一头大、一头小，分别指向正四面体的四个顶点，各 sp^3杂化轨道间的夹角为 109°28′，呈正四面体分布。

例如，CH_4分子的形成。基态 C 原子的外层电子构型为 $2s^22p_x^{\ 1}2p_y^{\ 1}$，在与 H 原子结合时，2s 上的一个电子被激发到 $2p_z$轨道上，C 原子的激发态 $2s^12p_x^{\ 1}2p_y^{\ 1}2p_z^{\ 1}$，一个 2s 轨道和三个 2p 轨道杂化形成四个等价的 sp^3杂化轨道，再与四个氢结合。四个 sp^3杂化轨道指向正四面体的四个顶点，故四个 H 原子的 1s 轨道在正四面体的四个顶点方向与四个杂化轨道重叠最大，这决定了 CH_4的空间构型为正四面体，四个 C—H 键间的夹角为 109°28′，其杂化过程如下：

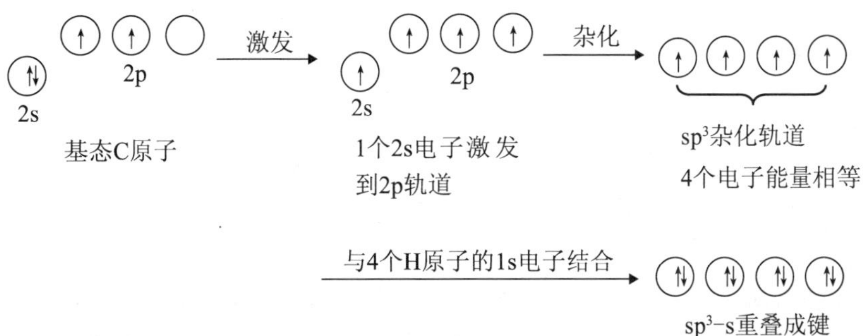

三种杂化轨道的空间构型如图 3－5。

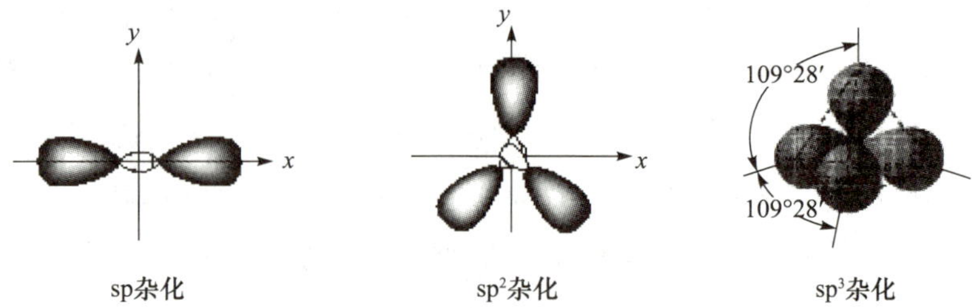

图 3－5 杂化轨道的电子云空间构型

(4)不等性杂化：以上讨论的三种 s－p 杂化方式中，参与杂化的均是含有未成对电子的原子轨道，每一种杂化方式所得的杂化轨道的能量、成分都相同，其成键能力必然相等，这样的杂化轨道称为等性杂化轨道。如果在杂化轨道中有不参加成键的孤电子对，使得各杂化轨道的成分和能量不完全相同，这种杂化称为不等性杂化。如 NH_3、H_2O 分子就属于这一类。

在 NH_3 分子的形成过程中，基态 N 原子的外层电子构型为 $2s^22p^3$，成键时 N 原子的 1 个 2s 轨道和 3 个 2p 轨道杂化形成 4 个 sp^3 不等性杂化轨道。其杂化过程如下：

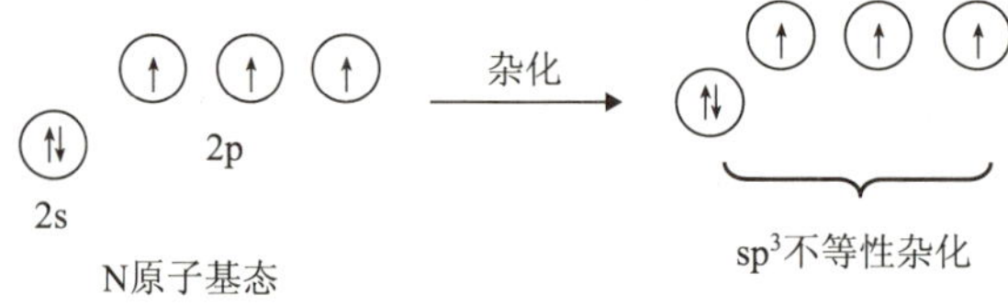

其中一个 sp^3 杂化轨道被 N 原子的孤对电子占据，其余三个轨道中各有一个单电子，分别与一个 H 原子成键，形成三个 N—H 共价键，由于孤对电子较靠近 N 原子，其电子云较密集于 N 原子的周围，其电子云对成键电子产生较大的排斥作用，使得 NH_3 分子的键角变为 107°18′，分子空间构型为三角锥形，如图 3－6 所示。

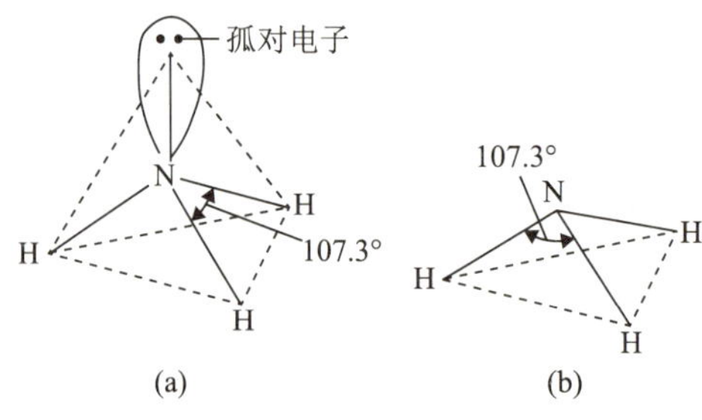

图 3－6 NH_3 分子的空间结构

在 H_2O 分子的形成过程中，O 原子的 1 个 2s 轨道和 3 个 2p 轨道杂化形成 4 个 sp^3 不等性杂化轨道。其中两个轨道被 O 原子的孤对电子占据，其余两个轨道各有一个单电子，分别与一个 H 原子成键，形成两个 O—H 共价键。由于含孤对电子的电子云在原子核周围所占的空间位置较大，它们排斥挤压成键电子对，导致 H_2O 分子的键角减小为 104°45′，分子的空间构型呈 V 形，如图 3－7 所示。

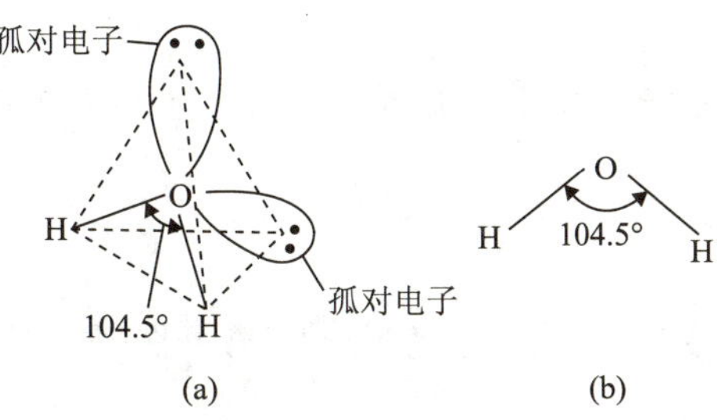

图 3－7　H_2O 分子的空间结构

除了上述 *n*s 和 *n*p 可以进行杂化外，*n*d、(*n*－1)d、(*n*－1)f 原子轨道也同样可以参与杂化。

分子轨道理论

价键理论和杂化轨道理论成功地解释共价键的方向性和分子的空间构型，但 O_2 分子的顺磁性、苯的结构、单电子键和三电子键等问题都无法解释。1932 年，美国化学家马利肯和德国化学家洪特提出了分子轨道理论。

分子轨道理论则认为原子轨道先组合成为分子轨道，电子在分子轨道上运动，共价键是离域的，不是局限在两个原子。分子轨道理论的基本要点：

1. 分子中每个电子的运动状态可用相应的波函数 ψ 来描述，ψ 称为原子轨道。分子轨道波函数是由分子中所有原子轨道波函数线性组合而成，组合前原子轨道数目与组合后分子轨道数目相等。每个分子轨道都有相应的能量和形状。分子轨道用 σ、π、δ…表示。

2. 原子轨道组合形成分子轨道，要遵循对称性原则（只有对称性相同的原子轨道才能组成分子轨道）、能量相近原则（只有能量相近的原子轨道才能组成有效的分子轨道）和最大重叠原则（原子轨道重叠程度越大形成的化学键越牢固）。

在组成的分子轨道中，能量低于原来原子轨道，称为成键轨道；能量高于原来原子轨道，称为反键轨道。原子轨道的对称性不匹配，不能有效重叠，组成的分子轨道，称为非键分子轨道。其能量与组合前的原子轨道无明显差别。

3. 分子中的所有电子属于整个分子，在分子轨道中依能量由低到高的次序排布，遵循能量最低原理、泡利不相容原理和洪特规则。

4. 用键级表示共价键的牢固程度。键级是成键轨道与反键轨道的电子数差值的一半。对于同周期同区的元素来说，键级越大，共价键越牢固，分子越稳定。

5. 电子自旋产生磁场，分子中有单电子时，各单电子平行自旋，磁场加强。这时物质呈顺磁性。

第二节　分子间作用力

案例导入

为什么乙醇可以与水以任意比例混溶?

乙醇俗称酒精，是无色、透明且具有特殊香味的液体，密度比水小，能和水以任意比互溶。一般的有机物大都难溶于水，根据相似相溶原理，极性分子溶质易溶于极性分子溶剂，难溶于非极性分子溶剂；非极性分子溶质易溶于非极性分子溶剂，难溶于极性分子溶剂。乙醇的分子式为 CH_3CH_2OH，属于极性较强的分子，因此可以溶于极性分子水中。乙醇分子和水分子相似，同样具有H—O 极性键，它们之间可以形成氢键而发生缔合现象，成为缔合分子。

问题：1. 分子的极性是如何确定的?

2. 什么样的分子间可以形成氢键呢?

分子间作用力主要包括范德华力和氢键。1873 年荷兰物理学家范德华(van der waals, 1837—1923)首先提出，分子间存在着作用力。因此，把这种分子间作用力称为范德华力。分子间力远远小于化学键的强度，但在原子结合成分子后，分子间主要是通过分子间力结合成物质的。物质聚集状态的变化(如液化、凝固与蒸发等)，均与分子间力有关。分子间力在本质上属于一种静电引力，其大小与分子的极性有关。

一、分子的极性

对于以共价键结合而成的分子，尽管整个分子是电中性的，但分子内部的正、负电荷分布不一定均匀。假定分子内部存在一个正电荷中心和一个负电荷中心，如果分子内部的正、负电荷分布均匀，正、负电荷重心重叠，这样的分子没有极性，称为非极性分子(non-polarmolecule)；如果分子内部的正、负电荷分布不均匀，正、负电荷重心不重叠，这样的分子有极性，称为极性分子(polarmolecule)。

对于双原子分子，分子的极性与共价键的极性是一致的。由非极性键形成的分子为非极性分子，如 H_2、Cl_2、N_2、O_2等，由极性键形成的分子为极性分子，如 HF、HCl、HBr、HI 等。

对于多原子分子，分子的极性除与化学键的极性有关外，还与分子的空间构型有关。具有对称结构，可以抵消键的极性的分子就为非极性分子；结构不对称，无法抵消键的极性的分子就为极性分子。如 CO_2分子中的 C ═ O 键为极性键，但分子的空间构型为直线型分子(O ═ C ═ O)，键的极性互相抵消，分子中的正、负电荷重心重合，所以 CO_2分子为非极性分子。而 H_2O 分子的空间构型为 V 形，分子中的 O—H 键是极性键，共用电子对偏向氧原子，氧原子带部分负电荷，氢原子带有部分正电荷，分子中的正、负电荷重心不重合，所以 H_2O 为极性分子。

课堂互动

Cl_2、HCl、CO_2、H_2O、CH_4 这些分子中哪些是极性分子，哪些是非极性分子？

分子极性的强弱，通常用偶极矩(μ)来衡量。偶极矩为一矢量，其定义为：

$$\mu = q \cdot d \tag{3-1}$$

式中，q 为正电荷重心或负电荷重心所带的电量，d 是正、负电荷重心之间的距离。若偶极矩为 0，分子为非极性分子；若偶极矩不为 0，分子为极性分子；偶极矩越大，分子的极性越强。表 3 - 5 列举了一些物质分子的偶极矩与几何构型。

表 3 - 5　一些物质分子的偶极矩与几何构型

分子式	偶极矩	分子构型	分子式	偶极矩	分子构型
H_2	0	直线型	NH_3	4.90	三角锥型
N_2	0	直线型	SO_2	5.33	V 型
CO_2	0	直线型	H_2O	6.17	V 型
CH_4	0	正四面体型	HCN	9.85	直线型
CS_2	0	直线型	HF	6.37	直线型
CO	0.40	直线型	HCl	3.57	直线型
$CHCl_3$	3.50	正四面体型	HBr	2.67	直线型
H_2S	3.67	V 型	HI	1.40	直线型

二、范德华力

范德华力是一种电性引力，它与化学键相比较弱，它的能量只有化学键能量的 1/10 ~ 1/100。按作用力产生的原因和特点不同，分子间作用力可以分为以下三种力：

(一)取向力

取向力指极性分子与极性分子之间的作用力。由于极性分子的电性分布不均匀，一端带正电荷，一端带负电荷，形成永久偶极。在大量极性分子存在时一个极性分子的正极端必吸引另一个极性分子的负极端，而排斥这个分子的正极端。这样使原来处于杂乱无章状态的极性分子作定向排列，称之为取向，如图3－8(a)。这种永久偶极之间的静电引力称为取向力。分子极性越大，取向力越大。

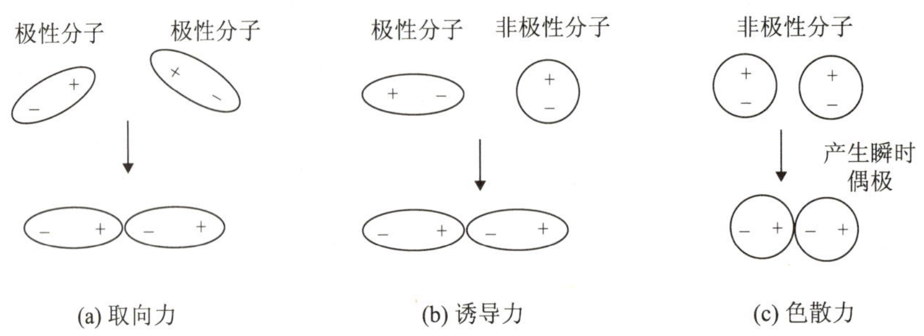

图3－8　分子间作用力示意图

(二)诱导力

发生在极性分子与非极性分子之间以及极性分子之间。在极性分子和非极性分子间，由于极性分子的影响，会使非极性分子的电子云与原子核发生相对位移，产生诱导偶极，与原极性分子的固有偶极相互吸引，这种诱导偶极间产生的作用力称为诱导力，如图3－8(b)。同样地，极性分子间既具有取向力，又具有诱导力。诱导力的大小与极性分子的极性大小有关，还与分子的可极化性有关。

(三)色散力

非极性分子由于电子和原子核都在不停地运动，在某一瞬间可造成正、负电荷重心不重合而产生瞬时偶极。而这种瞬时偶极又会诱导邻近分子产生和它相吸引的瞬时偶极并产生相互吸引力，这种由瞬时偶极所产生的作用力称为色散力。见图3－8(c)。

色散力存在于各类分子之间，色散力的大小与分子的可极化性(变形性)有关，可极化性越强，色散力越大。一般分子量愈大，可极化性愈大。

总之，极性分子与极性分子之间，取向力、诱导力、色散力都存在；极性分子与非极性分子之间，则存在诱导力和色散力；非极性分子与非极性分子之间，则只存在色散力。这三种类型的力的比例大小，决定于相互作用分子的极性和变形性。极性越大，取向力的作用越重要；变形性越大，色散力就越重要。诱导力则与这两种因素都有关。但对大多数分子来说，色散力是主要的。只有偶极矩很大的分子(如水)，取向力才是主要的；而诱导力通常是很小的。

（四）范德华力对物质性质的影响

1. 对物质熔点和沸点的影响 分子间作用力对物质的物理性质影响很大，范德华力愈大，物质的熔点、沸点愈高，硬度愈大。如 F_2、Cl_2、Br_2、I_2 的熔点、沸点依次升高，是因为它们的相对分子质量依次增大，分子的可极化性依次增强，范德华力依次增大。

2. 对溶解度的影响 极性分子间存在着强的取向力，彼此可相互溶解。如氨和氯化氢都易溶于水；苯为非极性分子，苯分子与水分子间作用力小，故苯几乎不溶于水，而溴分子与苯分子间色散力较大，故溴易溶于苯而难溶于水。所谓“相似相溶”（极性溶质易溶于极性溶剂，非极性溶质易溶于非极性溶剂）的经验规律，实际上与分子间作用力大小密切相关。

三、氢键

（一）氢键的形成和表示

当 H 原子与电负性很大、原子半径很小的 X 原子（如 F、O、N）形成强极性的共价键后，因共用电子对向 X 原子强烈偏移，而使该原子带有部分负电荷，H 原子成为几乎裸露的质子带有密度很大的正电荷。当另外一个电负性大的原子 Y 接近 H 时，就会产生较大的静电引力。这种作用力称为氢键。氢键通常用“X—H…Y”表示，其中虚线表示氢键。氟化氢分子间的氢键如图 3－9。

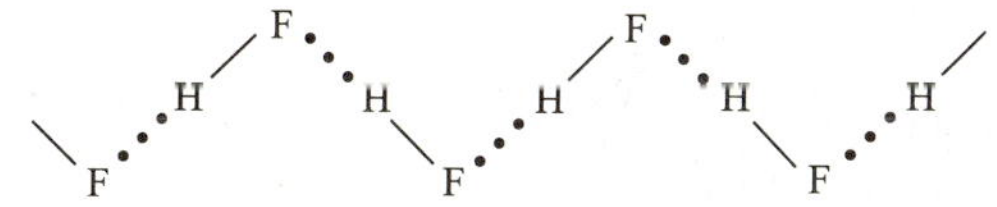

图 3－9　氟化氢分子间氢键

（二）氢键的特点

氢键具有方向性和饱和性。氢键的方向性是指与 X 原子结合的 H 原子尽量沿着 Y 原子的孤对电子云伸展方向去吸引，即 X—H 键的键轴尽量与 Y 原子孤对电子云的对称轴成一直线，也就是 X—H…Y 三原子成一直线，这样 H 与 Y 之间的吸引力大而排斥力小。但有时氢键的方向性不能满足，尤其在形成分子内氢键时。

氢键的饱和性是指一个 X—H 分子中的 H 只能与一个 Y 原子形成氢键，当 X—H 与一个 Y 原子形成氢键 X—H…Y 后，如果再有一个 Y 原子靠近，则这个原子受到氢键 X—H…Y 上的 X、Y 原子的排斥力远大于 H 原子对它的吸引力，使 H 原子不能再与第二个 Y 原子形成第二个氢键。

（三）氢键的类型

1. 分子间氢键 一个分子中的 X—H 键与另一个分子中的 Y 原子所形成的氢键称为

分子间氢键。分子间氢键可以在同种分子之间形成，也可以在不同分子之间形成。如液态氟化氢，一个 HF 分子中的 H 原子可与另一个 HF 分子中的 F 原子相互作用形成氢键，见图 3－9。同理，液态 H_2O 分子之间可以形成氢键。HF 与 H_2O 分子之间也可以形成氢键。

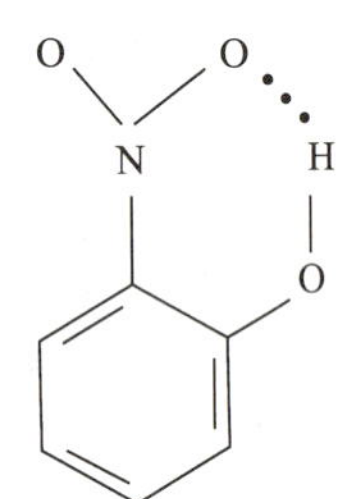

图 3－10　邻硝基苯酚的分子内氢键

2. 分子内氢键　一个分子的 X—H 键与同一分子内的 Y 原子所形成的氢键称为分子内氢键。邻硝基苯酚分子形成的分子内氢键见图 3－10。

（四）氢键对物质性质的影响及应用

氢键是一种特殊的作用力，其能量约在 10～30kJ·mol^{-1}，比一般范德华力大，对物质物理性质如熔点、沸点、溶解度、密度等均有较大影响。

1. 氢键对物质熔点和沸点的影响　如果化合物分子间形成氢键，其熔点、沸点会大大升高。ⅣA 到ⅦA 族氢化物沸点变化情况如图 3－11 所示。

H_2O、HF 和 NH_3 因为分子间形成了 O—H…O、F—H…F 和 N—H…N 氢键，它们的沸点比同族其他元素氢化物高出许多，这是因为破坏氢键需要消耗额外的能量。CH_4 分子间不存在氢键，故碳族元素氢化物沸点随相对分子质量的增加而升高。

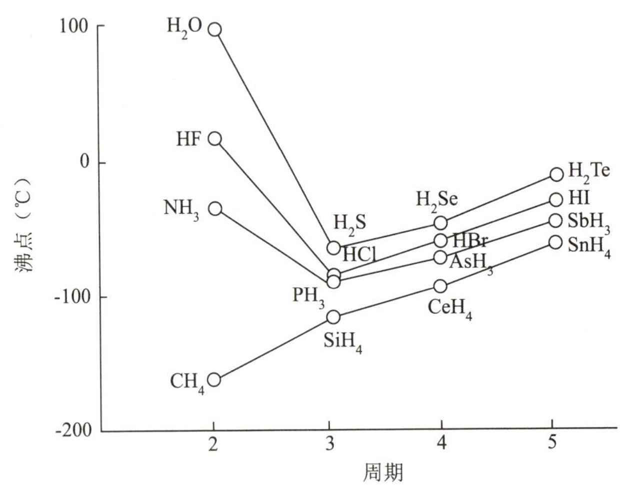

图 3－11　氢键对氢化物的沸点的影响

如果化合物分子内形成氢键，会使分子极性下降，熔点、沸点会降低。例如，邻硝基苯酚可形成分子内氢键，其熔点为 44～45℃，沸点为 216℃；对硝基苯酚只能形成分子间氢键，不能形成分子内氢键，其熔点为 114～116℃，沸点为 279℃。

2. 氢键对物质溶解度的影响　在极性溶剂中，如果溶质分子和溶剂分子间可形成氢键，则溶质的溶解度会增大。这就是甲醇、乙醇能与水以任何比例互溶的原因。如果溶质分子内形成氢键，会使其分子极性下降，按照“相似相溶”原理，在极性溶剂中，其溶解度会降低，而在非极性溶剂中，其溶解度会增大。间苯二酚因分子内两个羟基能相互形成氢键，所以其在苯中溶解度比在水中的溶解度大得多。

分子光谱

原子光谱是由气态原子或离子的外层电子在不同能级间跃迁而产生的光谱。分子光谱则是由分子外层电子跃迁或分子内部振动转动能级跃迁而产生的光谱。原子光谱是线状光谱，各谱线不连续，间隔较大。分子光谱则是由分子中电子能级、振动和转动能级的跃迁产生。这些能级都是量子化的，电子能级间隔较大，振动和转动能级间隔较小。在电子能级跃迁过程中，还会伴随振动能级和转动能级的跃迁，因而产生的一系列谱线连成的谱带。因此分子光谱是带光谱。分子光谱波长分布范围很广，可出现在紫外光区、可见光区和红外光区等。分子吸收光谱可分为分子吸收光谱和分子发射光谱。

分子光谱对确定物质分子结构和量子力学的发展起了关键性作用，对天体物理学、等离子体和激光物理等有极其重要的意义。目前利用分子光谱建立的分析方法种类很多，如紫外－可见吸收光谱法(UV－Vis)、红外吸收光谱法(IR)、分子荧光光谱法(MFS)、分子磷光光谱法(MPS)、核磁共振波谱(NMR)等。这些方法在医药学、食品、环保、化工和能源等领域具有重要应用。

第三节　晶体及离子的极化

一、晶体

物质存在的状态有气体、液体和固体三种形式。固体可分为晶体和非晶体两种。晶体是组成固态的微粒(离子、原子和分子)在空间有规则地排列，有一定的几何形状，并有固定的熔点，如食盐、水晶、金刚石等绝大多数固体都是晶体。非晶体又叫无定形体，组成固态的微粒在空间排列不规则，没有一定的结晶形状，没有固定的熔点，受热时变软，最后变为液体，如石蜡、玻璃、沥青等少数固体属于非晶体。

按照组成晶体的质点微粒和质点间作用力的不同，晶体可分为离子晶体、原子晶体、分子晶体和金属晶体四种类型。

表 3-6 晶体的基本类型和性质

晶体类型	例子	晶体中的质点	质点间作用力	熔、沸点	硬度	延展性	导电性
离子晶体	NaCl	阴、阳离子	离子键	较高	较大	差	熔融态或水溶液导电
原子晶体	金刚石	原子	共价键	高	大	差	绝缘体（半导体）
分子晶体	干冰	分子	分子间作用力	低	小	差	绝缘体部分极性分子水溶液导电
金属晶体	Mg	金属原子、阳离子	金属键	一般较高，部分低	一般较大部分小	良好	良好

晶体除了上述四种基本类型外，还有混合型晶体。如石墨具有层状结构，同层碳原子间以共价键和大 π 键结合，层与层之间以分子间作用力结合，所以石墨处于原子晶体和分子晶体之间的一种混合晶体。

金 刚 石

金刚石又称钻石，早在公元 1 世纪的文献中就有关于金刚石的记载，然而，直到 18 世纪 70 至 90 年代，法国化学家拉瓦锡(1743—1794)等人进行的金刚石在氧气中燃烧的实验，证明了其组成材料是碳。

1913 年英国的物理学家威廉·布拉格和他的儿子用 X 射线观察金刚石，发现了其立体网状结构，每一个碳原子都与周围的 4 个碳原子紧密结合，相邻碳原子之间的距离都相等，正是这种致密的结构使得金刚石具有最大的硬度。

由于金刚石是自然界中最坚硬的物质，因此其具有许多重要的工业用途，如精细研磨材料和高硬切割工具，还被作为很多精密仪器的部件。少部分无色透明或有特殊颜色的金刚石作为宝石用。

二、离子的极化

(一) 离子的极化作用和变形性

离子都带有电荷，自身形成一个小的电场。当阴阳离子互相接近时使对方的电子云分布发生变形，正负电荷重心发生移动而产生诱导偶极，这种作用称为离子的极化作用。被异性离子极化而发生电子云变形的性能，称为该离子的“变形性”或“可极化性”。

阳离子或阴离子都既有极化作用又有变形性，但是阳离子的半径一般比阴离子的小，电场强，所以阳离子的极化作用强，而阴离子则变形性大。

（二）影响离子极化作用和变形性的因素

1. 影响离子极化作用的因素

（1）离子半径和电荷数：一般说来阳离子半径越小，电荷数越大，极化作用越强。如极化能力顺序有 $Al^{3+} > Mg^{2+} > Na^{+}$。

（2）离子的电子层结构：对离子的外层电子层结构而言，离子极化作用强弱依次为：8 电子 <9 ~ 17 电子 <18 电子和 18 电子 +2 电子。如极化能力 $Ag^{+} > Na^{+}$。

因为 d 电子对原子核的屏蔽作用较小，更能使离子电荷发挥作用，所以含有 d 电子的离子比电荷数相同、半径相近的 8 电子离子极化作用强。

2. 影响离子变形性的因素

（1）离子所带电荷：阳离子所带电荷越小，电子云受核吸引越小越易变形，因此 Ag^{+} 比 Cu^{2+} 易变形；电子层结构相同的阴离子所带电荷数越大，电子云伸展范围越大，变形性越大，如 $O^{2-} > F^{-}$。

（2）离子半径：电子层结构相同的离子，半径越大，变形性越大。如卤素离子变形性的大小是：$F^{-} < Cl^{-} < Br^{-} < I^{-}$。

（3）离子的电子层结构：d 电子受核吸引小，易变形，所以 18、18 +2 和 9 ~ 17 电子构型的离子变形性大，而 8 电子构型的离子变形性小。

（三）离子极化对键型和物质物理性质的影响

1. 离子极化对键型的影响 由于阴阳离子互相极化，使电子云产生强烈的变形，阴、阳离子互相极化越强，电子云重叠的程度也就越大，键的极性也就越减弱，键长缩短，从而由离子键过渡到共价键，离子晶体也就成了共价晶体。阴阳离子间相互极化作用越强，这种变化越显著。

如 AgCl 已不再是纯粹的离子晶体了，而是过渡型晶体。这是由于 AgCl 中的 Cl^{-} 半径较大，受 Ag^{+} 极化后易变形，Ag^{+} 是 18 电子构型，不但极化作用强，而且变形性也大。

2. 离子极化对物质物理性质的影响 由于离子极化导致离子键向共价键过渡，离子型晶体向共价型晶体过渡，使物质在水中的溶解度减小、熔点降低、物质颜色加深，并且离子极化越强，物质颜色越深。

因为水是极性分子，由于离子晶体一般是可溶于水的，而共价型的无机晶体却难溶于水。如 AgF 晶体以离子键为主，易溶于水、熔点较高，而 AgCl 晶体以共价键为主，难溶于水、熔点较低。

由于离子极化导致从 AgCl 到 AgI 颜色加深，AgCl 为白色，AgBr 为淡黄色，AgI 为黄色。

重点小结

一、化学键

分子中相邻原子间的强烈相互吸引作用，称为化学键。化学键分为离子键、共价键和金属键三种类型。

1. 离子键 阴、阳离子通过静电作用形成的化学键。离子键的特性是无方向性和饱和性。

2. 共价键 原子间通过共用电子对所形成的化学键。共价键具有方向性和饱和性。

3. 现代价键理论 认为只有两个原子的未成对电子自旋方向相反，相互接近时轨道发生重叠，才能形成稳定的共价键。共价键分为 σ 键与 π 键。

4. 杂化轨道理论 认为同一原子中能量相近的原子轨道重新组合，形成杂化轨道，更利于成键。s 轨道和 p 轨道的杂化分为 sp、sp^2、sp^3 杂化三种形式，其空间构型分别为直线型、平面正三角型和正四面体型。

二、分子间作用力与氢键

1. 分子的极性 取决于分子中正负电荷中心是否重合。正负电荷中心重合的为非极性分子，正负电荷中心不重合的为极性分子。

2. 分子间作用力 包括取向力、诱导力和色散力。一般来说，色散力是分子间主要的作用力，普遍存在于各种分子之间；取向力只存在于极性分子之间；诱导力存在于极性分子和非极性分子之间，也存在于极性分子之间。分子间作用力随着相对分子质量的增大而增大。

3. 氢键 属于分子间作用力，不是化学键。氢键比范德华力强，比化学键弱得多。氢键有方向性和饱和性。氢键可表示为 X—H…Y，其中 X 和 Y 是电负性大、半径小的原子(如 F、O、N 等)，X 和 Y 可以是相同的原子，也可以是不同的原子。氢键具有方向性和饱和性。氢键分为分子间和分子内氢键，对物质的物理性质有影响。

三、晶体及离子的极化

1. 晶体 是组成固态的微粒(离子、原子和分子)在空间有规则地排列，有一定的几何形状，并有固定的熔点，如食盐、水晶、金刚石等绝大多数固体都是晶体。

2. 离子的极化作用 当阴阳离子互相接近时使对方的电子云分布发生变形，正负电荷重心发生移动而产生诱导偶极，这种作用称为离子的极化作用。

复习思考

一、选择题

1. 原子结合成分子的作用力是(　　)

A. 分子间作用力　B. 化学键　C. 核力

D. 氢键　E. 范德华力

2. 下列物质中的化学键属于离子键的是(　　)

A. H_2　B. PCl_3　C. $MgCl_2$

D. HCl　E. HI

3. 氢分子之间存在的作用力是(　　)

A. 取向力　B. 色散力　C. 诱导力

D. 氢键　E. 化学键

4. 下列物质中既含有离子键，又含有共价键的是(　　)

A. NaCl　B. NaOH　C. HCl

D. Cl_2　E. H_2O

5. 下列物质中属于离子化合物的是(　　)

A. H_2O　B. NaCl　C. NH_3

D. HCl　E. PCl_3

6. 已知 $BeCl_2$ 是直线型分子，Be 的杂化方式为(　　)

A. sp^3　B. sp^2　C. sp

D. dsp^2　E. sp^3d

7. 下列分子采取 sp^3 杂化方式成键的是(　　)

A. BCl_3　B. $SiCl_4$　C. CO_2

D. $BeCl_2$　E. SO_2

8. 下列分子是由极性键形成的非极性分子是(　　)

A. H_2O　B. NH_3　C. CH_4

D. Cl_2　E. HI

9. 金刚石是有名的硬质材料，它属于(　　)

A. 分子晶体　B. 离子晶体　C. 原子晶体

D. 金属晶体　E. 混合型晶体

10. 水的沸点反常高是因为(　　)

A. 氢键　B. 共价键　C. 离子键

D. 配位键　E. 金属键

二、填空题

1. CO_2是______分子，分子构型为______；SO_2是______分子，分子构型为______；BF_3是______分子，分子构型为______；CH_4是______分子，分子构型为______。（填“极性”或“非极性”）

2. 化学键分为________键、________键、________键三大类。

3. 原子轨道沿两核连线以“头碰头”方式重叠形成的共价键叫________键，以“肩并肩”方式重叠形成的共价键叫________键。其中________更牢固一些，________更差一些。

4. 从价键理论可知，与离子键不同，共价键具有________性和________性。

5. 对于双原子分子，分子的极性和共价键的极性________；多原子分子的极性不仅与共价键的极性有关，还与________有关。

6. 同一个原子内________相近的几个原子轨道重新混合组成一组新轨道，这一过程称为________，组成的新轨道叫________。

7. 离子键是阴、阳离子间通过________而形成的化学键，离子键的特点是________和________。

8. 分子间力可以分为________、________和________，其本质都是________作用。

三、判断题

1. 相同原子间的叁键键能是单键键能的3倍。(　　)

2. 极性键组成极性分子，非极性键组成非极性分子。(　　)

3. 氢化物分子间均能形成氢键。(　　)

4. 离子化合物只含离子键。(　　)

5. 含离子键的化合物一定为离子化合物。(　　)

6. 共价化合物只含共价键。(　　)

7. 含共价键的化合物一定为共价化合物。(　　)

8. 由非金属元素组成的化合物一定是共价化合物。(　　)

9. NaOH是离子化合物，所以它不含共价键。(　　)

10. 氢键是一种化学键。(　　)

四、名词解释

1. 化学键　2. 离子键　3. 共价键　4. 氢键　5. 杂化

扫一扫，知答案

五、简答题

1. 离子键和共价键各有哪些特点？

2. 比较σ键和π键的各自特点。

3. 什么是氢键？氢键是不是化学键？氢键有无方向性和饱和性？氢键对物质的物理性质有何影响？

扫一扫，看课件

第四章 溶液

【学习目标】

1. 掌握分散系的概念及分类；溶液浓度的常用表示方法；溶液配制具体步骤及仪器选择。

2. 熟悉不同浓度表示方法间的换算；渗透现象及渗透压。

3. 了解非电解质稀溶液的依数性；渗透压在生物医学上的应用。

案例导入

输液用的生理盐水是0.9%的氯化钠水溶液。将9g NaCl溶于水配成1000mL溶液即可配得，浓度也可表示为$9g \cdot L^{-1}$或$0.154mol \cdot L^{-1}$。这个浓度与人体细胞所处的液体环境(血浆、组织液等)基本相同，是医学上的等渗溶液。输入人体后对人体细胞没有损害，可维持细胞的正常形态，不会引起红细胞溶胀或皱缩。临床上常用生理盐水作为补液(不会降低或增加正常人体内钠离子浓度)以及其他医疗用途。

问题：1. 生理盐水不同的浓度表示方法是什么？

2. 什么是等渗溶液？为什么输液必须使用等渗溶液？

人们在生活和工作中经常接触到溶液。人体内的许多物质是以溶液的形式存在。药物的研究、开发、生产和使用经常涉及到溶液，人体内化学反应及药物在体内的吸收和代谢过程大都是在溶液中进行。因此掌握溶液的知识十分必要。本章在了解各种分散体系性质的基础上，重点讨论溶液的相关知识。

第一节 分散系

一种或几种物质分散在另一种(或多种)物质中所形成的体系称为分散系。被分散的物质称为分散相(或分散质)，容纳分散相的物质称为分散介质或分散剂。例如，食盐水溶液中食盐是分散相(或分散质)，水是分散介质(或分散剂)。

分散系的某些性质常随分散相粒子的大小而改变。因此，按分散相粒子大小的不同，可将分散系分为分子、离子分散系，胶体分散系和粗分散系三类。见表4－1。

表4－1 三类分散系的比较

分散系	分散相粒子	分散相粒子直径	主要特征	实例
分子、离子分散系	分子、离子	<1nm(能透过半透膜)	透明，稳定；均相，分散相粒子扩散快	NaCl溶液、溴水
胶体分散系	溶胶：胶粒(多个分子、原子或离子的聚集体)	1～100nm(不能透过半透膜，能通过滤纸)	透明度不均匀，相对稳定；非均相；分散相粒子扩散慢	$Fe(OH)_3$溶胶、AgI溶胶
	高分子溶液：单个高分子	1～100nm(不能透过半透膜，能通过滤纸)	透明，稳定；均相；分散相粒子扩散慢	蛋白质溶液、淀粉溶液
粗分散系	悬浊液(固体颗粒)	>100nm(不能透过滤纸)	不透明，不稳定；非均相	泥浆、牛奶
	乳浊液(小液滴)			

一、分子、离子分散系

分散相粒子的直径小于1nm的分散系称为分子、离子分散系，也称真溶液(简称溶液)。通常所说的溶液就属于这一类。因分散相粒子很小，不能阻止光线通过，所以溶液是透明的。分子、离子分散系均匀并具有高度稳定性，无论放置多久，分散相颗粒都不会因重力作用而下沉，不会从溶液中分离出来。分散相颗粒能透过滤纸或半透膜，在溶液中扩散很快。例如生理盐水、HAc溶液等。

二、胶体分散系

分散相粒子的直径在1～100nm之间的分散系称为胶体分散系，主要包括溶胶和高分子化合物溶液两类。溶胶的分散相是固态分子、原子或离子的聚集体。例如，氯化钠在水中分散成离子(氯化钠溶液)，属于分子、离子分散系(真溶液)；而在苯中则形成离子的聚集体，聚集体粒子的大小在 1～100nm 之间，属胶体溶液。高分子化合物溶液的分散相为单个的高分子。胶体分散系的分散相粒子能透过滤纸，但不能透过半透膜，可以使用半透膜渗析的方法来精制胶体。

胶体是物质的一种分散状态。不论任何物质，只要以 1～100nm 之间的粒子分散于另一物质中时，就称为胶体。胶体是一种相对稳定的分散系。许多蛋白质、淀粉、糖原溶液及血液、淋巴液等均属于胶体溶液。胶体还可以按照分散剂的状态不同分为固溶胶（烟水晶、有色玻璃）、气溶胶（雾、云、烟）和液溶胶[AgI 胶体和 $Fe(OH)_3$胶体]。

三、粗分散系

分散相粒子的直径大于 100nm 的分散系称为粗分散系。分散相颗粒大，用肉眼或普通显微镜即可观察到，能阻止光线通过，浑浊；不能透过滤纸或半透膜；易受重力影响而自动沉降，不稳定。粗分散系也称浊液。按分散相状态的不同分可分为悬浊液和乳浊液。

悬浊液是指固体小颗粒分散在液体中所形成的粗分散系。例如，泥浆水、临床上外用的皮肤杀菌药硫磺合剂、氧化锌擦剂等。

乳浊液是指液体以微小液滴的形式分散在与它不相溶的另一种液体中所形成的粗分散系。例如，牛奶、临床上用的松节油擦剂、乳白鱼肝油等。

通常可在悬浊液或乳浊液中分别加入助悬剂（如树脂）和乳化剂（如肥皂），以提高浊液的稳定性。

第二节　溶液浓度的表示方法及溶液的配制

溶液是由溶质和溶剂两部分组成的分散系。例如，氯化钠溶液中氯化钠是溶质，水是溶剂。通常不指明溶剂的溶液均为水溶液。

知识拓展

溶液按聚集状态可分为气态溶液、液态溶液、固态溶液。例如，空气等气体的混合物属气态溶液，合金属固态溶液，通常说的溶液是指液态溶液。溶液形成的过程往往伴随着热效应、体积变化，有时还有颜色变化。例如浓硫酸稀释放出热量，硝酸铵溶于水则吸热；酒精溶于水体积减小，醋酸溶于苯体积变大；棕黄色的氯化铜固体溶于水后随着浓度的不同溶液呈现不同的颜色：稀溶液呈蓝色，浓溶液呈绿色，很浓的溶液呈黄绿色。这些现象说明溶解过程不是简单的物理混合，是一种特殊的物理化学过程。

一、溶液浓度的表示方法

不论药物生产上还是科学实验中都经常使用溶液。使用或配制某溶液时最关心的是溶液的浓度(concentration)，即一定量的溶液(或溶剂)中所含溶质的量。溶液的浓度有很多表示方法。下面将就其中最常见的几种予以介绍。

(一)物质的量浓度

物质的量的浓度(amount of substance concentration)简称浓度(concentration)，其定义为：溶质B的物质的量除以混合物的体积，用符号c_B表示，即

$$c_B = \frac{n_B}{V} \tag{4-1}$$

物质的量浓度的SI(国际单位制)单位为$mol \cdot m^{-3}$，为便于使用，常用单位为$mol \cdot L^{-1}$、$mmol \cdot L^{-1}$、$\mu mol \cdot L^{-1}$等。

(二)质量摩尔浓度

质量摩尔浓度(molality)定义为：溶质B的物质的量除以溶剂A的质量，用符号b_B表示，即

$$b_B = \frac{n_B}{m_A} \tag{4-2}$$

质量摩尔浓度的SI单位为$mol \cdot kg^{-1}$。

(三)摩尔分数

摩尔分数(mole fraction)定义为混合物中物质B的物质的量与混合物的总物质的量之比，用符号x_B表示，即

$$x_B = \frac{n_B}{n_{总}} \tag{4-3}$$

摩尔分数的SI单位为1。

例4-1 试计算质量分数为28%，密度d为$0.90g \cdot cm^{-3}$的浓氨水试剂的物质的量浓度、质量摩尔浓度及摩尔分数。

解：氨水的摩尔质量为$17g \cdot mol^{-1}$，则氨水的物质的量浓度为

$$c_{NH_3} = \frac{n_{NH_3}}{V_{溶液}} = \frac{\omega_{NH_3} \cdot d}{M_{NH_3}} \times 1000 = \frac{28\% \times 0.90}{17} \times 1000 = 15mol \cdot L^{-1}$$

设溶液的总质量为100g，则其质量摩尔浓度及摩尔分数为

$$b_{NH_3} = \frac{n_{NH_3}}{m_{H_2O}} = \frac{100 \times 28\%/17}{100 \times 72\%} \times 1000 = 22.8mol \cdot kg^{-1}$$

$$x_{NH_3} = \frac{n_{NH_3}}{n_{NH_3} + n_{H_2O}} = \frac{28/17}{28/17 + (100-28)/18} = 0.29$$

答：氨水的物质的量浓度为$15\ mol \cdot L^{-1}$，质量摩尔浓度为$22.8\ mol \cdot kg^{-1}$，摩尔分数

为0.29。

(四)质量浓度

质量浓度(mass concentration)定义为溶液中溶质B的质量与溶液的体积之比，用符号ρ_B表示，即

$$\rho_B = \frac{m_B}{V} \tag{4-4}$$

质量浓度的SI单位为$kg \cdot m^{-3}$，常用单位为$g \cdot L^{-1}$、$mg \cdot L^{-1}$、$\mu g \cdot L^{-1}$等。

世界卫生组织提议：凡是知道相对分子质量的物质，其浓度都应用物质的量浓度表示。对于未知相对分子质量的物质，其浓度可以用质量浓度表示。并规定质量浓度单位中，表示质量的单位可以改变，但表示溶液体积的单位不能改变，统一用升(L)表示。

(五)体积分数

体积分数(volume fraction)定义为：溶液中溶质B的体积与溶液的总体积之比，用符号φ_B表示，即

$$\varphi_B = \frac{V_B}{V} \tag{4-5}$$

消毒用酒精的体积分数记为$\varphi_B = 0.75$或75%。

例4-2 《中国药典》规定，药用酒精$\varphi_B = 0.95$，问500mL药用酒精中含纯酒精多少毫升？

解：∵ $\varphi_B = 0.95$　　V = 500mL = 0.5L

∴ $V_B = \varphi_B \times V = 0.95 \times 0.5L = 0.475L = 475mL$

答：500mL药用酒精中含475mL纯酒精。

(六)质量分数

质量分数(mass fraction)定义为：溶液中溶质B的质量与溶液的总质量之比，用符号ω_B表示，即

$$\omega_B = \frac{m_B}{m} \tag{4-6}$$

体积分数、质量分数与摩尔分数一样，SI单位均为1。

以上六种常用浓度表示方法可分为两大类。一是用一定体积的溶液中所含溶质的量(物质的量、质量、体积)来表示的，如c_B、ρ_B、φ_B。这类浓度表示方法的优点是用容量瓶配制较容易，缺点是浓度数值随温度略有变化。二是用溶液中所含溶质与溶剂的相对量来表示的，如b_B、x_B、ω_B。该类浓度表示方法的优点是浓度数值不受温度变化影响，缺点是用天平称量液体很不方便。各类不同浓度表示方法之间均可进行换算。

课堂互动

将 9g NaCl 溶于水配成 1000mL 溶液，请计算该溶液的质量浓度、物质的量浓度。如果计算结果数值不同，是否说明浓度不一样？

二、溶液浓度表示方法的换算

溶液浓度间的换算要根据各种浓度的定义，按照要求和已知条件进行数据的换算和单位的变换。如果涉及质量和体积的变换，就要借助密度才能实现。

（一）物质的量浓度与质量分数之间的换算

这类换算涉及两个问题，一是溶质的质量与溶质的物质的量之间的换算，转换的媒介是溶质的摩尔质量；二是溶液的质量与溶液的体积之间的转换，转换的媒介是溶液的密度。

例 4-3 质量分数为 10% 的 NaCl 溶液的密度 $\rho = 1.07\text{g} \cdot \text{cm}^{-3}$（283K），求 c_{NaCl} 为多少 $\text{mol} \cdot \text{L}^{-1}$？

解：设有 NaCl 溶液 100g。

$$n_{NaCl} = \frac{\omega \times 100}{M} = \frac{10}{58.5} = 0.17\text{mol}$$

$$V = \frac{m}{\rho} = \frac{100}{1.07} = 93.46\text{cm}^3 = 0.09346\text{dm}^3$$

$$\therefore c_{NaCl} = \frac{n_{NaCl}}{V} = \frac{0.17}{0.09346} = 1.82\text{mol} \cdot \text{L}^{-1}$$

答：NaCl 溶液的物质的量浓度为 $1.82\text{mol} \cdot \text{L}^{-1}$。

（二）物质的量浓度与质量浓度之间的换算

这类换算的关键问题是溶质的质量与溶质的物质的量之间的转换，转换的媒介是溶质的摩尔质量。

例 4-4 试问 $100\text{g} \cdot \text{L}^{-1}$ 的氢氧化钠溶液的 c_{NaOH} 为多少？

解：
$$c_{NaOH} = \frac{n_{NaOH}}{V} = \frac{m_{NaOH}}{M_{NaOH} \cdot V} = \frac{\rho_{NaOH}}{M_{NaOH}}$$
$$= \frac{100\text{g} \cdot \text{L}^{-1}}{40\text{g} \cdot \text{mol}^{-1}}$$
$$= 2.5\text{mol} \cdot \text{L}^{-1}$$

答：NaOH 溶液的物质的量浓度为 $2.5\text{mol} \cdot \text{L}^{-1}$。

三、溶液的配制与稀释

配制一定浓度某物质的溶液，可以用纯物质直接配制，也可以用其浓溶液稀释，还可以用不同浓度的溶液相混合而成。总之，遵循配制前后溶质的量不变。

(一)溶液的配制

1. 一定体积的溶液中含有一定量溶质的溶液的配制

将一定质量(或体积)的溶质与适量的溶剂混合，使之完全溶解后，再加溶剂到所需体积，均匀搅拌即可。通常用物质的量浓度、质量浓度和体积分数表示溶液浓度时，采用这种方法配制。

例 4-5 欲配制 0.5000mol · L^{-1}的碳酸钠溶液 500.0mL，如何配制？

解：已知 $M_{Na_2CO_3}=106g\cdot mol^{-1}$，计算应该称取 Na_2CO_3的质量：

$$m=c_{Na_2CO_3}\cdot V\cdot M_{Na_2CO_3}=0.5000mol\cdot L^{-1}\times 500mL\times 106g\cdot mol^{-1}/1000=26.5g$$

操作：称取 Na_2CO_3 26.5g，放入小烧杯中，加少量蒸馏水溶解后，转移至500mL 的容量瓶内，用少量蒸馏水冲洗小烧杯 2～3 次，洗液也全部转移至容量瓶内，加水至容量瓶的 2/3 处时，改用胶头滴管加水至500mL 刻度线，摇匀，即得浓度为 0.5000mol · L^{-1}的碳酸钠溶液 500.0mL。

2. 一定质量的溶液中含有一定量溶质的溶液的配制

称取一定质量的溶质和一定质量的溶剂，混合均匀即得。一般用质量分数、质量摩尔浓度和摩尔分数表示溶液的组成时用这种方法配制比较方便。

例 4-6 如何配制质量分数为 0.09 的 NaCl 溶液 200g？

解：计算需要的 NaCl 和 H_2O 的质量：

$$m_{NaCl}=200\times 0.09=18(g)$$

$$m_{H_2O}=200-18=182(g)$$

操作：称取 18g NaCl 和 182g H_2O，混合均匀即可得到 200g 质量分数为 0.09 的 NaCl 溶液。

(二)溶液的稀释

实际工作中经常需要使用浓度比较稀的溶液，可是在溶液配制的过程中，称量少量的药品容易产生较大的误差，而且有些试剂在浓度很稀时不够稳定，因此通常先配制成浓溶液，使用时再稀释。

在浓溶液中加入一定量的溶剂得到所需浓度较稀的溶液的操作过程称为溶液的稀释。根据稀释定律，稀释前后溶质的量不变。稀释的方法有如下两种：

1. 在浓溶液中加入溶剂

稀释公式：

$$c_1V_1=c_2V_2 \tag{4-7}$$

该公式适用于与体积有关的溶液稀释计算，使用时应注意等式两边的单位必须一致。

例 4-7 将 20mL 98% 的浓硫酸($\rho=1.84g\cdot cm^{-3}$)稀释成 40% 的稀硫酸($\rho=1.3g\cdot$

cm^{-3})，问加水多少毫升？可配制多少毫升的稀硫酸？

解：解题的关键是稀释前后溶质质量不变，应注意溶液密度、质量、体积的换算及水的体积与质量的关系。因为水的密度一般均看成 $1g \cdot cm^{-3}$，所以水的克数与水的毫升数相同。

设需要加水 xmL。

$$20 \times 1.84 \times 98\% = (20 \times 1.84 + x \times 1) \times 40\%$$

$$x = 53.35\text{mL}$$

$$V_{稀} = \frac{20 \times 1.84 + 53.35 \times 1}{1.3} = 69.34\text{mL}$$

答：配制成40%的稀硫酸需加水53.35 ml，可配制69.34mL。

注意：要将量取的浓硫酸沿烧杯壁慢慢注入盛有水的大烧杯中，并不断用玻璃棒搅拌，使产生的热量迅速扩散。

2. 在浓溶液中加入稀溶液，得到一定浓度的溶液

例4-8 如何用体积分数分别为0.15和0.95的酒精，配制体积分数为0.75的消毒酒精1000mL？

解：设需要0.15的酒精 xmL，0.95的酒精即为$(1000-x)$mL(忽略体积的变化)，根据混合前后纯酒精的体积不变的原则，可得：

$$0.15 \times x\text{mL} + 0.95 \times (1000 - x)\text{mL} = 0.75 \times 1000\text{mL}$$

$$x = 250\text{ml}$$

答：配制时应量取0.15的酒精250mL和0.95的酒精750mL，混合后即可得体积分数为0.75的消毒酒精1000mL。

课堂互动

用固体NaCl配制 $0.1mol \cdot L^{-1}$ NaCl溶液200mL，用 $1.000mol \cdot L^{-1}$ HAc溶液配制 $0.1000mol \cdot L^{-1}$ HAc溶液200mL。说一说溶液配制的具体步骤、仪器选择及注意事项。

第三节　稀溶液的依数性

溶液的形成是一个特殊的物理化学过程，此过程中通常有两类性质会发生变化。一类性质的变化取决于溶质的本性，如溶液的颜色、体积、热效应、酸碱性等。另一类性质的变化只取决于溶液中所含溶质的粒子数目而与溶质的本性无关，如溶液的蒸气压下降、沸点升高、凝固点降低和渗透现象等。由于这类性质只依赖于溶质粒子数目的变化而变化，所以称之为依数性(colligative)。其中，渗透压与医药学的关系最为密切。这里只讨论难挥

发非电解质稀溶液的依数性。

一、溶液的蒸气压下降

(一)蒸气压

在一定温度下，将纯溶剂注入密闭容器后。液相中的溶剂分子不断地蒸发(evaporation)到液面的上部空间，形成气相。同时，液面附近的气相溶剂分子也会凝结(condensation)回到液相之中，见图4-1。开始时，蒸发过程占优势，上方气相溶剂分子密度越来越大，蒸气压力也越来越大，凝结速率也相应增大。当蒸发与凝结过程速率相等时，液面上部空间的蒸气密度不再改变，蒸气压力也相应保持恒定，气相和液相达到动态平衡。此时的蒸气压强称为该液体在该温度下的饱和蒸气压，简称蒸气压(vapor pressure)，用符号 p 表示，单位是帕(Pa)或千帕(kPa)。

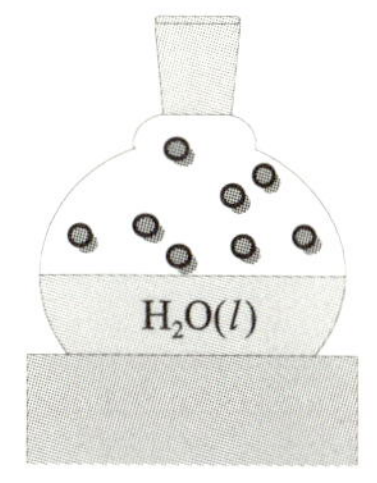

图4-1 饱和蒸气压示意图

蒸气压与物质的本性和温度有关。不同的物质有不同的蒸气压，如在293K(20℃)时，水的蒸气压为2.34kPa，而挥发性强的乙醚的蒸气压则高达57.6kPa。同一物质的饱和蒸气压随温度升高而增大。不同温度下水的蒸气压见表4-1。

表4-1 不同温度下水的蒸气压

温度(K)	273	283	293	303	313	323	333	373
蒸气压(kPa)	0.61	1.23	2.34	4.24	7.38	12.33	19.98	101.32

固体也具有蒸气压，大多数固体的蒸气压都很小，但冰、碘、樟脑、萘等均有较显著的蒸气压。固体的蒸气压也是随温度升高而增大。

(二)溶液的蒸气压下降

实验证明，在一定温度下，将难挥发性溶质溶于溶剂得到稀溶液后，该溶液的蒸气压比原先的纯溶剂的蒸气压低，这种现象称为溶液的蒸气压下降(vapor pressure lowering)。这是因为，在溶液中溶剂的部分表面被溶质分子(离子)占据，而溶质是难挥发性的。这样，使得单位时间内逸出液面的溶剂分子数要比纯溶剂少，达到平衡后，溶液的蒸气压必然低于纯溶剂的蒸气压。由此可见，蒸气压的下降只与溶质的微粒数目有关，而与溶质的本性无关。溶液中难挥发性溶质浓度愈大，占据溶液表面的溶质质点数愈多，蒸气压下降愈多，见图4-2。

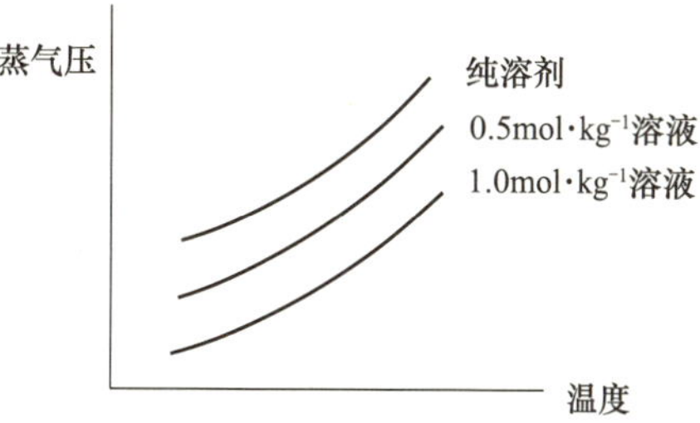

图4-2 纯溶剂与溶液蒸气压曲线

法国物理学家拉乌尔(F. M. Raoult)根据实验结果，于1887年发表了拉乌尔定律：在一定温度下，稀溶液的蒸气压等于纯溶剂的蒸气压与溶剂摩尔分数的乘积。可用下式表达：

$$p = p_A^0 x_A \tag{4-8}$$

式中，p 为溶液的蒸气压；p_A^0 为纯溶剂的蒸气压；x_A 为溶剂的摩尔分数。

设 x_B 为溶质的摩尔分数，由于 $x_A + x_B = 1$，则有：

$$p = p_A^0(1 - x_B)$$

$$p = p_A^0 - p_A^0 x_B$$

$$p_A^0 - p = p_A^0 x_B$$

即

$$\Delta p = p_A^0 x_B \tag{4-9}$$

上式表明，在一定温度下，难挥发非电解质稀溶液的蒸气压下降值与溶质的摩尔分数成正比，与溶质本性无关。这是对拉乌尔定律的另一种描述。

设 n_A、n_B分别代表溶剂和溶质的物质的量，因稀溶液中 $n_A \gg n_B$，则

$$\Delta p = p_A^0 x_B = p_A^0 \frac{n_B}{n_A + n_B} \approx p_A^0 \frac{n_B}{n_A}$$

在含1kg溶剂的溶液中，$b_B = \frac{n_B}{1} = n_B$

设 M_A(单位为 $g \cdot mol^{-1}$)为溶剂的摩尔质量，则 $n_A = \frac{1000}{M_A}$

$$\Delta p = p_A^0 \frac{n_B}{n_A} = p_A^0 n_B \frac{1}{n_A} = p_A^0 \frac{M_A}{1000} n_B = p_A^0 \frac{M_A}{1000} b_B$$

温度一定时，$p_A^0 \frac{M_A}{1000}$是个常数，用 K 代替，则

$$\Delta p = K b_B \tag{4-10}$$

上式表明，对于难挥发的非电解质稀溶液，蒸气压的下降值只取决于溶剂的本性(K)及溶液的质量摩尔浓度，与溶质的本性无关。

需要指出的是，拉乌尔定律只适用于难挥发性非电解质稀溶液。

例4-9 33.9g苯中溶有某有机物0.883g，测得该溶液的蒸气压为630mmHg，而在相同温度时纯苯的蒸气压为640mmHg。试求该有机化合物的摩尔质量。

解：根据拉乌尔定律，溶液的蒸气压下降与溶质的摩尔分数成正比。

溶剂苯的摩尔质量为78.1$g \cdot mol^{-1}$，$\Delta p = 640 - 630 = 10mmHg$

设该有机化合物的摩尔质量为 M，则

$$n_A = \frac{33.9}{78.1} = 0.434mol \qquad n_B = \frac{0.883}{M}$$

$$\Delta p = p_A^0 \cdot x_B = p_A^0 \cdot \frac{n_B}{n_A + n_B}$$

$$10 = 640 \times \frac{n_B}{0.434 + n_B}$$

解得

$$n_B = 0.00689\text{mol}$$

$$M = \frac{0.883}{0.00689} = 128\text{gmol}^{-1}$$

答：该有机化合物的摩尔质量为 $128\text{g} \cdot \text{mol}^{-1}$。

二、溶液沸点升高

(一) 液体的沸点

沸点(boiling point)是指液体蒸气压等于外界压力，液体沸腾时的温度。外界压力越大，沸点越高。例如，海拔低的上海，水的沸点大约100℃；海拔高的拉萨，水的沸点大约88℃。通常除非专门注明压强，沸点是指在标准大气压(101.3kPa)下的沸点，也称正常沸点。

(二) 溶液的沸点升高

实验表明，溶液的沸点要高于相应纯溶剂的沸点，这一现象称之为溶液的沸点升高。溶液沸点(T_b)和溶剂沸点(T_b^0)之差($T_b - T_b^0$)，即为溶液沸点升高 ΔT_b。

图4-3是水溶液的沸点升高和凝固点降低示意图。横坐标表示温度，纵坐标表示蒸气压。曲线AB和CD分别表示纯溶剂(水)和溶液的蒸气压随温度变化的关系，T_b为溶液的沸点。由图可知，在相同的温度下(同一个纵坐标上画垂线)，纯溶剂的蒸气压比溶液的蒸气压高。在100℃时，水的蒸气压等于外压101.325kPa，水开始沸腾；而此时溶液的蒸气压为B点所对应的纵坐标，很明显，仍小于外压101.325kPa，未达到沸腾条件。要使溶

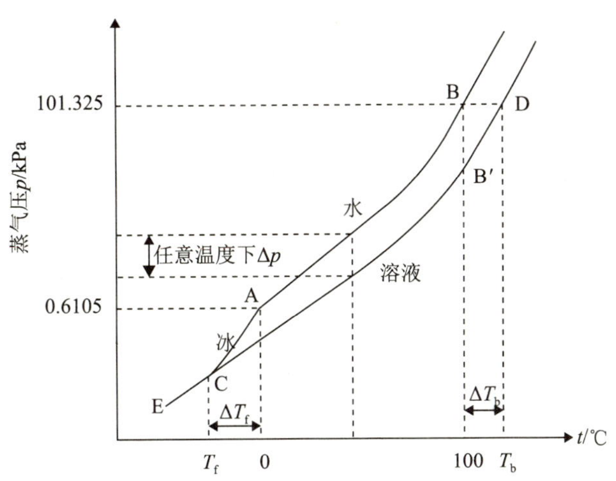

图4-3 水溶液的沸点升高和凝固点降低示意图

液的蒸气压达到101.325kPa，就必须继续加热至D点（溶液沸点）。显然，D点的温度T_b比纯溶剂的沸点100℃高，亦即溶液的沸点升高了。

$$\Delta T_b = T_b - T_b^0 = K_b b_B \quad (4-11)$$

式中，K_b为溶剂的摩尔沸点升高常数，它只与溶剂的本性有关。从式(4-11)可以看出，难挥发性非电解质稀溶液的沸点升高只与溶质的质量摩尔浓度成正比，而与溶质的本性无关。表4-2列出了一些常见溶剂的沸点及摩尔沸点升高常数K_b值。

表4-2　常见溶剂的T_b、K_b与T_f、K_f

溶剂	沸点/K	K_b(K·kg·mol^{-1})	凝固点/K	K_f(K·kg·mol^{-1})
水	373.1	0.512	273.0	1.86
苯	353.1	2.53	278.5	5.10
环己烷	354.0	2.79	279.5	20.2
乙酸	391.0	2.93	290.0	3.90
乙醇	351.4	1.22	155.7	1.99
乙醚	307.7	2.02	156.8	1.80
氯仿	334.2	3.63	209.5	4.90
四氯化碳	349.7	5.03	250.1	32.0
奈	491.0	5.80	353.0	6.90

必须指出的是，纯溶剂的沸点是恒定的，但溶液的沸点却在不断变化。因为随着溶液的沸腾，溶剂不断蒸发，溶液浓度不断增大，沸点也不断升高，直到形成饱和溶液。此时，溶剂蒸发，溶质析出，溶液浓度不再改变，蒸气压也不再改变，此时沸点才是恒定。但是，溶液的沸点是指溶液刚开始沸腾时的温度。

例4-10　烟草的有害成分尼古丁的实验式为C_5H_7N，今有1.00g尼古丁溶于20g水中，所得溶液在101kPa下的沸点是373.31K，求尼古丁的分子式。（水的K_b=0.512K·kg·mol^{-1}）

解：$\Delta T_b = k_b \cdot b_B$

则 $b_B = \dfrac{\Delta T_b}{k_b} = \dfrac{373.31-373.15}{0.512} = 0.308\text{mol}\cdot\text{kg}^{-1}$

$b_B = \dfrac{1.0}{M_B}\times\dfrac{1000}{20.0}$，解得：$M_B = \dfrac{1.0\times1000}{20.0\times0.308} = 162.3\text{g}\cdot\text{mol}^{-1}$

尼古丁实验式C_5H_7N的式量为81，分子量与式量之比为：$\dfrac{162.3}{81}\approx2$

即尼古丁的分子式为$C_{10}H_{14}N_2$。

三、溶液的凝固点降低

凝固点(freezing point)是物质的固态与它的液态平衡共存时的温度。固体和液体一样，在一定的温度下也有一定的蒸气压。液态物质的凝固点是该物质的液相与固相具有相同蒸气压而能共存时的温度。若两相蒸气压不相等，则蒸气压大的一相将自发地向蒸气压小的一相转变。图 4－3 中曲线 ACE 表示固态纯溶剂的蒸气压随温度变化的关系，曲线 AB 表示液态纯溶剂的蒸气压随温度变化的关系。由图 4－3 可以看出，0℃时，冰和水的蒸气压相等，0℃即为水的凝固点；在 0℃以上，冰的蒸气压将大于水的蒸气压，冰将融化为水；在 0℃以下，水的蒸气压大于冰的蒸气压，水将凝固成冰。

当固态纯溶剂的蒸气压与溶液的蒸气压相等时，溶液的固相与液相达到平衡，此时的温度就是溶液的凝固点。由于溶液的蒸气压比纯溶剂的蒸气压低，此时溶液的蒸气压尚比冰的蒸气压低，不能凝固，依然为液态。当温度降到 C 点时，曲线 ACE 与 CD 相交，冰的蒸气压与溶液的蒸气压相等，此时的温度 T_f即为溶液的凝固点。很明显，溶液的凝固点 T_f 比纯溶剂的凝固点低。

用 T_f表示溶液的凝固点，T_f^0 表示纯溶剂的凝固点，溶液的凝固点降低值

$$\Delta T_f = T_f^0 - T_f \tag{4-12}$$

溶液凝固点降低的根本原因也是溶液蒸气压下降，因此和沸点升高一样，难挥发非电解质稀溶液的凝固点降低和溶液的质量摩尔浓度成正比，而与溶质的本性无关，可表示为：

$$\Delta T_f = K_f b_B \tag{4-13}$$

式中，ΔT_f为溶液凝固点降低值，单位为 K 或℃；K_f为溶剂的摩尔凝固点降低常数，简称凝固点降低常数，即溶质的质量摩尔浓度为 $1mol \cdot kg^{-1}$时所引起凝固点降低的度数，单位为 $K \cdot kg \cdot mol^{-1}$或$℃ \cdot kg \cdot mol^{-1}$。

比例常数 K_f为溶剂的摩尔凝固点降低常数，K_f与溶剂的凝固点、摩尔质量以及熔化热有关，所以 K_f值只与溶剂本性有关。几种溶剂的凝固点及 K_f值见表 4－2。

利用溶液凝固点降低也可以测定溶质的摩尔质量，而且比沸点升高法更优。因为大多数溶剂的 K_f值大于 K_b值（见表 4－2），因此与溶液的沸点升高相比，同一溶液的凝固点降低值比沸点升高值大，故实验误差较小；而且达到凝固点时溶液中有溶剂的晶体析出，现象易于观察；再者，溶液的凝固点测定是在低温下进行的，即使多次重复测定也不会引起待测样品的变性或破坏，溶液浓度也不会变化。

溶液凝固点降低的性质有许多实际应用。例如，汽车散热器的冷却水在冬季常加入适量的乙二醇或甘油以防止水的冻结；盐和冰的混合物常用作冷却剂，广泛应用于水产品和食品的保存和运输。

例 4－11 乙二醇[$CH_2(OH)CH_2(OH)$]是一种常用的汽车防冻剂，它溶于水并完全是非挥发性的（乙二醇的摩尔质量 $62.01g \cdot mol^{-1}$，水的 $K_f = 1.86K \cdot kg \cdot mol^{-1}$，$K_b = 0.512K \cdot kg \cdot mol^{-1}$），计算：

（1）在 2500g 水中溶解 600g 该物质的溶液的凝固点？

(2)夏天能否将它用于汽车散热器中?

解析:(1)溶液的质量摩尔浓度:

$$b_B = \frac{n_B}{m_A} = \frac{600/62.01}{2500} \times 1000 = 3.87\text{mol} \cdot \text{kg}^{-1}$$

凝固点降低值:$\Delta T_f = K_f b_B = 1.86 \times 3.87 = 7.19\text{K}$

纯水的凝固点是 273.15K,则该溶液的凝固点:

$T_f = 273.15 - 7.19 = 265.96\text{K}$

(2)溶液的沸点升高:$\Delta T_b = K_b b_B = 0.512 \times 3.87 = 1.98\text{K}$

纯水的沸点 373.15K,则该溶液的沸点:$T_b = 373.15 + 1.98 = 375.13\text{K}$

此溶液在 375.13K 沸腾,所以夏天能用于汽车散热器中防止溶液沸腾。

溶液的沸点升高和凝固点降低原理在生产、生活、科研等方面有着广泛的应用。冰雪灾害时,人们往冰冻的公路上撒盐(或直接洒盐水)。冰的表面或多或少总会有些水,盐溶解在水中生成溶液,溶液的蒸气压下降,低于冰的蒸气压,蒸气压大的一相自发地向蒸气压小的一相转变,因而冰融化进入溶液,从而保证了路面的通畅。汽车散热器的冷却水在冬季常需加入适量的乙二醇、甘油或甲醇,目的便是降低冷却液的凝固点,防止冻结。

四、渗透现象和渗透压

人在淡水中游泳,会觉得眼球胀痛;施过化肥的农作物,需要立即浇水,否则化肥会“烧死”植物;淡水鱼和海水鱼不能互换生活环境;因失水而发蔫的花草,浇水后又可重新复原等,这些现象都和渗透现象有关。

(一)渗透现象

若用一种只允许溶剂分子自由通过而溶质分子不能透过的半透膜,把溶液和纯溶剂隔开,见图 4-4(a)。由于膜两侧单位体积内溶剂分子数不等,因此在单位时间内因扩散由纯溶剂进入溶液中的溶剂分子数要比由溶液进入纯溶剂的多,其结果是溶液一侧的液面升

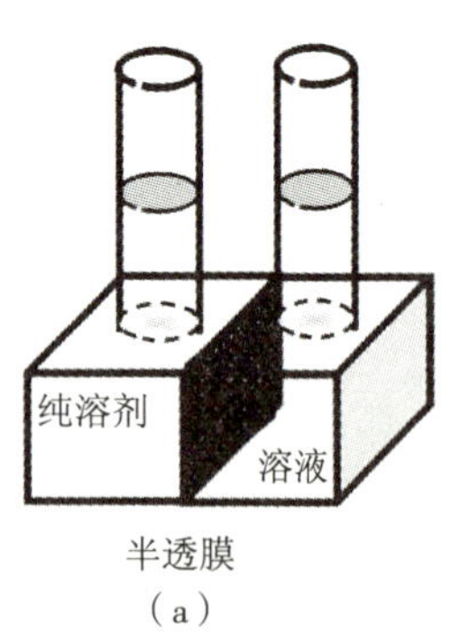

(a)

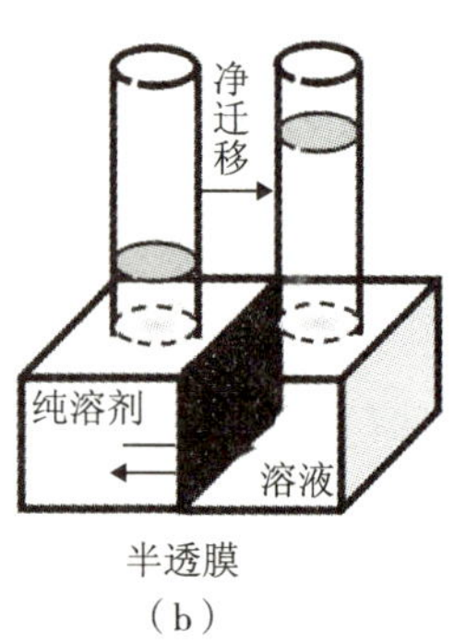

(b)

Π
纯溶剂
溶液
半透膜
(c)

图 4-4 渗透现象和渗透压

高，见图 4-4(b)。这种溶剂分子通过半透膜由纯溶剂进入溶液，或由稀溶液进入浓溶液中的现象称为渗透现象(osmosis)，简称渗透。细胞膜、膀胱膜、毛细血管壁等生物膜均具有半透膜的性质。

产生渗透现象的两个必要条件：一是有半透膜存在；二是膜两侧的溶液存在浓度差。

(二)溶液的渗透压与浓度和温度的关系

若在溶液液面上施加一额外压力，恰好使溶液液面不发生变化(和纯溶剂液面平行)，即没有发生渗透现象，见图 4-4(c)。这种恰好能阻止渗透而必须施加的额外压力称为溶液的渗透压(osmotic pressure)。用符号为 Π 表示，单位为帕(Pa)或千帕(kPa)。

可以看出，如果在溶液液面上施加的额外压力大于渗透压，则溶液液面会低于纯溶剂的液面，溶剂分子从溶液通过半透膜进入纯溶剂一侧。这种使渗透作用逆向进行的过程称为反向渗透(reverse osmosis)。反向渗透技术需要采用高强度、耐高压的半透膜。常用于从海水中提取淡水，除去废水中的有害物质等。

1866 年，荷兰化学家范特霍夫(van't Hoff)指出：稀溶液的渗透压与溶液浓度和温度的关系为：

$$\Pi V = nRT \tag{4-14}$$

$$\Pi = c_B RT \tag{4-15}$$

式中，n 为溶液中非电解质的物质的量，V 为溶液的体积，c 为物质的量浓度($mol \cdot L^{-1}$)，R 为气体摩尔常数，其值是 $8.314 J \cdot K^{-1} \cdot mol^{-1}$；$T$ 为热力学温度。式(4-15)称为范特霍夫定律。它表明稀溶液渗透压的大小仅与单位体积溶液中溶质微粒数的多少有关，而与溶质的本性无关。因此，渗透压也是溶液的依数性。

对稀水溶液来说，其物质的量浓度近似地与质量摩尔浓度相等，因此式(4-15)可改写为：

$$\Pi = b_B RT \tag{4-16}$$

利用范特霍夫定律还可以测定溶质的相对分子质量。但小分子溶质的相对分的质量多采用凝固点降低法测定；而高分子化合物溶质的相对分子质量，用渗透压方法测定，要比凝固点降低法灵敏得多。

例 4-12 将 40.00g 血红蛋白(Hb)溶于足量水中配成 1L 溶液，若此溶液在 298K 的渗透压是 1.52kPa，计算 Hb 的摩尔质量。

解：根据 $\Pi = cRT$，则 $c = \frac{\Pi}{RT} = \frac{1.52}{8.314 \times 298} = 6.14 \times 10^{-4} mol \cdot L^{-1}$

因此，Hb 摩尔质量为 $\frac{40.00}{6.14 \times 10^{-4}} = 6.51 \times 10^{4} g \cdot mol^{-1}$

由于在一定温度下，稀溶液渗透压的大小只与单位体积溶液中溶质的质点数目成正比，而与溶质的本性和离子的大小无关。人们把溶液中能产生渗透效应的溶质微粒(分子、离子等）称为渗透活性物质。溶液中渗透活性物质的物质的量浓度称为渗透浓度，用 c_{os} 表示，单位常用 $mmol \cdot L^{-1}$。

对于非电解质溶液来说，产生渗透作用的粒子是非电解质分子，其渗透浓度即为溶质的物质的量浓度。例如，$0.1mol \cdot L^{-1}$ 的葡萄糖溶液，其渗透浓度为 $100mmol \cdot L^{-1}$。对于强电解质溶液而言，溶质解离的阴阳离子均为渗透活性物质，因此其渗透浓度为阴阳离子的浓度总和。例如，$0.1mol \cdot L^{-1}$ 的 NaCl 溶液，因 NaCl 为强电解质，完全解离为 Na^+ 和 Cl^-，且 Na^+ 和 Cl^- 浓度均为 $0.1mol \cdot L^{-1}$，因此其渗透浓度为 $200mmol \cdot L^{-1}$；$0.1mol \cdot L^{-1}$ 的 $CaCl_2$ 溶液，因 $CaCl_2$ 为强电解质，完全解离为 Ca^{2+} 和 Cl^-，Ca^{2+} 浓度为 $0.1mol \cdot L^{-1}$，Cl^- 浓度为 $0.2mol \cdot L^{-1}$，因此其渗透浓度为 $300mmol \cdot L^{-1}$。因此范特霍夫公式通常表示为

$$\Pi = ic_B RT$$

式中，i 为校正系数，对于非电解质 $i=1$；对于强电解质 i 为强电解质解离的阴阳离子总数；对于弱电解质，i 略大于 1。

课堂互动

请比较浓度均为 $0.1mol \cdot L^{-1}$ 的 NaCl 溶液、$CaCl_2$ 溶液、$NaHCO_3$ 溶液、葡萄糖溶液、蔗糖溶液的渗透压大小。

（三）渗透压在医学上的应用

1. 等渗、高渗和低渗溶液 溶液渗透压的高低是相对的，若两种溶液有相等的渗透压，称它们为等渗溶液。若这两种溶液渗透压不等，则渗透压高的溶液称为高渗溶液，渗透压低的溶液称为低渗溶液。在医学上，溶液渗透压的大小常用渗透浓度来表示。

而等渗、高渗和低渗是以血浆的渗透压为标准确定的。正常人血浆的渗透浓度为 $303.7mmol \cdot L^{-1}$。临床上规定渗透浓度在 $280 \sim 320mmol \cdot L^{-1}$ 的溶液为生理等渗溶液。

如 $308mmol \cdot L^{-1}$ 的生理盐水、$12.5g \cdot L^{-1}$ 的 $NaHCO_3$ 溶液、$50.0g \cdot L^{-1}$ 的葡萄糖溶液等都是等渗溶液（isotonic solution）。渗透浓度 $c_{os} > 320mmol \cdot L^{-1}$ 的称高渗溶液（hypertonic solution），渗透浓度 $c_{os} < 280mmol \cdot L^{-1}$ 的称低渗溶液（hypotonic solution）。

在临床治疗中，当为病人大剂量补液时，要特别注意补液的渗透浓度，否则可能导致机体内水分调节失常及细胞的变形和破坏。如人红细胞的形态与其所处介质的渗透浓度有关，这可以从红细胞在不同渗透浓度的 NaCl 溶液中的形态加以说明。

（1）若将红细胞置于等渗溶液生理盐水（如 $9g \cdot L^{-1}$ NaCl 溶液）中，在显微镜下观察，看到红细胞的形态没有什么改变，见图 4－5（a）。这是因为生理盐水与红细胞内液的渗透浓度相等，细胞内外液处于渗透平衡状态。细胞不会被破坏，保持正常的生理功能。

(2)若将红细胞置于高渗溶液(如16.0g·L^{-1}NaCl溶液)中，在显微镜下可见红细胞内的水分外逸，逐渐皱缩，见图4－5(b)。皱缩的红细胞互相聚结成团。若此现象发生于血管内，将产生“栓塞”。产生这些现象的原因是红细胞内液的渗透浓度低于浓NaCl溶液，红细胞内的水向外渗透引起。

(3)若将红细胞置于低渗溶液(如6.0g·L^{-1}NaCl溶液)中，在显微镜下观察可见红细胞先是逐渐胀大，最后破裂，见图4－5(c)，释放出红细胞内的血红蛋白而使溶液染成红色，医学上称之为溶血(hemolysis)。产生这种现象的原因是细胞内溶液的渗透浓度高于外液，外液的水向细胞内渗透所致。

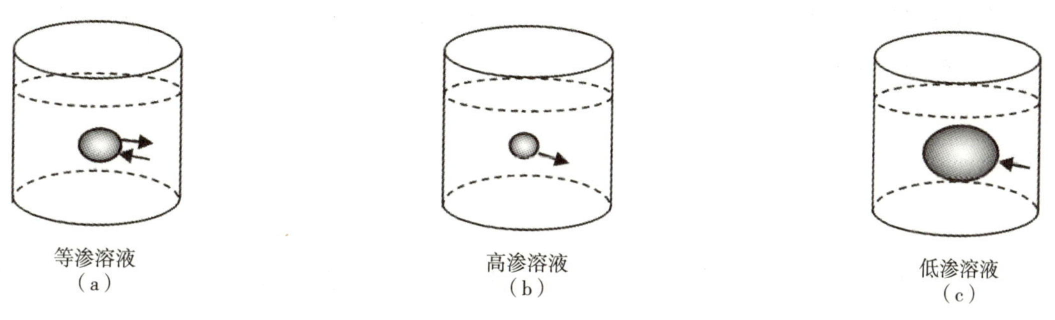

图4－5 红细胞在不同浓度NaCl溶液中的形态示意图

2. 晶体渗透压和胶体渗透压 人体体液(如血浆、组织液、淋巴液、细胞内液等)是以水为分散介质的复杂分散系，其中包含多种无机离子(如Na^+、Ca^{2+}、Cl^-、HCO_3^-、PO_4^{3-}等)、气体分子(主要是O_2和CO_2)、中小分子有机物质(如葡萄糖、尿素、氨基酸等)和高分子物质(如蛋白质、糖类、脂类等)。由于电解质、小分子物质很多能形成晶体，高分子物质分散在水中通常具有胶体的一些性质，因此，医学上，把电解质、小分子物质等所产生的渗透压叫做晶体渗透压，高分子物质产生的渗透压叫做胶体渗透压。血浆的渗透压便是这两种渗透压的总和。

血浆渗透压是由溶于其中的各种粒子(分子和离子)的浓度决定的。由于渗透压只跟溶于其中的粒子浓度有关，而跟溶质的本性无关。晶体渗透压占到了血浆总渗透压的99.5%，胶体渗透压只占约0.5%。水可以自由透过细胞膜，很多电解质和小分子物质不能自由通过细胞膜，但可通过有孔的毛细血管，因此，晶体渗透压对维持细胞内外的水分平衡起着重要作用。医生要求有水肿的肾病患者尽量少吃盐，其目的便是防止血浆和组织液内盐分过高，吸引细胞内的水分更多地流到组织液中，加重水肿。

毛细血管壁也是一种半透膜，水和低分子物质都可自由出入，但高分子蛋白物质不能透过。因此，胶体渗透压对维持血容量和血管内外水盐平衡起主要作用。如果血浆中蛋白质含量减少，血浆中的胶体渗透压就会降低，血浆中的水就会通过毛细血管壁进入组织液，导致血容量降低而组织液增多，形成水肿。

知识拓展

人工肾是一种透析治疗设备。用人工方法模仿人体肾小球的过滤作用，应用膜分离技术和膜平衡原理，用半透膜将引出人体外的血液与专门配制的透析液隔开。由于血液和透析液所含溶质浓度的不同，在膜两侧产生渗透浓度差，使包含代谢产物的溶质(如尿素、肌酐、尿酸以及废物硫酸盐，酚和过剩离子 Na^+、K^+ 和 Cl^-)，在浓度梯度的驱动下，从浓度高的血液一侧透过半透膜向浓度低的透析液一侧移动(称为弥散作用)；而水分则从渗透浓度低的一侧向浓度高的一侧转移(称为渗透作用)，最终实现动态平衡，达到清除人体代谢废物和纠正水、电解质和酸碱平衡的治疗目的。

重点小结

1. 常用溶液浓度表示方法 包括物质的量浓度 $c_B=\frac{n_B}{V}$、质量摩尔浓度 $b_B=\frac{n_B}{m_A}$、摩尔分数 $x_B=\frac{n_B}{n_{总}}$、质量浓度 $\rho_B=\frac{m_B}{V}$、体积分数 $\varphi_B=\frac{V_B}{V}$、质量分数 $\omega_B=\frac{m_B}{m}$。

2. 依数性 是指只与溶质粒子数目有关，而与溶质本性无关的溶液性质。包括蒸气压下降、沸点升高、凝固点下降、渗透压等。

3. 渗透压 是恰好能阻止渗透而必须施加的额外压力。用符号为 Π 表示，单位为帕(Pa)或千帕(kPa)。

4. 渗透现象 产生的两个必要条件：一是有半透膜存在；二是膜两侧的溶液存在浓度差。

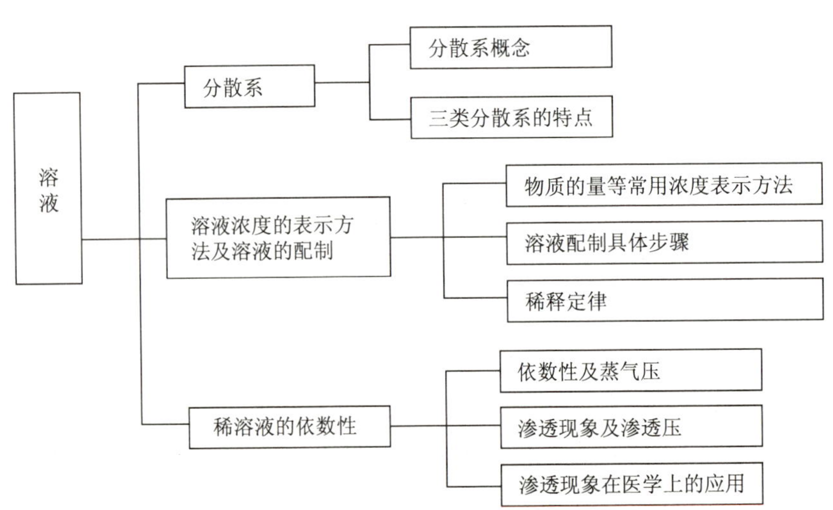

复习思考

一、选择题

1. 下列哪种浓度的表示方法与温度有关(　　)

A. 质量分数　　B. 质量摩尔浓度　　C. 物质的量浓度

D. 摩尔分数　　E. 质量分数

2. 用等重量的下列化合物作防冻剂，防冻效果最好的是(　　)

A. 乙醇　　B. 甘油　　C. 四氢呋喃(C_4H_8O)

D. 乙二醇　　E. 水

3. 土壤中 NaCl 含量高时植物难以生存，这与下列稀溶液的哪个性质有关(　　)

A. 蒸气压下降　　B. 沸点的升高　　C. 凝固点的下降

D. 渗透压　　E. 蒸气压下降和沸点升高

4. 0.1mol · L^{-1}下列溶液，离子强度最大的是(　　)

A. K_2SO_4　　B. $ZnSO_4$　　C. Na_3PO_4

D. NaAc　　E. NaCl

5. 相同温度相同体积的三杯葡萄糖溶液，A 杯浓度为 1mol · kg^{-1}，B 杯浓度为 1mol · L^{-1}，C 杯质量分数为 0.1，则葡萄糖的质量最大的是(　　)

A. A 杯　　B. B 杯　　C. C 杯

D. A、B 两杯一样　　E. B、C 两杯一样

6. 有关蒸气压描述正确的是(　　)

A. 蒸气压与温度无关

B. 蒸气压与物质的本性无关

C. 挥发性大的物质蒸气压小

D. 温度越高，蒸气压越大

E. 固体没有蒸气压

7. 等物质的量浓度的下列溶液渗透压最大的是(　　)

A. $CaCl_2$　　B. $NaHCO_3$　　C. 蔗糖

D. 葡萄糖　　E. NaCl

8. 用“｜”表示半透膜，膜两侧溶液及浓度分别表示如下，其中溶剂从左向右渗透的是(　　)

A. 0.1mol · L^{-1} $CaCl_2$ 溶液｜0.3mol · L^{-1}蔗糖溶液

B. 0.2mol · L^{-1} NaCl 溶液｜0.1mol · L^{-1} $CaCl_2$ 溶液

C. 0.2mol·L^{-1} $NaHCO_3$ 溶液 | 0.1mol·L^{-1} $CaCl_2$ 溶液

D. 0.1mol·L^{-1} $NaHCO_3$ 溶液 | 0.1mol·L^{-1} 蔗糖溶液

E. 0.1mol·L^{-1} 葡萄糖溶液 | 0.1mol·L^{-1} 蔗糖溶液

9. 有关渗透现象描述错误的是(　　)

A. 渗透与扩散有关

B. 溶剂分子由稀向浓渗透

C. 刚好阻止渗透的额外压力称为渗透压

D. 渗透压与渗透浓度成正比

E. 渗透浓度与物质的量浓度一样

10. 有关溶液配制，叙述错误的是(　　)

A. 准确量取液体体积应用移液管或吸量管

B. 量筒量取液体体积不准

C. 容量瓶通常用来配制溶液

D. 固体物质可直接在容量瓶中溶解

E. 移液管和容量瓶都只有一条刻度线

11. 下列溶液性质不属于依数性的是(　　)

A. 蒸气压下降　　B. 凝固点降低　　C. 沸点升高

D. 渗透压　　E. 酸碱性强弱

12. 五份质量相等的水中，分别加入相等质量的下列物质，水溶液凝固点最低的是(　　)

A. 葡萄糖(式量为 180)　　B. 甘油(式量为 92)　　C. 蔗糖(式量为 342)

D. 尿素(式量为 60)　　E. 乙二醇(式量为 62)

13. 相同温度下，0.1% 的下列溶液中沸点最高的是(　　)

A. 葡萄糖($C_6H_{12}O_6$)　　B. 蔗糖($C_{12}H_{22}O_{11}$)　　C. 核糖($C_5H_{10}O_5$)

D. 甘油($C_3H_6O_3$)　　E. 乙二醇($C_2H_6O_2$)

14. 医学上称 5% 的葡萄糖溶液为等渗溶液，这是因为(　　)

A. 它与水的渗透压相等

B. 它与 5% 的 NaCl 溶液渗透压相等

C. 它与血浆的渗透压相等

D. 它与尿的渗透压相等

E. 它与体液的渗透压相等

15. 难挥发物质的水溶液，在不断沸腾时，它的沸点是(　　)

A. 继续升高　　B. 恒定不变　　C. 继续下降

D. 无法确定　　　　　　　　E. 先升高后降低

二、填空题

1. 分散系根据粒子大小分为________、________和________。

2. 难挥发的非电解质稀溶液的某些性质取决于所含溶质粒子的浓度，而与溶质本身的性质无关，称________；包括________、________、________和________。

3. 蒸气压与温度有关，温度越高，蒸气压________。当蒸气压等于________时，即达到沸点。

4. 渗透现象得以进行的基本条件是：________和________。

5. 临床上规定渗透浓度在________之间的溶液为生理等渗溶液，如生理盐水的浓度为________。

6. 溶液液面上施加的额外压力如果________(大于、小于、等于)渗透压，会出现反渗透现象。反渗透可用于________和废水处理等。

7. 胶体分散系的颗粒直径为________、包括________、________两类，其中粒子为单个分子的是________。

8. 粗分散系包括________、________，其中被分散的是固体颗粒的是________。

9. 不饱和溶液沸腾时，溶液的浓度不断________，沸点就会不断________，直至溶液达到饱和。

10. 人体体液的渗透压由两部分组成：________渗透压和________渗透压。

三、判断题

1. 高分子溶液的分散相为分子、离子的聚集体。(　　)

2. 牛奶属于乳浊液。(　　)

3. 泥浆水、铁矿石都不属于分散系。(　　)

4. 蒸气压的大小只与温度有关。(　　)

5. 将4g氯化钠溶于1L水中，可配制出4g/L的氯化钠溶液。(　　)

6. 移液管放液后，一定要将管尖残余液滴吹入待装容器。(　　)

7. 配制溶液，溶解过程在容量瓶中进行。(　　)

8. 溶液配制转移步骤的关键的洗涤，保证把溶质全部转移进容量瓶。(　　)

9. 渗透现象发生在溶剂和溶液之间，溶液和溶液间不会发生渗透现象。(　　)

10. 渗透压和溶液物质的量浓度成正比。(　　)

四、名词解释

1. 分散系　2. 蒸气压　3. 依数性　4. 渗透压　5. 溶血

五、简答题

1. 稀溶液的四种依数性之间的联系是什么？请加以说明。

2. 为什么临床上大量输液时必须要用等渗溶液？

3. 浓度均为0.01mol·kg^{-1}的葡萄糖、HAc、NaCl、$BaCl_2$的水溶液，凝固点最高、渗透压最大的分别是什么？

六、计算题

1. 计算质量分数为37%，密度 d 为1.19g·cm^{-3}的浓盐酸的物质的量浓度(mol·L^{-1})和摩尔分数。

2. 配制9g·L^{-1}的生理盐水1000mL，需NaCl多少克？生理盐水物质的量浓度为多少？渗透浓度为多少？

3. 用2mol·L^{-1}的HAc配制0.1000mol·L^{-1}的HAc溶液500mL，需2mol·L^{-1}的HAc溶液多少毫升？

4. 将0.115g奎宁溶解在1.36g樟脑中，其凝固点为169.6℃，试计算奎宁的摩尔质量(已知樟脑的凝固点为179.8℃，K_f = 39.70K·kg·mol^{-1})。

5. 如果30g水中含有甘油$C_3H_8O_3$ 1.5g，求算溶液的沸点(已知水的K_b = 0.512K·kg·mol^{-1})。

扫一扫，知答案

扫一扫，看课件

第五章 胶体溶液和表面现象

【学习目标】

1. 掌握溶胶的性质、稳定因素及聚沉方法；掌握高分子溶液的盐析和保护作用；掌握表面张力和表面活性剂。

2. 熟悉高分子溶液的概念和特征；熟悉凝胶的性质。

3. 了解胶团的结构和表面吸附。

案例导入

胶体溶液型药剂是指一定大小的固体颗粒药物或高分子化合物分散在溶剂中所形成的溶液。其质点一般在 1～100nm 之间，分散剂大多数为水，少数为非水溶媒。胶体溶液可分为溶胶（疏液胶体）和高分子溶液（亲液胶体）。固体颗粒以多分子聚集体（胶体颗粒）分散于溶剂中，构成多相不均匀分散体系（疏液胶）；高分子化合物以单分子形式分散于溶剂中，构成单相均匀分散体系（亲液胶）。胶体溶液在药剂学中应用甚广，动、植物药在制剂过程中与胶体溶液有密切关系。例如：胃蛋白酶合剂和胰蛋白酶合剂就是亲液胶体。

问题：1. 什么是胶体溶液和高分子溶液？

2. 溶胶和高分子溶液具有哪些性质？与医药和生活有什么关系？

胶体（colloid）的概念是 1861 年格莱姆（Graham）提出的。他在研究物质在水溶液中的扩散性及其能否通过半透膜时，第一次把物质分为晶体和胶体。1907 年韦曼（Wayman）又提出胶体是物质在一定分散度范围内的一种存在状态。1903 年齐格蒙第（Zsigmondy）利用超显微镜，成功地观察到胶体粒子的运动，将胶体定义为把物质粉碎成1～100nm大小的粒子分散到介质中所形成的体系。

胶体和医学有着非常密切的关系。构成人体组织和细胞的基础物质，如蛋白质、核酸、糖原等都是胶体物质；而体液如血浆、细胞内液、组织液、淋巴液等都具有胶体的性质；许多药物如胰岛素、催产素、血浆代用液以及疫苗等都需制成胶体形式才能使用。因此，对于药学专业的学生来说，学习胶体溶液的基础知识十分必要。

第一节 胶体溶液

一、溶胶的分类和制备

（一）溶胶的分类

胶体的种类很多，按照分散介质的物理状态不同，可分为气溶胶、液溶胶和固溶胶三类。例如小水珠、粉尘分散在大气中形成的雾或烟，属于气溶胶；含有颜料颗粒的有色玻璃、宝石、合金、黄油、果冻等都属于固溶胶；以液体为分散介质的胶体溶液叫液溶胶，简称溶胶。

本书讲的溶胶，主要是指固体物质分散在水中所形成的液溶胶。液溶胶是胶体溶液的主要代表，在日常生活和医药卫生领域都有非常重要的作用。

（二）溶胶的制备

制备溶胶的方法一般有两种：分散法和凝聚法。

分散法是将较大的颗粒粉碎成胶粒大小的制备方法，如食品工业中用胶体磨将胡萝卜、水果肉等研磨后制作成果汁；凝聚法是使分子、原子或离子聚集成胶粒大小的方法。凝聚法可分为物理凝聚法和化学凝聚法两类。

物理凝聚法：将溶解状态或蒸气状态的物质凝结为溶胶的方法，如硫的乙醇溶液滴入水中制得硫溶胶。

化学凝聚法：在适当条件下，利用化学反应使分子或离子等聚积成较大的粒子而制成溶胶的方法。例如在沸水中逐滴加入$FeCl_3$溶液，继续煮沸得到红棕色的$Fe(OH)_3$胶体。

$$FeCl_3 + 3H_2O \xrightarrow{\text{煮沸}} Fe(OH)_3 + 3HCl$$

二、溶胶的性质

溶胶的分散相粒子直径在1～100nm之间，是由许多分子、原子或离子构成的聚集体，分散相和分散介质之间存在明显的界面，所以溶胶是多相、高度分散体系，具有很大的表面积和表面能。高能量体系是不稳定的，胶粒有自动聚集的趋势，它们力图合并变大，使体系的能量降低。因此，溶胶的特征是：多相性、高分散性和不稳定性。由此导致溶胶在光学、动力学和电学等方面具有一系列独特的性质。

（一）溶胶的光学性质

1869 年，英国物理学家丁铎尔（Tyndall）发现，在暗室中，用一束聚焦的光束照射溶胶，在与光束垂直的方向观察，可以看到溶胶中有一道明亮的光柱，见图 5-1，这个现象称为丁铎尔现象（或乳光现象）。在日常生活中，也常会见到丁铎尔现象。例如，阳光从窗户射进屋里的时候，从入射光垂直的方向观察，可以看到空气中的灰尘产生一道明亮的光柱。

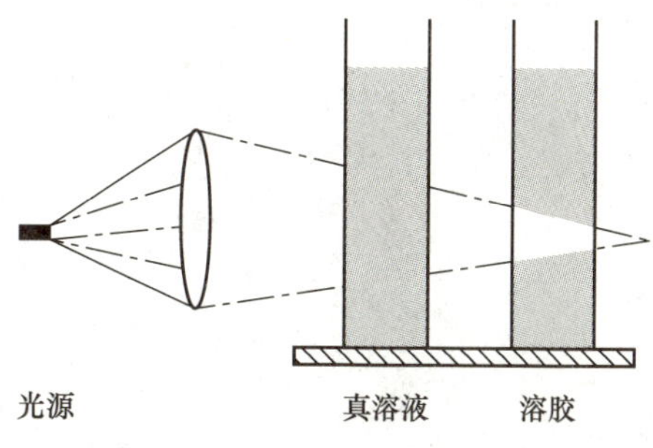

图 5-1　丁铎尔现象

丁铎尔现象是由于胶体粒子对光的散射而产生的。光的散射（或反射）与分散相粒子的大小有关，当胶体粒子的直径略小于可见光的波长（400～760nm）时，光发生散射作用，胶体粒子本身似乎成了发光点，于是形成了光柱。通常把散射光又称为乳光。

在真溶液中，分散相粒子很小（直径小于 1nm），大部分光线直接透射过去，光的散射十分微弱，故真溶液无明显的丁铎尔现象。而粗分散系中，分散相粒子较大（直径大于光的波长），大部分光线发生反射，使粗分散系混浊不透明。高分子化合物溶液，分散相与分散介质之间折射率差值小，对光的散射作用也很弱。因此，利用丁铎尔现象，可以区别溶胶与真溶液、粗分散系及高分子化合物溶液。

临床上，注射用真溶液在灯光（强光）照射下应无乳光现象，若出现乳光则为不合格，不能作注射用，这种检测方法称为灯检。利用乳光现象设计制造的超显微镜可以观察到溶胶粒子的存在。

（二）溶胶的动力学性质

1. 布朗运动　1827 年，英国植物学家布朗（Brown）在显微镜下观察到悬浮在水中的花粉微粒不停地作无规则的运动。不久又发现，胶粒在分散介质中也做这种无规则运动，这种运动称为布朗运动（Brownian motion）。见图 5-2。

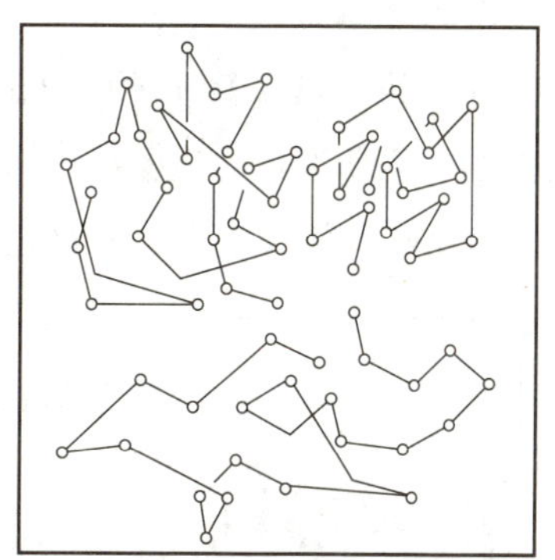
图 5-2　布朗运动示意图

布朗运动是不断做热运动的介质分子对胶粒撞击的结果。悬浮于分散介质中的每一个胶体粒子不断受到不同方向、不同速度的介质分子的冲击，由于受到的力不平衡，所以时刻以不同的方向，不同的速度做无规则的运动。见图5-3。实验结果表明，胶粒质量越小，温度越高，运动越快，布朗运动越显著。布朗运动可抵抗重力的作用，使胶粒不易发生沉降。这是溶胶保持相对稳定的原因之一。

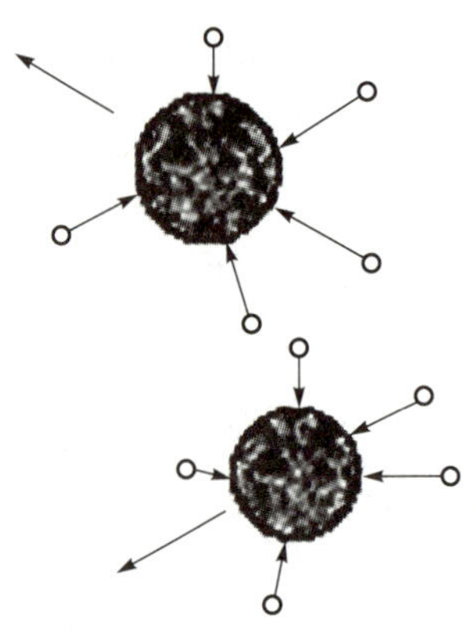

图 5-3　介质分子对胶体粒子的冲撞

2. 扩散和净化

(1)扩散：由于布朗运动是无规则的，对某个胶粒来说，在某一瞬间向各个方向运动的几率相等。但当溶胶中胶粒的分布不均匀时，由于布朗运动，胶粒将从浓度大的区域自动向浓度小的区域运动，这种现象称为胶粒的扩散。实验结果表明，胶粒的质量越小，温度越高，介质黏度越小，胶粒就越容易扩散。

(2)净化：胶粒的扩散，能透过滤纸，但不能透过半透膜。利用胶粒不能透过半透膜这一性质，可除去溶胶中混有的离子、小分子杂质，使溶胶净化。

净化溶胶常用的方法是透析(或渗析)和超滤。透析时，可将溶胶装入半透膜袋内，放入流动的水中，溶胶中的离子、小分子杂质可透过半透膜进入溶剂，随水流去。见图 5-4。超滤是在减压(或加压)的条件下，使胶粒与分散介质、低分子杂质分开的方法，其基本装置是超滤过滤器。

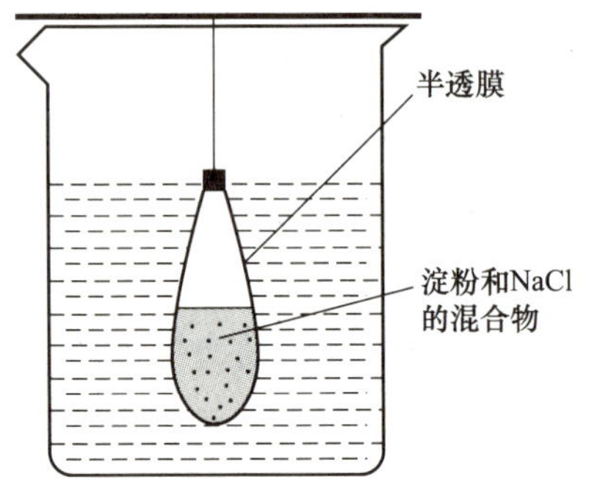

图 5-4　透析现象

3. 沉降和沉降平衡　分散系中的分散相粒子在重力作用下逐渐下沉的现象称为沉降。悬浊液(如泥浆水)中的分散相粒子大而重，扩散现象弱，在重力作用下很快沉降。

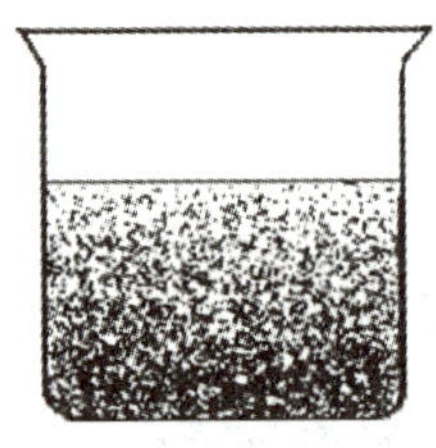

图 5-5　沉降平衡示意图

而溶胶的胶粒较小，质量较轻，沉降和扩散两种作用同时存在，一方面胶粒受重力作用向下沉降，另一方面由于布朗运动使胶粒向上扩散。当沉降和扩散这两个相反作用的速度相等时，达到平衡状态，称为沉降平衡(sedimentation equilibrium)。平衡时，底层浓度最大，但随着高度的增加浓度逐渐变小，形成了一定的浓度梯度(见图 5-5)。溶胶达到沉降平衡所需的时间与胶粒的大小密切相关，胶粒越小，在重力场中的沉降速度越慢，达到沉降平衡所需的时间就越长。为了加速沉降平衡的建立，可使用超速离心机，使溶胶或蛋白质溶液的颗粒迅速沉降。目前超速离心机被广泛用于医学研究中，以测定各种蛋白质的分子量及分离提纯病毒等。

（三）电学性质——电泳

1. 电泳 U 形管中注入棕红色的 $Fe(OH)_3$ 溶胶，小心地在两液面上加入一层 NaCl 溶液（用于导电），并使溶胶与 NaCl 溶液间有一清晰的界面。然后在管的两端插入电极，接通直流电后，可以观察到负极一端棕红色 $Fe(OH)_3$ 的溶胶界面上升，而正极一端的界面下降，说明 $Fe(OH)_3$ 胶粒向负极移动（见图 5－6）。这种在外电场的作用下，胶粒在介质中定向移动的现象称为电泳（electrophoresis）。胶粒具有电泳性质，证明胶粒带有电荷。根据电泳方向可以判断胶粒所带电荷的种类，大多数金属氧化物、金属氢氧化物溶胶的胶粒带正电荷，为正溶胶；大多数金属硫化物、硅胶、金、银、硫等溶胶的胶粒带负电荷，为负溶胶。

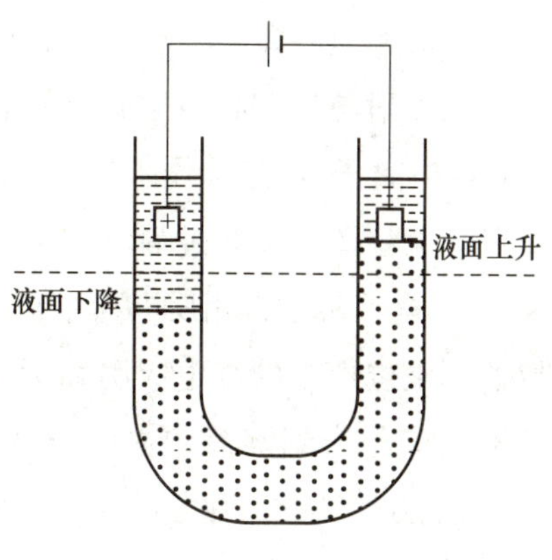

图 5－6 电泳现象

研究电泳现象不仅有助于了解溶胶的结构及其电学性质，而且在蛋白质、氨基酸和核酸等物质的分离和鉴定方面具有重要的应用价值。在临床检验中，应用电泳法分离血清中的各种蛋白质，可为疾病诊断提供依据。

2. 胶粒带电的原因 主要有两种：

（1）吸附带电：胶核是某种物质的许多分子或原子的聚集体，比表面积大，表面能高，所以胶核很容易吸附溶液中的离子以降低表面能。胶核总是优先选择吸附与其组成相似的离子，当吸附正离子时，胶粒带正电；吸附负离子时，胶粒带负电。例如，当用 $AgNO_3$ 和 KI 制备溶胶时，若 $AgNO_3$ 过量，AgI 溶胶优先吸附 Ag^+，使胶粒带正电；若 KI 过量，AgI 溶胶则优先吸附 I^-，使胶粒带负电。

（2）解离带电：有些胶粒与液体介质接触时，表面分子会发生部分解离，使胶粒带电。例如硅溶胶是由许多硅酸分子聚合而成的，其表面分子可解离出 H^+ 进入介质中，残留的 $HSiO_3^-$ 和 SiO_3^{2-} 使粒子表面带负电，故硅溶胶为负溶胶。

课堂互动

用 $FeCl_3$ 水解制备的 $Fe(OH)_3$ 溶胶时，请问该溶胶的胶粒带何种电荷？

3. 胶团的结构 溶胶的性质与其结构有关，根据大量实验人们提出了溶胶的扩散双电层结构。下面以 AgI 溶胶为例来讨论胶团的结构，见图 5－7。

首先 Ag^+ 与 I^- 反应后生成 AgI 分子，由大量的 AgI 分子聚集成大小在 1 ~ 100nm 的颗粒，该颗粒称为胶核。由于具有较高的表面能，胶核选择性地吸附 $n(n < m)$ 个与其组成相似的离子。若体系中 KI 溶液过量时，胶核选择性地吸附与其组成相类似的 I^- 离子而带负电，这些离子(如 I^- 离子)决定胶体所带电荷的种类，因此称为电位离子。电位离子又通过静电引力吸引溶液中带正电荷的 K^+，与电位离子带相反电荷的离子称为反离子。反离子既受到电位离子的静电吸引靠近胶核，又因扩散作用有离开胶核分布到溶液中去，当这两种作用达到平衡时，只有部分($n-x$ 个)反离子排列在胶核表面，反离子和电位离子组成吸附层。胶核和吸附层组成了胶粒。胶粒的电性由电位离子的电性决定。由于吸附层中被吸附的反离子(K^+ 离子)比电位离子(I^- 离子)总数少，还有一部分反离子(K^+ 离子)松散地分布在胶粒周围形成一个扩散层。胶粒和扩散层一起组成胶团。胶粒和扩散层所带的电荷相反，电量相等，整个胶团是电中性。

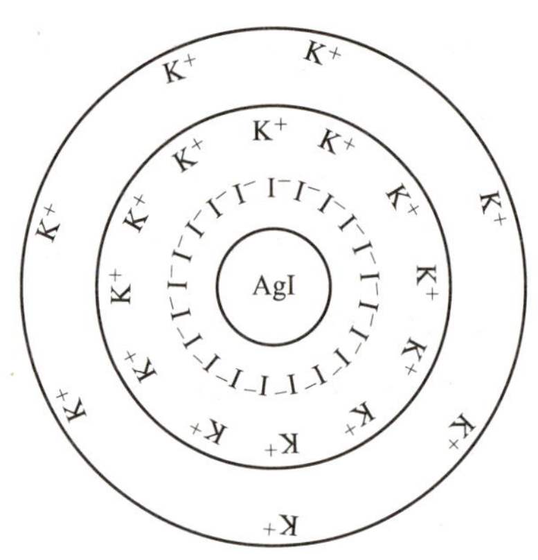

图 5-7 AgI 胶团结构示意图

在外电场作用下，胶团在吸附层和扩散层之间的界面上发生分离，此时，胶粒向某一电极移动。胶粒是独立运动的单位，通常所说的溶胶带电，是指胶粒而言。当 KI 溶液过量时，AgI 胶团结构可用下式表示：

$$\left\{\underbrace{\underbrace{(AgI)_m}_{\text{胶核}} \cdot \underbrace{nI^- \cdot (n-x)K^+}_{\text{吸附层}}}_{\text{胶粒}}\right\}^{x-} \cdot \underbrace{xK^+}_{\text{扩散层}}$$

胶团

式中，m 表示胶核中所含的 AgI 分子数(约 10^3 个)，n 表示胶核所吸附的 I^- 离子数，n 的数值比 m 小得多，$(n-x)$ 表示吸附层中 K^+ 离子数，x 表示扩散层中的 K^+ 离子数。由于 $n > (n-x)$，故胶粒带 x 个单位负电荷。

三、溶胶的稳定性和聚沉

(一)溶胶的稳定性

溶胶是高度分散且表面能较大的不稳定体系，胶粒间有相互聚结而降低其表面能的趋势，但溶胶却具有一定的稳定性。主要有以下三方面的原因：

1. 胶粒带电 同一溶胶的胶粒带有相同符号的电荷，使胶粒之间相互排斥，从而阻止了胶粒互相接近与聚集。胶粒带电荷越多，斥力越大，胶粒就越稳定。胶粒带电是胶体稳定的一个主要因素，也是胶体稳定的决定性因素。

2. 布朗运动 由于布朗运动产生的动能足以克服重力对胶粒的作用，使胶粒均匀分布而不聚沉，所以布朗运动是胶体稳定的动力学因素。

3. 水化膜 胶团具有水化双电层结构，即在胶粒外面包有一层水化膜，这层水化膜使胶粒彼此隔开不易聚集。胶粒所带电荷越多，水化膜越厚，胶体越稳定。

（二）溶胶的聚沉

溶胶的稳定性是相对的、暂时的、有条件的。一旦减弱或消除溶胶稳定的因素，就可以促使胶粒聚集成较大的颗粒，当粒子增大到布朗运动克服不了的重力作用时，将会沉淀下来。这种使胶粒聚集成较大颗粒而从溶液中沉淀下来的过程称为聚沉(coagulation)。常用的聚沉方法有下面几种：

1. 加入少量电解质 溶胶对电解质十分敏感，加入少量就能促使溶胶聚沉。原因是电解质影响胶粒的双电层结构，使胶粒扩散层中的反离子受到电解质相同符号离子的排斥而进入吸附层，使胶粒的电荷数减少甚至消除，水化膜和扩散层随之变薄或消失，这样胶粒就能迅速凝集而聚沉。例如在 $Fe(OH)_3$溶胶中加入少量 K_2SO_4溶液，溶胶立即发生聚沉作用，析出氢氧化铁沉淀。

电解质对溶胶的聚沉能力不仅与其浓度有关，更重要的是取决于与胶粒带相反电荷离子(即反离子)的电荷数，反离子的电荷数越高，聚沉能力越强。例如，对硫化砷溶胶(负溶胶)的聚沉能力是：$AlCl_3 > CaCl_2 > NaCl$。而 KCl 和 K_2SO_4对硫化砷的聚沉能力几乎相等。对 $Fe(OH)_3$溶胶(正溶胶)的聚沉能力是 $Na_3PO_4 > Na_2SO_4 > NaCl$。为了比较不同电解质对某一溶胶的聚沉能力，常用聚沉值来表示。使一定量溶胶在一定时间内完全聚沉所需电解质的最小浓度，称为该电解质的聚沉值，单位为 $mmol \cdot L^{-1}$。聚沉能力是聚沉值的倒数，聚沉值越小，聚沉能力越大。

2. 加入带相反电荷的溶胶 将带相反电荷的两种溶胶按适当比例混合，也能引起溶胶聚沉，这种现象称为相互聚沉现象。相互聚沉是由于不同电性的溶胶相互中和了彼此所带的电荷，所以共同聚沉下来。溶胶相互聚沉的程度与两溶胶的比例有关，当两种溶胶的胶粒电性被完全中和时，沉淀最完全。用明矾净化水就是溶胶相互聚沉的实际应用，因为天然水中的胶体悬浮粒子一般是负溶胶，明矾中的硫酸铝水解生成的 $Al(OH)_3$溶胶是正溶胶，两者混合发生相互聚沉，再加上 $Al(OH)_3$絮状物的吸附作用，使污物清除，达到净化水的目的。

3. 加热 很多溶胶加热时发生聚沉。因为加热增加了胶粒的运动速度和碰撞机会，同时削弱了胶核对离子的吸附作用，从而降低了胶粒所带的电量和水化程度，使胶粒在碰撞时聚沉。例如，将 As_2S_3溶胶加热至沸腾，就析出黄色的 As_2S_3沉淀。

随着科技的发展，胶体溶液在医学领域的应用越来越广泛。在临床上，越来越多地利用高度分散的胶体来检验或治疗疾病，例如血液本身就是血细胞在血浆中形成的胶体分散系，与血液有关的疾病的一些治疗、诊断方法就是利用了胶体的性质，如血液透析、血清纸上电泳等。胶态磁流体治癌术是将磁性物质制成胶体粒子，作为药物的载体，在磁场作用下将药物送到病灶，从而提高疗效。

第二节　高分子化合物溶液

高分子化合物溶液的分散相微粒直径在 1 ~ 100nm 之间，属于胶体分散系，其分散相是单个的高分子或离子。

一、高分子化合物的概念及分类

高分子化合物（又称大分子化合物）是指有一种或多种小的结构单元（链节）重复连接而成的相对分子质量在一万以上，甚至高达几百万的化合物。

它包括天然高分子化合物和合成高分子化合物两类。常见的天然高分子化合物有蛋白质、淀粉、核酸、糖原、动物胶等。而常见的合成高分子化合物有橡胶、聚乙烯塑料和合成纤维等。

高分子化合物具有结构和形状复杂等特征，但组成一般比较简单，都是由一种或多种小的结构单元重复连接而成的长链分子。这些小的结构单元称为链节，链节重复的次数称为聚合度，用 n 表示。例如，多糖类的纤维素、淀粉、糖原的分子都是由数千个葡萄糖残基（$—C_6H_{10}O_5$）连接而成，它们的通式可写为 $(C_6H_{10}O_5)_n$，由于 n 值不同，通常说的高分子化合物的摩尔质量只是一种平均摩尔质量。

大多数高分子化合物的分子结构呈线状或线状带支链，高分子链很长，而且长链上相邻链节之间的单键可围绕固定的键角（109°28′）自由旋转，所以高分子链表现出柔顺性，容易弯曲成无规则的线团状。高分子链的柔顺性越大，它的弹性就越强（如橡胶）。

二、高分子化合物溶液的特征

高分子化合物溶液属于均相、稳定体系。但与低分子溶液相比，其分散相粒子的大小已进入胶体范围(1 ~ 100nm)，具有溶胶的某些性质，如扩散速度慢，不能透过半透膜等，但高分子溶液的分散相粒子是单个的高分子，与溶胶相比具有特殊的性质。这些特性主要是：

（一）稳定性较大

高分子化合物溶液在稳定性方面与真溶液相似。这是因为高分子化合物分子具有很多亲水基团(如—OH、—COOH、—NH_2等)，这些基团与水有很强的亲和力。当高分子化合物溶解在水中时，它表面上的亲水基团就会通过氢键与水分子结合，形成密而厚的水化膜。由于水化膜的存在，相互碰撞时不易凝聚，水化膜的形成是高分子化合物溶液具有稳定性的重要原因。

(二)黏度较大

高分子化合物溶液的黏度较大。比真溶液、溶胶的黏度大得多，这是由于高分子化合物具有线状或分枝状结构，把一部分液体包围在结构中使它失去流动性，加上高分子化合物高度溶剂化(若溶剂为水，则为水化)，使自由流动的溶剂减少，故黏度较大。

(三)溶解过程的可逆性

高分子化合物能自动溶解在溶剂中形成真溶液。用蒸发或烘干的方法可以将高分子化合物从它的溶液中分离出来，如果再加入溶剂，高分子化合物又能自动溶解，即它的溶解过程是可逆的。而胶体溶液聚沉后，一般很难或者不能使用简单加入溶剂的方法使其复原。

(四)渗透压较高

高分子溶液与溶胶相比，相同浓度时具有较高的渗透压。由于高分子化合物长链上的每一个链段都是能独立运动的小单元，从而使高分子化合物具有较高的渗透压。

为了便于比较，现将高分子化合物溶液和溶胶主要性质异同归纳于表5-1中。

表5-1　高分子化合物溶液和溶胶的性质比较

	溶　胶	高分子化合物溶液
相同点	粒子大小在1~100nm之间，扩散速度慢，不能透过半透膜	
不同点	分散相粒子是许多分子、离子的聚集体； 体系相对稳定；丁铎尔现象明显； 加入少量电解质即聚沉；黏度小；	分散相粒子是单个分子、离子； 均匀稳定体系；丁铎尔现象微弱； 加入大量电解质才聚沉；黏度大；

三、高分子化合物溶液的盐析和保护作用

(一)盐析

加入大量电解质使高分子从溶液中聚沉的过程，称为盐析。盐析的实质是电解质电离出的离子具有强的溶剂化作用，加入大量电解质，一方面使高分子脱溶剂化，导致水化膜的减弱或消失，另一方面溶剂被电解质夺去，导致这部分溶剂失去溶解高分子化合物的能力，故高分子化合物发生聚沉。

但溶胶只需少量电解质就可使其发生聚沉，为什么聚沉高分子溶液和溶胶时电解质的用量不同呢？这是因为溶胶稳定的主要因素是胶粒带电荷，电解质中和电荷的能力很强，只需少量电解质就能中和胶粒所带的电荷。高分子溶液稳定的主要因素是分子表面有一层

厚而致密的水化膜，要将水化膜破坏，必须加入大量电解质。

不同的高分子化合物溶液盐析所需电解质浓度不同。蛋白质溶液盐析所需电解质的最小浓度称为盐析浓度。利用这一性质，可对蛋白质进行分离。

(二)高分子溶液的保护作用

在溶胶中加入适量高分子化合物溶液可以显著增强溶胶的稳定性，当受到外界因素(如加入电解质)作用时，不易发生聚沉，这种现象称为高分子化合物溶液对溶胶的保护作用。例如，在含有明胶的硝酸银溶液中加入适量氯化钠溶液，则反应生成的氯化银不发生沉淀，而形成胶体溶液。

高分子化合物之所以对溶胶具有保护作用，是由于高分子化合物都是能卷曲的线形分子，很容易被吸附在溶胶粒子表面，将整个胶粒包裹起来形成一个保护层；又因为高分子化合物水化能力很强，在高分子化合物表面又形成一层密而厚的水化膜，阻止了胶粒之间的相互碰撞及胶粒对溶液中相反电荷离子的吸引，从而增加了溶胶的稳定性。见图5－8。

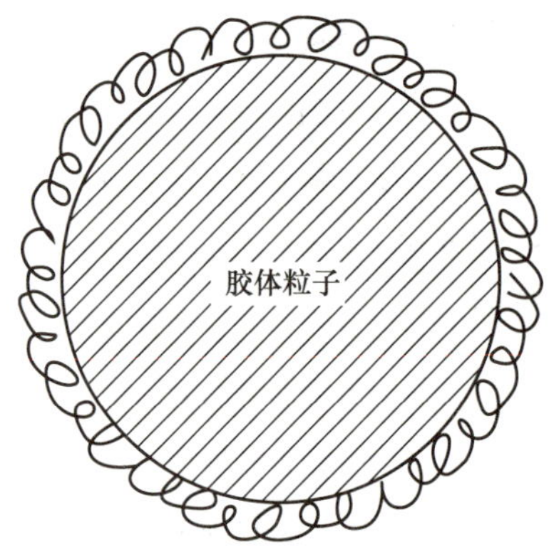

图 5－8　高分子化合物溶液对溶胶的保护作用

高分子化合物对溶胶的保护作用在生理过程中非常重要。血液中的碳酸钙、磷酸钙等微溶性无机盐，都是以溶胶的形式存在的，由于血液中的蛋白质对这些盐类溶胶起了保护作用，所以它们在血液中的含量比在水中的提高了近 5 倍，但仍能稳定存在而不聚沉。但当发生某些疾病使血液中的蛋白质减少时，就减弱了对这些盐类溶胶的保护作用，这些微溶性盐类就可能沉积在肝、肾等器官中，使新陈代谢发生故障，形成肾脏、肝脏等结石。医药用的防腐剂胶体银(如蛋白银)就是利用蛋白质的保护作用制成的银的胶态制剂，使银稳定地分散于水中。

四、凝胶

(一)凝胶的形成与分类

1. 形成　在适当条件下，高分子化合物溶液和溶胶黏度逐渐增大，最后失去流动性，形成具有网状结构、外观均匀并保持一定形态的弹性半固体，这种半固体物质称为凝胶(gel)，形成凝胶的过程称为胶凝(gelation)。例如豆浆是流体，加入电解质后变成豆腐，豆腐即是凝胶。

凝胶形成的原因是大量高分子化合物或胶粒通过范德华力相互交联形成立体网状结构，把分散介质包围在网眼中，使其不能自由流动，而变成半固体状态。由于交联不牢固而表现的柔顺性，致使凝胶具有一定的弹性。凝胶是处于液体与固体之间的中间状态，体系不会分层，而是以网状结构的整体形式存在。

凝胶在生命中具有特别重要的意义，人体中约占体重2/3的水基本上以凝胶的形式存在，人体的肌肉、细胞膜、脏器、软骨、皮肤、指甲、毛发等都属于凝胶。

2. 分类 根据凝胶中液体含量的多少，可以将凝胶分为冻胶和干胶，液体含量在90%以上的凝胶称为冻胶(如血块等)，其余的称为干胶(如琼脂等)；根据凝胶的形态，可将凝胶分为弹性凝胶和非弹性凝胶。凡是烘干后体积缩小很多，但仍能保持弹性或放入溶剂中能恢复弹性的凝胶为弹性凝胶，如明胶、肉冻、琼脂等；若在烘干后体积缩小不多，并失去弹性的凝胶为非弹性凝胶，如氢氧化铝、硅胶等。

(二)凝胶的主要性质

1. 溶胀(膨润) 将干燥的弹性凝胶放入适当溶剂中，会自动吸收溶剂，使其体积(或重量)明显增大，这种现象称为溶胀(swelling)。如果这样的溶胀作用进行到一定程度便自行停止，称为有限溶胀，如植物种子在水中的溶胀。若凝胶的溶胀可一直进行下去，直到其网状骨架完全消失形成溶液，这种溶胀称为无限溶胀，如明胶在水中的溶胀。

2. 离浆 凝胶在放置过程中，缓慢自动地渗出液体，使体积缩小的现象称为脱水收缩或离浆(syneresis)，见图5-9。如常见的糨糊搁久后要析出水，血块放置后便有血清分离出来。

脱水收缩是膨胀的逆过程，可以认为是凝胶的网状结构收缩，促使网孔收缩，把一部分液体从网眼中挤出来的结果。体积变小了，但仍然保持原来的几何形状。离浆现象在生命过程中普遍存在，因为人类的细胞膜、肌肉组织纤维等等都是凝胶状的物质，老人皮肤松弛、变皱主要就是细胞老化导致离浆现象而引起的。

3. 触变现象 某些凝胶在受到振荡或搅拌等外力作用时，网状结构被拆散变成有较大流动性的溶液状态(稀化)，去掉外力静置一段时间后，又失去流动性恢复半固体凝胶状态(重新稠化)，这种现象称为触变现象(thixotropic phenomenon)。触变现象的发生主要是因为凝胶的网状结构是通过范德华力形成的不稳定、不牢固的网络。当受到外力作用时，这种不牢固的网状结构就被破坏而释放出液体。外力消失后，由于范德华力作用又将高分子化合物(或胶粒)交织成空间网络，包住液体形成凝胶。临床使用的药物中就有触变性药剂，临床使用时只需用力振摇就会成为均匀的溶液。触变性药剂的主要特点是比较稳定，便于储藏。

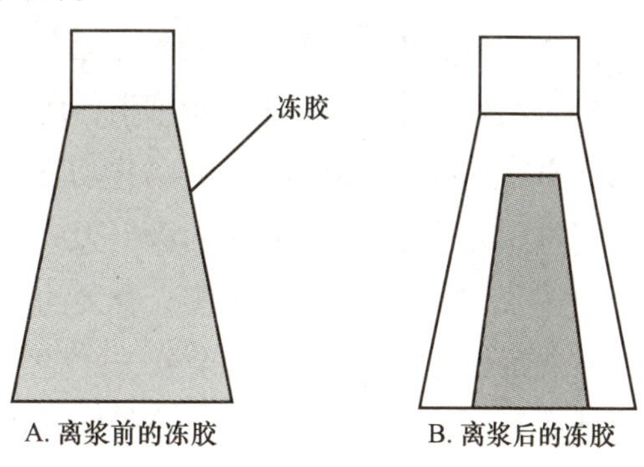

图5-9 凝胶的离浆

4. 吸附作用 一般来说，刚性凝胶的干胶都是具有多孔性的毛细管结构，表面积较大，有较强的吸附能力，如硅胶常用作干燥剂或吸附剂；弹性凝胶也具有一定的吸附作用。

5. 半透膜及其透过性 所有天然的和人造的半透膜都是凝胶。半透膜的特点是可以让一些小分子（或离子）通过，而大分子不能通过。分子能否通过半透膜主要取决于膜的网络孔径大小，另外还与网状结构中所含液体的性质及网眼壁上所带的电荷有关。凝胶膜与分子筛相似，可以使大小不同的分子得到分离。近年来迅速发展的凝胶色谱分析，就是利用了凝胶的这种性质。

凝胶制品在医疗、科研及日常生活中都有广泛的应用。如中成药阿胶就是凝胶制剂；干硅胶是实验室常用的干燥剂；其他如人工半透膜、皮革等都是干凝胶。

第三节 表面现象

在体系中相与相之间的分界面称为界面（interface）。相界面包括液－气、固－气、固－液、液－液等类型。习惯上把固相或液相与气相之间的界面称为表面（surface），在相界面上发生的一切物理、化学现象称为界面现象或表面现象。本节讨论发生在液－气、固－气表面上的现象。

一、表面张力与表面能

物质表面层的分子和内部分子由于所处环境不同，受力情况不同，因而它们的能量也不相同。以气－液表面为例，见图 5－10。

处于液体内部的 A 分子受到邻近分子的吸引，来自各方向的力是一样的，彼此互相抵消，所受的合力为零，所以 A 分子在液体内部移动时不需作功。而表面层的 B 分子则不同，液体内部分子对它的吸引力大，气体分子对它的吸引力小，所受合力不等于零，合力的方向指向液体内部并与液面垂直，表面层的其余分子也都受到同样力的作用，这种合力力图把表面层的分子拉入液体内部，从而使液体表面有自动缩小的趋势，或者说表面恒有一种抵抗扩张的力，即表面张力（surface tension），用符号 σ 表示。其物理意义是垂直作用于单位长度相表面上的力，单位为 $N \cdot m^{-1}$。在日常生活中，我们看到小草上的露珠、刚洗完脸后面部发紧都与表面张力有关。

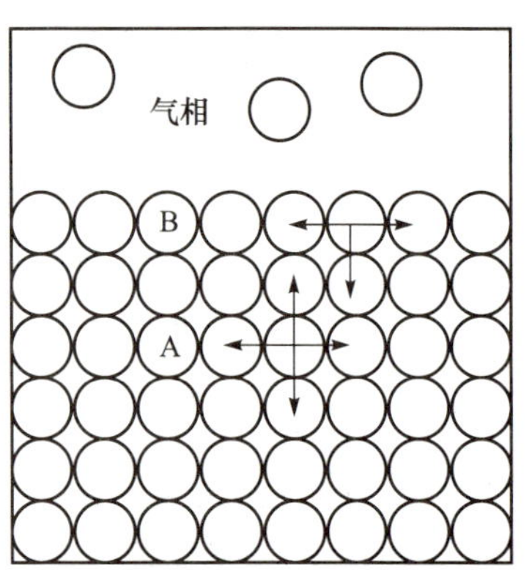

图 5－10 液体内层及表面分子受力情况示意图

保持温度、压力不变，若增大液体的表面积，将液体内部的分子移到表面，就要克服这种内部分子的拉力而对其做功，所做的功以位能的形式储存于表面分子。这就像把物体举高而作功，物体便因此而具有位能一样。所以物体表面层分子要比内部分子多出一部分能量，这一部分能量称为表面能（surface energy）。表面能(E)等于表面张力(σ)和表面积(A)的乘积。即：

$$E = \sigma \times A \tag{5-1}$$

在一定的温度和压力下，表面张力是一个常数，表面积越大，表面能越高，体系越不稳定。对一定量的物体而言，其表面积随着分散度的增加而迅速增大。例如边长为1cm的立方体，它的总表面积为$6cm^2$。若将这个物体分散成直径为$10^{-8}m$的微粒时，则总面积达到$600m^2$，也就是表面积比原来增加了100万倍。在胶体分散系中粒子的大小约在1～100nm之间，它具有很大的表面积，突出表现为表面效应。

物体有自动降低其位能的趋势，所以高物易落，水向低流。物体的表面能也有自动降低的趋势，而且表面能越大，降低的趋势也越大。从式(5-1)可知，表面能的降低可以通过下面任何一种途径实现，即自动减小A或σ，或两者都自动减小。对纯液体来说，一定温度下其表面张力是一个常数，因此其表面能的减小只能通过减小表面积的办法来实现。如液滴常呈球形，小水滴相遇时会自动合并成较大的水滴，这都是自动减小表面积以降低表面能的例子。而对于固体和盛放在固定容器内的液体，由于无法自动减小表面积，往往通过吸附作用使表面张力降低的办法，使体系的表面能降低。

二、表面吸附

固体或液体表面吸引其他物质的分子、原子或离子聚集在其表面上的过程称为吸附。例如，在充满红棕色溴蒸气的玻璃瓶中放入少量活性炭，可以看到瓶中的红棕色逐渐变淡或消失，大量溴被活性炭表面吸附，溴的浓度在两相界面上增大。具有吸附作用的物质（如活性炭）称为吸附剂，被吸附的物质（如溴）称为吸附质。吸附作用可在固体表面发生，也可在液体表面发生。吸附作用是一个可逆过程。因为被吸附在吸附剂上的分子通过分子热运动可挣脱吸附剂表面而逸出，这种与吸附作用相反的过程，称为解吸。当吸附与解吸的速度相等时，即达到吸附平衡。

（一）固体表面的吸附

一些疏松多孔或细粉末状的固体物质，如活性炭、硅胶、活性氧化铝、分子筛等，具有很大的表面积（每克固体有200～$1000m^2$的表面积），由于它们都有固定的形状，表面积无法自动缩小，因而常通过吸附作用，把周围介质中的分子、原子或离子吸附到自己的表面上来降低表面张力，从而降低表面能。

固体表面的吸附按作用力性质的不同，分为物理吸附和化学吸附两类。物理吸附的作用力是范德华力（分子间引力），由固体表面分子与吸附质分子之间的静电作用产生。这类吸附没有选择性，吸附速度快，吸附与解吸易达平衡，但因分子间引力大小不同，吸附的难易程度也不相同。低温时易发生物理吸附。化学吸附的作用力是化学键力，由于固体表面原子的成键能力未被相邻原子所饱和，还有剩余的成键能力，这些原子与吸附质的分子或原子间作用形成了化学键。这类吸附具有选择性，但吸附与解吸都较慢，升高温度可增大化学吸附。物理吸附是普遍现象，化学吸附通常在特定的吸附剂和吸附质之间产生。

固体表面上吸附有广泛的实际应用。例如，活性炭能有效吸附有害气体和某些有色物质，常用作防毒面具的去毒剂或色素水溶液的脱色剂；硅胶和活性氧化铝常用于色谱分离的吸附剂；在实验室中，常用无水硅胶作干燥剂，吸附水蒸气，防止仪器和试剂受潮等。在气体反应中的固相催化剂，如合成氨的催化剂，气相的 N_2 和 H_2 被吸附于固相催化剂表面，从而促进反应的进行。

知识拓展

固－液界面吸附最主要的应用之一是色谱法（或称层析法）。色谱法是利用吸附剂对混合溶液中各组分的吸附能力不同使吸附质彼此分离的一种方法。色谱法是俄国植物学家茨维特（Tsvet）于 1906 年首先提出来的。他将粉状吸附剂 $CaCO_3$ 填充于玻璃柱内，由于 $CaCO_3$ 对不同色素的吸附能力不同，易被吸附的组分在柱中移动速度慢，较难被吸附的组分在柱中移动速度快，各组分因此被分开，不久便在吸附柱上依次显出叶绿素、叶红素和胡萝卜素等色带。色谱法的名称便由此而来。

现在色谱法已不局限于吸附原理，还有利用各组分在两种互不相溶的液体内的溶解度不同进行分离的分配色谱，以及利用离子交换能力不同进行分离的离子交换色谱，特别是近年来发展起来的气相色谱、高效液相色谱等。

（二）液体表面上的吸附

在一定温度下，纯液体的表面张力为一定值。若在纯溶剂中加入某种溶质，由于溶质的表面张力与溶剂不同，溶质分子会或多或少地占据在液体表面，所得溶液的表面张力将随之改变。表面张力随不同溶质加入所发生的改变大致有两种情况。第一种情况是表面张力随溶质浓度的增加而升高，如 NaCl、KNO_3 等无机盐类以及蔗糖、甘露醇等多羟基有机物，我们称为非表面活性物质，它们的表面张力比纯液体大，为了使体系的表面能趋于最低，溶质分子尽可能进入溶液内部，此时溶液表面层的浓度小于其内部浓度，这种吸附称为负吸附。第二种情况是在一定范围内，表面张力随溶质浓度的增加而降低，如肥皂、烷基苯磺酸盐（合成洗涤剂）等物质，我们称为表面活性物质。它们的表面张力比纯液体小，故分子自动集中在表面以降低表面张力，结果溶液表面层的浓度大于溶液内部的浓度，这种吸附称为正吸附(简称吸附)。

三、表面活性剂及应用

(一)表面活性剂

表面活性剂是能显著降低水的表面张力，在两相分界面上定向排列的一类物质。这与其结构有关。表面活性物质的分子中常含有两类基团：一类是极性基团(亲水基或疏油基)，如—OH、$—NH_2$、—SH、—COOH、$—SO_3H$ 等；另一类是非极性基团(亲油基或疏水基)，多为直链或带支链或带苯环的有机烃基。肥皂的分子模型见图 5－11。

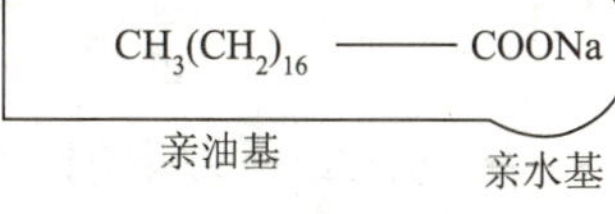

图 5－11　肥皂的分子模型

这种分子不对称的两亲结构，决定了表面活性物质具有在两相界面定向排列、形成胶束等基本性质，从而使体系趋于稳定。表面活性物质的很多用途都与这些基本性质有关。

以肥皂(脂肪酸钠)为例，当它溶于水中时，分子中的亲水基受极性水分子的吸引进入水中，而疏水基(亲油基)则受水分子的排斥有离开水相而向表面聚集的趋势。当表面活性剂溶于水达到饱和时，一部分集中在水的表面定向排列起来，构成单分子吸附层，降低了水的表面张力和体系的表面能；另一部分溶液内部分子则三三两两地把亲油基靠在一起形成简单的聚集体，即缔合成胶束，即亲水基朝外，亲油基朝内，直径在胶体分散系范围(1～100nm)。表面活性剂开始明显形成胶束的最低浓度称为临界胶束浓度(CMC)。

例如，向盛有水的烧杯中加入肥皂(硬脂酸钠)后，在气－水界面上，肥皂分子中的亲水基朝向水相，亲油基被排斥而朝向空气，有规律地定向排列而形成薄膜。如图 5－12 所示。

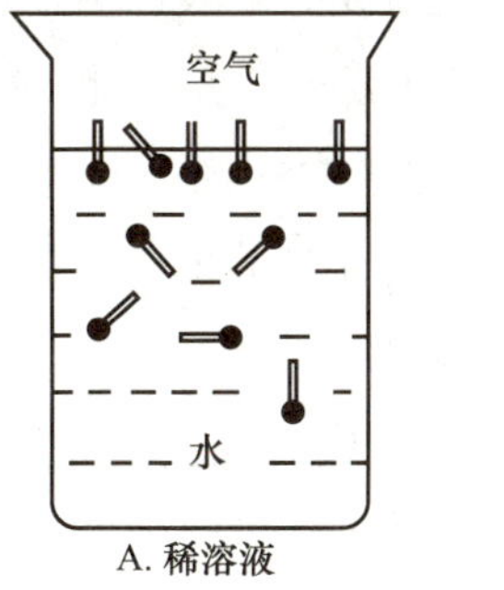

A. 稀溶液

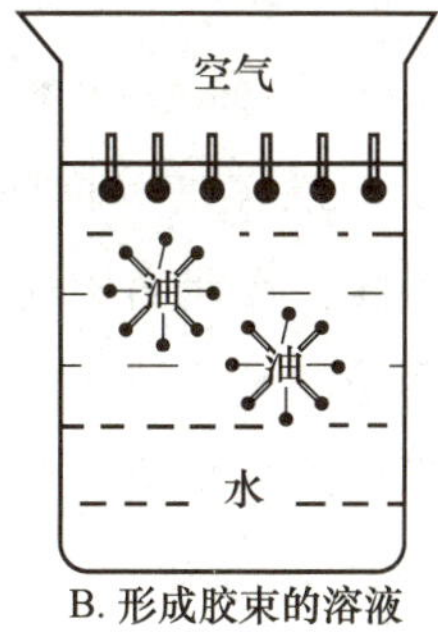

B. 形成胶束的溶液

图 5－12　表面活性物质在相界面的定向排布示意图

常见的表面活性物质有长链脂肪酸盐(如硬脂酸钠)、合成洗涤剂(如十二烷基磺酸钠)、胆汁酸盐等。表面活性物质是一类非常重要的物质，具有乳化、增溶、消泡等作用，在医药学和生物学上有着广泛应用。

知识拓展

可直接用作药物的表面活性剂

许多阳离子表面活性剂可直接用做杀菌药物，如氯化十六烷基吡啶等季铵盐型阳离子表面活性剂以及洗必泰等胍基化合物都有很强的杀菌功能。用阳离子表面活性剂配制的消毒液，通常用做手术前的皮肤消毒清洗剂，制成的外用药膏可治疗各种病毒引起的皮肤病。阴离子表面活性剂由于对人体毒性稍大，因此一般不使用在注射药、口服药中，多在配制O/W型外用软膏药剂中做乳化剂。如用十二烷基硫酸钠配制的软膏，有很好的抑制皮肤瘙痒的作用。

（二）表面活性剂的应用

1. 乳化作用 乳浊液是一种液体以直径大于100nm的细小液滴（分散相）分散在另一种互不相溶的液体（分散介质）中所形成的不稳定体系。例如，把少量油加入水中并剧烈振荡后，油就被分散成细小的液滴而成为乳浊液。但静置片刻，油、水便分成两层，不能形成稳定的乳浊液。这是由于油成细小液滴分散在水中后，油滴和水之间的总界面面积和界面能有很大增加，体系处于不稳定状态，所以小油滴会自动合并以减小总界面面积，降低界面能。

要制得比较稳定的乳浊液，必须加入一种可以增加其稳定性的物质，这种能增加乳浊液稳定性的物质，称为乳化剂（emulsion）。乳化剂使乳浊液稳定的作用，称为乳化作用（emulsification）。如在上述的油、水混合液中加入少量的肥皂，振摇后就可以得到外观均匀、稳定的乳浊液。

乳化剂使乳浊液稳定的原因：一是由于乳化剂是一种表面活性物质，能被吸附在分散相（油滴）和分散介质（水）的界面上，降低了界面张力和界面能，使乳浊液变得稳定；另一方面，当乳化剂吸附于两液体的界面时，其分子中的亲水基伸向水相，亲油基伸向油相，乳化剂分子在两相界面上作定向排列，形成乳化剂的单分子保护膜，阻止了分散相粒子之间的相互聚集，从而增加了分散系的稳定程度。

乳浊液主要有两种类型。凡是油分散在水中形成的乳浊液称为“水包油”型，常以O/W表示，如牛奶等；反之，水分散在油中形成的乳浊液称为“油包水”型，常以W/O表示，如油剂青霉素注射液等。

医药学中乳浊液称为乳剂。药用油类常需乳化后才能作为内服药，如鱼肝油乳剂，其目的是便于吸收和尽量减小扰乱胃肠功能。此外，消毒和杀菌用的药剂也常制成乳剂，如煤酚皂溶液，以增加药物和细菌的接触面，提高药效。

乳化作用在生理上具有重要的意义，油脂在体内的消化、吸收和运输，在很大程度上依赖于胆汁中胆汁酸盐的乳化作用。在消化过程中，胆汁中胆汁酸盐的乳化作用，使油脂具有很大的表面积，以增加其与消化液中酶的接触面积，这不仅加速了消化油脂的水解反应，而且使水解产物易被小肠壁吸收。

2. 增溶作用 有的药物在水中的溶解度很小，不能达到治疗疾病的有效浓度。若在药物中加入一种可以形成胶束的表面活性剂，药物分子就能够钻进胶束的中心或夹缝中，使溶解度明显提高，以达到药物的有效浓度。这种能增加物质溶解度的作用称为增溶作用，能形成胶束的表面活性剂称为增溶剂。

增溶作用不等于溶解作用。溶解过程是溶质以单个分子或离子状态分散在溶剂中，使得溶液的依数性发生明显变化，而增溶过程是溶质分子或离子以聚集状态进入胶束中，增溶发生后虽然胶束体积增大，但分散相粒子数目没有明显改变，因此依数性不会明显变化。

增溶作用在制药工业中经常使用。例如消毒防腐的煤酚在水中的溶解度为2%，加入肥皂溶液作为增溶剂，可使其溶解度增大到50%；氯霉素的溶解度为0.25%，加入吐温作增溶剂可使溶解度增大到5%，其他维生素、磺胺类、激素等药物常用吐温来增溶。

课堂互动

增溶作用与溶解作用有何不同？

3. 润湿作用 在固体和液体两相接触的界面上加入表面活性物质，这些表面活性物质的分子定向吸附在固液界面上，降低了固液界面张力，使液体能在固体表面很好地黏附，从而更好地润湿固体。像这种能够改善润湿程度的表面活性物质称为润湿剂。医药上外用软膏中常加入润湿剂，用以增加药物对皮肤的润湿程度，提高药物效率。农药杀虫剂也普遍使用润湿剂，用来改善药物与植物叶片和虫体的润湿程度，使药效得以有效发挥。

重点小结

1. 胶体 是分散相粒子的直径大小在1～100nm之间的多相分散体系。能发生丁达尔现象，产生聚沉、电泳、布朗运动等现象。溶胶的性质与其扩散双电层结构有关，胶粒带电是因为胶核选择性吸附与其组成相似的离子，这是胶体稳定的一个主要原因。溶胶的稳定性是暂时的，其聚沉方法：加入电解质、加入相反电荷的溶胶和加热。

2. 高分子化合物 溶液属于均相稳定分散系。高分子溶液具有稳定性大、黏度较大、溶解过程可逆性、渗透压较高等特性。高分子溶液对溶胶具有保护作用。

3. 表面现象 由于物质的表面分子与内部分子性质的差异引起了表面现象。表面分子受到指向内部的力称为表面张力。表面层分子比内部分子多出一部分能量，这部分能量称为表面能。表面能(E)等于表面张力(σ)和表面积(A)的乘积。

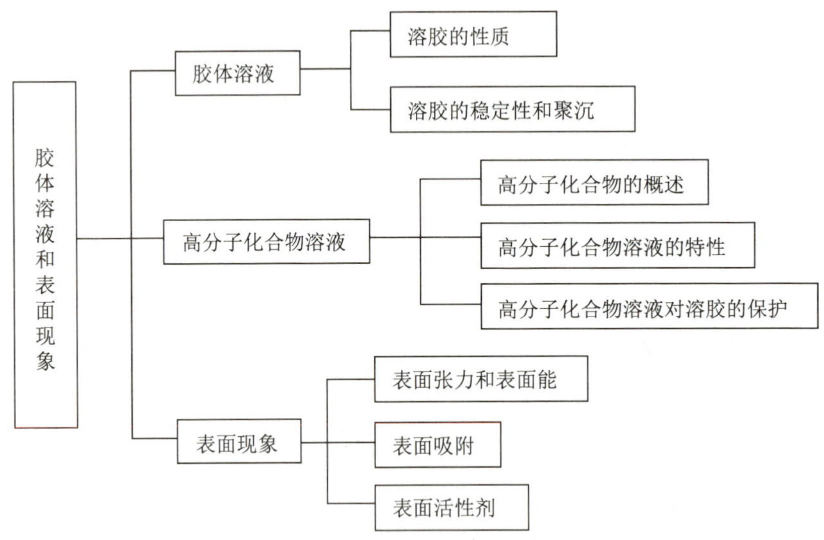

复习思考

一、选择题

1. 使溶胶稳定的决定性因素是(　　)

   A. 布朗运动　　B. 丁铎尔现象　　C. 溶剂化膜作用

   D. 胶粒带电　　E. 电泳现象

2. 下列电解质对 As_2S_3溶胶(负溶胶)的聚沉能力由强到弱的顺序是(　　)

   A. $NaCl > CaCl_2 > AlCl_3$　　B. $NaCl > AlCl_3 > CaCl_2$　　C. $CaCl_2 > AlCl_3 > NaCl$

   D. $AlCl_3 > CaCl_2 > NaCl$　　E. $AlCl_3 > NaCl > CaCl_2$

3. $Fe(OH)_3$溶胶的电泳现象是(　　)

   A. 胶粒和介质均向正极移动

   B. 胶粒和介质均向负极移动

   C. 胶粒向负极移动，介质向正极移动

   D. 胶粒向正极移动，介质向负极移动

   E. 胶粒向负极移动，介质不移动

4. 丁铎尔现象是光射到胶粒上所产生的(　　)现象引起的

A. 透射　　B. 反射　　C. 折射

D. 散射　　E. 直射

5. 用半透膜分离胶体粒子与电解质溶液的方法称为(　　)

A. 电泳　　B. 过滤　　C. 渗析

D. 胶溶　　E. 盐析

6. 使 $Fe(OH)_3$ 溶胶聚沉，下列电解质聚沉能力最大的是(　　)

A. K_2SO_4　　B. Na_3PO_4　　C. $AlCl_3$

D. $MgCl_2$　　E. KNO_3

7. 用 $AgNO_3$ 溶液与过量 KI 溶液制备 AgI 溶胶时，胶核吸附的离子是(　　)

A. K^+　　B. I^-　　C. Ag^+

D. NO_3^-　　E. OH^-

8. 在 KI 过量时所形成的 AgI 溶胶里，下列表达式能表示胶核的是(　　)

A. AgI　　B. $(AgI)_m$　　C. Ag^+

D. $[(AgI)_m nI^-(n-x)K^+]^{x-}$

E. $[(AgI)_m nI^-(n-x)K^+]^{x-}_{x}K^+$

9. 蛋白质溶液属于(　　)

A. 悬浊液　　B. 乳浊液　　C. 溶胶

D. 高分子溶液　　E. 真溶液

10. 下列可作为表面活性剂疏水基团的是(　　)

A. 烃基　　B. 羟基

C. 氨基　　D. 羧基

11. 表面活性物质是(　　)

A. 使溶液的表面张力显著降低的物质

B. 使溶液的表面张力增加的物质

C. 能产生负吸附的物质

D. 能降低体系内部能量的物质

E. 能运动的物质

12. 高分子溶液有别于低分子真溶液而表现胶体性质的因素是(　　)

A. 分子带电　　B. 粒子半径大　　C. 均相体系

D. 水化膜作用　　E. 形成了多分子聚集体

二、填空题

1. 根据分散性粒子的大小，分散系可分为__________、__________和__________三大类。胶体中，分散相粒子的直径在__________范围内。

2. 使胶体溶液相对稳定的因素是__________、__________和__________。

3. 溶胶是__________相体系，高分子化合物是__________相体系，高分子化合物溶液的稳定性__________溶胶的稳定性。

4. 使胶体聚沉的方法有__________、__________、__________。

5. 直接接触的两相的表面积越大，表面张力越__________，表面能__________，体系越__________。

6. 形成正吸附时，溶液的表面张力随溶质浓度的增加而__________，溶液表层的浓度__________其内部浓度。

7. 在一定条件下，高分子溶液失去流动性，形成一种具有立体网状结构的半固态物质的过程称为__________。这种半固态物质叫__________。

8. 水包油型乳浊液的符号为__________，油包水型乳浊液的符号为__________。

9. 凝胶分为__________和__________两大类。

10. 胶粒带电有两种原因，一种是__________，另一种是__________。

三、判断题

1. 溶胶稳定的决定性因素是布朗运动。(　　)

2. 蛋白质溶液属于乳浊液。(　　)

3. 根据自由能降低原理，自发过程中表面积减小，体系的表面能增大。(　　)

4. $Fe(OH)_2$溶胶的电泳现象是胶粒和介质均向正极移动。(　　)

5. 离浆是凝胶脱液发生收缩。(　　)

6. 烃基是表面活性剂的疏水基团。(　　)

7. 用 $AgNO_3$(过量)和 KCl 制备 AgCl 溶胶，胶核吸附的离子是 Ag^+。(　　)

8. 丁铎尔现象是胶体粒子对光的反射而形成的。(　　)

9. 表面活性物质加入到液体中使液体表面张力减少。(　　)

10. 用半透膜分离胶体粒子与电解质溶液的方法称为渗析。(　　)

四、名词解释

1. 胶体　2. 聚沉　3. 盐析　4. 表面张力　5. 表面活性物质　6. 电泳

五、简答题

扫一扫，知答案

1. 什么是丁铎尔现象？这种现象产生的原因是什么？

2. 溶胶和大分子化合物溶液具有稳定性的主要原因各是什么？

3. 表面活性剂有哪些共同的结构特征？乳化作用在生理上有何重要意义？

4. 什么是凝胶？凝胶有哪些主要性质？

扫一扫，看课件

第六章

化学反应速率和化学平衡

【学习目标】

1. 掌握化学反应速率定义及表示方法；化学反应速率的影响因素；化学平衡的概念、特征、意义；平衡常数表达式及意义；可逆反应、不可逆反应，基元反应、非基元反应的概念。

2. 熟悉平衡移动的概念及影响因素；化学平衡相关计算；化学反应热的概念及热化学方程式的书写。

3. 了解碰撞理论、过渡态理论、质量作用定律、活化能的概念。

案例导入

实现大气固氮，即将空气中丰富的氮固定下来并转发为可以利用的形式，曾经是一个很难的课题，从第一次实验室研制到工业化生产经历了约 150 年时间。氨是重要的无机化工产品之一，在国民经济中占有重要地位，其中约有 80% 的氨用来生产化学肥料，20% 作为其他化工产品的原料。如磺胺药、硝酸、各种含氮的无机盐及有机中间体、聚氨酯、聚酰胺纤维和丁腈橡胶等都需要直接以氨为原料。

合成氨的反应：

$$N_2 + 3H_2 \rightleftharpoons 2NH_3$$

此反应是一个体积缩小、放热的可逆反应，常温常压下反应很慢，几乎不能察觉。工业上合成氨的条件为：温度 500℃，压强 20～50MPa，并及时将生成的气态氨冷却分离出去，及时补充氮气、氢气。

问题：1. 什么是可逆反应？N_2与H_2能否完全转化为NH_3？

2. 怎样使氨生成的更快？影响反应速率的因素有哪些？

3. 怎样提高转化率，得到更多的氨？什么是化学平衡？

任何一个化学反应都涉及两方面问题：一是化学反应能否发生，如果能发生，反应进行的程度如何，它属于化学平衡（chemical equilibrium）范畴；另一个是化学反应的快慢如何，即化学反应速率（rate of chemical reaction）问题。掌握了这两方面知识，就能根据我们的需要来控制化学反应，使有益反应进行得更快、更完全，从而缩短生产周期，提高转化率；而使对我们不利的反应受到抑制和减缓，如金属生锈、药品试剂失效等。

第一节　化学反应速率

一、化学反应速率的概念和表示方法

化学反应有快有慢。如炸药爆炸，瞬间就能完成；铁生锈，需要几小时甚至更长时间；而石油和煤的形成则要经过亿万年。为了定量描述化学反应进行的快慢程度，我们引入了化学反应速率的概念。

化学反应速率：对某一化学反应，通常用单位时间内反应物浓度的减少或生成物浓度的增加的绝对值来表示。符号为υ，可用如下计算式：

$$\nu = \frac{|\Delta c|}{\Delta t} \tag{6-1}$$

式中，Δc 为某反应物或生成物浓度的变化量，因反应速率通常为正值，所以浓度变化量取绝对值。Δt 为反应进行的时间间隔。可选用反应中不同的反应物或生成物来计算某段时间内（Δt）的反应速率。浓度单位常用 $mol \cdot L^{-1}$，时间的单位可根据反应快慢使用秒（s）、分（m）、小时（h）等，则反应速率单位是 $mol \cdot L^{-1} \cdot s^{-1}$、$mol \cdot L^{-1} \cdot min^{-1}$、$mol \cdot L^{-1} \cdot h^{-1}$等。

例如：在某一条件下，在密闭容器中，合成氨反应 4 秒内各物质浓度变化为：

	N_2	$+3H_2$	$\rightleftharpoons 2NH_3$
起始浓度（$mol \cdot L^{-1}$）	4.0	6.0	0
4 秒末浓度（$mol \cdot L^{-1}$）	3.6	4.8	0.8
浓度变化量（$mol \cdot L^{-1}$）	-0.4	-1.2	0.8

选定不同的物质计算该反应的反应速率：

$$\nu_{(N_2)} = \frac{|\Delta c_{(N_2)}|}{\Delta t} = \frac{|3.6 - 4.0|}{4} = 0.1 mol \cdot L^{-1} \cdot s^{-1}$$

$$\nu_{(H_2)} = \frac{|\Delta c_{(H_2)}|}{\Delta t} = \frac{|4.8-6.0|}{4} = 0.3\text{mol}\cdot L^{-1}\cdot s^{-1}$$

$$\nu_{(NH_3)} = \frac{|\Delta c_{(NH_3)}|}{\Delta t} = \frac{|0.8-0|}{4} = 0.2\text{mol}\cdot L^{-1}\cdot s^{-1}$$

从以上计算结果可以看出，对于同一化学反应选用不同的物质来表示反应速率，得到的反应速率在数值上可能是不同的，并且其比值刚好等于方程式的系数比，如：$v(N_2):v(H_2):v(NH_3)=1:3:2$。因此，在表示反应速率时，须注明表示所选物质。在实际工作中一般选择浓度变化值易于测定的物质作为计算依据。

要注意的是，以上通过计算得到的反应速率是指某一时间间隔(Δt)内的平均反应速率，如上例则为4秒种内合成氨的平均反应速率。时间间隔越短，即Δt越小，反应的平均速率就越接近瞬时速率。瞬时速率确切地表示了化学反应在某一时刻的反应速率。

二、化学反应的活化能与反应热

(一)化学反应速率理论简介

为什么不同的化学反应，有些进行得很快，如爆炸反应、酸碱中和反应等瞬间完成，而有些却很慢，如铁生锈、橡胶老化，甚至石油和煤的形成。为了了解化学反应速率的内在规律，下面简单介绍两种反应速率理论：有效碰撞理论和过渡态理论。

1. 有效碰撞理论 1918年，美国化学家路易斯(Lewis)提出反应速率的有效碰撞理论。其主要论点如下：

(1)有效碰撞：化学反应实际上就是原子之间结合方式发生的改变。从化学键角度看，其实质是反应物分子内旧化学键的断裂，生成物分子中新化学键的形成。这个过程中，首先必须要有足够的能量使旧键消弱或破裂。有效碰撞理论认为分子间要发生反应，必须先发生相互碰撞，这是发生化学反应的先决条件，但并不是每次碰撞都能发生反应。据测定，标准状态下，气体分子相互碰撞的频率的数量级高达10^{32}次·$L^{-1}\cdot s^{-1}$，如果每一次碰撞都能发生反应的话，那所有气体间的反应都会爆炸性地瞬间发生，显然事实并非如此。例如，在常温下，氢气和氧气之间的反应就非常地慢。由此可以看出，碰撞只是反应的前提，但碰撞后能不能发生反应还和能量、碰撞角度等因素有关。实际上，能发生反应的碰撞占少数，这种能发生化学反应的碰撞称为有效碰撞(effective collision)。

(2)活化分子与活化分子百分数：能够发生有效碰撞的分子称为活化分子(activating-molecular)。它具有比一般分子更高的能量，通常只占分子总数中的一小部分。设在一定条件下，单位体积内反应物分子总数为n，活化分子总数为n^*，则活化分子百分数为：

$$A=\frac{n^*}{n} \qquad (6-2)$$

一定条件下，活化分子百分数A越大，则有效碰撞次数越多，反应速率越快。

(3)活化能：一定条件下，体系中反应物分子具有一定的平均能量(E)，而活化分子的最低能量(E^*)高于反应物分子的平均能量(E)，活化分子的最低能量(E^*)与反应物分子的平均能量(E)的差值称为活化能(activation energy)，符号为E_a。即：

$$E_a = E^* - E \tag{6-3}$$

由于不同物质具有不同的组成、结构和键能，因此它们进行化学反应时的活化能也不同。活化能越大，普通分子转变为活化分子所需要吸收的能量越大，反应速率就越慢。反应活化能的大小是决定化学反应速率的重要因素。化学反应的活化能越小，活化分子百分数越大，反应速率越快。反之，化学反应活化能越大，活化分子百分数越小，反应速率就越慢。一般化学反应活化能在60～260kJ·mol^{-1}之间。活化能小于42kJ·mol^{-1}的反应，反应速度非常快，可瞬间完成；活化能大于420kJ·mol^{-1}的反应，反应速度很慢，可认为难以反应。

碰撞理论把分子简单地看成没有内部结构和内部运动的刚性球体，把分子间的复杂作用简单地看成机械碰撞。用在简单分子的反应上，是比较成功的，但对于结构比较复杂的分子发生的反应，还不能做出满意的解释。

2. 过渡态理论 1930年，美国物理化学家艾林(H. Eying，1901—1981)将统计力学和量子力学应用于化学建立了反应速率的过渡态理论。该理论认为：当两个具有足够能量的反应物分子相互接近时，并不是通过简单的碰撞就直接生成了产物，而是要经过一个旧键部分断裂，新键部分形成的过程，这个过程形成了一个“活化配合物”(activated complex)的中间过渡状态，即“过渡态”。活化配合物很不稳定，可以转化为产物(也可以转化为反应物)。活化配合物与反应物能建立起平衡，两者基本处于平衡状态。活化配合物转化为产物的速率较慢，因而反应速率基本上是由活化配合物分解成产物的速率决定。

$$\underset{\text{反应物}}{A + BC} \rightleftharpoons \underset{\text{活化配合物(过渡态)}}{[A——B——C]} = \underset{\text{产物}}{AB + C}$$

如图6-1所示，A点表示反应物A和BC分子的平均势能，在这样的势能条件下不能发生反应，B点表示活化配合物的势能，C点表示生成物AB和C分子的平均势能。在反应历程中，A和BC分子必须越过能垒B才能经活化配合物生成AB和C分子。该能垒是一个由反应物转变为产物所必须克服的能量障碍，要越过的能垒越高，则反应的活化能越大，反应物分子越难形成活化配合物，反应速率就越慢；反之，反应进行时要越过的能垒越小，则活化能越小，反应物分子越容易形成活化配合物，反应进行速率就

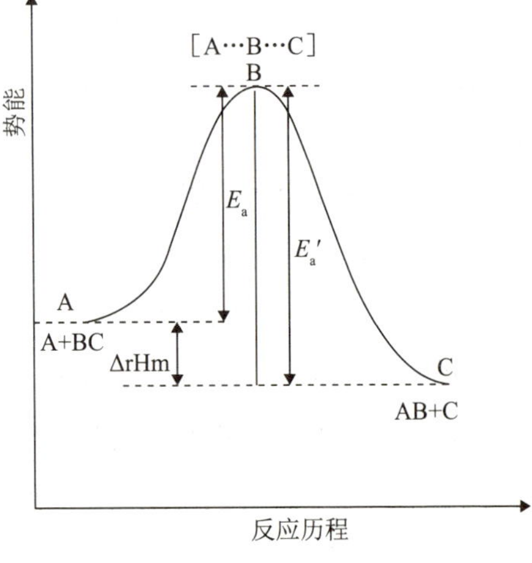

图6-1 反应历程—势能图

越快。

过渡态理论将反应中涉及到的物质的微观结构与反应速率结合起来，这是比碰撞理论先进的一面。但在应用上，因许多活化配合物的结构尚无法从实验上加以确定等原因，而受到限制。

(二)化学反应热与热化学方程式

化学反应都伴随着能量的变化，通常表现为热量的变化。放出热量的化学反应称为放热反应，吸收热量的反应称为吸热反应。反应中放出或吸收的热量都属于反应热。人类广泛利用煤、石油、天然气等燃烧时产生的热量，在生活中烹煮食物和取暖，在生产上用来发电、开动机器等。

表明化学反应放出或吸收热量的化学方程式，称为热化学方程式。通常以在温度为298K，压力为1.01×10^5Pa的标准状态下，一定量物质在化学反应中的热效应表示反应热，用符号$\Delta H^{\ominus}$表示，单位为$kJ\cdot mol^{-1}$。$\Delta H^{\ominus}$为负表示放热，$\Delta H^{\ominus}$为正表示吸热。

例如，1mol碳燃烧成二氧化碳，放出393.5kJ热量，可写成：

$$C(s)+O_2(g)=\!=\!=CO_2(g) \qquad \Delta H^{\ominus}=-393.5kJ\cdot mol^{-1}$$

1mol碳与1mol水蒸气反应，吸收131.3kJ的热量，可写成：

$$C(s)+H_2O(g)=\!=\!=CO(g)+H_2(g) \qquad \Delta H^{\ominus}=+131.3kJ\cdot mol^{-1}$$

书写热化学反应方程式时应注意以下几点：

1. 热化学反应方程式中分子式前的系数只表示物质的量，不代表分子数，因此可以把系数写成分数。

2. 一定要在反应物和生成物分子式的右边注明“固”“液”“气”或“s”“l”“g”等状态。因为物质具有的能量与它们的聚集状态有关。例如：等物质的量的冰、水、水蒸气，其具有的能量明显不一样。

3. 对于可逆反应，如果正反应是放热反应，则逆反应应是吸热反应；如果正反应是吸热反应，则逆反应应是放热反应。并且在相同条件下，正、逆反应放出或吸收的热量的绝对值相等，符号相反。可逆反应的反应热与正反应和逆反应的活化能密切相关，反应热等于正、逆反应的活化能之差(见图6-1)。

4. 未加注明时，反应热的数据一般是指在298K，压力为1.01×10^5Pa条件下所测得，在其他条件下测定时，必须注明条件。

三、影响化学反应速率因素

化学反应速率首先取决于反应物的本性，即反应物的组成和结构等。但外界条件也会影响化学反应速率，同一物质在不同条件下进行反应，反应速率也会有很大差别。影响化学反应速率的因素主要有反应物的浓度、温度、压强和催化剂等，可以通过改变这些外界条件来控制化学反应的快慢。

（一）浓度对化学反应速率的影响

1. 基元反应和非基元反应 化学反应方程式仅表示参与反应的反应物和最终产物是什么，以及它们之间的化学计量关系，并没表示反应所经历的具体途径。反应物具体通过哪些步骤才能转变为生成物，化学反应方程式不一定能体现出来。

在化学反应中，将一步完成的化学反应称为基元反应(elementary reaction)。实际上，绝大多数化学反应的过程都很复杂，要经过几个步骤，并不是一步就能完成。将经过两个或两个以上步骤完成的化学反应称为非基元反应(overall reaction)，又称复杂反应。非基元反应的每一个步骤是一个基元反应，一个非基元反应的反应速率应由反应速率最慢的那一步基元反应的速率决定。

如下两个反应均是一步完成，为基元反应：

$$①CO + NO_2 = CO_2 + NO$$

$$②C(s) + O_2(g) = CO_2(g)$$

而反应：$H_2 + Br_2 \rightleftharpoons 2HBr$，是一个非基元反应。$H_2$和$Br_2$反应生成HBr，是经过以下五步完成的，其中每一步都是一个基元反应。

$$Br_2 \longrightarrow 2Br$$

$$Br + H_2 \longrightarrow HBr + H$$

$$H + Br_2 \longrightarrow HBr + Br$$

$$H + HBr \longrightarrow H_2 + Br$$

$$Br + Br \longrightarrow Br_2$$

2. 浓度对化学反应速率的影响 木炭在纯氧中燃烧比在空气中燃烧快得多，这是由于纯氧与空气中氧气浓度差异的原因。说明反应物浓度对化学反应速率有较大影响。

在$Na_2S_2O_3$溶液中加入稀H_2SO_4溶液，可发生如下反应：

$$Na_2S_2O_3 + H_2SO_4 = Na_2SO_4 + SO_2 + S\downarrow + H_2O$$

反应中有不溶于水的硫生成，使溶液变浑浊。根据溶液变浑浊所需的时间长短，可以简单判断反应速率大小。通过实验表明：$Na_2S_2O_3$的浓度越大，浑浊出现的越快，说明反应物浓度越大，反应速率越大。

大量的实验证明：在一定条件下，增加反应物浓度，可以加快反应速率；减少反应物浓度，可以降低反应速率。

这个现象可以用有效碰撞理论解释。一定温度下，对某一化学反应来说，反应物中活化分子百分数是个定值，当反应物浓度增大时，在相同的活化分子百分数的基础上，活化分子浓度更大，有效碰撞次数更多，反应速率越大。

反应物活化分子浓度 = 反应物浓度 × 活化分子百分数

反之，减少反应物浓度，活化分子浓度也减小，有效碰撞次数减少，反应速率减小。

3. 质量作用定律 在大量实验数据基础上，人们总结出了一条规律：在恒定温度下，基元反应的化学反应速率与各反应物浓度幂的乘积成正比。这就是著名的质量作用定律。

若反应 $mA + nB = pC + bD$ 为基元反应，则质量作用定律可以表示为：

$$v = k \cdot c_A^m \cdot c_B^n \tag{6-4}$$

上述表达式又称为速率方程(rate equation)。

k 为速率常数(rate constant)，它表示在一定温度下，反应物为单位浓度时的反应速率。k 是一个特征常数，与反应物的本性有关。其数值不随浓度改变而改变，但与反应温度及催化剂有关。因此在相同条件下，不同反应有不同的速率常数；在相同的化学反应中，不同温度和催化剂条件下有不同的速率常数值。

要注意的是，依据方程式直接书写速率方程仅适用于基元反应。书写时，不用写出固态或纯液态反应物，因为固态和纯液态物质的浓度被视为常数。例如：

① $CO + NO_2 \xlongequal{} CO_2 + NO$

$v = k \cdot c(CO) \cdot c(NO_2)$

② $C(s) + O_2(g) \xlongequal{} CO_2(g)$

$v = k \cdot c(O_2)$

对于非基元反应，其速率方程必须依据实验来确定。例如：

$$2NO + 2H_2 \xlongequal{} N_2 + 2H_2O$$

实验测出该反应速率方程为：$v = k \cdot c(NO)^2 \cdot c(H_2)$

而不是： $v = k \cdot c(NO)^2 \cdot c(H_2)^2$

(二) 压强对化学反应速率的影响

压强只对有气体参与的化学反应的反应速率有影响。当温度不变时，一定量气体体积与其所受压强成反比，如果压强增大一倍，则气体的体积缩小为原来的一半，气体物质的浓度就会增加一倍。因此压强对化学反应速率的影响，本质上与浓度对化学反应速率的影响是相同的。增大压强，反应物浓度增大，反应速率增大；减小压强，反应物浓度减小，反应速率减小。

压强对固体、液体的体积影响很小，因此可以认为，压强不影响固体或液体物质的反应速率。

(三) 温度对化学反应速率的影响

在室温下，氢气与氧气反应生成水需要 2.3×10^{12} 年，在 400℃ 时需要约 80 天，如果把温度升至 600℃ 左右，反应即可瞬间完成。可见温度是影响反应速率的另一重要因素。

通过大量实验发现温度每升高10℃，化学反应速率一般增加到2~4倍，这是一条近似规律。

1889年，瑞典物理化学家阿累尼乌斯(S. Arrhenius，1859—1927)根据大量的实验事实提出了一个定量表达反应速率常数 k 与温度、活化能之间关系的经验公式：

$$k = Ae^{-E_a/RT} \tag{6-5}$$

对式(6-5)两边取自然对数，得

$$\ln k = -\frac{E_a}{RT} + \ln A \tag{6-6}$$

对式(6-5)取常用对数，得

$$\lg k = -\frac{E_a}{2.303RT} + \lg A \tag{6-7}$$

式(6-5)、(6-6)、(6-7)均为阿累尼乌斯方程。

式中，k 为速率常数，A 为常数(称为指前因子或碰撞频率因子)，E_a为反应的活化能，R 为摩尔气体常数($R = 8.314\text{J} \cdot \text{K}^{-1} \cdot \text{mol}^{-1}$)，$T$ 为热力学温度，e 为自然对数的底($e = 2.718$)。

从阿累尼乌斯方程中可以得出如下结论：

(1)对于同一个化学反应，活化能 E_a一定，则温度 T 越高，k 值越大。由于 k 与 T 呈指数关系，故温度升高时 k 值显著增大。温度 T 对 k 值的影响，在低温范围内比在高温范围内更显著。

(2)在同一温度下，活化能 E_a越大的反应，其速率常数 k 较小；反之，活化能 E_a越小，反应速率常数 k 值越大

(3)当温度升高相同数值时，对不同的化学反应，E_a大的反应比 E_a小的反应，k 值增加的倍数大。

温度升高使化学反应速率加快的原因可以从两个方面理解。一方面，温度升高时，分子运动加快，有效碰撞次数增加，反应速率增大。但这不是主要原因，根据气体分子运动论，温度每升高10℃，碰撞次数仅增加2%左右。另一方面，温度升高，使一些能量较低的分子在获得足够能量后成为了活化分子，反应物活化分子百分数增加，活化分子浓度增大，因此，大大加快了反应速率，这是温度影响化学反应速率更主要的原因。

在实验室和工厂生产中常用加热的方法来增大反应速率。另外，某些药物和化学试剂，在高温或常温下容易变质，因此这些物质必须储存在冰箱或阴暗处。

(四)催化剂对化学反应速率的影响

在反应中能改变化学反应速率，而本身的化学组成、性质及质量在反应前后都不发生改变的物质称为催化剂(catalyst)。因催化剂的存在，化学反应速率发生改变的现象称为催

化作用(catalysis)。催化作用是一种普遍现象，例如，用二氧化硫作原料制硫酸时，加入五氧化二钒作催化剂后，可使 SO_2转化为 SO_3的反应速率增大一亿多倍。

能加快反应速率的催化剂称为正催化剂；能降低反应速率的催化剂称为负催化剂。通常使用催化剂的目的是为了加快反应速率，所以一般提及的催化剂，若不特殊说明，都是指加快反应速率的正催化剂。

催化剂只能改变反应速率，但不能使不发生反应的物质起反应。催化剂能显著加快反应速率的原因是，催化剂参与了化学反应，改变了反应的途径，降低了反应的活化能，从而大大加快反应速率。催化剂对反应速率的影响也体现在速率方程中的速率常数 k 上。

催化剂具有特殊的选择性和高度的专一性，通常一种催化剂只对某一反应或某一类反应起催化作用，而对其他反应或其他类型的反应没有催化作用。而酶(enzyme)是一类具有催化能力的特殊蛋白质。它的选择性比一般催化剂更严格。例如，脂酶只能催化脂肪或有机酯类的水解，淀粉酶只能催化淀粉水解等。酶是机体内催化各种代谢反应最主要的催化剂。例如食物中蛋白质的消化，在体外需要使用浓的强酸或强碱，煮沸相当长时间后才能水解完成。但在人的消化道中，酸性或碱性都不太强，温度只有37℃左右，蛋白质却能被迅速消化，这就是由于胃蛋白酶能催化蛋白质的水解。

由于催化剂能成千上万倍增加反应速率，因此，催化剂在现代化工生产中占有极其重要地位，据初步统计，约有85%的化学反应需要使用催化剂。

除了浓度、压强、温度、催化剂能改变化学反应速率外，反应物颗粒的大小、溶剂的性质等，也会对反应速率产生影响。

第二节　化学平衡

案例导入

含氟牙膏为什么能保护牙齿？牙齿表面有一层坚硬的羟磷灰石[$Ca_3(PO_4)_2 \cdot Ca(OH)_2$]，用于保护牙齿。在唾液中存在以下化学平衡：

$$Ca_3(PO_4)_2 \cdot Ca(OH)_2 \rightleftharpoons 4Ca^{2+} + 2PO_4^{3-} + 2OH^-$$

进食后，细菌、酶与食物作用产生有机酸，使平衡向右移动。羟磷灰石溶解，牙齿即受到损坏。含有氟化物的牙膏中的氟可将羟磷灰石转变为溶解度更小的氟磷灰石[$Ca_3(PO_4)_2 \cdot CaF_2$]，能有效防止龋齿。

关节炎是因为关节滑液中尿酸钠晶体的形成，低温、潮湿有利于平衡朝生成尿酸钠晶体的方向移动。

问题：1. 什么是化学平衡？

2. 影响化学平衡的因素有哪些？怎样影响？

生活中很多问题需要用到化学平衡的知识来解决。如打开冰镇啤酒产生的泡沫，污水处理、温室效应、酸雨、臭氧层空洞等都与化学平衡紧密相关。

一、可逆反应与化学平衡

在一定条件下，有些反应可以进行到底，即可以不断反应直到反应物(或其中的一种反应物)完全变成生成物为止。这种只能向一个方向进行的单向反应称为不可逆反应。例如，氯酸钾加热时(MnO_2作催化剂)，经反应全部变成氯化钾和氧气。

$$2KClO_3 \xlongequal[\triangle]{MnO_2} 2KCl + 3O_2\uparrow$$

大多数反应在同一条件下，反应物能反应生成生成物，同时生成物也能转变为反应物。这种在同一条件下既可以正向进行，又可以向反方向进行的反应称为可逆反应(reversible reaction)。在化学反应方程式中常用符号“$\rightleftharpoons$”来表示可逆反应。例如，在一定条件下，氮气和氢气化合生成氨的同时，一部分氨又可分解为氮气和氢气。

$$N_2 + 3H_2 \rightleftharpoons 2NH_3$$

在可逆反应中，通常把从左到右的反应称为正反应；从右到左的反应称为逆反应。在密闭的容器中，因为正、逆反应同时发生，可逆反应无论进行多久，反应物都不能全部转变为生成物，反应物和生成物总是同时存在，即反应不能进行到底。

在一定条件下(指温度、压强等外界条件不变)，随着反应的进行，反应物浓度越来越小，正反应速率$v_正$随时间而减小，同时生成物浓度越来越大，逆反应速率$v_逆$随时间而变大，当$v_正=v_逆$时，反应物与生成物浓度不再随时间改变，此时，体系所处的状态称为化学平衡(chemical equilibrium)。化学平衡是一定条件下可逆反应能进行到的最大限度。(见图6-2)

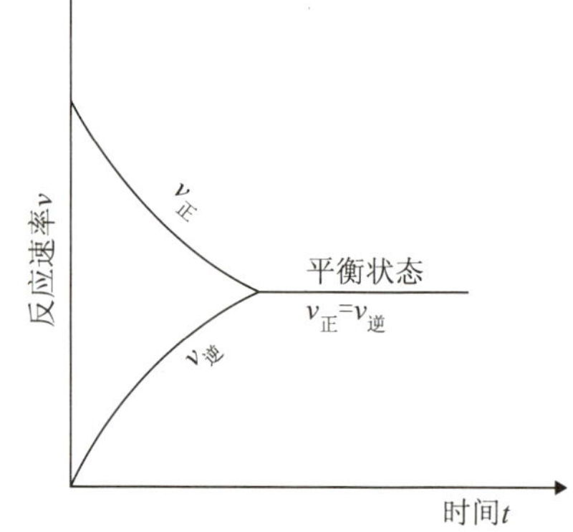

图6-2　可逆反应的反应速率变化示意图

化学平衡具有以下特征：

1. 化学平衡最主要的特征是$v_正=v_逆$。

2. 可逆反应达到平衡时，体系内各物质的浓度在外界条件不变情况下，不随时间而变化。

3. 化学平衡是一种动态平衡。当体系达到平衡时，表面上看反应似乎是“停止”了。但实际上正反应和逆反应仍在进行。只是由于$v_正=v_逆$，单位时间内每一种物质(生成物或反应物)的生成量与消耗量相等，所以，总的结果是每一种物质的浓度都保持不变，这说明化学平衡是一种动态平衡。

4. 化学平衡可以从正、逆反应两方面达到。在一定条件下，可逆反应无论是从正反应开始，还是从逆反应开始，最后都能达到平衡。

5. 化学平衡是相对的、有条件的。当外界条件改变时，原来的平衡就会被打破，直至在新的条件下建立起新的平衡。

课堂互动

合成氨的反应能不能将氮气、氢气全部转化为氨气？怎样理解化学平衡时，可逆反应达到最大限度？

二、化学平衡常数

(一)化学平衡常数

一定条件下，可逆反应达到最大限度即化学平衡时，各物质的浓度不再随时间变化。那么各物质浓度间是否存在一定的数量关系呢？

对可逆反应 $N_2O_4(g) \rightleftharpoons 2NO_2(g)$，以不同的初始浓度进行试验，①从 NO_2 开始，N_2O_4 初始浓度为 0，②从 N_2O_4 开始，NO_2 初始浓度为 0，③从 NO_2 和 N_2O_4 的混合物开始。结果如表 6－1 所示：

表 6－1　可逆反应 $N_2O_4(g) \rightleftharpoons 2NO_2(g)$ 各物质的平衡浓度

实验组号		初始浓度($mol \cdot L^{-1}$)	平衡浓度($mol \cdot L^{-1}$)	$[NO_2]^2/[N_2O_4]$
①	NO_2	0.100	0.072	$\frac{0.072^2}{0.014}=0.37$
	N_2O_4	0.000	0.014	
②	NO_2	0.000	0.120	$\frac{0.120^2}{0.040}=0.36$
	N_2O_4	0.100	0.040	
③	NO_2	0.100	0.160	$\frac{0.160^2}{0.070}=0.36$
	N_2O_4	0.100	0.070	

由表 6－1 中数据可以发现，不论反应物初始浓度如何，也不管反应从正反应方向开始还是从逆反应方向开始，最后都能建立起平衡，且平衡时 $[NO_2]^2/[N_2O_4]$ 的比值为一常数，约为 0.36。

大量实验证明，对任意一个可逆反应

$$mA + nB \rightleftharpoons pC + bD$$

一定温度下达到平衡时，有

$$K_c = \frac{[C]^p[D]^b}{[A]^m[B]^n} \tag{6-8}$$

K_c称为该温度下反应的化学平衡常数(equilibrium constant)。上式称为化学平衡常数表达式，它表示：在一定温度下，可逆反应达到平衡时，各生成物浓度的幂次方的乘积与各反应物浓度的幂次方的乘积之比是一个常数(即化学平衡常数)，其方次与反应方程式中相应各物质分子式前的系数一致。

对于气相反应来说，因为恒温恒压下，气体的分压与浓度成正比，所以在平衡常数的表达式中，也可以用平衡时各气体的平衡分压来代替浓度。若式(6-8)中A、B、C、D均为气体，p_A、p_B、p_C、p_D分别表示各气体的平衡分压，则平衡常数表达式也可以写成：

$$K_p=\frac{[p_C]^p[p_D]^b}{[p_A]^m[p_B]^n} \tag{6-9}$$

化学平衡常数是可逆反应的特征常数，它的大小表明了在一定条件下，反应进行的程度。通常，对于同一类型反应，在给定条件下，K值越大，表明正反应进行的程度越大，即正反应进行得越完全。平衡常数不随反应体系的浓度(或分压)变化而变化，但它随温度的改变而变化。

知识拓展

标准平衡常数

书后附录中提供的平衡常数为标准平衡常数$K^{\ominus}$。标准平衡常数规定：在平衡常数表达式中，以溶液形式存在的组分其平衡浓度($mol\cdot L^{-1}$)先除以标准状态的浓度$c^{\ominus}$($1mol\cdot L^{-1}$)；气体组分的平衡分压(kPa)先除以标准状态的压强$p^{\ominus}$(100kPa)。例如：

$$mA(aq)+nB(aq)\rightleftharpoons pC(aq)+bD(g)$$

$$K^{\ominus}=\frac{\left[\frac{c(C)}{c^{\ominus}}\right)^p\left(\frac{p(D)}{p^{\ominus}}\right]^b}{\left[\frac{c(A)}{c^{\ominus}}\right)^m\left(\frac{c(B)}{c^{\ominus}}\right]^n}$$

标准平衡常数简称为平衡常数，K_c、K_p称为实验平衡常数。由标准平衡常数定义可知，对于在溶液中进行的大量反应，$K^{\ominus}$与K_c数值上相等，而$K^{\ominus}$的量纲为1。

(二)书写平衡常数表达式的注意事项

1. 对于固体或纯液体参加的反应，固体和纯液体物质的浓度不写入平衡常数表达式中。例如：

$$CaCO_3(s) \rightleftharpoons CaO(s) + CO_2(g)$$

$$K_c = [CO_2]$$

2. 在水溶液中进行的反应，有水参加或有水生成，水的浓度不写入平衡常数表达式中。例如：

$$Cr_2O_7^{2-} + H_2O \rightleftharpoons 2CrO_4{}^{2-} + 2H^+$$

$$K_c = \frac{[CrO_4^{2-}]^2[H^+]^2}{[Cr_2O_7^{2-}]}$$

在气相反应中有气相水或在非水溶液中有水参加反应或有水生成，水的浓度应写入平衡常数表达式中。例如：

$$CO(g) + H_2O(g) \rightleftharpoons CO_2(g) + H_2(g)$$

$$K_c = \frac{[CO_2][H_2]}{[CO][H_2O]}$$

$$C_2H_5OH + CH_3COOH \rightleftharpoons CH_3COOC_2H_5 + H_2O$$

$$K_c = \frac{[CH_3COOC_2H_5][H_2O]}{[C_2H_5OH][CH_3COOH]}$$

3. 平衡常数表达式必须与化学反应方程式相对应。同一化学反应，化学反应方程式书写的不同，平衡常数的数值不同。例如：

$$N_2(g) + 3H_2(g) \rightleftharpoons 2NH_3(g) \quad K_1 = \frac{[NH_3]^2}{[N_2][H_2]^3}$$

如果方程式写成：

$$\frac{1}{2}N_2(g) + \frac{3}{2}H_2(g) \rightleftharpoons NH_3(g) \quad K_2 = \frac{[NH_3]}{[N_2]^{\frac{1}{2}}[H_2]^{\frac{3}{2}}}$$

由上可以看出，K_1、K_2明显不一样，它们的关系是：$K_1 = (K_2)^2$。

4. 平衡常数表达式要注明反应温度。同一化学反应，在不同温度下，平衡常数数值不同。例如：不同温度下，可逆反应 $N_2O_4(g) \rightleftharpoons 2NO_2(g)$ 的化学平衡常数表达式为：

$$K_c = \frac{[NO_2]^2}{[N_2O_4]} = 0.36 \quad (373K)$$

$$K_c = \frac{[NO_2]^2}{[N_2O_4]} = 3.2 \quad (423K)$$

课堂互动

请写出下列反应平衡常数表达式，并根据查表所得平衡常数数值讨论各反应的进行程度，再根据反应进行程度比较弱酸的酸性强弱、沉淀的溶解度大小、产物(配合物)的稳定程度。

$$HAc \rightleftharpoons H^+ + Ac^- \qquad HCN \rightleftharpoons H^+ + CN^-$$

$$AgCl \rightleftharpoons Ag^+ + Cl^- \qquad AgBr \rightleftharpoons Ag^+ + Br^-$$

$$Ag^+ + 2CN^- \rightleftharpoons [Ag(CN)_2]^- \qquad Ag^+ + 2NH_3 \rightleftharpoons [Ag(NH_3)_2]^+$$

(三) 平衡常数的应用

利用平衡常数可以判断反应进行方向。

以一定条件下可逆反应 $mA + nB \rightleftharpoons pC + bD$ 为例：

当反应处于化学平衡状态时，将各物质平衡浓度代入平衡常数表达式可得

$$K_c = \frac{[C]^p[D]^b}{[A]^m[B]^n}$$

且当温度不变时，K_c为一定值，不随浓度变化而变化。

在非平衡状态下，

$$K_c \neq \frac{[C]^p[D]^b}{[A]^m[B]^n}$$

且随着反应的进行(因反应未达平衡)，将各物质非平衡浓度代入上式得到的比值逐渐变大或变小。

我们将可逆反应任何状态时的该比值称为反应商，用符号 Q_c表示。

$$Q_c = \frac{[C]^p[D]^b}{[A]^m[B]^n}$$

反应商的数学表达式与平衡常数的数学表达式看起来是一样的，但它们的含义完全不同。Q_c表达式中各物质的浓度是任意状态下的浓度，其值也是任意值；K_c表达式中的浓度只能是反应在化学平衡状态下的平衡浓度，其值在一定温度下是不变的。

根据 Q_c和 K_c的相对大小，可判断反应进行方向或状态。

当 $Q_c < K_c$时，体系处于非平衡状态，反应将向正反应方向进行，直到 $Q_c = K_c$为止。

当 $Q_c > K_c$时，体系处于非平衡状态，反应将向逆反应方向进行，直到 $Q_c = K_c$为止。

当 $Q_c = K_c$时，体系处于平衡状态。

三、化学平衡的相关计算

例 6 -1 在某温度下，制备水煤气的反应

$$C(s) + H_2O(g) \rightleftharpoons CO(g) + H_2(g)$$

反应达平衡时，$[H_2O] = 4.6 \times 10^{-3} mol \cdot L^{-1}$，$[CO] = [H_2] = 7.6 \times 10^{-3} mol \cdot L^{-1}$，$p(H_2O) = 0.38 \times 10^5 Pa$，$p(CO) = p(H_2) = 0.63 \times 10^5 Pa$，计算该反应的 K_c和 K_p。

解：
$$C(s) + H_2O(g) \rightleftharpoons CO(g) + H_2(g)$$

反应已达平衡，直接将平衡浓度或平衡分压代入平衡常数表达式可得到

$$K_c=\frac{[CO][H_2]}{[H_2O]}=\frac{7.6\times10^{-3}\times7.6\times10^{-3}}{4.6\times10^{-3}}=1.2\times10^{-2}$$

$$K_p=\frac{p(CO)\cdot p(H_2)}{p(H_2O)}=\frac{0.63\times10^5\times0.63\times10^5}{0.38\times10^5}=1.0\times10^5$$

由以上计算可以发现：同一个化学反应在相同条件下，K_c、K_p的数值不一样。

例 6-2 在某温度时，反应 $CO(g)+H_2O(g)\rightleftharpoons CO_2(g)+H_2(g)$ 在密闭容器中进行，CO_2、H_2的初始浓度均为 0，反应达平衡后，$[CO]=0.2mol\cdot L^{-1}$，$[H_2O]=3.2mol\cdot L^{-1}$，$[CO_2]=0.8mol\cdot L^{-1}$。计算：①$H_2$的平衡浓度。②反应前 CO、$H_2O$ 的初始浓度。③达平衡时，CO 的转化率。

解：①求平衡时 H_2的浓度

依据反应方程式，平衡时 H_2的浓度应等于 CO_2的浓度(二者初始浓度均为 0)。

$$[H_2]=[CO_2]=0.8mol\cdot L^{-1}$$

②求 CO、H_2O 的初始浓度

	$CO(g)$	$+H_2O(g)\rightleftharpoons$	$CO_2(g)$	$+H_2(g)$
初始浓度($mol\cdot L^{-1}$)	1.0	4.0	0	0
平衡浓度($mol\cdot L^{-1}$)	0.2	3.2	0.8	0.8
浓度变化($mol\cdot L^{-1}$)	−0.8	−0.8	0.8	0.8

依据反应方程式，由各物质浓度变化量即能算出 CO、H_2O 的初始浓度分别为 $1mol\cdot L^{-1}$和 $4mol\cdot L^{-1}$。

③求 CO 的转化率

反应中反应物的转化量(消耗量)与该反应物初始浓度之比即为转化率，通常以百分数来表示。

$$CO\text{的转化率}=\frac{CO\text{的浓度变化量}}{CO\text{反应前的初始浓度}}\times100\%=\frac{0.8}{1}\times100\%=80\%$$

例 6-3 在上例中(例题 2)，若 CO 初始浓度不变，仍为 $1mol\cdot L^{-1}$，H_2O 的初始浓度由 $4mol\cdot L^{-1}$改变为 $1mol\cdot L^{-1}$，求：①CO 的平衡浓度；②达平衡时，CO 的转化率。(平衡常数 $K_c=1$)

解：①求 CO 的平衡浓度

设达平衡时 CO 的浓度变化量为 $x mol\cdot L^{-1}$，依据方程式，平衡时 H_2O、CO_2、H_2的浓度变化量均为 $x mol\cdot L^{-1}$。

	$CO(g)$	$+H_2O(g)\rightleftharpoons$	$CO_2(g)$	$+H_2(g)$
初始浓度($mol\cdot L^{-1}$)	1.0	1.0	0	0

平衡浓度($mol \cdot L^{-1}$)　$1-x$　$1-x$　x　x

浓度变化($mol \cdot L^{-1}$)　$-x$　$-x$　x　x

已知，平衡常数 $K_c = 1$，则有

$$K_c = \frac{[CO_2][H_2]}{[CO][H_2O]} = \frac{x^2}{(1-x)(1-x)} = 1$$

$$x = 0.5$$

平衡时

$$[CO] = 1 - 0.5 = 0.5 mol \cdot L^{-1}$$

②求 CO 的转化率

$$CO 的转化率 = \frac{0.5}{1} \times 100\% = 50\%$$

第三节　化学平衡的移动

化学平衡是在一定条件下的动态平衡，一切平衡都只是相对的和暂时的。当条件改变时，体系原来的平衡被破坏，反应物与产物浓度开始发生变化，逐渐增大或逐渐减小，直到在新条件下又达到新的平衡。我们将条件改变后，体系原有平衡状态被破坏，又重新建立起新的平衡状态的过程称为化学平衡移动(shift of chemical equilibrium)。通过控制影响反应平衡的一些因素，可以使所需要的化学反应进行得更完全。因此，研究各种因素对化学平衡的影响具有重要的实际意义。影响化学平衡的因素主要是浓度、压强和温度。

一、浓度对化学平衡的影响

改变平衡体系中某物质的浓度会引起反应速率的变化。例如，当可逆反应

$$CO(g) + H_2O(g) \rightleftharpoons CO_2(g) + H_2(g)$$

处于平衡状态时，有 $v_{正} = v_{逆}$。如果增大 H_2O 的浓度，正反应速率增大而逆反应速率不变，则有 $v_{正} > v_{逆}$。因此在同一个时间间隔里，正反应消耗的 CO 分子比逆反应生成的 CO 分子更多，CO 浓度减小，同理，CO_2 和 H_2 的浓度增大，反应向逆反应方向进行，平衡向逆反应方向移动，生成更多的 CO 和 H_2O。

换个角度来看，在平衡状态时 $Q_c = K_c$，如果增大 H_2O 的浓度，由反应商表达式可得 $Q_c < K_c$(表达式中 H_2O 的浓度位于分母)，原来的平衡被打破，可逆反应处于非平衡状态，反应会向正反应方向进行，即化学平衡向正反应方向移动，直到 $Q_c = K_c$ 为止。这时，可逆反应在新的条件下建立起新的平衡。

在其他条件不变的情况下，增大反应物浓度或减小生成物浓度会使平衡向正反应方向

移动；减小反应物浓度或增大生成物浓度会使平衡向逆反应方向移动。

根据浓度对化学平衡的影响，在生产实践中，通常可以增大某些廉价原料浓度，从而提高贵重原料的转化率。或者及时将产物从体系中分离出来，也能提高原料的转化率。

二、压强对化学平衡的影响

压强只对有气体参与的可逆反应体系有影响。在这样的平衡体系中，改变压强就会引起气体体积以及浓度的变化。对于只有一边有气体的化学平衡，如 $CaCO_3(s) \rightleftharpoons CaO(s) + CO_2(g)$，压强对平衡的影响较容易判断，增大压强相当于增大了平衡某一边气体的浓度从而使平衡移动。对于两边都有气体的化学平衡，情况就又有所不同。当增大压强时，气态反应物和气态生成物的压强、浓度都增大，由此引起正反应和逆反应速率都加快。加快了的 $v_正$ 和 $v_逆$ 是否仍然相等，则是判断平衡是否发生移动的关键。如果 $v_正 = v_逆$，则平衡不移动，如果 $v_正 \neq v_逆$ 则原来的平衡被打破，可逆反应处于非平衡状态。

关于增大压强后 $v_正$ 和 $v_逆$ 是否还相等的问题，我们从下面两种情况来讨论。

1. 反应方程式前后气体分子数(总数)相等

例如：　　$H_2(g) + I_2(g) \rightleftharpoons 2HI(g)$

气体分子数相等：　　$1+1=2$　　　　2

设平衡时 $[HI]=a$，$[H_2]=b$，$[I_2]=c$，则有

$$K_c = \frac{[HI]^2}{[H_2][I_2]} = \frac{a^2}{bc}$$

在温度不变的条件下，增大压强使平衡体系的体积缩小。假定压缩为原体积的一半，于是各气态物质的浓度都增大到原来的 2 倍，即 $[HI]=2a$、$[H_2]=2b$、$[I_2]=2c$。此时体系的反应商如下：

$$\frac{[HI]^2}{[H_2][I_2]} = \frac{(2a)^2}{2b2c} = \frac{4a^2}{4bc} = \frac{a^2}{bc} = K_c$$

因为反应商等于平衡常数，可逆反应仍处于平衡状态。因此，对反应前后气体分子数相等的可逆反应，压强对平衡没有影响。

2. 反应方程式前后气体分子数(总数)不相等

例如：　　$2NO_2 \rightleftharpoons N_2O_4$

气体分子数不相等：　　2　　　　1

设平衡时 $[N_2O_4]=a$，$[NO_2]=b$，则有

$$K_c = \frac{[N_2O_4]}{[NO_2]^2} = \frac{a}{b^2}$$

同样，增大压强使体系体积减小为原来的一半，各气态物质浓度相应增大为原来的两

倍时，体系的反应商如下：

$$\frac{[N_2O_4]}{[NO_2]^2}=\frac{2a}{(2b)^2}=\frac{2a}{4b^2}=\frac{1}{2}\cdot\frac{a}{b^2}<\frac{a}{b^2}$$

即 $Q_c<K_c$，平衡向正反应方向移动。

在其他条件不变的情况下，增大压强，化学平衡向气体分子数减小的方向移动；减小压强，化学平衡向气体分子数增加的方向移动。

在生产实践中，常将某些反应在加压下进行，以提高原料的转化率。

三、温度对化学平衡的影响

浓度或压强对化学平衡的影响是通过改变反应商 Q_c，使 $Q_c\neq K$ 实现的，而温度对化学平衡的影响是通过改变其平衡常数 K，使 $Q_c\neq K$ 实现的。

通过化学热力学的有关公式可以推导出温度与化学平衡常数之间的关系为

$$\ln\frac{K_2}{K_1}=-\frac{\Delta H}{R}\cdot\frac{T_2-T_1}{T_1T_2} \qquad (6-10)$$

式(6－10)中，K_1、K_2分别是可逆反应在温度 T_1、T_2下的平衡常数，ΔH 为可逆反应的反应热。对于可逆反应，若正反应为吸热反应，则逆反应为放热反应；相反，若正反应为放热反应，则逆反应为吸热反应。

对于正方向吸热的反应，$\Delta H>0$，当 $T_2>T_1$时（即温度由 T_1升高到 T_2），由(6－10)式得 $K_2>K_1$，即平衡常数随温度的升高而增大，此时 $K_2>Q_c$，化学平衡向正反应方向移动（即向吸热反应方向移动）；当 $T_2<T_1$（即温度由 T_1降低到 T_2）时，由(6－10)式得 $K_2<K_1$，即平衡常数随温度的降低而减小，此时 $K_2<Q_c$，化学平衡向逆反应方向移动（即向放热反应方向移动）。对于放热反应（$\Delta H<0$），情况正好相反，那么就有升高温度，平衡向左（放热方向）移动，降低温度，平衡向右（吸热方向）移动。

总之，在其他条件不变的情况下，升高温度，平衡向吸热反应方向移动，降低温度时平衡向放热反应方向移动。

四、催化剂与化学平衡

催化剂能极大地提高反应速率，它改变了化学反应的途径，使反应的活化能减小。但对可逆反应来说，催化剂同等程度改变正、逆反应的活化能，对正、逆反应的反应速率的影响程度是一样的。所以，虽然正反应速率与逆反应速率在加入催化剂后均发生改变，但两者还是相等（$v_{正}=v_{逆}$）。因此，催化剂不会引起平衡的移动，也不会改变平衡常数的数值。但催化剂可以缩短可逆反应达到平衡所需要的时间。

综合以上各种因素对平衡移动的影响，1884 年法国科学家勒夏特列（H. L. Le

Chateliter）概括出一条普遍的规律：如果改变影响平衡的任一条件（如浓度、压强或温度），平衡就向着减弱这种改变的方向移动。这个规律称为勒夏特列原理，又称平衡移动原理。

重点小结

1. 反应速率用单位时间内反应物浓度的减少或生成物浓度的增加的绝对值来表示。

2. 化学平衡概念及意义：对于可逆反应，当正反应速率等于逆反应速率时即达到化学平衡，此时为该可逆反应进行的最大限度，不能再得到更多的产物。平衡时，反应中的各物质浓度不变，为动态平衡。根据平衡常数数值可以判断反应进行程度，一般来说，平衡常数越大反应进行程度越大，反应越彻底。

3. 影响反应速率的因素有浓度、温度、压强、催化剂。

（1）浓度：在一定温度下，增加反应物的浓度，反应速率加快。

基元反应的化学反应速率与各反应物浓度化学计量系数幂的乘积成正比。

（2）压强：在一定温度下，对于有气体参加的化学反应，压强增大，反应物浓度增大，反应速率加快。

（3）温度：对于一般化学反应，温度每升高10℃，反应速率一般增大到原来的2～4倍。

4. 化学平衡的移动

平衡移动原理（勒夏特列原理）：如果改变影响平衡的一个条件（如浓度、压强和温度等），平衡就向着能够减弱这种改变的方向移动。使平衡移动的因素有浓度、温度、压强。

①浓度：在其他条件不改变的情况下，增加反应物浓度或减少生成物浓度，化学平衡向正反应方向移动；反之，若增加生成物浓度或减少反应物浓度，化学平衡向逆反应方向移动。

②压强：压强只对有气体参加且反应前后气体分子数不相等的可逆反应平衡体系有影响。在其他条件不变的情况下，增大压强，化学平衡向着气体分子数减少的方向移动；减小压强，化学平衡向着气体分子数增多的方向移动。

③温度：温度导致化学平衡常数的改变从而改变平衡点，使化学平衡发生移动。升高温度，平衡向吸热反应的方向移动；降低温度，平衡向放热反应的方向移动。

④催化剂不会使化学平衡移动。

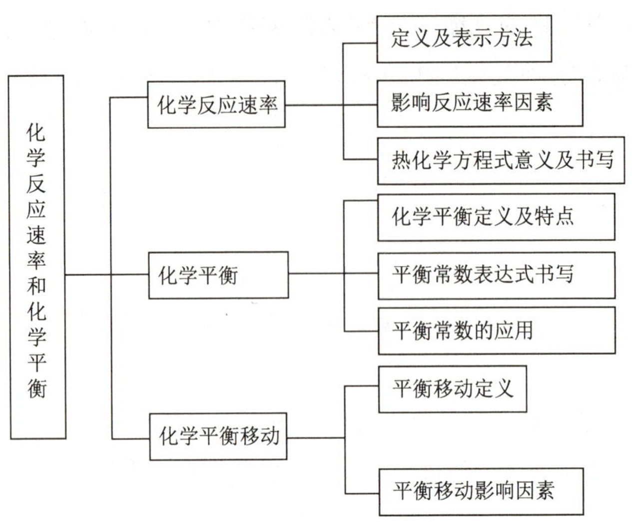

复习思考

一、选择题

1. 关于活化能下列说法正确的是(　　)

A. 活化能越大，反应速率越大

B. 活化能是活化分子具有的能量

C. 一般来说，活化能越小，反应速率越大

D. 正反应的活化能与逆反应的活化能通常相等

E. 活化能与反应速率无关

2. 反应 $N_2(g)+3H_2(g)\rightleftharpoons 2NH_3(g)$，达到平衡的标志是(　　)

A. $[N_2]=[H_2]=[NH_3]$　　B. $Q_c>K_c$

C. $[N_2]$、$[H_2]$、$[NH_3]$都不再变化

D. $[N_2]:[H_2]:[NH_3]=1:3:2$　　E. $Q_c<K_c$

3. 对于可逆反应 $3A(g)+2B(g)\rightleftharpoons 3C(g)$(放热反应)，说法正确的是(　　)

A. 增大压强，正反应速率增大，逆反应速率减小，平衡向右移动

B. 加入催化剂，平衡向左移动

C. 减小 C 的浓度，平衡向右移动，K_c值变大

D. 降低温度，正逆反应速率均减慢，平衡向左移动

E. 增加 B 的浓度，Q_c值变小，平衡向右移动

4. 下列平衡的平衡常数表达式正确的是(　　)

$$3Fe(s)+4H_2O(g) \rightleftharpoons Fe_3O_4(s)+4H_2(g)$$

A. $K_c=[Fe_3O_4][H_2]/[Fe][H_2O]$

B. $K_c=[Fe_3O_4][H_2]^4/[Fe]^3[H_2O]^4$

C. $K_c=[Fe_3O_4][H_2]^4/[Fe]^3[H_2O]$

D. $K_c=[H_2]^4/[H_2O]^4$

E. 以上表示均不对

5. 一些药物放在冰箱中贮存以防变质，其主要作用是(　　)

A. 避免与空气接触　　B. 保持干燥　　C. 避免光照

D. 降温减小反应速率　　E. 提高药效

6. 反应 $2HBr(g) \rightleftharpoons H_2(g)+Br_2(g)$(放热反应)达到平衡时，要使混合气体颜色加深，可采取下列哪种方法(　　)

A. 减小压强　　B. 增大氢的浓度　　C. 升高温度

D. 使用催化剂　　E. 降低温度

7. 在其他条件不变时，改变压强能使下列化学平衡发生移动的是(　　)

A. $CO_2+H_2 \rightleftharpoons CO+H_2O$　　B. $N_2+3H_2 \rightleftharpoons 2NH_3$　　C. $NO_2+CO \rightleftharpoons NO+CO_2$

D. $N_2+O_2 \rightleftharpoons 2NO$　　E. $2HBr(g) \rightleftharpoons H_2(g)+Br_2(g)$

8. 关于速率常数 k，叙述正确的是(　　)

A. 与浓度无关　　B. 与温度无关　　C. 与催化剂无关

D. 适合于基元反应和复杂反应　　E. 反应条件不变，值可变

9. 根据下图可判断正反应方向反应热为(　　)

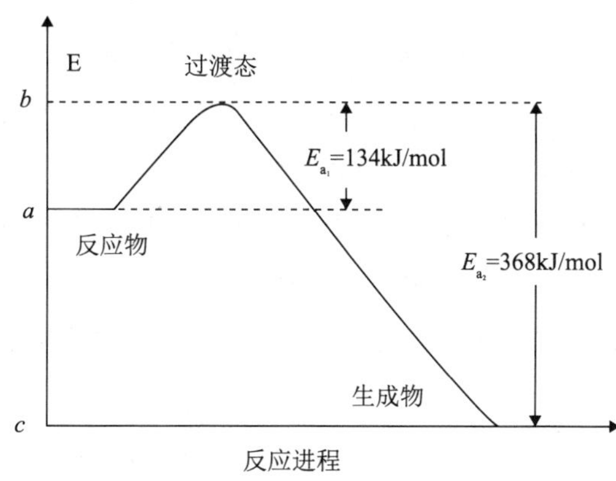

A. $-134kJ\cdot mol^{-1}$　　B. $-368kJ\cdot mol^{-1}$　　C. $-234kJ\cdot mol^{-1}$

D. $-502kJ\cdot mol^{-1}$　　E. 无法确定

10. 下列反应属于可逆反应的是(　　)

A. 碘受热升华成碘蒸气，遇冷又变成碘晶体

B. 氢气和氧气燃烧生成水，水电解又可生成氢气和氧气

C. NH_4Cl 受热分解为 NH_3 和 HCl，NH_3 和 HCl 又可反应生成 NH_4Cl

D. HCl 溶于水得到盐酸，盐酸挥发又放出 HCl 气体

E. 一定条件下，NO_2 反应生成 N_2O_4，同时 N_2O_4 又可生成 NO_2

二、填空题

1. 影响化学反应速率的外界因素主要包括__________、__________、__________和__________。

2. 影响平衡移动的因素包括__________、__________和__________。

3. 催化剂的主要特点为：__________和__________。

4. 化学平衡时，正反应速率__________逆反应速率；各物质浓度不再随时间改变。但正逆反应都还在进行，是__________平衡。

5. 可逆反应的平衡常数数值与__________无关，但与温度有关。平衡常数的数值可用来表示反应__________。平衡常数越大，反应朝右的进行程度__________。

6. 书写平衡常数表达式时，__________、__________的浓度可不写入平衡常数表达式。

7. 化学反应活化能越高，活化分子数__________，有效碰撞次数__________，反应速率__________。

8. 通常温度升高 10℃，化学反应速率增大__________倍。

9. 加入催化剂，正反应速率__________，逆反应速率__________，达到化学平衡的时间__________，平衡__________移动。

10. 发生有效碰撞的分子要有足够的__________，并且以__________进行碰撞。

三、判断题

1. 平衡常数与浓度、温度都无关系。(　　)

2. 所有化学反应都能根据化学反应方程式直接写出速率方程。(　　)

3. 化学反应速率只与反应物浓度有关，与产物浓度没关系。(　　)

4. 可逆反应如果正反应是放热反应，逆反应就应是吸热反应，并且放出或吸收的热量数值相等。(　　)

5. 催化剂完全不参与反应，所以反应前后化学性质与质量不变。(　　)

6. 酶是也是催化剂，常在高温高压下使用。(　　)

7. 选择合适的催化剂，可以提高反应物的转化率。(　　)

8. 有气体参与的反应，在加压条件下，平衡可能不移动。(　　)

9. 平衡常数表达式书写与方程式的书写有关。(　　)

10. 书写平衡常数表达式时，只要是 H_2O 就不用写进表达式。(　　)

四、名词解释

1. 基元反应　2. 反应商　3. 化学平衡　4. 勒夏特列原理　5. 质量作用定律

五、简答题

1. 写出下列反应的平衡常数表达式 K_c。

(1) $N_2(g) + O_2(g) \rightleftharpoons 2NO(g)$

(2) $C(s) + H_2O(g) \rightleftharpoons CO + H_2$

(3) $2MnO_4^- + 5C_2O_4^{2-} + 16H^+ \rightleftharpoons 2Mn^{2+} + 10CO_2 + 8H_2O$

2. 写出下列基元反应的速率方程。

(1) $2NO_2 = 2NO + O_2$　　(2) $2Na(s) + 2H_2O(l) = 2NaOH(aq) + H_2(g)$

3. 平衡常数的物理意义是什么?

4. 用碰撞理论简述温度对反应速率的影响。

5. 用过渡态理论简述催化剂对反应速率的影响。

六、计算题

1. 一定条件下 SO_2 氧化为 SO_3 的反应为：$2SO_2 + O_2 \rightleftharpoons 2SO_3$，将 2mol SO_2 和 1mol O_2 通入 2L 密闭容器中，2s 末测得 SO_2 浓度为 $0.4mol \cdot L^{-1}$，求以不同物质表示的反应速率。

2. 在 1073K 下，可逆反应 $CO + H_2O(g) \rightleftharpoons CO_2 + H_2$ 达到平衡时，$[CO] = 0.25mol \cdot L^{-1}$、$[H_2O] = 2.25mol \cdot L^{-1}$、$[CO_2] = 0.75mol \cdot L^{-1}$、$[H_2] = 0.75mol \cdot L^{-1}$，求①1073K 下该可逆反应的平衡常数 K_c；②反应物 CO 和的 $H_2O(g)$ 的初始浓度；③CO 的平衡转化率。

扫一扫，知答案

扫一扫，看课件

第七章

酸碱平衡

【学习目标】

1. 掌握酸碱的质子理论中酸、碱的定义，共轭酸碱的概念；中和反应、电离作用、水解反应的实质。

2. 掌握酸碱性强弱的含义及影响强弱的因素。

3. 掌握强电解质、弱电解质的概念，弱电解质的电离和电离度的概念，弱电解质电离平衡的概念，电离平衡常数的书写方法，电离平衡常数与电离度之间的关系。

4. 掌握水的电离和水的离子积常数的概念，熟悉溶液的酸碱性和 pH 值的计算，酸碱指示剂的概念、变色原理、变色范围。

5. 掌握缓冲溶液的组成和性质、作用原理、pH 值计算方法及配制。熟悉缓冲溶液在医学上的意义。

6. 了解活度、活度系数、盐效应、拉平效应和区分效应等概念。

案例分析

人体内各种体液必须具有适宜的酸碱度才能维持正常的生理活动。外来食物及组织细胞代谢产生的酸性或碱性物质进入体液后，人体通过代谢将多余的酸碱排出体外，使体内的酸性和碱性物质保持一定的数量和比例，使体液的 pH 在一定范围内恒定，这一过程就是酸碱平衡。酸碱失衡对人体健康危害极大，严重的酸中毒会危及生命，很多疾病与体液酸性化有关，如高血脂、高血压、高血糖、高尿酸、老年痴呆症等。

问题：1. 什么是酸？什么是碱？并举例说明。

2. 人体体液中常见的离子有哪些？

酸碱的概念是无机化学中最基本的概念之一，许多化学变化都属于酸碱反应的范畴。很多药物本身就是酸或碱，它们的制备、分析检测以及药理作用等，都与酸碱性有着密切的联系。本章在简介酸碱理论的基础上，主要介绍酸碱质子理论并用该理论进一步讨论弱酸和弱碱的电离平衡问题，pH 值计算，缓冲溶液的组成、原理、配制原则等问题。

第一节　酸碱质子理论

酸碱的本质是什么呢？人们在科学研究和生产实践中对酸碱的认识不断深入，科学家们相继提出了一系列的酸碱理论。其中比较重要的有电离理论(ionization theory)、质子理论(proton theory)、电子理论等。

1887 年，阿累尼乌斯(Arrhenius)提出了酸碱电离理论：凡是能够在水溶液中电离产生 H^+ 的化合物叫作酸(acid)；能够电离产生 OH^- 的化合物叫作碱(base)。H^+ 是酸的特征，OH^- 是碱的特征，酸碱中和反应的实质就是 H^+ 和 OH^- 结合生成 H_2O。酸碱电离理论是近代酸碱理论的开始，它成功地解释了含有 H^+ 或 OH^- 的化合物在水溶液中的酸碱性，在一定程度上提高了人们对酸碱本质的认识，对化学的发展起了很大的作用。但它将酸碱局限于水溶液中，按照电离理论，离开水溶液就没有酸、碱及酸碱反应，在非水溶剂系统(如乙醇、四氯化碳、苯等)中不能用 H^+ 浓度和 OH^- 浓度的相对大小来衡量物质的酸碱性强弱。对于无溶剂系统物质的酸碱性，例如 HCl 与 NH_3 两种气体生成 NH_4Cl 的反应，也无法用酸碱电离理论解释。电离理论把酸碱局限于分子，特别是把碱限制为氢氧化物，在解释一些不含 H^+ 或 OH^- 物质的酸碱性时，同样遇到困难。如 NH_3、Na_2CO_3、Na_3PO_4 等物质不含 OH^-，但这些物质的水溶液均显碱性。针对这些情况，1923 年，丹麦化学家布朗斯蒂德(Bronsted)和英国化学家劳瑞(Lowry)提出了酸碱质子理论，克服了酸碱电离理论的局限性，它不仅适用于水溶剂体系，也适用于非水体系和无溶剂体系，大大地扩大了酸碱的范围。1923 年，美国物理化学家路易斯(G. Lewis)还提出了含义更广的酸碱电子理论，该理论认为：凡能接受电子对的物质为酸；凡能给出电子对的物质为碱。酸碱反应的实质是形成了配位键。在此，本节主要介绍应用较广的酸碱质子理论。

一、酸碱质子理论中的基本概念

(一)酸碱的定义

酸碱质子理论认为：凡能给出质子(H^+)的物质都是酸，凡能接受质子(H^+)的物质都是碱。根据这个理论，酸是能给出质子的物质，可以是分子或离子，它们统称为质子给予体(ptoton donor)，例如 HCl、H_2SO_4、HAc、NH_4^+、HCO_3^- 等都能给出质子，都是酸。碱是质子接受体(ptoton acceptor)，也可以是分子或离子，如 Cl^-、HSO_3^-、Ac^-、NH_3、CO_3^{2-} 等。因此，酸碱质子理论中，酸碱不局限于电中性分子，还可以是带电的阴、阳离子。

(二) 共轭酸碱对

酸给出质子后剩余的部分就是碱，碱接受质子后就成为酸。酸和碱不是彼此孤立的，而是通过质子相联系的对立统一体。例如：

$$酸 \rightleftharpoons 质子 + 碱$$

$$HCl \rightleftharpoons H^+ + Cl^-$$

$$NH_4^+ \rightleftharpoons H^+ + NH_3$$

$$HCO_3^- \rightleftharpoons H^+ + CO_3^{2-}$$

$$H_2PO_4^- \rightleftharpoons H^+ + HPO_4^{2-}$$

$$HPO_4^{2-} \rightleftharpoons H^+ + PO_4^{3-}$$

这种酸与碱的相互依存关系，称为共轭关系。人们把仅相差一个质子的一对酸、碱称为共轭酸碱对(conjugate pair of acid-base)。上面的反应式中，左边的酸是右边碱的共轭酸(conjugate acid)，而右边的碱则是左边酸的共轭碱(conjugate base)。在每一对共轭酸碱对中，共轭酸比共轭碱多一个质子。如 HAc－Ac^- 是一对共轭酸碱对，HAc 是 Ac^- 的共轭酸，Ac^- 是 HAc 的共轭碱；NH_4^+－NH_3 是一对共轭酸碱对，NH_4^+ 是 NH_3 的共轭酸，NH_3 是 NH_4^+ 的共轭碱。

在一对共轭酸碱对中，共轭酸的酸性越强，其共轭碱的碱性就越弱；反之共轭酸的酸性越弱，其共轭碱的碱性越强。例如 NH_3 是弱碱，其对应的 NH_4^+ 是较强酸。HCl 是强酸，其对应的 Cl^- 是弱碱。

在共轭酸碱对 $H_2PO_4^-$－HPO_4^{2-} 中 HPO_4^{2-} 是碱，在共轭酸碱对 HPO_4^{2-}－PO_4^{3-} 中 HPO_4^{2-} 是酸，像 HPO_4^{2-} 这样既能给出质子又能接受质子的一类物质，称为两性物质，如 HCO_3^-、$H_2PO_4^-$、HPO_4^{2-}、HS^-、H_2O 等都是两性物质。质子理论中酸和碱具有相对性，要根据实际反应而定。

二、酸碱反应

按照酸碱质子理论，每一个共轭酸碱对是酸碱反应的半反应，是不能单独进行的。因为酸不能自动给出质子，碱也不能自动接受质子，酸给出质子的同时必须有另一碱接受质子才能实现，同样碱接受质子的同时必须有另一酸提供质子。酸、碱只有同时存在时，酸碱性质才能通过质子转移体现出来。因此，酸碱反应必须是两个酸碱半反应相互作用才能实现。如：

$$HAc + NH_3 \rightleftharpoons NH_4^+ + Ac^-$$

这一酸碱反应包括两个酸碱半反应：

$$HAc \rightleftharpoons H^+ + Ac^-$$

$$H^+ + NH_3 \rightleftharpoons NH_4^+$$

酸（HAc）给出一个质子变成其共轭碱（Ac^-），碱（NH_3）接受一个质子变成它对应的共轭酸（NH_4^+），反应过程中涉及了两个共轭酸碱对 HAc－Ac^- 和 NH_4^+－NH_3，质子是由酸（HAc）传递到碱（NH_3），反应的产物仍然是一酸（NH_4^+）和一碱（Ac^-）。

1. 中和反应 在酸碱质子理论中，电离理论的中和反应实质上是两个共轭酸碱对之间的质子传递反应。根据酸碱质子理论，酸碱反应的通式可写成：

$$\underset{\text{酸}_1}{H_3O^+} + \underset{\text{碱}_2}{OH^-} \xrightarrow{\;H^+\;} \rightleftharpoons \underset{\text{酸}_2}{H_2O} + \underset{\text{碱}_1}{H_2O}$$

反应过程中酸$_1$把质子传递给了碱$_2$，自身变为碱$_1$；碱$_2$从酸$_1$接受质子后变为酸$_2$。酸$_1$是碱$_1$的共轭酸，碱$_2$是酸$_2$的共轭碱。酸碱反应总是由较强的酸和较强的碱作用，向着生成较弱的酸和较弱的碱的方向进行。

如 HCl 与 NH_3的反应：

$$HCl + NH_3 \rightleftharpoons NH_4^+ + Cl^- \quad (H^+ \text{ 由 HCl 传递给 } NH_3)$$

无论在水溶液、有机溶剂（苯、丙酮等）或气相中，其实质都是一样的，即由 HCl 放出质子给 NH_3，然后变为它的共轭碱 Cl^-；NH_3接受质子转变为它的共轭酸 NH_4^+。

常见的共轭酸碱对见表 7－1。

表 7－1 常见的共轭酸碱对

共轭酸		共轭碱	
高氯酸	$HClO_4$	ClO_4^-	高氯酸根离子
硝酸	HNO_3	NO_3^-	硝酸根离子
盐酸	HCl	Cl^-	氯离子
硫酸	H_2SO_4	HSO_4^-	硫酸氢根离子
水合氢离子	H_3O^+	H_2O	水
亚硝酸	HNO_2	NO_2^-	亚硝酸根离子
醋酸	HAc	Ac^-	醋酸根离子
氢硫酸	H_2S	HS^-	硫氢根离子
磷酸二氢根离子	$H_2PO_4^-$	HPO_4^{2-}	磷酸氢根离子
铵离子	NH_4^+	NH_3	氨

续 表

共轭酸		共轭碱	
碳酸氢根离子	HCO_3^-	CO_3^{2-}	碳酸根离子
磷酸氢根离子	HPO_4^{2-}	PO_4^{3-}	磷酸根离子
水	H_2O	OH^-	氢氧根离子
氨	NH_3	NH_2^-	氨基离子

按照酸碱质子理论，电离作用、水解作用等也包括在酸碱反应的范围之内，都可以看作是质子传递的酸碱反应。

2. 电离作用 根据酸碱质子理论，电离作用就是酸或碱与水的质子传递的反应。

在水溶液中酸电离放出质子给水，生成水合氢离子和相应的共轭碱。例如：

$$\underset{\text{强酸}_1}{HCl}+\underset{\text{强碱}_2}{H_2O}\rightleftharpoons\underset{\text{弱酸}_2}{H_3O^+}+\underset{\text{弱碱}_1}{Cl^-}\quad(H^+: HCl\to H_2O)$$

$$\underset{\text{弱酸}_1}{HAc}+\underset{\text{弱碱}_2}{H_2O}\rightleftharpoons\underset{\text{强酸}_2}{H_3O^+}+\underset{\text{强碱}_1}{Ac^-}\quad(H^+: HAc\to H_2O)$$

在上述两个反应中，HCl 和 HAc 两个不同强度的酸都能放出质子给水，分别生成相应的共轭碱 Cl^- 和 Ac^-；而水在上述反应中作为碱接受质子后成为相应的酸 H_3O^+。HCl 是强酸，给出质子的能力很强，生成的共轭碱 Cl^- 碱性极弱，几乎不能结合质子，因此反应进行得很完全(相当于电离理论的全部电离)。HAc 是弱酸，给出质子的能力较弱，其共轭碱 Ac^- 则较强，可以再接受质子成为 HAc，因此，反应不能进行完全，为可逆反应(相当于电离理论的部分电离)。

当 NH_3 和 H_2O 反应时，H_2O 作为酸给出质子，NH_3 接受质子，由于 H_2O 是弱酸，NH_3 是弱碱，所以反应进行得很不完全，是可逆反应(相当于 NH_3 在水中的部分电离)：

$$\underset{\text{弱酸}_1}{H_2O}+\underset{\text{弱碱}_2}{NH_3}\rightleftharpoons\underset{\text{强酸}_2}{NH_4^+}+\underset{\text{强碱}_1}{OH^-}\quad(H^+: H_2O\to NH_3)$$

在与质子酸或质子碱的反应中，H_2O 既可作为碱接受质子，又可作为酸给出质子，所以 H_2O 是两性物质。

3. 水解反应 质子理论中没有盐的概念，因此也没有盐的水解反应。对于一些物质如 NH_4Cl、NaAc、Na_2CO_3、NH_4Ac 等，它们一般为强电解质，在水溶液中电离出的某些离子酸或离子碱与两性物质水之间发生质子传递反应，从而生成弱电解质(弱酸或弱碱)，像这样的过程叫做水解反应。所以根据酸碱质子理论，盐的水解反应的实质就是质子传递的酸碱反应。

以氯化铵水溶液为例，NH_4Cl 在水中电离出 NH_4^+ 和 Cl^-，NH_4^+ 为酸，能够提供质子给水，形成质子传递平衡。由于反应中产生了 H_3O^+，使溶液显示酸性，但 H_2O 是弱碱，NH_4^+ 是弱酸，所以反应进行得很不完全，是可逆反应。

$$NH_4Cl = NH_4^+ + Cl^-$$

$$\underset{\text{酸}_1}{NH_4^+} + \underset{\text{碱}_2}{H_2O} \overset{H^+}{\rightleftharpoons} \underset{\text{酸}_2}{H_3O^+} + \underset{\text{碱}_1}{NH_3}$$

同理，在 NaAc 水溶液中，NaAc 电离产生的 Ac^- 能够接受 H_2O 提供的质子，形成质子传递的平衡。反应生成了 OH^-，溶液显示碱性，但 H_2O 是弱酸，Ac^- 是弱碱，反应进行不完全，为可逆反应。

$$NaAc = Na^+ + Ac^-$$

$$\underset{\text{酸}_1}{H_2O} + \underset{\text{碱}_2}{Ac^-} \overset{H^+}{\rightleftharpoons} \underset{\text{酸}_2}{HAc} + \underset{\text{碱}_1}{OH^-}$$

从上述例子可以看出，某些盐类溶于水，由于盐电离出的离子与水之间发生质子转移生成 H_3O^+ 或 OH^-，故溶液显示出一定的酸碱性。

总之，酸碱质子理论认为酸和碱是通过给出和接受质子的共轭关系相互依存和相互转化的，不管是在水溶剂还是在非水溶剂体系，在每个酸碱反应中都是两个共轭酸碱对之间的质子传递反应。

课堂互动

请用酸碱质子理论分析 NH_4Ac 水解反应的过程？

三、酸碱的强度

（一）酸碱的强度

酸碱的强度是指酸给出质子或碱接受质子的能力。这不仅取决于酸碱本身释放和接受质子的能力，同时也与反应对象和溶剂接受质子、释放质子的能力有关。在酸碱反应中，如果酸给出质子的能力强，与其作用的碱就容易结合质子，表现出较强的碱性；同样如果碱结合质子的能力强，与其作用的酸就容易给出质子，表现出较强的酸性。同一种物质在不同的溶剂中显示出不同的酸碱性，这是由于溶剂接受或给出质子的能力不同所造成的。

（二）溶剂在酸碱平衡中的作用

根据酸碱质子理论，一种物质在某种溶液中表现出的酸或碱的强度，不仅与酸碱的本质有关，也与溶剂的性质有关。对于同一酸或碱，在不同溶剂所表现出来的酸碱性是不一样的。溶剂参与质子平衡的作用表现在如下两个方面：

1. 拉平效应(leveling-up effect) 不同强度的质子酸或质子碱，被溶剂调整到同一酸强度或碱强度水平的作用，被称为溶剂对质子酸或质子碱的拉平效应。

例如，在水溶液中，HCl 是强酸，HAc 是弱酸，但在液氨中均表现为强酸性。这是因为 NH_3 接受质子的能力比水强，促进下面两个反应向右进行得比较完全。

$$HAc + NH_3 \rightleftharpoons NH_4^+ + Ac^-$$

$$HCl + NH_3 \rightleftharpoons NH_4^+ + Cl^-$$

NH_3 接受 HCl 和 HAc 转移的质子，将它们的酸性都拉平到 NH_4^+ 的水平，使 HCl 和 HAc 在液氨中不存在强度上的差别。液氨对 HAc 和 HCl 具有拉平效应，是 HAc 和 HCl 的拉平溶剂。又如 $HClO_4$、H_2SO_4、HCl 和 HNO_3 的酸强度是有差别的，可在水溶液中它们的强度无差别。这是因为这些酸溶于水后全部被拉平到水合质子 H_3O^+ 的水平，水是它们的拉平溶剂。

2. 区分效应(distinguishing effect) 溶剂把质子酸或质子碱强度区别开来的作用称为区分效应。

例如将 $HClO_4$、H_2SO_4、HCl 和 HNO_3 这四种酸溶于冰醋酸中，其酸碱平衡如下：

$$HClO_4 + HAc \rightleftharpoons H_2AC^+ + ClO_4^- \qquad K_a = 2\times10^7$$

$$H_2SO_4 + HAc \rightleftharpoons H_2Ac^+ + HSO_4^- \qquad K_a = 1.3\times10^6$$

$$HCl + HAc \rightleftharpoons H_2Ac^+ + Cl^- \qquad K_a = 1.0\times10^3$$

$$HNO_3 + HAc \rightleftharpoons H_2Ac^+ + NO_3^- \qquad K_a = 22$$

从 K_a 的数值看，这四种酸的强度顺序为 $HClO_4 > H_2SO_4 > HCl > HNO_3$，这是因为冰醋酸的碱性比 H_2O 弱，它接受质子的能力比 H_2O 弱，这四种酸的强度显示出较大的差别。因此冰醋酸是它们的区分溶剂。

一般来说，酸性溶剂是酸的区分溶剂，是碱的拉平溶剂；碱性溶剂是碱的区分溶剂，是酸的拉平溶剂。因此要比较各种酸碱的强度，首先要固定溶剂。

酸碱的强弱是相对的，在一定条件下可以相互转化。如 HNO_3 在水溶液中是强酸，在冰醋酸中是中强酸，但在硫酸中却是碱。

酸碱质子理论扩大了酸碱的含义和范围，摆脱了酸碱在水中发生反应的局限性，对于非水体系和无溶剂体系的情况同样适用。并把水溶液中进行的各种酸碱反应归纳为两个共轭酸碱对之间的质子传递反应。进一步加深了人们对于酸、碱和酸碱反应本质的认识，这是质子理论的进步。但是，质子理论也有其局限性，它只限于质子的给予和接受，对于无质子参与的酸碱反应无能为力。

广义的酸碱理论

酸碱质子理论把酸碱的定义局限在质子给予和接受，实际上有些物质如 BCl_3 和 SO_3 等，并不能提供质子，但显示了酸性，能发生酸碱反应。例如

$$BCl_3 + NH_3 = BCl_3 \cdot NH_3 \qquad SO_3 + Na_2O = Na_2SO_4$$

为此，1923 年美国化学路易斯(G. N. Lewis，1875～1946)从电子对给予和接受出发，提出了酸碱电子理论，即广义酸碱理论。该理论认为，凡是能够接受电子对的物质称为酸(路易斯酸)；凡是能够给出电子对的物质称为碱(路易斯碱)。酸是电子对的接受体，碱是电子的给予体。酸碱反应的实质是形成配位键生成酸碱配合物的过程。例如，BCl_3是路易斯酸，因 BCl_3 中 B 原子有一个空轨道，能够接受电子对；NH_3的 N 原子有一对孤对电子对，是电子对的给予体，是路易斯碱。BCl_3与 NH_3反应是通过 N→B 配位键生成配合物 $BCl_3 \cdot NH_3$。

尽管电子理论能较好地解释无质子参与的酸碱反应，扩大了酸碱范围，但该理论也存在缺点，对酸碱相对强弱的确定没有统一标准，酸碱反应方向难以判断。1963 年美国化学家皮尔松(R. G. Pearson)在路易斯广义酸碱理论的基础上提出了软硬酸碱理论，弥补了这一理论的缺陷。

第二节　弱酸弱碱的电离平衡

一、强电解质和弱电解质

(一)电解质

电解质(electrolytic)是指在水溶液里或熔融状态下能够导电的化合物。根据电离程度的不同，可将电解质分为强电解质和弱电解质两类。强电解质是指在水溶液里能完全电离成正负离子的电解质。包括强酸、强碱和大部分盐。如 H_2SO_4、NaOH、NaCl 等都是强电解质。由于强电解质在水溶液中是完全电离的，溶液中几乎不存在分子与离子间的相互转换，因此电离是不可逆的，其电离方程式用“══”表示。例如：

$$HCl = H^+ + Cl^-$$

$$NaOH = Na^+ + OH^-$$

$$NaCl = Na^+ + Cl^-$$

弱电解质是指在水溶液中只有部分电离的电解质。包括弱酸、弱碱及少数盐类，如

HAc、$NH_3 \cdot H_2O$、$HgCl_2$等都是弱电解质。在弱电解质溶液中，未电离的电解质分子与已电离生成的离子共存，分子电离成离子的同时，离子又可以结合成分子。因此弱电解质的电离是可逆的，电离方程式用“$\rightleftharpoons$”表示。例如：

$$HAc \rightleftharpoons H^+ + Ac^-$$

$$NH_3 \cdot H_2O \rightleftharpoons NH_4^+ + OH^-$$

电解质的强弱与溶解度无关，如 $BaSO_4$是难溶物质，但是强电解质，HAc 易溶于水，但是弱电解质。

(二)电离度

不同的弱电解质在水溶液中的电离程度是不同的。弱电解质电离程度的大小，可以用电离度来表示。电离度是指在一定温度下，当电解质在溶液中达到电离平衡时，已电离的电解质分子数占电解质分子总数的百分数，用 α 表示。

$$\alpha = \frac{\text{已电离的电解质分子数}}{\text{电解质的分子总数}} \times 100\% \qquad (7-1)$$

例如，25℃时，$0.1mol \cdot L^{-1}$ HAc 溶液的电离度 $\alpha = 1.32\%$，它表示每 10000 个 HAc 分子中有 132 个 HAc 分子电离成 H^+和 Ac^-。表 7－2 列出了几种常见弱电解质的电离度。

表 7－2 几种弱电解质的电离度(25℃，$0.10mol \cdot L^{-1}$)

电解质	化学式	电离度 α
草酸	$H_2C_2O_4$	31%
磷酸	H_3PO_4	27%
亚硫酸	H_2SO_3	20%
氢氟酸	HF	15%
醋酸	HAc	1.32%
氢硫酸	H_2S	0.07%
碳酸	H_2CO_3	0.17%
氢氰酸	HCN	0.007%
氨水	$NH_3 \cdot H_2O$	1.33%

由表 7－2 可以看出，在温度和浓度相同的条件下，不同电解质的电离度大小是不同的，电离度越小，电解质越弱。因此常用电离度来衡量弱电解质的相对强弱。

弱电解质电离度的大小，主要取决于弱电解质的本性，同时也与溶液的浓度、温度等因素有关。由表 7－3 可以看出，同一弱电解质的电离度随溶液浓度的减小而增大。这是因为溶液浓度越小，单位体积内的离子数越少，离子间相互碰撞结合成分子的机会就越少，电离度就会增大。弱电解质的电离度随温度的升高而增大，这是因为电离反应是吸热的，升高温度有利于电离反应进行。因此表示弱电解质的电离度时应注明溶液的浓度和温度。

表7－3　不同浓度 HAc 的电离度(25℃)

溶液浓度($mol \cdot L^{-1}$)	H^+浓度($mol \cdot L^{-1}$)	电离度 α
1.00	0.00420	0.42%
0.100	0.00133	1.33%
0.0100	0.000420	4.20%
0.00100	0.000124	12.4%

(三)离子氛和表观电离度

按照电离理论强电解质在水溶液中的电离度应为 100%。但通过实验测得，强电解质在水溶液中的电离度均小于 100%，如表 7－4 所示。

表7－4　几种强电解质的表观电离度(25℃，$0.10mol \cdot L^{-1}$)

电解质	KCl	HCl	HNO_3	H_2SO_4	NaOH	$Ba(OH)_2$	$ZnSO_4$
表观电离度(%)	86	92	92	61	91	81	40

从数据看，强电解质在水溶液中似乎不是完全电离的。这种相互矛盾的现象可以用德拜(P. Debye)和休克尔(E. Huckel)提出的离子互吸理论进行解释。该理论认为：①强电解质在水溶液中是全部电离的，溶液中离子浓度较大。②由于阴阳离子间存在静电相互作用，使溶液中离子的运动不完全自由，即阳离子周围分布的主要是阴离子；阴离子周围分布的主要是阳离子。德拜和休克尔将中心离子周围的那些异性离子群叫做“离子氛”。③当电解质溶液通电时，由于离子氛的存在，离子的运动受到了牵制，降低了离子活动的自由度。

因此，在强电解质溶液中的离子不能百分之百地发挥离子应有的效能，产生了一种强电解质电离不完全的假象，因此测出的电离度就低于 100%。实际上，由实验测定的电离度并不代表强电解质在溶液中的实际电离度，而仅仅反映了强电解质溶液中离子间相互牵制作用的强弱程度，故称为“表观电离度”。

(四)活度和活度系数

在强电解质溶液中，由于离子的相互影响，使真正发挥作用的离子浓度比强电解质完全电离时应达到的离子浓度要小。1907 年美国化学家路易斯(Lewis)把强电解质溶液中实际上起作用的离子浓度称为有效浓度，又称为活度。活度通常用 α 表示，它等于溶液中离子的实际浓度乘上一个校正系数，这个校正系数叫做活度系数(activity coefficient)。活度与溶液浓度 c 的关系为：

$$\alpha_i = \gamma_i c_i \tag{7-2}$$

式中，α_i是活度，γ_i是活度系数，c_i是浓度，γ_i称为该离子的活度系数，它反映了电解质溶液中离子相互牵制作用的大小。通常情况下 $\gamma_i < 1$，离子的活度小于实际浓度。溶液越浓，离子间的牵制作用越大，γ_i越小。反之亦然。对于液态和固态的纯物质以及稀溶液

中的溶剂(如水)，其活度系数均视为1；一般情况下，中性分子的活度系数也视为1；对于弱电解质溶液，因其离子浓度很小，一般把活度系数也视为1。

从理论上讲，对强电解质溶液中的有关计算，都应用活度代替浓度才能得到准确结果。但如果对计算结果要求不高时，也可用浓度代替活度进行计算。我们平时大多用浓度进行计算。

(五)离子强度

在电解质溶液中，离子的活度系数不仅与其本身的浓度和电荷有关，而且还受其他离子的浓度和电荷的影响。为了定量说明这些影响，1921年路易斯提出了离子强度的概念。溶液中各种离子浓度与离子电荷平方乘积的总和的二分之一称为该溶液的离子强度。可用下式表示：

$$I = \frac{1}{2}\Sigma(c_i Z_i^2) \qquad (7-3)$$

式中，I 为离子强度，c_i是 i 离子的浓度，Z 是 i 离子的电荷数。

离子强度是溶液中存在的离子所产生的电场强度的量度，只与离子浓度和电荷数有关，而与离子本性无关。在一定的浓度范围内，溶液的离子强度越大，表明离子间的相互牵制作用越强，离子活度系数越小，离子浓度与实际浓度相差就愈大。

二、弱电解质的电离平衡

(一)一元弱酸、弱碱的电离平衡

弱电解质在水溶液中只能部分电离，在未电离的弱电解质分子与已电离生成的离子之间存在着电离平衡。从酸碱质子理论来看，弱电解质的电离过程实质上是弱电解质分子与溶剂水分子间的质子传递过程。以 HA 代表一元弱酸，在水溶液中 HA 与水的质子传递平衡，可用下式表示：

$$HA + H_2O \rightleftharpoons H_3O^+ + A^-$$

可简写为：

$$HA \rightleftharpoons H^+ + A^-$$

根据化学平衡原理，其平衡常数 K_i可表示为

$$K_i = \frac{[H^+][A^-]}{[HA]} \qquad (7-4)$$

式中$[H^+]$$[A^-]$分别表示 H^+和 A^-的平衡浓度，[HA]表示平衡时未发生质子自递反应的一元弱酸的分子浓度。

K_i为弱电解质的电离平衡常数，简称为电离常数。通常，弱酸的电离常数用 K_a表示，弱碱的电离常数用 K_b表示，平衡时各组分的浓度单位用 $mol \cdot L^{-1}$表示。

同理，一元弱碱 NH_3的电离：

$$NH_3 \cdot H_2O \rightleftharpoons NH_4^+ + OH^-$$

当达到电离平衡时

$$K_b = \frac{[NH_4^+][OH^-]}{[NH_3 \cdot H_2O]}$$

不同的弱电解质其电离常数不同，电离常数的大小与弱电解质的本性及温度有关，与浓度无关。电离常数是化学平衡常数的一种形式，其意义如下：

1. 电离常数的大小反映了弱电解质电离程度的相对强弱。K 值越大，电解质越容易电离，电解质越强；K 值越小，电解质越难电离，电解质越弱。一些弱酸弱碱的电离常数见表 7－5。

表 7－5　一些弱酸弱碱的电离常数(25℃)

名称	电离常数 K	名称	电离常数 K
HAc	1.76×10^{-5}	$H_2C_2O_4$	$5.90 \times 10^{-2}(K_{a_1})$
HCOOH	1.77×10^{-4}		$6.40 \times 10^{-5}(K_{a_2})$
HCN	4.93×10^{-10}	H_3PO_4	$7.52 \times 10^{-3}(K_{a_1})$
H_2CO_3	$4.30 \times 10^{-7}(K_{a_1})$		$6.23 \times 10^{-8}(K_{a_2})$
	$5.61 \times 10^{-11}(K_{a_2})$		$2.2 \times 10^{-13}(K_{a_3})$
H_2S	$9.1 \times 10^{-8}(K_{a_1})$	NH_3	1.76×10^{-5}
	$1.1 \times 10^{-12}(K_{a_2})$	$C_6H_5NH_2$	4.67×10^{-10}

2. 电离常数与弱酸、弱碱的浓度无关。同一温度下，不论弱电解质的浓度如何改变，电离常数不会变化，见表 7－6。

表 7－6　不同浓度 HAc 溶液的电离度和电离常数(25℃)

$c(mol \cdot L^{-1})$	电离度 α(%)	电离常数 K_a
0.2	0.934	1.76×10^{-5}
0.1	1.33	1.76×10^{-5}
0.02	2.96	1.80×10^{-5}
0.001	12.4	1.76×10^{-5}

3. 电离常数随温度的升高而增大，但由于温度改变对电离常数影响较小，所以在常温条件下可忽略温度对电离常数的影响，见表 7－7。

表 7－7　不同温度下 HAc 的电离常数

温度(℃)	10	20	30	40	50	60
K_a	1.7×10^{-5}	1.7×10^{-5}	1.7×10^{-5}	1.7×10^{-5}	1.6×10^{-5}	1.5×10^{-5}

(二)电离度与电离常数的关系

电离常数与电离度都可以用来比较弱电解质的强弱，它们之间既有区别又有联系。电离常数是化学平衡常数的一种形式，与电解质溶液的浓度无关。电离度表示的是弱电解质在一定条件下的电离程度，它随电解质溶液浓度的变化而变化，如表 7-6 所示。因此，电离常数比电离度能更好地反映弱电解质的特征，应用范围更广。电离常数与电离度之间的关系可利用 HAc 的电离平衡来说明。

设醋酸的浓度为 c，电离度为 α。

$$HAc \rightleftharpoons H^+ + Ac^-$$

	HAc	H^+	Ac^-
开始浓度（$mol \cdot L^{-1}$）	c	0	0
平衡浓度（$mol \cdot L^{-1}$）	$c - c\alpha$	$c\alpha$	$c\alpha$

$$K_a = \frac{[H^+][Ac^-]}{[HAc]} = \frac{c\alpha \cdot c\alpha}{c(1-\alpha)} = \frac{c\alpha^2}{1-\alpha}$$

当 α 很小时，$1 - \alpha \approx 1$

$$\therefore \quad K_a = c\alpha^2 \qquad (7-5)$$

$$\alpha = \sqrt{\frac{K_a}{c}} \qquad (7-6)$$

该公式反映了弱电解质的电离度、电离常数和溶液浓度三者之间的关系。它表明：对于同一弱电解质，弱电解质的电离度与其浓度的平方根成反比，浓度越小，电离度越大；对于相同浓度的不同弱电解质溶液，弱电解质的电离度与电离常数的平方根成正比，电离常数越大，电离度也越大。

（三）共轭酸碱对 $HB - B^-$ 的 K_a 与 K_b 的关系

共轭酸碱对的 K_a 与 K_b 的关系，可以根据酸碱质子理论推导出来。

共轭酸碱对 $HB - B^-$ 在水中的质子传递反应平衡式为

$$HB + H_2O \rightleftharpoons H_3O^+ + B^-$$

$$K_a = \frac{[H^+][B^-]}{[HB]}$$

其共轭碱 B^- 在水中的质子传递反应平衡式为

$$B^- + H_2O \rightleftharpoons HB + OH^-$$

$$K_b = \frac{[HB][OH^-]}{[B^-]}$$

将两平衡常数相乘可得：

$$K_a \cdot K_b = \frac{[HB][OH^-]}{[B^-]} \cdot \frac{[H^+][B^-]}{[HB]} = [H^+][OH^-] = K_w \qquad (7-7)$$

两边同时取负对数，则有

$$pK_a + pK_b = pK_w = 14 \qquad (7-8)$$

上式表明，共轭酸碱对的 K_a 与 K_b 成反比，知道酸的电离常数 K_a 就可计算出共轭碱的 K_b，反之亦然。另外也说明，酸越强，则其共轭碱越弱；碱越强，其共轭酸越弱。

在化学文献或一些手册中，往往只给出酸的K_a或pK_a值，而共轭碱的电离常数可用K_b或pK_b计算得出。

例7-1 求25℃时，NH_4^+的K_a及pK_a（NH_3的$K_b = 1.77 \times 10^{-5}$）

解：因为$NH_4^+ - NH_3$是一共轭酸碱对，根据公式$K_a \cdot K_b = K_w = 1.0 \times 10^{-14}$，可得：

$$K_a = \frac{K_w}{K_b} = \frac{1.0 \times 10^{-14}}{1.77 \times 10^{-5}} = 5.64 \times 10^{-10}$$

$$pK_a = -\lg K_a = -\lg 5.64 \times 10^{-10} = 9.23$$

多元弱酸（或多元弱碱）在水中的质子传递反应是分步进行的。例如H_2CO_3是二元弱酸，其质子传递分两步进行，每一步都有相应的质子传递平衡及平衡常数。

第一步：
$$H_2CO_3 + H_2O \rightleftharpoons HCO_3^- + H_3O^+$$
$$K_{a_1} = 4.30 \times 10^{-7}$$

第二步：
$$HCO_3^- + H_2O \rightleftharpoons H_3O^+ + CO_3^{2-}$$
$$K_{a_2} = 5.61 \times 10^{-11}$$

CO_3^{2-} 是二元弱碱，其质子传递分两步进行。

第一步：
$$CO_3^{2-} + H_2O \rightleftharpoons HCO_3^- + OH^-$$

由 CO_3^{2-} 是 HCO_3^- 的共轭碱，可推出：

$$K_{b_1} = \frac{K_w}{K_{a_2}} = \frac{1.0 \times 10^{-14}}{5.6 \times 10^{-11}} = 1.78 \times 10^{-4}$$

第二步：
$$HCO_3^- + H_2O \rightleftharpoons H_2CO_3 + OH^-$$

由 HCO_3^- 是 H_2CO_3的共轭碱，可推出：

$$K_{b_2} = \frac{K_w}{K_{a_1}} = \frac{1.0 \times 10^{-14}}{4.3 \times 10^{-7}} = 2.32 \times 10^{-8}$$

其他多元弱酸、弱碱K_a与K_b的关系与H_2CO_3与CO_3^{2-} 的K_a与K_b的关系类似。

三、同离子效应

在弱电解质溶液里，加入与弱电解质具有相同离子的强电解质，使弱电解质的电离度降低的现象称为同离子效应。

例如，在$NH_3 \cdot H_2O$溶液中加入NH_4Cl，平衡将向左移动，使$NH_3 \cdot H_2O$的电离度降低。因为在$NH_3 \cdot H_2O$溶液中存在如下电离平衡：

$$NH_3 \cdot H_2O \rightleftharpoons NH_4^+ + OH^-$$

当加入强电解质NH_4Cl后，NH_4Cl全部电离为NH_4^+和Cl^-。

$$NH_4Cl = NH_4^+ + Cl^-$$

由于溶液中 NH_4^+ 浓度的增大，会导致 $NH_3 \cdot H_2O$ 的电离平衡向左移动，从而降低了 $NH_3 \cdot H_2O$ 的电离度。同理，在 HAc 溶液中加入强电解质 NaAc 时，由于 NaAc 完全电离，溶液中 Ac^- 浓度大大增加，促使 HAc 的电离平衡向左移动，从而使 HAc 的电离度降低。

$$HAc \rightleftharpoons H^+ + Ac^-$$

$$NaAc = Na^+ + Ac^-$$

四、盐效应

如果在弱电解质溶液中加入与弱电解质不含相同离子的强电解质，这时由于强电解质电离出较多的阳离子和阴离子，在弱电解质电离出的阴、阳离子周围形成离子氛。由于离子总浓度增大，离子强度增大，离子间相互牵制作用增强，将会使弱电解质电离出的离子重新结合成弱电解质分子的速度减小，从而使弱电解质的电离度增大。这种在弱电解质中加入不含共同离子的强电解质使弱电解质的电离度略为增大的效应称为盐效应(salt effect)。如在 HAc 溶液中加入少量 NaCl 溶液时，将会产生盐效应使 HAc 的电离度增大。

同离子效应产生的同时必然伴随有盐效应，但同离子效应的影响比盐效应大得多。所以，一般情况下，可以忽略盐效应对电离平衡的影响。

第三节　溶液的 pH 值

一、水的电离平衡

通常认为纯水是不导电的，但实验证明纯水有微弱的导电性，说明它是一种极弱的电解质，可以电离出少量的 H^+ 和 OH^-。存在着下列电离平衡：

$$H_2O + H_2O \rightleftharpoons H_3O^+ + OH^-$$

简写为：

$$H_2O \rightleftharpoons H^+ + OH^-$$

在两个水分子中，一个水分子给出质子为酸，另一个水分子接受质子为碱，这种由水分子与水分子之间发生的质子传递，称为水的质子自递反应。其电离平衡常数表示为：

$$K_i = \frac{[H^+][OH^-]}{[H_2O]} \tag{7-9}$$

水的电离极弱，电离平衡时，$[H_2O]$ 近似为常数，一定温度下 K_i 是常数，则 K_i 与 $[H_2O]$ 的乘积仍是常数，用 K_w 表示。上式可表示为：

$$K_w = K_i[H_2O] = [H^+][OH^-]$$

K_w 称为水的离子积常数，简称水的离子积。

实验测得在298.15K时，1升纯水中仅有1.0×10^{-7}mol的水分子发生电离，所以纯水中$[H^+]=[OH^-]=1.0\times10^{-7}mol\cdot L^{-1}$

则 $$K_w=[H^+][OH^-]=1.0\times10^{-7}\times1.0\times10^{-7}=1.0\times10^{-14} \quad (7-10)$$

水的质子自递反应是吸热反应，K_w值随温度的升高而增大，见表7-8。

表7-8 不同温度时水的离子积常数

温度(K)	K_w	温度(K)	K_w
273	1.139×10^{-15}	298	1.008×10^{-14}
283	2.290×10^{-15}	323	5.474×10^{-14}
293	6.809×10^{-14}	373	5.5×10^{-13}

虽然水的离子积常数随温度的改变而改变，但变化不大。在常温条件下，水的离子积1.0×10^{-14}适用于纯水和任何稀的水溶液。

二、溶液的酸碱性和pH值

(一)溶液的酸碱性与H^+浓度的关系

水的离子积不仅适用于纯水，也适用于所有水溶液。当向纯水中加入酸或碱时，能使水的电离平衡发生移动，但是不论水溶液的酸碱性如何，溶液中都同时存在H^+和OH^-，只是它们浓度的相对大小不同。在常温下溶液的酸碱性与$[H^+]$和$[OH^-]$的关系为：

中性水溶液：$[H^+]=[OH^-]=1.0\times10^{-7}mol\cdot L^{-1}$

酸性水溶液：$[H^+]>1.0\times10^{-7}mol\cdot L^{-1}>[OH^-]$

碱性水溶液：$[OH^-]>1.0\times10^{-7}mol\cdot L^{-1}>[H^+]$

因为在室温下始终有$[H^+][OH^-]=1.0\times10^{-14}$，所以如果已知$[H^+]$，即可求得$[OH^-]$；反之，已知$[OH^-]$也可求得$[H^+]$。

例7-2 求25℃时，$0.001mol\cdot L^{-1}$NaOH水溶液的$[H^+]$。

解：根据公式7-10，可得：

$$[H^+]\ \frac{K_w}{[OH^-]}=\frac{1.0\times10^{-14}}{10^{-3}}=10^{-11}mol\cdot L^{-1}$$

(二)溶液的酸碱性与pH值的关系

溶液的酸碱性可以用$[H^+]$表示，当$[H^+]$很小时，为了使用方便，通常用pH值来表示溶液的酸碱性。pH值的定义为：水溶液中$[H^+]$的负对数。

$$pH=-\lg[H^+] \quad (7-11)$$

常温下，溶液的酸碱性与pH值的关系为：

中性溶液：$pH=7$

酸性溶液：$pH<7$

碱性溶液：pH > 7

从上面关系式可知，溶液的[H^+]越大，pH 值越小，酸性越强；溶液的[H^+]越小，pH 值越大，碱性越强。pH 值每相差一个单位，[H^+]相差 10 倍。

[OH^-]和 K_w 也可以用它们的负对数来表示，即

$$pOH = -\lg[OH^-]$$

$$pK_w = -\lg K_w$$

在常温下，因 $K_w = 1.0 \times 10^{-14}$，因此有：

$$pH + pOH = pK_w = 14 \quad (7-12)$$

pH 值的使用范围一般在 0 ~ 14 之间，相当于溶液中[H^+]为 1 ~ 10^{-14} mol · L^{-1}。当溶液中[H^+]或[OH^-]大于 1.0mol · L^{-1} 时，用物质的量浓度表示溶液的酸碱性更方便。

课堂互动

1. 室温下 0.05 mol · L^{-1} 盐酸的 pOH 值为多少？
2. 0.1mol · L^{-1} 的盐酸和醋酸酸度相同吗？

人的生命活动与 pH 密切相关，如人的各种体液都有各自的 pH 值范围，超出该范围就会引起酸中毒或碱中毒，导致代谢障碍。表 7 - 9 列出了各种正常体液的 pH 值范围。

表 7 - 9　人体中各种体液的 pH 值

体液	pH	体液	pH
血清	7.35 ~ 7.45	泪液	7.3 ~ 7.4
唾液	6.35 ~ 6.85	脑脊液	7.35 ~ 7.45
胰液	7.5 ~ 8.0	成人胃液	0.9 ~ 1.5
小肠液	7.5 ~ 7.6.	婴儿胃液	5.0
大肠液	8.3 ~ 8.4	尿液	4.8 ~ 7.5
乳液	6.0 ~ 6.9		

三、弱酸弱碱溶液 pH 值的计算

计算弱酸、弱碱溶液的 pH 值不仅要考虑弱酸、弱碱的电离平衡，而且还要考虑水的质子自递平衡，计算比较复杂。在一般的分析工作中，通常对各种溶液的 pH 值采用近似计算。

（一）一元弱酸溶液 pH 值的近似计算

以一元弱酸(HA)为例。浓度为 $c$mol · L^{-1} 的 HA 在水溶液中存在下列电离平衡：

$$HA + H_2O \rightleftharpoons H_3O^+ + A^-$$

因为 HA 释放质子的能力比 H_2O 的强，可以忽略水的质子自递产生的 H_3O^+，溶液中 H_3O^+ 的浓度主要由 HA 的浓度决定。HA 和 H_2O 的质子传递反应方程式可简写为：

$$HA \rightleftharpoons H^+ + A^-$$

初始浓度($mol \cdot L^{-1}$)　　c　　0　　0

平衡浓度($mol \cdot L^{-1}$)　　$c-[H^+]$　　$[H^+]$　　$[A^-]$

$$K_a = \frac{[H^+][A^-]}{[HA]} = \frac{[H^+]^2}{c-[H^+]}$$

由于弱酸的电离度很小，溶液中的$[H^+]$远小于 HA 的总浓度 c，

则 $c-[H^+]\approx c$，上式可简化为

$$K_a = \frac{[H^+]^2}{c}$$

$$[H^+] = \sqrt{cK_a} \tag{7-13}$$

式(7-13)是计算一元弱酸溶液中$[H^+]$的最简式。通常当$\frac{c}{K_a}\geqslant 500$时，采用式7-13计算，误差小于5%。

例7-3　298K 时，HAc 的电离常数为 $K_a = 1.76\times10^{-5}$。计算 $0.10mol \cdot L^{-1}$HAc 溶液中的 c_{H^+}、pH 值和 HAc 的电离度。

解：因为

$$\frac{c}{K_a} = \frac{0.10}{1.76\times10^{-5}} > 500$$

所以可用简式计算。

$$[H^+] = \sqrt{cK_a}$$
$$= \sqrt{0.10\times1.76\times10^{-5}}$$
$$= 1.33\times10^{-3} mol \cdot L^{-1}$$

$$pH = -\lg[H^+] = -\lg(1.33\times10^{-3}) = 2.88$$

$$a = \frac{c_{H^+}}{c_{HAc}}\times100\% = \frac{1.33\times10^{-3}}{0.10}\times100\% = 1.33\%$$

例7-4　298K 时，$NH_3 \cdot H_2O$ 电离常数 $K_b = 1.76\times10^{-5}$，计算 $0.10mol \cdot L^{-1}$ 的 NH_4Cl水溶液的 pH 值。

解：NH_4Cl 溶液中，NH_4^+ 是较强的质子酸，Cl^- 是极弱的质子碱，故溶液显弱酸性。

因为 NH_4^+ 与 NH_3是共轭酸碱对，则有

$$K_a(NH_4^+) \cdot K_b(NH_3) = K_w$$

$$K_a(NH_4^+) = \frac{K_w}{K_b(NH_3)} = \frac{1.0\times10^{-14}}{1.76\times10^{-5}} = 5.68\times10^{-10}$$

由于 $$\frac{c}{K_a(NH_4^+)}=\frac{0.10}{5.68\times10^{-10}}>500$$

所以可以用简式计算，即

$$[H^+]=\sqrt{cK_a(NH_4^+)}=\sqrt{0.10\times5.68\times10^{-10}}=7.54\times10^{-6}\text{mol}\cdot L^{-1}$$

$$pH=-\lg[H^+]=-\lg7.54\times10^{-6}=5.12$$

（二）一元弱碱溶液 pH 值的近似计算

对于一元弱碱 B^-，在水溶液中的质子传递方程式为：

$$B^-+H_2O \rightleftharpoons HB+OH^-$$

平衡常数为 $$K_b=\frac{[HB][OH^-]}{[B^-]}$$

类似一元弱酸的推导，当$\frac{c}{K_b}\geqslant500$ 时，一元弱碱溶液中$[OH^-]$的简式为：

$$[OH^-]=\sqrt{cK_b} \qquad (7-14)$$

例 7－5 298K 时，$NH_3\cdot H_2O$ 电离常数 $K_b=1.76\times10^{-5}$，计算 0.10mol·L^{-1}的 NH_3 水溶液的 pH 值。

解：因为 $$\frac{c}{K_b(NH_3)}=\frac{0.10}{1.76\times10^{-5}}>500$$

所以可以用简式计算，即

$$[OH^-]=\sqrt{cK_b}=\sqrt{0.10\times1.76\times10^{-5}}=1.33\times10^{-3}\text{mol}\cdot L^{-1}$$

$$pOH=-\lg[OH^-]=-\lg(1.33\times10^{-3})=2.88$$

$$pH=pK_w-pOH=14-2.88=11.12$$

例 7－6 已知 25℃时 HCN 的 $K_a=4.93\times10^{-10}$，计算 0.10mol·L^{-1}NaCN 水溶液的 pH 值。

解：NaCN 在水溶液中全部电离为 Na^+和 CN^-，Na^+不能提供或接受质子，不显酸碱性，CN^-能接受质子是离子碱，其共轭酸是 HCN，根据 K_a和 K_b的关系，

可得 $$K_b(CN^-)=\frac{K_w}{K_a(HCN)}=\frac{1.0\times10^{-14}}{4.93\times10^{-10}}=2.03\times10^{-5}$$

由于 $$\frac{c}{K_b(CN^-)}=\frac{0.10}{2.03\times10^{-5}}>500$$

所以可用近似公式计算，即

$$[OH^-]=\sqrt{cK_b(CN^-)}=\sqrt{0.10\times2.03\times10^{-5}}=1.42\times10^{-3}\text{mol}\cdot L^{-1}$$

$$pOH=-\lg[OH^-]=-\lg(1.42\times10^{-3})=2.84$$

$$pH=14-2.84=11.16$$

（三）多元弱酸和多元弱碱溶液 pH 值的近似计算

1. 多元弱酸溶液 pH 值的近似计算 凡是能释放出两个或两个以上质子的弱酸称为多元弱酸，如 H_2S、H_2CO_3、H_3PO_4等，它们在水溶液中的质子传递反应是分步进行的。

例如 H_3PO_4在水溶液中，第一步质子传递平衡为：

$$H_3PO_4 + H_2O \rightleftharpoons H_2PO_4^- + H_3O^+$$

$$K_{a_1} = \frac{[H_3O^+][H_2PO_4^-]}{[H_3PO_4]} = 7.52 \times 10^{-3}$$

第二步质子传递平衡为：

$$H_2PO_4^- + H_2O \rightleftharpoons HPO_4^{2-} + H_3O^+$$

$$K_{a_2} = \frac{[H_3O^+][HPO_4^{2-}]}{[H_2PO_4^-]} = 6.28 \times 10^{-8}$$

第三步质子传递平衡为：

$$HPO_4^{2-} + H_2O \rightleftharpoons PO_4^{3-} + H_3O^+$$

$$K_{a_3} = \frac{[H_3O^+][PO_4^{3-}]}{[HPO_4^{2-}]} = 2.2 \times 10^{-13}$$

由于水的电离程度很弱，可忽略水的质子自递反应所产生的$[H^+]$，则溶液中$[H^+]$等于三个平衡所产生的$[H^+]$之和。由于 $K_{a_1} >> K_{a_2} >> K_{a_3}$，而且彼此都相差 $10^4 \sim 10^5$，第二步、第三步电离出的 H^+ 与第一步电离出来的 H^+ 相比可以忽略不计，所以磷酸水溶液中的$[H^+]$大小主要取决于第一步质子传递平衡，因此磷酸溶液中的$[H^+]$计算可按一元弱酸对待。

当$\frac{c}{K_{a_1}} \geqslant 500$ 时，

$$[H^+] = \sqrt{cK_{a_1}} \tag{7-15}$$

$K_{a_1} >> K_{a_2} >> K_{a_3}$是多元弱酸具有的普遍规律，一般相差 10000 倍以上，第一步电离远大于第二步电离，第三步电离就更困难了。所以如果只计算多元弱酸溶液中 H^+ 的浓度，通常只要考虑第一步电离就可以了。但若第一步和第二步电离的电离常数相差不大或要计算第二、第三步电离的其他物质的浓度时，则需要考虑第二或第三步电离平衡。

例 7-7 求常温常压下，CO_2饱和水溶液（即 0.040mol·L^{-1} H_2CO_3溶液）中$[H^+]$、$[HCO_3^-]$、$[CO_3^{2-}]$各为多少？pH 值为多少？（已知 H_2CO_3的 $K_{a_1} = 4.30 \times 10^{-7}$，$K_{a_2} = 5.61 \times 10^{-11}$）

解：$\because \frac{c}{K_{a_1}} = \frac{0.04}{4.30 \times 10^{-7}} > 500$

$\therefore [H^+] = \sqrt{cK_{a_1}} = \sqrt{0.04 \times 4.30 \times 10^{-7}} = 1.31 \times 10^{-4}\text{mol} \cdot \text{L}^{-1}$

$[HCO_3^-] \approx [H^+] = 1.31 \times 10^{-4} mol \cdot L^{-1}$

$[CO_3^{2-}] \approx K_{a_2} = 5.61 \times 10^{-11} mol \cdot L^{-1}$

$pH = -lg[H^+] = -lg(1.31 \times 10^{-4}) = 3.88$

2. 多元弱碱溶液 pH 值的近似计算 CO_3^{2-}、PO_4^{3-}等为多元弱碱。多元弱碱在溶液中接受质子也是分步进行的，与多元弱酸相似。

根据类似条件，可按照一元弱碱计算多元弱碱溶液的$[OH^-]$。

当$\frac{c}{K_{b_1}} \geqslant 500$时，

$$[OH^-] = \sqrt{cK_{b_1}} \tag{7-16}$$

例 7-8 计算 25℃时，0.10mol·L^{-1} Na_2CO_3溶液的 pH 值。（已知CO_3^{2-}的$K_{b_1} = 1.78 \times 10^{-4}$）

解：因为$\frac{c}{K_{b_1}} = \frac{0.10}{1.78 \times 10^{-4}} > 500$

所以可按一元弱碱的简式计算。

$[OH^-] = \sqrt{cK_{b_1}} = \sqrt{0.10 \times 1.78 \times 10^{-4}} = 4.2 \times 10^{-3} mol \cdot L^{-1}$

$pOH = -lg[OH^-] = -lg(4.2 \times 10^{-3}) = 2.37$

$pH = 14 - pOH = 14 - 2.37 = 11.63$

四、酸碱指示剂

能借助其颜色变化来指示溶液 pH 值的物质称为酸碱指示剂。酸碱指示剂通常是一类结构比较复杂的有机弱酸或有机弱碱，在溶液中能发生不同程度的电离，其电离前后的颜色不同，酸碱指示剂的电离与溶液的酸碱性有关，当溶液的 pH 值改变时，引起指示剂的颜色也随之改变，从而指示溶液的酸碱性。现以弱酸型指示剂（HIn）为例来说明酸碱指示剂的变色原理。

弱酸型指示剂（HIn）在溶液中存在如下质子传递平衡：

$$\underset{\text{酸式色}}{HIn} + H_2O \rightleftharpoons H_3O^+ + \underset{\text{碱式色}}{In^-}$$

或

$$\underset{\text{酸式色}}{HIn} \rightleftharpoons H^+ + \underset{\text{碱式色}}{In^-}$$

当电离达到平衡时：

$$K_{HIn} = \frac{[H^+][In^-]}{[HIn]}$$

$$[H^+] = K_{HIn}\frac{[HIn]}{[In^-]} \tag{7-17}$$

$$pH = pK_{HIn} - \lg\frac{[HIn]}{[In^-]} \tag{7-18}$$

溶液呈现的颜色变化是由$\frac{[HIn]}{[In^-]}$决定的，对于某种指示剂来说，在一定温度下，K_{HIn}是常数，$\frac{[In^-]}{[HIn]}$比值是 pH 值的函数，当溶液的 pH 值改变时，其比值随之改变，则溶液的颜色也随之改变。理论上讲，当$[HIn] \geqslant [In^-]$时，溶液显示酸式色；当$[In^-] \geqslant [HIn]$时溶液显示碱式色。但由于人眼对于颜色的敏感度有限，一般来讲，两种颜色的浓度相差 10 倍或者 10 倍以上时，才能看到浓度较大的那种颜色。即：

当$\frac{[HIn]}{[In^-]} \geqslant 10$时，即 $pH \leqslant pK_{HIn} - 1$，只能看到酸式色；

当$\frac{[HIn]}{[In^-]} \leqslant \frac{1}{10}$时，即 $pH \geqslant pK_{HIn} + 1$，只能看到碱式色；

当$\frac{1}{10} < \frac{[HIn]}{[In^-]} < 10$时，看到的是混合色。

也就是说溶液的 pH 值介于 $pK_{HIn} + 1 \sim pK_{HIn} - 1$ 之间时是混合色的范围，只有超出了这个范围，溶液才显示单一的颜色。这个指示剂发生颜色变化的范围，称为指示剂的变色范围。

$$pH = pK_{HIn} \pm 1 \tag{7-19}$$

指示剂的 pK_{HIn}不同，变色范围也不同，当$[HIn] = [In^-]$时，即 $pH = pK_{HIn}$时的 pH 值称为指示剂的理论变色点。

根据理论计算，指示剂的变色范围是 2 个 pH 单位。如甲基橙的 $pK_{HIn} = 3.7$，其理论变色范围为 2.7～4.7。但实验测得的指示剂变色范围并不是 2 个单位，这是由于人的视觉对不同颜色的敏感程度不同造成的，多数指示剂的实际变色范围不足 2 个 pH 单位。常用的酸碱指示剂的变色范围是通过实验测得的，见表 7－10。

表 7－10　常用酸碱指示剂 pK_{HIn}和变色范围

指示剂	pK_{HIn}	变色范围 pH	酸式色	过渡色	碱式色
百里酚蓝	1.7	1.2～2.8	红	橙	黄
甲基橙	3.7	3.1～4.4	红	橙	黄
溴酚蓝	4.1	3.1～4.6	黄	蓝紫	紫
甲基红	5.0	4.4～6.2	红	橙	黄
溴百里酚蓝	7.3	6.0～7.6	黄	绿	蓝
酚酞	9.1	8.0～9.6	无	粉红	红
百里酚酞	10.0	9.4～10.6	无	淡黄	蓝

利用酸碱指示剂的颜色变化可以判断溶液 pH 值的大小范围。也可以使用 pH 试纸测定溶液的 pH 值；如果要比较精确地测定溶液的 pH 值，应使用酸度计进行测量。

酸碱指示剂的由来

300多年前，英国科学家波义耳在做实验时，不慎将少许盐酸的酸沫溅到紫罗兰花上。为洗掉花上的酸沫，他把花放到水里，一会儿发现紫罗兰颜色变红了。当时波义耳既新奇又兴奋，他认为，可能是盐酸使紫罗兰变红的。为进一步验证这一现象，他把紫罗兰花瓣分别放入不同的稀酸中，结果紫罗兰都变为红色。由此他推断，不仅盐酸，而且其他酸也能使紫罗兰变为红色，只要把紫罗兰花瓣放进溶液，就可以判断溶液的酸碱性了。细心观察与认真思考使波义耳发现了酸碱指示剂。

第四节 缓冲溶液

案例导入

人体血液的pH值在7.35~7.45的范围内才能维持机体的酸碱平衡，如果血液的pH值改变0.1个单位，机体就会出现酸中毒或碱中毒，导致疾病的发生，严重时还会危及生命。人体新陈代谢不断产生碳酸、乳酸等酸性物质和碳酸氢盐、磷酸氢盐等碱性物质，但健康人的血液却能消除上述酸、碱类物质的影响，保持在pH7.35~7.45的范围内，且不会发生显著改变。这说明人体血液有抵御外来酸或碱的影响而保持溶液pH值相对稳定的能力，即缓冲作用。

问题：1. 人体血液为什么具有缓冲作用？

2. 缓冲溶液的组成及缓冲原理如何？

溶液的酸碱度是影响化学反应的重要因素之一。许多药物的制备和分析测定等，需要控制溶液的酸碱性，如氯霉素眼药水配制，需要调节其pH值在6.0左右；许多化学反应，特别是生物体内发生的化学反应，必须在适宜而稳定的pH值范围内才能进行，因此，保持溶液和体液的pH值的相对恒定，在化学和生命科学中都具有重要意义。其中缓冲溶液能使溶液的pH值保持相对稳定。

一、缓冲溶液的概念和组成

室温下，纯水的pH=7，如果在50mL纯水中加入0.05mL 1.0mol·L^{-1}的HCl溶液，

溶液的 pH 值分别由 7 降低到 3；若在纯水中加入 0.05mL 1.0mol · L^{-1}的 NaOH 溶液，溶液的 pH 值由 7 增加到 11，即 pH 值都改变了 4 个单位。如果用 50mL 0.10mol · L^{-1}NaCl 溶液代替纯水做上述实验，pH 值仍会发生同样的变化。但在相同条件下，如果用 50mL 0.10mol · L^{-1}HAc 和 0.10mol · L^{-1}NaAc 的混合溶液代替纯水做上述实验，则溶液的 pH 值变化很小，见表 7 – 11 所示。

表 7 – 11　加酸或加碱后溶液 pH 的变化

溶　液	H_2O	0.1mol · L^{-1}NaCl	0.1mol · L^{-1}HAc 和 0.1mol · L^{-1}NaAc
加酸(碱)前溶液的 pH	7.0	7.0	4.75
加酸后溶液的 pH	3.0	3.0	4.74
加碱后溶液的 pH	11.0	11.0	4.76

表 7 – 11 的数据表明，在三种溶液中加入等量的 HCl 或 NaOH 后，pH 值的变化是不同的，在纯水中和 NaCl 溶液中加入少量 HCl 或 NaOH 溶液后 pH 值均改变了 4 个单位；而 HAc 和 NaAc 混合溶液 pH 值仅改变了 0.1 个单位。这说明 HAc 和 NaAc 混合溶液具有抵御外来酸或碱的影响而保持溶液 pH 值相对稳定的能力。我们把这种能够抵抗外加少量强酸、强碱或适当稀释而保持溶液 pH 值基本不变的作用称为缓冲作用(buffer action)。具有缓冲作用的溶液称为缓冲溶液。

缓冲溶液之所以具有缓冲作用，是由于缓冲溶液中有抗酸和抗碱成分，通常把这两种成分称为缓冲对或缓冲体系。它们之间是互为共轭酸碱的关系。

根据组成，可把缓冲对分成三种类型：

1. 弱酸及其对应的盐。如 HAc – NaAc、H_2CO_3 – $NaHCO_3$、H_3PO_4 – NaH_2PO_4等。

2. 弱碱及其对应的盐。如 $NH_3 \cdot H_2O$ – NH_4Cl 等。

3. 多元弱酸的酸式盐及其次级盐。如 $NaHCO_3$ – Na_2CO_3、KH_2PO_4 – K_2HPO_4、Na_2HPO_4 – Na_3PO_4等。

二、缓冲溶液作用原理

缓冲溶液为什么具有抗酸、抗碱、抗稀释的作用呢？现以 HAc – NaAc 缓冲溶液为例，说明缓冲溶液的作用原理。按照酸碱质子理论，在水溶液中，共轭酸碱对存在着如下质子传递平衡：

$$HAc \rightleftharpoons H^+ + Ac^-$$

$$NaAc = Na^+ + Ac^-$$

因为 NaAc 是强电解质，在水溶液中能够完全电离成 Na^+ 和 Ac^-，溶液中 Ac^- 的浓度较高，同时由于同离子效应的影响，HAc 的电离度减小，达到平衡时，HAc 的浓度接近未电离时的浓度。因此缓冲溶液中 HAc 和 Ac^- 的浓度都比较大，即弱酸和弱酸根离子的浓度都较大。

当向 HAc－NaAc 缓冲溶液中加入少量强酸时，强酸电离出的 H^+ 就与溶液中的 Ac^- 离子结合生成难电离的 HAc。

$$Ac^- + H^+ \rightleftharpoons HAc$$

加入少量强酸时，促使 HAc 的电离平衡向左移动。由于溶液中 Ac^- 浓度较大，加入少量酸电离出的 H^+ 几乎全部转变为 HAc。当达到新的平衡时，H^+ 浓度没有明显增加，溶液的 pH 值几乎不变。此时共轭碱 Ac^- 起到了抵抗酸的作用，称之为抗酸成分。

当加入少量强碱时，由于强碱的电离，溶液中 OH^- 增加，OH^- 就会与溶液中的 HAc 结合，生成难电离的 H_2O 和 Ac^-，

$$HAc + OH^- \rightleftharpoons Ac^- + H_2O$$

加入少量强碱时，促使 HAc 的电离平衡向右移动。由于溶液中 HAc 浓度较大，加入少量碱电离出的 OH^- 离子几乎全部转变为 H_2O。当达到新的平衡时，溶液中 OH^- 的浓度没有明显改变，溶液的 pH 值几乎不变。此时共轭酸 HAc 起到了抵抗碱的作用，称之为抗碱成分。

当向 HAc－NaAc 缓冲溶液中加水稀释时，溶液中 HAc 和 Ac^- 的浓度同时减少，HAc 的电离平衡几乎不移动，H^+ 浓度没有明显改变，溶液的 pH 值几乎保持不变。

缓冲溶液的缓冲能力是有一定限度的。如果向缓冲溶液中加入大量的强酸、强碱或显著稀释，缓冲溶液中的共轭酸、共轭碱将被消耗尽，缓冲溶液将失去缓冲能力。

三、缓冲溶液 pH 值的计算

根据缓冲对的质子转移平衡，可以近似计算缓冲溶液的 pH 值。

设组成缓冲溶液的弱酸(HA)的浓度为 c_a，其共轭碱(A^-)的浓度为 c_b，平衡时 $[H^+] = x$，缓冲对的质子传递平衡为：

$$HA \rightleftharpoons H^+ + A^-$$

平衡浓度 $\qquad c_a - x \qquad x \qquad c_b + x$

由于同离子效应的结果 $\qquad [HA] = c_a - x \approx c_a$

$$[A^-] = c_b + x \approx c_b$$

$$K_a = \frac{[H^+][A^-]}{[HA]}$$

$$[H^+] = K_a \cdot \frac{[HA]}{[A^-]} = K_a \cdot \frac{c_a}{c_b}$$

等式两边各取负对数得：

$$pH = pK_a + \lg \frac{c_b}{c_a} \quad (7-20)$$

此公式称为缓冲公式，是弱酸及其共轭碱组成的缓冲溶液 pH 值的计算公式，可以近似计算各种弱酸及其共轭碱组成的缓冲溶液的 pH 值。

若以 n_a 和 n_b 分别表示一定体积缓冲溶液中所含弱酸及其共轭碱的物质的量，则：

将 $[c_a] = \frac{n_a}{V}$，$[c_b] = \frac{n_b}{V}$，代入式(7－20)得

$$pH = pK_a + \lg \frac{n_b}{n_a} \quad (7-21)$$

同理，我们可以推导出弱碱及其共轭酸组成的缓冲溶液 pH 值的计算公式。

$$pOH = pK_b + \lg \frac{c_a}{c_b}$$

由 $pOH + pH = pK_w$，可得：$pH = pK_w - pK_b - \lg \frac{c_a}{c_b}$

例 7－9 将 0.10mol·L^{-1} 的 HAc 溶液和 0.20mol·L^{-1} 的 NaAc 溶液等体积混合，配成 100mL 缓冲溶液，已知 HAc 的 $pK_a = 4.75$，求：

(1)此缓冲溶液的 pH 值。

(2)在此溶液中加入 1mL 0.50mol·L^{-1}HCl 后溶液的 pH 值。

(3)在此溶液中加入 1mL 0.50mol·L^{-1}NaOH 后溶液的 pH 值。

(4)若在此溶液中加入 5mL 水稀释，溶液的 pH 值。

解：(1)∵ $pH = pK_a + \lg \frac{c_b}{c_a}$

$$\therefore \quad pH = 4.75 + \lg\left[\frac{\left(\frac{0.20}{2}\right)}{\left(\frac{0.10}{2}\right)}\right] = 5.05$$

(2)加入 1mL 0.50mol·L^{-1}HCl 后，HCl 电离出的 H^+ 便会结合 Ac^- 生成 HAc。则

$$[HAc] = \frac{0.1}{2} + \frac{1 \times 0.50}{100 + 1.0} = 0.055\text{mol} \cdot L^{-1}$$

$$[Ac^-] = \frac{0.2}{2} - \frac{1 \times 0.50}{100 + 1.0} = 0.095\text{mol} \cdot L^{-1}$$

$$\therefore \quad pH = 4.75 + \lg \frac{0.095}{0.055} = 4.99$$

溶液的 pH 值比原来降低了约 0.06 个单位，几乎未改变。

(3)加入 1mL 0.50mol·L^{-1}NaOH 溶液，增加的 OH^- 便与 HAc 结合生成 H_2O。则

$$[HAc] = \frac{0.1}{2} - \frac{1 \times 0.50}{100 + 1.0} = 0.045\text{mol} \cdot L^{-1}$$

$$[Ac^-]=\frac{0.2}{2}+\frac{1\times0.50}{100+1.0}=0.105\text{mol}\cdot\text{L}^{-1}$$

$$\therefore\quad \text{pH}=4.75+\lg\frac{0.105}{0.045}=5.12$$

溶液的 pH 值比原来升高了约 0.07 个单位，也几乎未改变。

(4)加入 5mL 水稀释后，溶液中 HAc 和 NaAc 的浓度均以相同倍数减小，$\frac{c_b}{c_a}$值不变，所以 pH 值几乎不变。

通过以上计算可以得出以下结论：

(1)pK_a是决定缓冲溶液 pH 值的主要因素，其数值大小决定于缓冲对的本性。

(2)$\frac{c_b}{c_a}$称为缓冲比，是决定缓冲溶液 pH 值的次要因素。对于由同一缓冲对组成的不同浓度的缓冲溶液，因 pK_a相同，缓冲溶液 pH 值的改变是由于缓冲比值改变引起的。

四、缓冲溶液的选择和配制

(一)缓冲容量

1. 缓冲容量的概念 任何缓冲溶液的缓冲能力都是有一定限度的，为了定量表示缓冲能力的大小，常用缓冲容量 β 来表示，所谓缓冲容量就是：使单位体积(1L 或 1mL)缓冲溶液的 pH 值改变一个单位所需加入一元强酸或一元强碱的物质的量(mol 或 mmol)。其数学表达式为：

$$\beta=\frac{n}{|\Delta\text{pH}|\cdot V}$$

式中，β 表示缓冲容量，单位是 $\text{mol}\cdot\text{L}^{-1}$，$V$ 是缓冲溶液的体积，n 是消耗一元强酸(或强碱)的物质的量，$|\Delta\text{pH}|$ 是缓冲溶液 pH 改变的绝对值。

缓冲溶液的缓冲容量越大，说明缓冲溶液的缓冲能力越强。

2. 影响缓冲容量的因素 缓冲容量的大小与缓冲溶液的总浓度和缓冲比有关。

(1)总浓度：总浓度是指缓冲溶液中共轭酸与共轭碱的浓度总和。对于同一缓冲溶液，当缓冲比一定时，总浓度越大，缓冲容量越大；反之，缓冲容量就小。当在一定范围内稀释缓冲溶液时，由于总浓度相对减小，β 会减小，因此，缓冲溶液的抗稀释作用也是有限的。

(2)缓冲比：对于同一缓冲溶液，当总浓度一定时，缓冲容量随缓冲比的改变而改变。当缓冲溶液的缓冲比为 1∶1 时，缓冲溶液的缓冲能力最大；当缓冲溶液的缓冲比在 1∶10～10∶1 之间时，缓冲溶液具有较大的缓冲能力。否则，缓冲能力太小，起不到缓冲作用。

缓冲溶液的 pH 值一般可认为落在 pK_a-1 与 pK_a+1 之间为好，即 $pH=pK_a\pm1$，这就是缓冲溶液的缓冲范围。例如 $HAc-Ac^-$ 缓冲对，$pK_a=4.75$，其缓冲范围为 pH = 3.75 ~5.75。

（二）缓冲溶液的选择与配制

在实际工作中，配制一定 pH 值的缓冲溶液的原则和步骤是：

1. 选择合适的缓冲对，使缓冲对中弱酸（或弱碱）的 pK_a（或 pK_b）尽可能与所配缓冲溶液的 pH（或 pOH）相等或接近，确保在总浓度一定时，具有较大的缓冲能力。如配制 pH = 4.8 的缓冲溶液可选择 HAc - Ac 缓冲对，因为 HAc 的 $pK_a=4.75$；又如配制 pH = 7 的缓冲溶液可选择 $NaH_2PO_4-Na_2HPO_4$缓冲对，因 H_3PO_4的 $pK_{a_2}=7.21$。

2. 为使缓冲溶液具有较大的缓冲能力，要求所配制的缓冲溶液要有一定的总浓度，但需注意浓度过高会引起渗透浓度过大或试剂的浪费。一般情况下，缓冲溶液的总浓度范围在 0.05 ~0.5mol · L^{-1}之间比较合适。

3. 组成缓冲对的物质应稳定、无毒、不能与反应物和生成物发生化学反应。在选择药用缓冲对时，还要考虑是否与主药发生配伍禁忌等。例如，硼酸及其共轭碱（硼酸盐）缓冲溶液有毒，不能用于培养细菌或用作注射液及口服液的缓冲溶液。在需加热灭菌和储存期内为保持稳定，不能用易分解的 $H_2CO_3-HCO_3^-$ 缓冲溶液。

4. 如果 pK_a与要配制的缓冲溶液 pH 值不相等时，可按照所需 pH 值，利用公式计算出共轭酸碱对的浓度比。

5. 按照计算，缓冲溶液配好后，再用 pH 酸度计对所配制缓冲溶液进行校正。

例 7 -10 如何配制 pH = 5.0 的缓冲溶液 500mL？

解：(1)选择缓冲对：由于 HAc 的 $pK_a=4.75$，接近所配缓冲溶液 pH 值，所以可选用 HAc - NaAc 缓冲对。

(2)求所需的浓度比。

根据
$$pH=pK_a+\lg\frac{c_b}{c_a}$$

$$5.0=4.75+\lg\frac{c_b}{c_a}$$

$$\frac{c_b}{c_a}=1.78$$

(3)求所需溶液的体积：为了计算方便并使所配溶液具有中等缓冲能力，选用 0.1 mol · L^{-1}的 HAc 和 0.1mol · L^{-1}的 NaAc 来配制。

$$\because \frac{c_b}{c_a}=1.78$$

$$\therefore \frac{V_b}{V_a}=1.78$$

$$V_b=1.78V_a$$

因为总体积为500mL，故：

$$V_b+V_a=500\text{mL}$$

$$1.78V_a+V_a=500\text{mL}$$

$$V_a=180\text{mL}$$

$$V_b=320\text{mL}$$

量取320mL 0.10mol·L^{-1}的NaAc溶液和180mL 0.1mol·L^{-1}的HAc溶液混合，可配制成500mL pH=5.0的缓冲溶液(假设混合后体积不变)。

缓冲溶液的配制，除直接选用组成缓冲对的物质进行配制外，也常在一定量的弱酸(或弱碱)溶液中，加入少量强碱(或强酸)进行配制。

在实际应用中，配制缓冲溶液也可以查阅有关化学手册，依照现成的配方进行配制。几种简易缓冲溶液的配制见表7-12。

表7-12 几种简易缓冲溶液的配制

pH	配制方法
4.0	NaAc·$3H_2O$ 20g溶于适量水中，加入6mol·L^{-1}HAc 134mL，稀释至500mL
5.0	NaAc·$3H_2O$ 50g溶于适量水中，加入6mol·L^{-1}HAc 134mL，稀释至500mL
7.0	NH_4Ac 77g溶于适量水中，稀释至500mL
8.0	NH_4Cl 50g溶于适量水中，加入15mol·L^{-1}氨水3.5mL，稀释至500mL
9.0	NH_4Cl 35g溶于适量水中，加入15mol·L^{-1}氨水24mL，稀释至500mL
10.0	NH_4Cl 27g溶于适量水中，加入15mol·L^{-1}氨水197mL，稀释至500mL
11.0	NH_4Cl 3g溶于适量水中，加入15mol·L^{-1}氨水207mL，稀释至500mL

五、缓冲溶液在医药学上的意义

缓冲溶液在医学上的应用很广。例如，测量体液的pH值时，需要用一定pH值的缓冲溶液作比较；微生物的培养、组织切片、细胞的染色、血库中血液的冷藏都需要一定pH值的缓冲溶液；研究酶的催化作用，也需要在一定pH值的缓冲溶液中进行。

(一)血液中的缓冲对

正常人的血液pH值必须维持在7.35~7.45这个范围内，人的血液或其他体液中的各种化学反应都必须在这个pH值范围内才能正常进行。多种因素可以引起血液pH值发生改变，如有机食物被完全氧化可产生碳酸，嘌呤被氧化可产生尿酸，充血性心力衰竭、支气管炎和糖尿病等可引起代谢酸增加，这些因素都会引起血液的酸度升高；蔬菜、果类、豆类等食物中含有较多的碱性盐类，会使血液的碱度增高。因此必须依靠存在于体液中的各种缓冲对使它的 pH 值保持恒定。血液中有很多缓冲对，血浆中的缓冲对有 $H_2CO_3-NaHCO_3$，$NaH_2PO_4-Na_2HPO_4$，HPr－NaPr（HPr 代表血浆蛋白）；红细胞中的缓冲对有 $H_2CO_3-KHCO_3$，$KH_2PO_4-K_2HPO_4$，HHb－KHb（HHb 代表血红蛋白），$HHbO_2-KHbO_2$（$HHbO_2$代表氧合血红蛋白）。

在血浆内的各种缓冲对中，以碳酸缓冲对（$H_2CO_3-HCO_3^-$）最为重要。下面以 $H_2CO_3-HCO_3^-$ 缓冲对为例，说明血液缓冲作用原理。

正常人体在代谢过程中产生大量的 CO_2，大部分与红细胞内的血红蛋白离子发生如下反应：

$$\underset{\text{血红蛋白离子}}{CO_2+H_2O+Hb^-} \rightleftharpoons \underset{\text{血红蛋白}}{HHb}+HCO_3^-$$

反应生成的 HCO_3^- 由血液运送至肺，再与氧合血红蛋白反应：

$$HCO_3^- + HHbO_2 = HbO_2^- + H_2O + CO_2$$

CO_2由肺呼出，还有一少部分进入血液后与 H_2O 结合成 H_2CO_3，在血液中存在如下平衡：

$$H_2CO_3 + H_2O \rightleftharpoons HCO_3^- + H_3O^+$$

当酸性物质进入血液时，上述平衡向左移动，生成的 H_2CO_3随血液流入肺部，分解为 CO_2被呼出。$[H^+]$不发生明显的变化，即缓冲体系阻止了 pH 的变化。HCO_3^- 是血浆中含量最多的抗酸成分，在一定程度上可以代表血浆对体内所产生的非挥发性酸的缓冲能力，所以血浆中的 HCO_3^- 又称为“碱储”，临床中作为一种常规来检查。

当碱性物质进入血液时，上述平衡向右移动，生成水和碳酸氢盐。过量的碳酸氢盐随血液流经肾脏，随尿排出。

值得提出的是，正常人血浆中$[HCO_3^-] = 24mmol \cdot L^{-1}$，$[H_2CO_3]$即$[CO_2]_{溶解} = 1.2mmol \cdot L^{-1}$，

$$\frac{[HCO_3^-]}{[CO_2]_{溶解}} = \frac{24}{1.2} = \frac{20}{1}$$

这个缓冲比已超出 1∶10～10∶1 这个有效范围，血液为什么还会有很强的缓冲能力呢？这是因为人体的缓冲作用是一个开放的体系，血液时刻不停地在人体内运动，它不断地把过量的 H_2CO_3和 HCO_3^- 分别运送到肺部和肾脏排出。也就是说，肺和肾参与调节共轭酸碱对的浓度，使正常人血液的 pH 值恒定在 7.35～7.45 的狭小范围内，保持 pH 值的相对稳定。

血液中其他缓冲系的抗酸抗碱作用和 $CO_2-HCO_3^-$ 缓冲作用的原理相似。

(二)缓冲溶液在药物制剂中的应用

在药剂生产上，要根据人的生理状况及药物的稳定性和溶解度等情况，选择适当的缓冲溶液来维持稳定的 pH 值。如在配制抗生素的注射剂时，常加入适量的维生素 C 与甘氨酸钠作为缓冲溶液，以减少对机体的刺激，而且有利于机体对药物的吸收。又如维生素 C 水溶液($5mg \cdot mL^{-1}$)的 pH 值为 3.0，若直接用于局部注射会导致难受的疼痛，常用 $NaHCO_3$调节其 pH 值在 5.5 ~6.0，这样既可以减轻注射时的疼痛，又能增加其稳定性。

课堂互动

计算：在 100mL 0.10$mol \cdot L^{-1}$ HCl 溶液中加入 400mL 0.10$mol \cdot L^{-1}$氨水，已知氨水的 $pK_b=4.75$，求混合溶液的 pH。

重点小结

1. 酸碱质子理论 凡能给出质子(H^+)的物质都是酸，凡能接受质子(H^+)的物质都是碱。共轭酸碱是指仅相差一个质子的一对酸、碱。酸碱质子理论下的中和反应、电离作用、水解反应等的实质是质子传递的酸碱反应。酸碱的强度是指酸给出质子或碱接受质子的能力，其强弱与酸碱的本质、溶剂的性质有关。

2. 弱酸弱碱的电离平衡 弱电解质是指在水溶液中只有部分电离的电解质。其强弱可用电离度表示。电离度 $\alpha=\dfrac{\text{已电离的电解质分子数}}{\text{电解质的分子总数}}\times100\%$。弱电解质电离度的大小，与其本性、溶液的浓度、温度等因素有关。K_i表示弱酸碱的电离平衡常数，电离常数可用来衡量弱电解质的相对强弱。共轭酸碱对的关系：$K_a \cdot K_b=K_w$。同离子效应使弱电解质的电离度降低，盐效应使弱电解质的电离度略为增大。

3. 溶液的酸碱性和 pH 值 水的离子积 $K_w=[H^+][OH^-]=1.0\times10^{-14}$。溶液的酸碱性与 pH 值的关系：中性 pH =7、酸性 pH <7、碱性 pH >7。一元弱酸、碱溶液 pH 值的近似计算为$[H^+]=\sqrt{cK_a}$、$[OH^-]=\sqrt{cK_b}$。掌握多元弱酸和多元弱碱溶液 pH 值的近似计算。

4. 缓冲溶液 能够抵抗外加少量强酸、强碱或适当稀释而保持溶液 pH 值基本不变的作用称为缓冲作用。具有缓冲作用的溶液称为缓冲溶液。缓冲溶液的组成：一对共轭酸碱对。缓冲溶液作用原理：抗酸成分与抗碱成分。缓冲溶液的配制及 pH 的计算公式：$pH=pK_a+\lg\dfrac{c_b}{c_a}$。

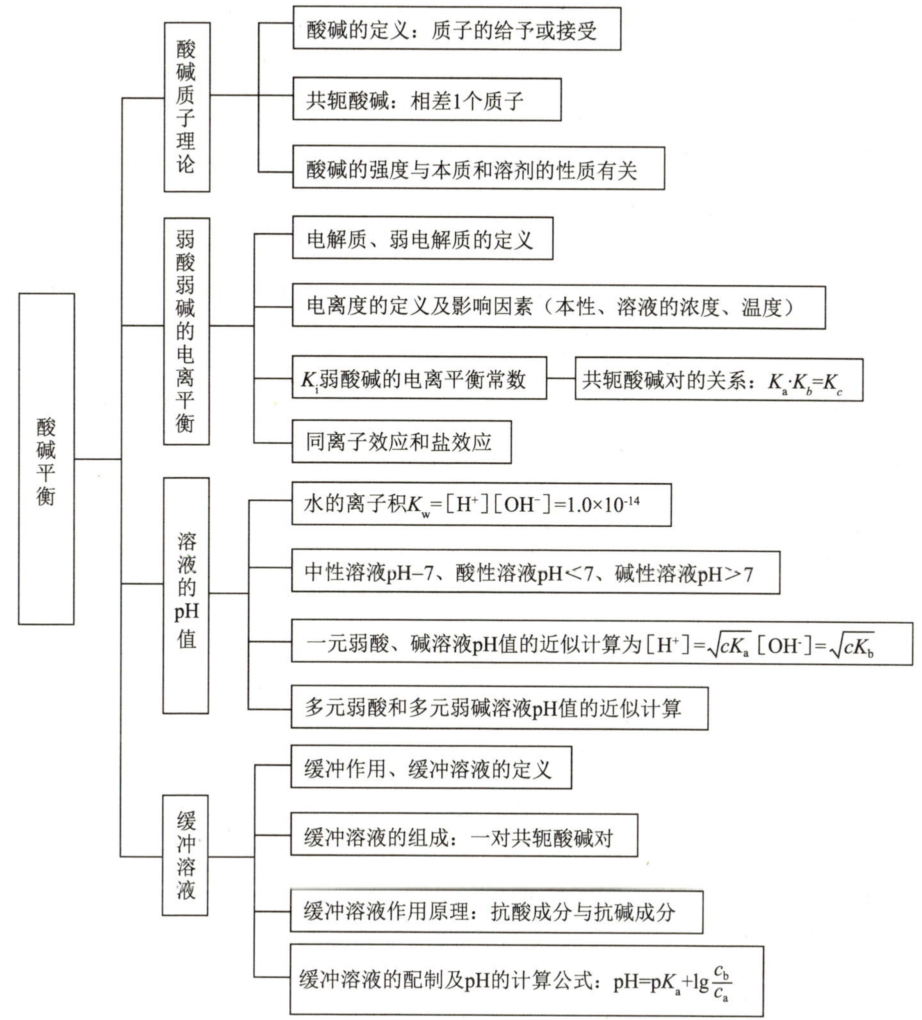

复习思考

一、选择题

1. 下列物质中，既是质子酸，又是质子碱的是(　　)

A. OH^-　　B. S^{2-}　　C. HPO_4^{2-}

D. PO_4^{3-}　　E. CO_3^{2-}

2. 下列各组物质能组成共轭酸碱对的是(　　)

A. H_3PO_4和PO_4^{3-}　　B. H_2S 和 S^{2-}　　C. NaOH 和 Na^+

D. H_2CO_3和HCO_3^-　　E. H_3PO_4和HPO_4^{2-}

3. 一定条件下浓度为0.5mol/L 的下列物质导电能力最强的是( )

A. 氨水　　B. 醋酸　　C. 盐酸

D. 碳酸　　E. 氢氟酸

4. 欲配制 pH = 3 的缓冲溶液，应选用( )

A. HCOOH – HCOONa($pK_{a,HCOOH} = 3.77$)

B. HAc – NaAc($pK_{a,HAc} = 4.75$)

C. NaH_2PO_4 – Na_2HPO_4($pK_{a,H_2PO_4^-} = 7.21$)

D. NH_4Cl – NH_3($pK_{a,NH_4^+} = 9.25$)

E. NH_4Ac – HAc(pH = 5)

5. 纯水中加入少量的强酸或强碱后，水的离子积常数( )

A. 减小　　B. 不变　　C. 变大

D. 加酸变大，加碱变小　　E. 加碱变大，加酸变小

6. 在氨水中加入下列哪种物质能发生同离子效应( )

A. NaOH　　B. NaCl　　C. HCl

D. NH_4Cl　　E. $NH_3 \cdot H_2O$

7. 下列关于电离度的说法正确的是( )

A. 弱电解质的电离度大小仅与物质的本性有关

B. 弱电解质的电离度随浓度的增大而增大

C. 弱电解质的电离度与温度无关

D. 弱电解质的电离度越大，电解质越强

E. 弱电解质的电离度仅与温度有关，而与浓度无关

8. 在 HAc 溶液中，加入下列哪种物质可使其电离度降低( )

A. NaOH　　B. NaAc　　C. NaCl

D. KNO_3　　E. KOH

9. 下列溶液中酸性最强的是( )

A. pH = 5　　B. pH = 2　　C. $[H^+] = 0.1mol \cdot L^{-1}$

D. $[OH^-] = 10^{-2}mol \cdot L^{-1}$　　E. pH = 12

10. 人体血浆中最重要的抗碱成分是( )

A. $H_2PO_4^-$　　B. HPO_4^{2-}　　C. HCO_3^-

D. H_2CO_3　　E. CO_3^{2-}

11. 某一元弱酸 HA 的氢离子浓度为 $0.00010mol \cdot L^{-1}$，该弱酸溶液的 pH 为( )

A. 6　　B. 5　　C. 4

D. 3　　E. 2

12. 某一元弱酸 HR 的 $K_a = 1 \times 10^{-4} mol \cdot L^{-1}$，则其 $1mol \cdot L^{-1}$ 水溶液的 pH 为(　　)

A. 8　　B. 2　　C. 1

D. 7　　E. 4

13. 下列溶液中，pH 最大的是(　　)

A. $0.1mol \cdot L^{-1}$ $NH_3 \cdot H_2O$　　B. $0.01mol \cdot L^{-1}$ HAc　　C. $0.1mol \cdot L^{-1}$ HAc

D. $0.01mol \cdot L^{-1}$ $NH_3 \cdot H_2O$　　E. $0.05mol \cdot L^{-1}$ HAc

14. 婴儿胃液是 pH = 5，成人胃液 pH = 1，则成人胃液$[H^+]$是婴儿的倍数是(　　)

A. 5　　B. 10^5　　C. 10^{-4}

D. 10^4　　E. 1/5

15. 下列那组溶液缓冲能力最大(　　)

A. $0.1mol \cdot L^{-1}$HAc - $0.1mol \cdot L^{-1}$NaAc

B. $0.2mol \cdot L^{-1}$HAc - $0.2mol \cdot L^{-1}$NaAc

C. $0.1mol \cdot L^{-1}$HAc - $0.2mol \cdot L^{-1}$NaAc

D. $0.2mol \cdot L^{-1}$HAc - $0.1mol \cdot L^{-1}$NaAc

E. $0.02mol \cdot L^{-1}$HAc - $0.1mol \cdot L^{-1}$NaAc

二、填空题

1. 酸碱质子理论认为：凡能给出质子的物质是________，凡能接受质子的物质是________。人们把组成上仅相差________的一对酸碱称为________。酸碱反应的实质是____________。

2. 按质子理论，$H_2PO_4^-$ 是________，它的共轭酸是________，共轭碱是________；H_2O 的共轭酸是________，共轭碱是________。共轭酸碱对的 K_a 与 K_b 的关系是________。

3. 在醋酸溶液中加入醋酸钠溶液时，则醋酸的电离度将________，若加入氯化钠溶液时，则醋酸的电离度将________。

4. 稀氨水中加入酚酞，溶液呈红色，若加入固体 NH_4Cl，溶液的红色将________，这是因为 pH 值________的结果。

5. $[H^+] = 10^{-2} mol \cdot L^{-1}$的溶液，pH = ________，溶液呈________性。

6. pH 值为 11 的溶液，则$[OH^-]$ = ________$mol \cdot L^{-1}$，溶液呈________性。

7. 已知 $0.1mol \cdot L^{-1}$一元弱酸 HR 溶液的 pH = 5，则 $0.1mol \cdot L^{-1}$NaR 溶液的 pH = ____。

8. $Na_2HPO_4 - Na_3PO_4$体系中抗酸成分是________，抗碱成分是________，当缓冲对总浓度固定时，缓冲比为________时，缓冲能力最大。

9. 已知 $H_2PO_4^-$ 的 $pK_a = 7.21$，则 $NaH_2PO_4 - Na_2HPO_4$体系在 pH = ________范围内有缓冲作用。

10. $H_2CO_3-NaHCO_3$缓冲对中，抗酸成分是________，抗碱成分是________

三、判断题

1. 0.1mol·L^{-1}HAc 和 0.1mol·L^{-1}HCl 的氢离子浓度相等。(　　)

2. 由于醋酸的解离常数 $K_a=\frac{[H]^+[Ac]^-}{[HAc]}$，所以只要改变醋酸的起始浓度，解离平衡常数必将随之改变。(　　)

3. H_3PO_4能电离出三个 H^+，所以酸性较强。(　　)

4. pH 只增加一个单位，表示溶液中氢离子浓度也增大一倍。(　　)

5. 一定温度下，由于纯水、稀酸和碱中，氢离子浓度不同，所以水的离子积也不同。(　　)

6. 在醋酸溶液中加入醋酸钠将产生同离子效应，使氢离子浓度降低。(　　)

7. 将总浓度 0.2mol·L^{-1}的 $HAc-Ac^-$缓冲溶液稀释一倍，溶液中$[H^+]$将减少为原来的一半。(　　)

8. 既有抗酸成分又有抗碱成分的溶液不一定是缓冲溶液。(　　)

9. 将弱酸稀释时，电离度增大，$[H^+]$也增大。(　　)

10. 同一缓冲系的缓冲溶液，总浓度相同只有 $pH=pK_a$的溶液缓冲能力最强。(　　)

四、名词解释

1. 电解质　2. 电离度　3. 同离子效应　4. 盐效应　5. 缓冲溶液

五、简答题

1. 用酸碱质子理论判断下列物质哪些是酸(写出其共轭碱)？哪些是碱(写出其共轭酸)？哪些是两性物质(写出其共轭酸和共轭碱)？

HS^-　NH_3　OH^-　Ac^-　$H_2PO_4^-$　H_2O　HCl　HSO_3^-

2. 写出 $NH_4Cl-NH_3\cdot H_2O$($pK_a=9.25$)缓冲系的抗酸成分和抗碱成分及有效 pH 缓冲范围。

3. 判断下列哪种溶液具有缓冲作用？

(1)1L 0.1mol·L^{-1}NaOH 溶液中加入 0.5L 0.1mol·L^{-1}HAc 溶液。

(2)1L 0.1mol·L^{-1}HAc 溶液中加入 0.5L 0.1mol·L^{-1}NaOH 溶液。

六、计算题

1. 计算 25℃0.10mol·L^{-1} HAc 溶液中的$[H^+]$及电离度。(已知 $K_a=1.76\times10^{-5}$，1.76 的开方为 1.33)

2. 等体积混合 pH＝5.0 的 HCl 溶液和 pH＝11.0 的 NaOH 溶液。计算混合液的 pH 值。

3. 计算由 0.10mol·L^{-1} NH_4Cl 及 0.20mol·L^{-1} NH_3组成的缓冲溶液的 pH。(已知 NH_3的 $K_b=1.76\times10^{-5}$)

4. 将 0.1mol·L^{-1}HAc 溶液 50mL 和 0.1mol·L^{-1}NaOH 溶液 25mL 混合，计算溶液的 pH 值？（pK_a =4.75）

5. 配制 100mL pH =4.95 的缓冲溶液，应取 0.10mol·L^{-1}HAc 和 0.10mol·L^{-1}NaAc 各多少毫升？（pK_a =4.75，$10^{0.2}$ =1.58）

扫一扫，知答案

扫一扫，看课件

第八章

难溶强电解质的沉淀－溶解平衡

【学习目标】

1. 掌握溶度积常数表达式的书写、溶度积常数的意义、溶度积与溶解度的关系及其换算、溶度积规则。

2. 熟悉沉淀的生成和分步沉淀、沉淀的溶解、沉淀的转化。

3. 熟悉离子积的概念及溶度积原理的应用。

案例导入

钡餐透视即消化道钡剂造影，是指用硫酸钡作为造影剂，在X线照射下显示消化道有无病变的一种检查方法，钡餐的制备就是利用了沉淀溶解平衡原理。

透视前，患者吃进溶有$BaSO_4$的Na_2SO_4糊状溶液，使$BaSO_4$到达消化系统，Ba^{2+}虽然有毒，但由于同离子效应，$BaSO_4$在Na_2SO_4溶液中的溶解度很小，对患者没有任何危险。

问题：1. 难溶强电解质的沉淀－溶解平衡有什么特点？遵循什么规律？

2. 难溶强电解质的沉淀－溶解平衡在医药和生活中有哪些应用？

强电解质中，有一类物质如AgCl、$BaSO_4$等在水中的溶解度很小（25℃时小于0.01g/100g），但其溶解的部分是全部解离的，这类电解质称为难溶性强电解质。难溶性强电解质的饱和溶液中，未溶解的固体和溶解的离子间存在着沉淀－溶解平衡。由于在反应过程中伴随着一种物相的生成或消失，因此，该化学平衡属于多相平衡。实际工作中，经常利用沉淀－溶解平衡理论指导药物的生产、制备、分离、净化及定性、定量分析。

第一节 溶度积原理

一、沉淀-溶解平衡与溶度积常数

一定温度下，把AgCl固体放入水中，一方面，由于水分子的作用，少量Ag^+和Cl^-脱离固体AgCl表面进入溶液，这个过程称为溶解；另一方面，溶液中的Ag^+和Cl^-在不停地运动，离子在运动过程中碰到固体AgCl表面，又重新回到固体表面，这个过程称为沉淀。在溶液中这两个过程是同时进行的，某一时刻，溶液中沉淀和溶解的速率相等时，溶液就达到饱和状态，在饱和溶液中各离子的浓度不再改变，单位体积有多少AgCl固体分解同时就有多少AgCl固体生成，固体和溶液中的离子之间，处于一种动态的平衡状态。这种难溶强电解质在饱和溶液中溶解与沉淀的平衡，称为沉淀-溶解平衡。

例如AgCl的沉淀-溶解平衡可表示为：

$$AgCl(s) \rightleftharpoons Ag^+(aq) + Cl^-(aq)$$

沉淀-溶解平衡服从化学平衡的一般规律，即生成物浓度系数次方的乘积除以反应物浓度系数次方的乘积，商为定值。其平衡常数表示式为：

$$K = \frac{[Ag^+][Cl^-]}{[AgCl]}$$

即 $$K[AgCl] = [Ag^+][Cl^-]$$

由于固体AgCl的浓度是一常数，它与常数K的乘积得到一个新的常数，用K_{sp}表示。$K_{sp} = [Ag^+][Cl^-]$

K_{sp}称为溶度积常数，简称溶度积(solubility product constant)，它反映了难溶强电解质在水中的溶解能力。K_{sp}取决于难溶强电解质的本性，并随着温度的升高增大，它与沉淀的量及溶液中离子浓度的变化无关。298K时，一些常见难溶强电解质的K_{sp}见附表4-2。

二、溶解度和溶度积的换算

反映物质溶解能力的还有另外一个化学量——溶解度。一般常用摩尔溶解度表示，符号s，单位是$mol \cdot L^{-1}$。其意义是沉淀溶解达到平衡时，1L饱和溶液中所溶解的溶质的物质的量。溶解度和溶度积都可以反映物质的溶解能力，但溶度积从平衡的角度表示难溶强电解质的溶解趋势，溶解度指在一定温度下难溶强电解质饱和溶液的浓度，两者之间可以相互换算。

对于溶解度为s的A_mB_n型难溶强电解质：

$$A_mB_n(s) \rightleftharpoons mA^{n+}(aq) + nB^{m-}(aq)$$

$K_{sp}=[A^{n+}]^m \cdot [B^{m-}]^n=(ms)^m \cdot (ns)^n$，整理得：

$$s=\sqrt[m+n]{\frac{K_{sp}}{m^m n^n}}$$

（一）已知溶度积求溶解度

例 8-1 已知 298K 时，AgCl 的 $K_{sp}=1.77\times10^{-10}$，求 AgCl 在水中的溶解度。

解：设 AgCl 在水中的溶解度为 s，则 s 为平衡浓度。

$$AgCl(s) \rightleftharpoons Ag^+(aq)+Cl^-(aq)$$

平衡浓度（$mol \cdot L^{-1}$）　　s　　s

$$K_{sp}=[Ag^+][Cl^-]=s^2=1.77\times10^{-10}$$

$$s=\sqrt{K_{sp}}=1.33\times10^{-5}$$

答：AgCl 在水中的溶解度为 $1.33\times10^{-5}mol \cdot L^{-1}$。

（二）已知溶解度求溶度积

例 8-2 298K 时，Ag_2CrO_4的溶解度为 $6.5\times10^{-5}mol \cdot L^{-1}$，求 Ag_2CrO_4的溶度积。

解：

$$Ag_2CrO_4 \rightleftharpoons 2Ag^+ + CrO_4^{2-}$$

平衡浓度（$mol \cdot L^{-1}$）　　$2s$　　s

$$K_{sp}=[Ag^+]^2[CrO_4^{2-}]=(2s)^2\times s=4s^3=1.1\times10^{-12}$$

答：Ag_2CrO_4的溶度积为 1.1×10^{-12}。

通过上面两个例子可知：Ag_2CrO_4 的溶度积比 AgCl 的小，但溶解度却比 AgCl 的大，其原因是 Ag_2CrO_4属于 A_2B 型，而 AgCl 属于 AB 型。因此，对不同类型的难溶强电解质不能由 K_{sp}的大小直接比较溶解能力的大小，必须计算出溶解度后进行比较。对相同类型的难溶强电解质，其 K_{sp}大的 s 也大，K_{sp}小的 s 也小。

需要注意的是，溶度积与溶解度的换算仅适用于以下几种情况：

（1）离子型难溶强电解质。

（2）离子强度很小，溶液浓度可以代替活度的溶液。

（3）解离出的离子在溶液中不发生水解等副反应。

三、溶度积原理

在难溶强电解质溶液中，任意时刻离子浓度幂的乘积称为离子积，用符号 Q_i表示，离子积与溶度积的表达式相同，但两者是有区别的，离子积反映的是任意时刻的离子浓度情况，而溶度积仅反映平衡状态，溶度积可看作是离子积的特例，二者有以下三种情况：

（1）$Q_i<K_{sp}$时，是不饱和溶液，若体系中有固体存在，则平衡向固体沉淀溶解的方向

移动，直至平衡。所以 $Q_i < K_{sp}$是沉淀溶解的条件。

(2) $Q_i = K_{sp}$时，是饱和溶液，沉淀和溶解处于动态平衡状态。

(3) $Q_i > K_{sp}$时，是过饱和溶液，平衡向沉淀析出的方向移动，直至平衡，所以 $Q_i > K_{sp}$是沉淀生成的条件。

以上规则称为溶度积规则，也叫溶度积原理。可用来判断沉淀的生成和溶解。

第二节 沉淀的生成和溶解

一、沉淀的生成

根据溶度积规则，要使沉淀自难溶强电解质溶液中析出，就要使 $Q_i > K_{sp}$，因此可以通过调节溶液中不同离子的浓度，使反应向生成沉淀的方向转化，具体可采取如下措施。

(一) 加入沉淀剂

加入过量沉淀剂可使被沉淀离子沉淀完全。

例 8-3 等体积混合 $0.002mol \cdot L^{-1}$ Na_2SO_4溶液和 $0.02mol \cdot L^{-1}$ $BaCl_2$溶液，是否有白色的 $BaSO_4$沉淀生成？SO_4^{2-}是否沉淀完全？[已知 $K_{sp}(BaSO_4) = 1.08 \times 10^{-10}$]

解：溶液等体积混合后，浓度变为原来的一半，故 $c(SO_4^{2-}) = 1 \times 10^{-3} mol \cdot L^{-1}$；$c(Ba^{2+}) = 1 \times 10^{-2} mol \cdot L^{-1}$。

$$Q_i = c(Ba^{2+}) \cdot c(SO_4^{2-}) = 1 \times 10^{-3} \times 1 \times 10^{-2} = 1 \times 10^{-5}$$

$Q_i > K_{sp}(BaSO_4)$，所以可以断定有白色 $BaSO_4$沉淀生成。

析出 $BaSO_4$ 沉淀后，溶液中还有过量的钡离子，其 $c(Ba^{2+}) = 0.01 - 0.001 = 0.009mol \cdot L^{-1}$，平衡时，溶液中剩余的 $c(SO_4^{2-})$为：

$$c(SO_4^{2-}) = \frac{K_{sp}(BaSO_4)}{c(Ba^{2+})} = \frac{1.08 \times 10^{-10}}{9 \times 10^{-3}} = 1.2 \times 10^{-8} mol \cdot L^{-1}$$

一般讲，溶液中残留的离子浓度小于 $1 \times 10^{-5} mol \cdot L^{-1}$时即可认为沉淀完全，故可以认为上例中 SO_4^{2-}已沉淀完全。

根据同离子效应，欲使溶液中某离子沉淀，加入过量的沉淀剂是有利的，但一般以过量理论计算值的 10% ~20% 为宜。如果过量太多，溶液中离子总浓度太大，此时盐效应就会显著增大，反而会增大难溶物溶解度。当然，在相当范围内，过量沉淀剂的同离子效应远大于盐效应。此外，加入过多沉淀剂还会使被沉淀离子发生一些副反应，使难溶电解质的溶解度增加。如要沉淀 Ag^+离子，若加入太多过量的 NaCl 可形成 $[AgCl_2]^-$配离子，反而影响 AgCl 沉淀的生成。

(二)控制溶液的 pH

对于某些难溶的弱酸盐和难溶的氢氧化物来说，可以通过控制溶液的 pH 使沉淀生成。

知识拓展

尿结石的形成

尿结石主要由无机盐和有机盐以及有机酸组成，大部分为晶体状态。无机盐主要是草酸盐、磷酸盐和碳酸盐，有机盐主要为尿酸盐，它们都不溶于水。

正常情况下，人体代谢产生的有机物和无机物成分能够随尿液排出，但是如果有病变，相关离子在尿中的浓度超过它的溶解度，就会形成沉淀状态，就是我们说的结石。

二、分步沉淀

若溶液中有两种或两种以上离子都能与同一种试剂生成沉淀，那么是同时生成沉淀还是按一定先后顺序生成沉淀呢?

例 8-4 298K 时，在 1.0L 含有浓度都为 0.01mol·L^{-1}的 Cl^-、Br^-和 I^-的混合溶液中，逐滴加入 $AgNO_3$ 溶液，问三种沉淀的顺序如何? [$K_{sp}(AgCl)=1.77\times10^{-10}$; $K_{sp}(AgBr)=4.95\times10^{-13}$; $K_{sp}(AgI)=8.3\times10^{-17}$]

解：已知

$$K_{sp}(AgCl)=1.77\times10^{-10}$$
$$K_{sp}(AgBr)=4.95\times10^{-13}$$
$$K_{sp}(AgI)=8.3\times10^{-17}$$

则 AgCl 开始沉淀时所需[Ag^+]为：

$$[Ag^+]=\frac{K_{sp}(AgCl)}{[Cl^-]}=\frac{1.77\times10^{-10}}{0.01}=1.77\times10^{-8}\text{mol}\cdot\text{L}^{-1}$$

AgBr 开始沉淀时所需[Ag^+]为：

$$[Ag^+]=\frac{K_{sp}(AgBr)}{[Br^-]}=\frac{4.95\times10^{-13}}{0.01}=4.95\times10^{-11}\text{mol}\cdot\text{L}^{-1}$$

AgI 开始沉淀时所需[Ag^+]为：

$$[Ag^+]=\frac{K_{sp}(AgI)}{[I^-]}=\frac{8.3\times10^{-17}}{0.01}=8.3\times10^{-15}\text{mol}\cdot\text{L}^{-1}$$

由计算可知，逐滴加入 $AgNO_3$时，生成 AgI 沉淀所需[Ag^+]最少，生成 AgCl 沉淀所需[Ag^+]最多，所以先生成 AgI 沉淀，然后是 AgBr 沉淀，最后是 AgCl 沉淀。

这种当溶液中存在多种可被沉淀的离子，加入沉淀剂后不同离子按先后顺序沉淀析出的现象叫做分步沉淀。根据溶度积原理，首先析出的是最先达到溶度积的化合物，即溶度积小的沉淀首先析出。分步沉淀可用于离子的分离。

三、沉淀的溶解

根据溶度积规则，要使难溶强电解质溶液中的沉淀溶解，就要减小溶液中相关离子的浓度，使相关离子的离子积小于溶度积，即 $Q_i < K_{sp}$，具体可采取如下措施。

(一)生成弱电解质

加入适当的试剂与溶液中的某种离子结合生成水、弱酸、弱碱或者气体等弱电解质，使溶液中相关离子的浓度降低，从而使 $Q_i < K_{sp}$，沉淀溶解。

例如：$Zn(OH)_2$能溶于盐酸，原因如下：

$$Zn(OH)_2 \rightleftharpoons Zn^{2+} + 2OH^-$$

$$+$$

$$2HCl = 2Cl^- + 2H^+$$

$$\Updownarrow$$

$$2H_2O$$

总反应式为：

$$Zn(OH)_2 + 2HCl = ZnCl_2 + 2H_2O$$

加入盐酸溶液后，H^+ 与 OH^- 结合生成弱电解质 II_2O，使溶液中$[OH^-]$降低，$Q_i < K_{sp}$，平衡向右移动，使 $Zn(OH)_2$溶解。

(二)发生氧化还原反应

利用氧化还原反应降低溶液中相关离子的浓度，使 $Q_i < K_{sp}$，从而使一些难溶强电解质溶解。

例如：硫化铜(CuS)溶于硝酸，正是由于 S^{2-} 被 HNO_3氧化为 S，$[S^{2-}]$显著降低，使 $Q_i < K_{sp}(CuS)$所致。

$$CuS \rightleftharpoons Cu^{2+} + S^{2-}$$

$$+$$

$$HNO_3$$

$$\Updownarrow$$

$$S\downarrow + NO\uparrow + H_2O$$

总反应式为：

$$3CuS + 2NO_3^- + 8H^+ = 3Cu^{2+} + 3S\downarrow + 2NO\uparrow + 4H_2O$$

（三）生成难解离的配离子

通过生成难解离的配离子，以减小溶液中相关离子的浓度，使 $Q_i < K_{sp}$，从而使一些难溶强电解质溶解。

例如：AgCl(s)溶于氨水。

$$\begin{array}{c} AgCl \rightleftharpoons Ag^+ + Cl^- \\ + \\ 2NH_3 \\ \Updownarrow \\ [Ag(NH_3)_2]^+ \end{array}$$

总反应式为：

$$AgCl + 2NH_3 \cdot H_2O \rightleftharpoons [Ag(NH_3)_2]^+ + Cl^- + 2H_2O$$

由于生成更难解离而且易溶于水的配离子$[Ag(NH_3)_2]^+$，使溶液中 Ag^+ 的浓度降低，从而使 AgCl 沉淀溶解。

课堂互动

请分析一下用蘸有擦铜水(主要是氨水)的棉花擦拭生了锈的铜器，铜器为什么会变亮？

四、沉淀的转化及其应用

沉淀的转化：借助于某一试剂的作用，把一种难溶电解质转化为另一更难溶电解质的过程，称为沉淀的转化。

类型相同的难溶电解质，沉淀转化程度的大小取决于两种难溶电解质溶度积的相对大小。如：

$$Pb(NO_3)_2 \xrightarrow{NaCl} PbCl_2\downarrow \xrightarrow{KI} PbI_2\downarrow \xrightarrow{Na_2CO_3} PbCO_3\downarrow \xrightarrow{Na_2S} PbS\downarrow$$

	$Pb(NO_3)_2$	$PbCl_2$	PbI_2	$PbCO_3$	PbS
	(无色溶液)	(白色沉淀)	(黄色沉淀)	(白色沉淀)	(黑色沉淀)
K_{sp}		1.6×10^{-5}	7.1×10^{-9}	7.4×10^{-14}	8.0×10^{-28}

一般来说，溶解度 s 较大的难溶电解质容易转化为溶解度较小的难溶电解质。两种沉淀物的溶解度相差越大，沉淀转化越完全。同一结构类型的难溶电解质[如 $Pb(NO_3)_2$、$PbCl_2$、PbI_2 均为 AB_2 型]，溶度积较大的难溶电解质容易转化为溶度积较小的难溶电解质。两种沉淀物的溶解度(溶度积)相差越大，沉淀转化越完全。

沉淀转化原理在实际生产中获得广泛的应用，如锅炉内壁除垢的反应就是利用了沉淀的转化，锅炉内壁的锅垢主要成分为 $CaSO_4$，难溶于水和酸，不易除去，但若不及时清除会给生产带来危害。在实际工作中，先加入 Na_2CO_3 将 $CaSO_4$ 转化为疏松且可溶于酸的 $CaCO_3$，再用盐酸除去碳酸钙。其转化反应为：

$$
\begin{array}{c}
CaSO_4(s) \rightleftharpoons Ca^{2+} + SO_4^{2-} \\
+ \\
Na_2CO_3 \longrightarrow CO_3^{2-} + 2Na^{+} \\
\downarrow \\
CaCO_3 \downarrow
\end{array}
$$

由于 $CaSO_4$ 溶度积（$K_{sp}=4.93\times10^{-5}$）大于 $CaCO_3$ 的溶度积（$K_{sp}=3.36\times10^{-9}$），Ca^{2+} 与加入的 CO_3^{2-} 结合成溶度积更小的 $CaCO_3$ 沉淀，从而降低了溶液中 Ca^{2+} 浓度，破坏了 $CaSO_4$ 的溶解平衡，使 $CaSO_4$ 不断转化为 $CaCO_3$。

总反应式可表示为：　$CaSO_4(s) + CO_3^{2-} \rightleftharpoons CaCO_3 + SO_4^{2-}$

氟化物预防龋齿也是沉淀转化的原理，牙齿表面有一层釉质起保护作用，釉质是由难溶的羟基磷酸钙[$Ca_5(PO_4)_3OH$]组成，其在唾液中存在沉淀溶解平衡：

$$Ca_5(PO_4)_3OH(s) \rightleftharpoons 5Ca^{2+} + 3PO_4^{3-} + OH^{-}$$

在正常情况下，此反应向右进行的程度很小，但当口腔中的细菌分解食物产生有机酸后，有机酸中的 H^+ 可以和羟基磷酸钙中溶解的 OH^- 反应，使其沉淀溶解平衡向着溶解的方向进行，时间长了就会导致龋齿。但若用含氟的牙膏，氟离子能与沉淀溶解平衡中的 Ca^{2+} 和 PO_4^{3-} 反应生成溶解度更小的氟磷灰石[$Ca_5(PO_4)_3F$]，因而能降低龋齿的发生。

$$5Ca^{2+} + 3PO_4^{3-} + F^{-} \rightleftharpoons Ca_5(PO_4)_3F(s)$$

在药物分析中，常用沉淀滴定法分析物质含量。例如《中国药典》中测定生理盐水的含量，就是利用 Cl^- 和 $AgNO_3$ 溶液反应生成 AgCl 沉淀的原理，将来在分析化学中会详细介绍。

无论是沉淀的生成和溶解还是溶度积原理在实际中的应用，其根本原因都是化学平衡的移动，是因为相关离子浓度的改变导致离子积和溶度积常数不一致，直至到达新的平衡。

重点小结

本章的重点是溶度积原理，难点是溶度积规则的应用。

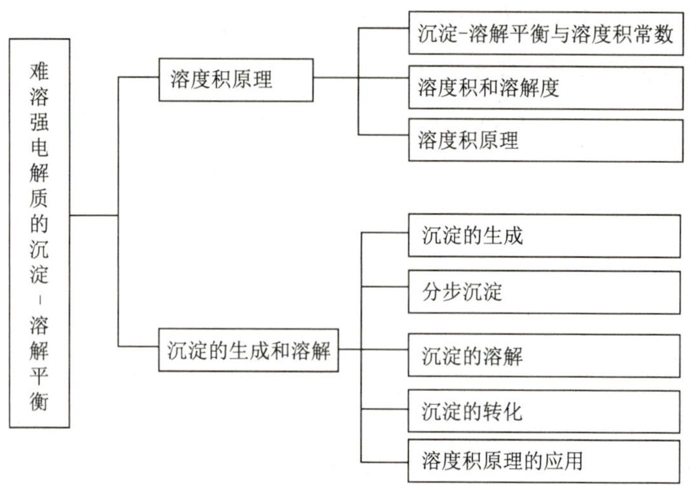

复习思考

一、选择题

1. 下列难溶盐的饱和溶液中，Ag^+浓度最大的是(　　)

A. $AgCl(K_{sp}=1.77\times10^{-10})$　　B. $Ag_2CO_3(K_{sp}=8.1\times10^{-12})$

C. $Ag_2CrO_4(K_{sp}=1.12\times10^{-12})$　　D. $AgBr(K_{sp}=4.95\times10^{-13})$

E. $AgI(K_{sp}=8.3\times10^{-17})$

2. 已知AgI为黄色沉淀，AgCl为白色沉淀。25℃时，AgI饱和溶液中$c(Ag^+)$为$1.22\times10^{-8}mol\cdot L^{-1}$，AgCl饱和溶液中$c(Ag^+)$为$1.30\times10^{-5}mol\cdot L^{-1}$。若在5mL含有KCl和KI浓度均为$0.01mol\cdot L^{-1}$的混合溶液中，滴加8mL $0.01mol\cdot L^{-1}$的$AgNO_3$溶液，则下列叙述中不正确的是(　　)

A. 溶液中所含溶质的离子浓度大小为：$c(K^+)>c(NO_3^-)>c(Ag^+)>c(Cl^-)>c(I^-)$

B. 溶液中先产生AgI沉淀

C. AgCl的K_{sp}的数值为1.69×10^{-10}

D. 若在AgI悬浊液中滴加少量的KCl溶液，黄色沉淀不会转变成白色沉淀

E. 溶液中最后产生AgCl沉淀

3. 实验中，要使$AlCl_3$溶液中Al^{3+}全部沉淀出来，最适宜的试剂是(　　)

A. $Ba(OH)_2$溶液　　B. NaOH溶液

C. 盐酸　　D. 氨水

E. 醋酸

4. 一定温度下，在氢氧化钡的悬浊液中，存在氢氧化钡固体与其电离的离子间的溶解平衡关系：$Ba(OH)_2$(固体)$\rightleftharpoons Ba^{2+} + 2OH^-$。向此种悬浊液中加入少量的氢氧化钡粉末，下列叙述正确的是(　　)

A. 溶液中钡离子数目减小　　B. 溶液中钡离子浓度减少

C. 溶液中氢氧根离子浓度增大　　D. pH 减小

E. pH 不变

5. 有关 AgCl 的沉淀溶解平衡说法正确的是(　　)

A. AgCl 沉淀生成和沉淀溶解不断进行，但速率相等

B. AgCl 难溶于水，溶液中没有 Ag^+ 和 Cl^-

C. 升高温度，AgCl 沉淀的溶解度不变

D. 向 AgCl 沉淀中加入 NaCl 固体，AgCl 沉淀的溶解度不变

E. 升高温度，AgCl 沉淀的溶解度减小

6. 下列各实验中，加入过量试剂，最后依然有沉淀的是(　　)

A. 加浓氨水于 $0.1mol \cdot L^{-1}$硝酸铝水溶液

B. 加 NaOH 水溶液于 $0.1mol \cdot L^{-1}$ $CuSO_4$水溶液

C. 加 AgI(s)于 $0.1mol \cdot L^{-1}$氨水溶液

D. 通 CO_2于 $0.1mol \cdot L^{-1}$氧化钙水溶液

E. 加氨水溶液于 $0.1mol \cdot L^{-1}$ $CuSO_4$水溶液

7. 加入 $BaCl_2$溶液产生沉淀的是(　　)

A. $AgNO_3$　　B. $Pb(NO_3)_2$

C. Na_2CrO_4　　D. NaCl

E. $NaNO_3$

8. 向饱和 AgCl 溶液中加水，下列叙述正确的是(　　)

A. AgCl 的 K_{sp}增大　　B. AgCl 的溶解度和 K_{sp}都不变

C. AgCl 的溶解度增大　　D. AgCl 的溶解度和 K_{sp}都增大

E. 不确定

9. 对 A_2B 型难溶电解质，其溶解度 s 和 K_{sp}的换算关系式为(　　)

A. $K_{sp} = s^2$　　B. $K_{sp} = 4s^2$

C. $K_{sp} = 4s^3$　　D. $K_{sp} = 16s^4$

E. $K_{sp} = 2s^3$

10. 不能使 $Mg(OH)_2$沉淀溶解的是(　　)

A. HCl　　B. HNO_3　　C. NH_4Cl

D. $MgCl_2$　　E. K_2SO_4

二、填空题

1. 溶解平衡常数(K_{sp})：在一定温度下，在难溶电解质的饱和溶液中，各离子浓度幂之乘积K_{sp}为一常数，称为________，简称________。如：M_mA_n 的 K_{sp} = ________。

2. 溶度积规则：当 $Q_i > K_{sp}$时，溶液处于________，生成沉淀。

当 $Q_i = K_{sp}$时，沉淀和溶解达到平衡，溶液为________溶液。

当 $Q_i < K_{sp}$时，溶液未达饱和，沉淀________。

3. 已知 $K_{sp}(ZnS) = 2.0 \times 10^{-22}$，$K_{sp}(CdS) = 8.0 \times 10^{-27}$，在 Zn^{2+} 和 Cd^{2+} 两溶液中(浓度相同)分别通 H_2S 至饱和，________离子在酸度较大时生成沉淀，而________离子在酸度较小时生成沉淀。

4. 已知 298K 时，Ag_2CrO_4的溶解度为 $6.5 \times 10^{-5} mol \cdot L^{-1}$，则 $K_{sp}(Ag_2CrO_4)$为________。

5. 在 $Ca_3(PO_4)_2$的饱和溶液中，$[Ca^{2+}] = 2.0 \times 10^{-6} mol \cdot L^{-1}$，$[PO_4^{3-}] = 1.58 \times 10^{-6} mol \cdot L^{-1}$，则 $K_{sp}[Ca_3(PO_4)_2]$为________。

三、简答题

1. 简述溶度积和溶解度的区别与联系。

2. 叙述溶度积原理。

3. 溶度积和溶解度的换算适用于什么条件?

四、计算题

1. 工业上常用生成 AgCl 沉淀的方法来分析水中氯离子的含量。在测定前先加入铬酸钾溶液作为指示剂，然后向水中逐滴加入硝酸银，先生成白色的氯化银沉淀，继续滴加硝酸银直至刚开始出现砖红色铬酸银沉淀时，即为滴定终点。假设水样中氯离子浓度和铬酸根离子的浓度都为 $4.8 \times 10^{-3} mol \cdot L^{-1}$。

用沉淀溶解平衡原理解释为什么氯化银比铬酸银先沉淀? [$K_{sp}(AgCl) = 1.77 \times 10^{-10}$，$K_{sp}(Ag_2CrO_4) = 1.1 \times 10^{-12}$]

2. 已知 298K 时，$BaSO_4$的 $K_{sp} = 1.07 \times 10^{-10}$，求 $BaSO_4$在水中的溶解度。

3. 298K 时，将等体积的 $0.006 mol \cdot L^{-1}$ $AgNO_3$溶液与 $0.006 mol \cdot L^{-1}$ NaI 溶液混合，有无 AgI 沉淀生成? [$K_{sp}(AgI) = 8.3 \times 10^{-17}$]

扫一扫，知答案

扫一扫，看课件

第九章

氧化还原与电极电势

【学习目标】

1. 熟悉氧化数、氧化剂、还原剂、氧化还原反应的概念，确定氧化数的一般规律，熟悉配平氧化还原方程式的方法。

2. 掌握原电池、电极电势的概念，原电池和标准氢电极的组成、意义及原理，电极反应方程式的书写，原电池的表示方法，原电池电动势的计算。

3. 熟悉影响电极电势的因素、能斯特方程式，非标准状况下电极电势的计算，了解电极电势的应用。

案例导入

我们来做一个小实验：用铜片、锌片和导线按图 9－1 所示连接，然后会发现灯泡亮了，为什么会有这种情况发生呢?

无论是水果电池还是生活中用到的普通干电池、手机锂电池和电动车的铅酸电池等都可以给我们供电。它们是如何供电的呢？为什么都能产生电流和电势?

图 9－1　水果电池

氧化还原反应(redox reaction)是一类极为重要的化学反应。此类反应的典型特征是反应过程中发生电子的得失或偏移，同时伴随能量的转化。它不仅在日常生活和工农业生产中具有重要意义，而且与医药卫生、生命活动也密切相关。药品生产、药品质量控制及药物的作用原理等都离不开氧化还原反应。由于氧化还原反应产生电极电势，因此，本章将介绍氧化还原反应和电极电势的基本概念与理论、电极电势及其应用。

第一节　氧化还原反应

一、氧化数

在氧化还原反应中，电子的得失必然引起原子的价电子层结构改变，从而改变原子的带电状态。随着对氧化还原反应本质的深入研究，许多反应并不发生电子得失，而电子只是在元素的原子间形成共用电子对，发生了偏移。如：

$$2H_2 + O_2 \xlongequal{} 2H_2O$$

为了方便判断上述这类反应中的氧化还原作用，说明元素所处的化合状态，提出了氧化数(oxidation number)的概念。1970 年，国际纯粹和应用化学联合会(IUPAC)定义了氧化数的概念：氧化数是某元素一个原子的表观荷电数，这种表观荷电数是假设把每个化学键中的电子指定给电负性较大的原子而求得的。并规定得电子的原子氧化数为负值，在数字前加“-”号；失电子的原子氧化数为正值，在数字前加“+”号。根据这一定义，得出确定元素氧化数的一般原则如下：

(1)在单质中，元素的氧化数为零。

(2)在化合物中，氟元素的氧化数总是 -1，碱金属和碱土金属的分别为 +1 和 +2；通常氧元素的氧化数为 -2，氢的氧化数为 +1，但也有例外。在 H_2O_2、Na_2O_2 中，氧的氧化数为 -1；在 NaH、CaH_2 中，氢的氧化数为 -1。在氟的氧化物 OF_2 中，氧的氧化数为 +2。

(3)单原子离子中，元素的氧化数等于离子的电荷数；在多原子离子中，各元素氧化数的代数和等于离子的电荷数。例如 Mg^{2+}，镁的氧化数为 +2；O^{2-} 中氧的氧化数为 -2。MnO_4^- 中 Mn 的氧化数为 +7，O 的氧化数为 -2。

(4)在中性分子中，各元素的氧化数代数和等于零。

根据上述原则，可以很方便地计算出各种元素的氧化数。例如：$(NH_4)_2S_2O_8$ 中，NH_4^+ 的氧化数为 +1(其中 N 的氧化数为 -3，H 的氧化数为 +1)，氧的氧化数 -2，硫的氧化数为 +7。

氧化数并不是一个元素原子所带的真实电荷，与化合价的概念也是不同的。氧化数是对元素原子外层电子偏离原子状态的人为规定值，是一种形式电荷，可以是整数、分数，也可以是小数，可以是对单个原子而言，也可以是多个相同原子的平均值。例如连四硫酸根离子($S_4O_6^{2-}$)可表示为$[S_2^0S_2^{V}O_6^{II}]^{2-}$，有两个 S 的氧化数为 +5，另外两个 S 的氧化数为 0，而在整个离子中，S 的氧化数平均值为 +2.5。

化合价反映的是原子间形成化学键的能力，只可以是整数。在许多情况下，化合物中元素的氧化数与化合价具有相同的数值，但不能因此而误认为它们是同一概念。

二、氧化还原反应的基本概念

（一）氧化反应和还原反应

氧化还原反应的定义为：反应物质间有电子得失（或偏移）的反应称为氧化还原反应（oxidation - reduction reaction）。氧化还原反应的本质是反应中有电子得失（或偏移）。在氧化还原反应中，由于电子得失（或偏移），引起某些元素原子的价电子层构型发生变化，改变了这些原子的带电状态，因此改变了这些元素的氧化数。失去电子，氧化数升高的过程称为氧化（oxidation）；得到电子，氧化数降低的过程称为还原（reduction）。

在氧化还原反应中，一种物质失去电子，氧化数升高，发生氧化反应，必定同时有另一种物质得到电子，氧化数降低，发生还原反应，而且得失电子数目相等。

如当钠和氯气反应时，钠原子的最外层有一个电子，氯原子的最外层有 7 个电子。钠原子失去一个电子成为钠离子，氧化数从 0 升到 +1；氯原子得到 1 个电子成为氯离子，氧化数从 0 降到 -1，反应过程中，发生了电子的转移，钠和氯的氧化数发生了改变。可用下式表示：

失去 2e

$$2\overset{0}{Na}+\overset{0}{Cl_2}=\!=\!=2\overset{+1}{Na}\overset{-1}{Cl}$$

得到 2e

还有一些反应，如氢气和氯气的反应，生成的氯化氢是共价化合物，反应中各元素的原子都没有完全失去或得到电子，彼此之间只有共用电子对的偏移。分子里共用电子对偏向了氯原子，则可以认为氯的氧化数从 0 降到了 -1，共用电子对偏离了氢原子，则可认为氢的氧化数从 0 升到 +1。

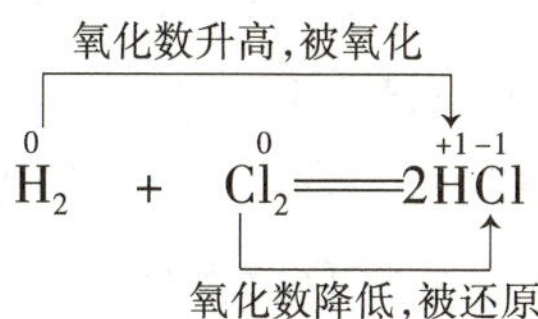

由于电子的得失（或偏移）直接影响元素氧化数的变化，因此反应前后元素氧化数的改变是氧化还原反应的标志。氧化还原反应中，电子转移（得失或偏移）和氧化数升降的关系如下：

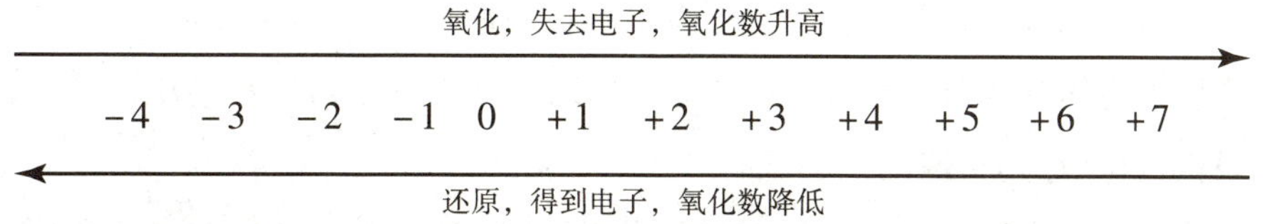

(二)氧化剂和还原剂

在氧化还原反应中，凡能得到电子，氧化数降低的物质，叫做氧化剂(oxidizing agent)。氧化剂能使其他物质氧化，而本身被还原，其反应产物叫做还原产物。凡能失去电子，氧化数升高的物质，称为还原剂(reducing agent)。还原剂能把其他物质还原，而本身被氧化，其反应产物叫做氧化产物。在氧化还原反应中，氧化剂和还原剂同时存在于一个反应中，电子从还原剂转移(或偏移)到氧化剂，在还原剂被氧化的同时，氧化剂被还原。

例如，在酸性条件下，高锰酸钾与过氧化氢的反应：

$$\overset{1e\times2\times5}{\overbrace{}}$$

$$2K\overset{+7}{Mn}NO_4 + 5H_2\overset{-1}{O_2} + 3H_2SO_4 = 2\overset{+2}{Mn}SO_4 + K_2SO_4 + 5\overset{0}{O_2}\uparrow + 8H_2O$$

氧化剂被还原　　还原剂被氧化

反应中，H_2O_2中的O^{-1}失去电子，被氧化成O_2^0，H_2O_2是还原剂；$KMnO_4$中的Mn^{+7}得到电子，被还原成Mn^{+2}，$KMnO_4$是氧化剂。

关于氧化剂和还原剂，说明以下几点：

1. 通常说的某一物质是氧化剂或还原剂，是指物质的整体而言的，但在实际的氧化还原反应中，参与电子得失的是该物质中的某一原子或离子。例如：

$$K_2\overset{+6}{C}r_2O_7 + 6\overset{+2}{F}eSO_4 + 7H_2SO_4 = K_2SO_4 + \overset{+3}{C}r_2(SO_4)_3 + 3\overset{+3}{F}e_2(SO_4)_3 + 7H_2O$$

氧化剂　　还原剂

重铬酸钾是氧化剂，硫酸亚铁是还原剂。但实际有氧化作用的是CrO_7^{2-}离子，有还原作用的Fe^{2+}离子。更确切的说CrO_7^{2-}离子是氧化剂，Fe^{2+}离子是还原剂。

2. 常见的氧化剂　氧化剂是指具有较高氧化数的某元素的化合物或者某些单质，反应中容易获得电子使氧化数降低的物质。常见的氧化剂有：

(1)活泼的非金属单质。如卤素、氧气等。

(2)较高氧化数的金属离子。如Sn^{4+}、Fe^{3+}、Cu^{2+}等。

(3)具有较高氧化数的元素的含氧化合物。如$K_2Cr_2O_7$、$KMnO_4$、$KClO_3$、浓H_2SO_4、HNO_3等。

(4)某些氧化物和过氧化物。如MnO_2、H_2O_2。

3. 常见的还原剂　还原剂是指具有较低氧化数的某元素的化合物或者某些单质，反应中容易失去电子使氧化数升高的物质。常见的还原剂有：

(1)活泼的金属单质和某些非金属单质。如Na、Mg、Al、Zn、Fe、H_2、C等。

(2)较低氧化数的金属离子。如Sn^{2+}、Fe^{2+}、Cu^{+}等。

(3)具有较低氧化数的元素的化合物或阴离子。如H_2S、SO_2、$Na_2S_2O_3$、SO_3^{2-}、NO_2^-、

I^-等。

4. 有多种氧化数的元素，氧化数处于最高值时，只能作为氧化剂；氧化数处于最低值时，只能作为还原剂；氧化数处于中间值时既可作为氧化剂，又可作为还原剂。

例如浓硫酸中的硫元素只能做氧化剂，H_2S 中的硫只能做还原剂；SO_2 与氧气反应时它是还原剂；若与强还原剂 H_2S 反应时，它做氧化剂。由此可见，氧化剂和还原剂是相对的。

$$2SO_2 + O_2 = 2SO_3$$

$$SO_2 + 2H_2S = 3S + 2H_2O$$

5. 有些物质在同一反应中既是氧化剂又是还原剂，这种自身氧化还原反应称为歧化反应。例如：

$$Cl_2 + H_2O = HClO + HCl$$

在此反应中，氯分子的一个氯原子的氧化数从 0 升为 +1，另一个氯原子的氧化数从 0 降为 -1，氯气既是氧化剂又是还原剂。

由于得失电子的能力不同，氧化剂和还原剂有强弱之分。易得电子的物质为强氧化剂，易失电子的物质为强还原剂。

(三) 氧化还原对

所有的氧化还原反应都由两个半反应构成，一个是氧化反应，一个是还原反应。如：$2Na + Cl_2 = 2NaCl$

$$2Na - 2e = 2Na^+ \quad \text{氧化反应}$$

$$Cl_2 + 2e = 2Cl^- \quad \text{还原反应}$$

为确切地表示氧化还原反应中有关元素电子得失的情况，将半反应中元素获得电子后氧化数高的存在形式称为还原型(reducing modality)，失去电子后氧化数低的存在形式称为氧化型(oxidizing modality)。两种存在形式彼此称为氧化还原对(redox couple)，其关系可表示为：

$$\text{氧化型} + ne \rightleftharpoons \text{还原型}$$

$$Ox + ne \rightleftharpoons Red$$

为书写方便，氧化还原电对常用简写方式 Ox/Red 来表示，如 MnO_4^-/Mn^{2+}、Na^+/Na、Cl_2/Cl^-等。

三、氧化还原反应方程式的配平

氧化还原反应式的配平方法很多，这里主要介绍氧化数法和离子 - 电子法。

(一) 氧化数法

氧化数法是根据氧化还原反应中氧化剂和还原剂的氧化数升高或降低的总数相等

的原则来进行配平的。即反应中氧化剂所得到的电子数必须等于还原剂所失去的电子数。

例 9－1 配平铜和稀硝酸的反应

(1)根据反应事实，正确写出反应物和生成物的化学式。

$$Cu + HNO_3(稀) \longrightarrow Cu(NO_3)_2 + NO\uparrow + H_2O$$

(2)将氧化数有变化的元素标出，根据元素氧化数升高和降低的总数相等的原则，按照最小公倍数确定氧化剂和还原剂化学式前面的系数，把得到的系数分别写在氧化剂和还原剂的化学式前面。

$$\overset{0}{Cu} + H\overset{+5}{N}O_3(稀) \longrightarrow \overset{+2}{Cu}(NO_3)_2 + \overset{+2}{N}O\uparrow + H_2O$$

(+2)×3 (Cu → Cu)

(−3)×2 (N → N)

上述反应中，氧化数有变化的元素是 Cu 和 N，Cu 的氧化数从 0 到 +2(升高 2)，N 的氧化数从 +5 到 +2(下降 3)，两者的最小公倍数为 6，所以还原剂 Cu 前系数为 3，还原产物 NO 前的系数为 2。

(3)根据反应物和生成物中同种元素的原子总数必须相等的原则，再用观察法确定其他物质前面的系数，检查反应前后各原子的数目是否相等。

由此，$Cu(NO_3)_2$前的系数为 3，生成物中 N 的总数目为 6 +2，所以 HNO_3前的系数为 8，生成物水的系数为 4。配平好的化学反应式为：

$$3Cu + 8HNO_3(稀) = 3Cu(NO_3)_2 + 2NO\uparrow + 4H_2O$$

(二)离子－电子法

离子－电子法又称半反应式法，其配平的原则是：一是反应中氧化剂得到的电子数等于还原剂失去的电子数。二是反应前后每一元素的原子个数必须相等，各物质的电荷数的代数和必须相等。

例 9－2 在酸性溶液中，配平高锰酸钾与硫酸亚铁的反应。

解：(1)根据实验事实写出离子反应式

$$MnO_4^- + Fe^{2+} + H^+ \longrightarrow Mn^{2+} + Fe^{3+} + H_2O$$

(2)将反应式分成 2 个未配平的半反应式：一个是氧化剂发生的还原反应，另一个是还原剂发生的氧化反应。然后分别配平

$$MnO_4^- + 8H^+ + 5e \longrightarrow Mn^{2+} + 4H_2O$$

$$Fe^{2+} - e \longrightarrow Fe^{3+}$$

(3)根据得失电子数相等的原则，求出得失电子数的最小公倍数，两个半反应分别乘以相应的系数，然后两式相加，得出配好的离子方程式。

$$\begin{array}{lll} & \times 1 & MnO_4^- + 5e + 8H^+ = Mn^{2+} + 4H_2O \\ + & \times 5 & Fe^{2+} - e = Fe^{3+} \\ \hline \end{array}$$

$$MnO_4^- + 5Fe^{2+} + 8H^+ = Mn^{2+} + 4H_2O + 5Fe^{3+}$$

(4)将没有参加反应的离子写上并配平系数，完成氧化还原反应方程式的配平。

$$2KMnO_4 + 10FeSO_4 + 8H_2SO_4 = 2MnSO_4 + 5Fe_2(SO_4)_3 + K_2SO_4 + 8H_2O$$

例9－3 用离子－电子法配平下列反应：

$$MnO_4^- + SO_3^{2-} + H^+ \longrightarrow Mn^{2+} + SO_4^{2-}$$

解：(1)拆成两个未配平的半反应式表示氧化反应和还原反应

$$MnO_4^- + 5e \longrightarrow Mn^{2+}$$

$$SO_3^{2-} - 2e \longrightarrow SO_4^{2-}$$

(2)分别配平两个半反应，尤其注意是在酸性介质中

$$SO_3^{2-} + H_2O \longrightarrow SO_4^{2-} + 2e + 2H^+$$

$$MnO_4^- + 5e + 8H^+ \longrightarrow Mn^{2+} + 4H_2O$$

(3)根据氧化剂和还原剂得失电子总数相等的原则，求出最小公倍数并调整系数，将两式相加，得到配好的离子方程式。

$$\begin{array}{lll} & \times 5 & SO_3^{2-} + H_2O \longrightarrow SO_4^{2-} + 2e + 2H^+ \\ + & \times 2 & MnO_4^- + 5e + 8H^+ \longrightarrow Mn^{2+} + 4H_2O \\ \hline \end{array}$$

$$2MnO_4^- + 5SO_3^{2-} + 6H^+ = 2Mn^{2+} + 3H_2O + 5SO_4^{2-}$$

离子－电子法只适用于溶液中的氧化还原反应式的配平，氧化数法不仅适用于溶液，还适用于高温或熔融状态下的氧化还原反应，尤其是电子得失不明显的氧化还原反应。离子－电子法配平对有酸性或碱性介质参加的比较复杂的氧化还原反应比较方便，能更清楚地了解溶液中氧化还原反应的实质，氧化剂和还原剂之间的共轭关系。配平中涉及的氧化还原半反应，正是下一节要重点学习的电极反应。

第二节 电极电势

一、原电池

(一)原电池

氧化还原反应中都有电子的转移，这一点可通过实验证明。如图9－2。左侧烧杯内盛装 $ZnSO_4$溶液并插入锌片(称之为锌电极或锌半电池)，右侧烧杯内盛装 $CuSO_4$溶液并插入

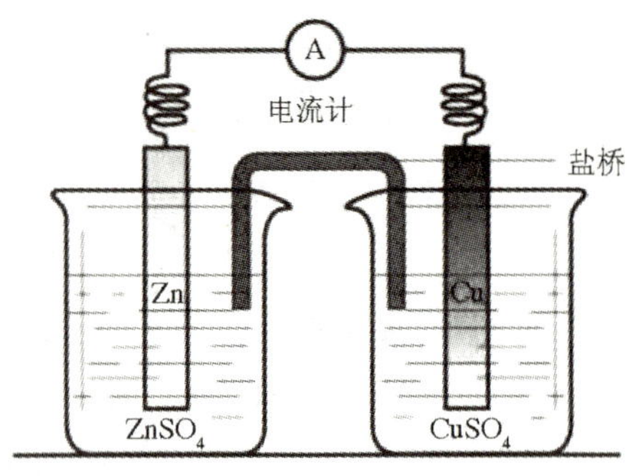

图 9-2 铜锌原电池

铜片(称之为铜电极或铜半电池)，两种溶液用一盛满 KCl 饱和溶液和琼脂的倒置 U 型管(称之为盐桥)连接起来，再用导线连接锌片和铜片，并在导线中间串联一个电流计，使电流计的正极和铜片相连，负极和锌片相连。

接通电路后可以观察到：电流计的指针发生偏转，表明金属导线上有电流通过。因为电流的方向是从正极到负极，所以根据电流计指针偏转方向可以判断锌片为负极，铜片为正极。同时锌片溶解而铜片上有铜沉积。

这种利用氧化还原反应把化学能转变为电能的装置称为原电池(primary cell)。

在铜锌原电池中，两个半反应分别在两处进行，锌片上的锌原子失去电子变成锌离子，进入到溶液中，使锌片上有了过剩电子而成为负极，在负极上发生氧化反应；另一个半反应为溶液中的铜离子得到电子变成铜原子，沉积在铜片上，使铜片上有了多余的正电荷成为正极，在正极上发生还原反应。电极反应分别是：

锌电极(负极)　　$Zn - 2e \longrightarrow Zn^{2+}$　　(氧化反应)

铜电极(正极)　　$Cu^{2+} + 2e \longrightarrow Cu$　　(还原反应)

总反应(即电池反应)：$Zn + Cu^{2+} = Zn^{2+} + Cu$　　(氧化还原反应)

每个金属片可以与含有其离子的溶液组成一个半电池(half cell)，亦称为一个电极(eletrode)。如铜锌原电池即由一个铜电极和一个锌电极组成。Zn 和 $ZnSO_4$溶液(Zn^{2+}/Zn 电对)组成锌电极；Cu 和 $CuSO_4$溶液(Cu^{2+}/Cu 电对)组成铜电极。每个电极上发生的氧化或还原反应，称为半电池反应(half cell reaction)，两个半电池反应构成电池反应。

反应发生后，Zn^{2+}离子的生成将增加左边烧杯中的正电荷，同时 Cu 的沉积则导致右边烧杯中负电荷过剩。通过盐桥，Cl^-向锌半电池移动，K^+向右边铜半电池移动，中和过剩电荷，让每一烧杯中溶液始终保持电中性，反应得以继续进行。因此，盐桥的作用是沟通电路，使反应顺利进行。

(二)原电池的表示方法

原电池常用符号表示，上述铜锌电池可表示为：

$$(-)Zn \mid Zn^{2+}(c_1) \parallel Cu^{2+}(c_2) \mid Cu(+)$$

习惯上把负极写在左边，正极写在右边，以“‖”表示盐桥，以“|”表示电极和溶液接触的界面，电池中各有关物质应注明浓度，气体以分压表示。c_1，c_2分别表示 Zn^{2+}、Cu^{2+}的浓度(单位 $mol \cdot L^{-1}$)。

燃料电池

燃料电池是把某些可燃气体如氢气、煤气、天然气、甲醇等在电极上发生氧化还原反应，直接把化学能转变为电能的装置。以碱性氢氧燃料电池为例，它的燃料极常用多孔性金属镍，用它来吸附氢气。空气极常用多孔性金属银，用它吸附空气。电解质则由浸有 KOH 溶液的多孔性塑料制成，其电池符号表示为：

$$Ni \mid H_2 \mid KOH(30\%) \mid O_2 \mid Ag$$

负极反应：$2H_2 + 4OH^- = 4H_2O + 4e$

正极反应：$O_2 + 2H_2O + 4e = 4OH^-$

总反应：$2H_2 + O_2 = 2H_2O$

氢氧燃料电池目前已应用于航天、军事通讯、电视中继站等领域。

二、电极电势

(一)电极电势的产生

铜锌原电池中有电流产生，表明两个电极之间有电势差存在，这说明构成原电池的两个电极各自具有不同的电极电势。两个电极之间的电势差，称为原电池的电动势(electromotive force)，用 E 表示，则 $E = \varphi_{(+)} - \varphi_{(-)}$，式中 $\varphi_{(+)}$、$\varphi_{(-)}$ 分别表示正、负极的电极电势。

铜锌原电池中，电子从锌极流向铜极，说明锌极的电极电势比较低，而铜极的电极电势比较高，电极电势是如何产生的呢？

把金属(锌片或铜片)插入其对应的离子溶液中时，构成了相应的电极。一方面金属表面的金属原子因热运动和受溶液中极性水分子的作用形成水合离子进入溶液中，使溶液带正电荷。这一过程是金属的溶解过程，也是金属的氧化过程。金属越活泼，溶液越稀，金属溶解的倾向就越大。

$$M(s) \underset{\text{沉积}}{\overset{\text{溶解}}{\rightleftharpoons}} M^{n+}(aq) + ne$$

另一方面，溶液中的金属离子有可能碰撞金属表面，从金属表面上得到电子，还原为金属原子沉积在金属表面上，这个过程为金属离子的沉积过程，也是金属离子的还原过程。金属越不活泼，溶液浓度越大，金属离子沉积的倾向越大。当金属的溶解速率和金属离子的沉积速率相等时，达到了动态平衡。

在一给定浓度的溶液中，若金属失去电子的溶解速率大于金属离子得到电子的沉积速率，达到平衡时，金属带负电，溶液带正电。溶液中的金属离子并不是均匀分布的，由于静电吸引，较多地集中在金属表面附近的液层中。这样在金属和溶液的界面上形成了双电层，见图 9－3(a)，产生电势差。反之，如果金属离子的沉积速率大于金属的溶解速率，达到平衡时，金属表面带正电，溶液带负电。金属和溶液的界面上也形成双电层，见图9－3(b)，产生电势差。

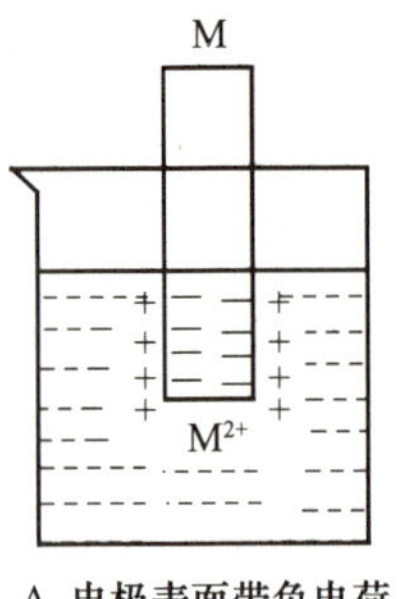

A. 电极表面带负电荷

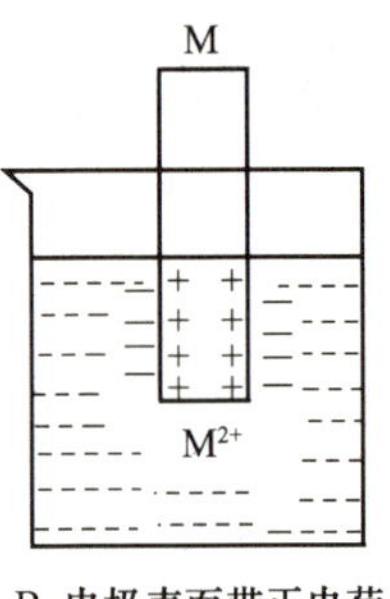

B. 电极表面带正电荷

图 9－3 金属电极的双电层结构

这种金属与溶液之间因形成双电层而产生的稳定电势称为金属的电极电势(electrode potential)，常用符号 $\varphi(M^{n+}/M)$ 表示。如在铜锌原电池中 Zn 片和 Zn^{2+} 溶液构成一个电极，电极电势用 $\varphi(Zn^{2+}/Zn)$ 表示；Cu 片和 Cu^{2+} 溶液构成一个电极，电极电势用 $\varphi(Cu^{2+}/Cu)$ 表示。

电极电势的大小主要取决于电极的本性，例如金属电极，金属越活泼，越容易失去电子，溶解成离子的倾向越大，离子沉积的倾向越小，达到平衡时，电极电势越低；金属越不活泼，则电极电势越高。另外，温度、介质和溶液中离子的浓度等外因对电极电势也有影响。

铜锌原电池中，锌比较活泼，Zn 失电子的倾向大，Zn^{2+} 得电子的倾向小，所以锌极的电极电势低；而铜较不活泼，Cu^{2+} 得电子的倾向大，Cu 失去电子的倾向小，所以铜极的电极电势高，连接两个电极，电子就会从锌极流向铜极，发生氧化还原反应。

(二) 标准电极电势

1. 标准氢电极 单个电极的电极电势的绝对值迄今无法测得。为比较各种电极的电极电势值，必须选一个电极作为比较标准，以求得各个电极的相对电极电势。这种方法正如确定海拔高度以海平面做基准一样。按照 IUPAC 的建议，国际上统一用标准氢电极作为测量各电极电势的标准，称其为参比电极。如果将某种电极作正极，标准氢电极作负极组成电池(或者将标准氢电极作正极，某种电极作负极组成电池)，测定出来的电池电动势即是该电极的电极电势。标准氢电极的构造如图 9－4 所示。

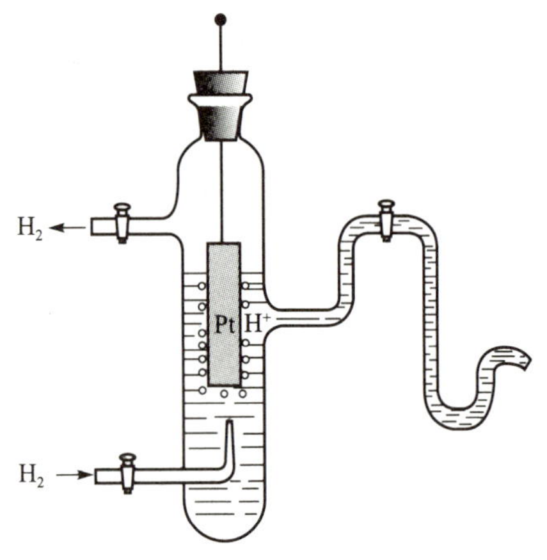

图 9－4 标准氢电极

因为气体不能直接制成电极，所以选用化学性质极不活泼而又能导电的铂片来制备电极。将铂片上镀一层疏松而多孔的铂黑，以提高氢气的吸附量。将这种铂片插入含有氢离子浓度(严格地说应为活度)为 $1mol \cdot L^{-1}$ 的溶液中，通入分压为 1.01×10^5 Pa(用符号 $p^{\ominus}$

表示)的高纯氢气，不断地冲击铂片，铂黑吸附的氢气达到饱和状态，这样就制成标准氢电极。电极反应为：

$$2H^+(aq)+2e \rightleftharpoons H_2(g)$$

电极组成为：Pt，H_2，$p^{\ominus}$ | $H^+(1.0mol \cdot L^{-1})$

式中$p^{\ominus}$代表氢气为标准压力(1.01×10^5Pa)，规定在298.15K时，标准氢电极的电极电势为零，即$\varphi^{\ominus}(H^+/H_2)=0.0000V$。

2. 标准电极电势及其测定 电极电势的大小与金属本性、离子浓度及温度有关。为了方便起见引入标准电极电势的概念。所谓标准电极电势，就是指在标准状态下，将各种电极和标准氢电极连接组成原电池，测定其电动势并确定其正极和负极，从而得出来的各种电极的标准电极电势。标准状态是指：温度恒定为298.15K，组成电极的相关离子的浓度均为$1mol \cdot L^{-1}$(严格讲为活度)，气体的分压为1.01×10^5Pa(用符号$p^{\ominus}$表示)，固体和液体都是纯净物。标准电极电势用符号$\varphi^{\ominus}$表示。

例如要测定锌电极的标准电极电势，可将标准状态下的锌电极与标准氢电极组成原电池，测定其电动势。这个原电池可用符号表示如下：

$$(-)Zn \mid Zn^{2+}(1.0mol \cdot L^{-1}) \parallel H^+(1.0mol \cdot L^{-1}) \mid H_2(p^{\ominus}),\ Pt(+)$$

由电流方向确定其正极和负极，实验测定表明：锌电极为负极，氢电极为正极，电池电动势$E=0.7618V$。则

$$E=\varphi^{\ominus}(H^+/H_2)-\varphi^{\ominus}(Zn^{2+}/Zn)=0.000-\varphi^{\ominus}(Zn^{2+}/Zn)$$

$$\varphi^{\ominus}(Zn^{2+}/Zn)=-0.7618V$$

用同样的方法可测定铜电极的标准电极电势。标准氢电极和标准铜电极组成原电池，氢电极为负极，铜电极为正极。此原电池用符号表示如下：

$$(-)Pt \mid H_2(100kPa) \mid H^+(1mol \cdot L^{-1}) \parallel Cu^{2+}(1mol \cdot L^{-1}) \mid Cu(+)$$

测得原电池的电动势是$E=0.3419V$。则

$$E=\varphi^{\ominus}(Cu^{2+}/Cu)-\varphi^{\ominus}(H^+/H_2)=\varphi^{\ominus}(Cu^{2+}/Cu)-0.000$$

$$\varphi^{\ominus}(Cu^{2+}/Cu)=+0.3419V$$

原则上用同样的方法可以确定其他各种电极的标准电极电势。各电极(电对)的标准电极电势可查阅化学手册，本书附录中列出了一些常见电对在水溶液中的标准电极电势。

为了正确使用标准电极电势，必须注意以下几点。

(1)标准电极电势的符号的正或负，不因电极反应的写法不同而改变。因为标准电极电势是平衡电势，电极反应是可逆的，因此无论电极反应是$Ox+ne \rightleftharpoons Red$，还是$Red-ne \rightleftharpoons Ox$，该指定电对的标准电极电势不变。

(2)$\varphi^{\ominus}$是在标准状态下的水溶液中测定的，对于非水溶液、高温下的固相反应或离子

浓度偏离标准状态太大的情况是不适合的。

(3)标准电极电势的数值只与电对的种类有关，而与半反应中的系数无关。以电对 Zn^{2+}/Zn 为例，不管是 $Zn^{2+}+2e \rightleftharpoons Zn$，还是 $1/2Zn^{2+}+e \rightleftharpoons 1/2Zn$，其 $\varphi^{\ominus}(Zn^{2+}/Zn) = -0.7618V$。

(4)在标准状态下，电对的标准电极电势值愈大，表明其氧化型得电子能力愈强，是愈强的氧化剂，而对应的还原型失电子能力愈弱，是弱的还原剂。

(5)有些物质既有氧化性又有还原性，此时必须注意使用相应电对的 $\varphi^{\ominus}$ 值。如 H_2O_2 做为氧化剂时，其中 $\varphi^{\ominus}=1.776V$，电极反应为：

$$H_2O_2+2H^++2e \rightleftharpoons 2H_2O$$

H_2O_2作为还原剂时，其 $\varphi^{\ominus}=0.695V$，电极反应为：

$$O_2+2H^++2e \rightleftharpoons H_2O_2$$

(6)标准电极电势表都分为两种介质：酸性溶液和碱性溶液。在电极反应中，H^+无论在反应物或产物中出现都查酸表；OH^-无论在反应物中或产物中出现都查碱表；没有 H^+ 或 OH^-出现时，可以从存在状态来考虑。如 $Fe^{3+}+e \rightleftharpoons Fe^{2+}$，在酸表中查此电对的 $\varphi^{\ominus}$。另外，介质没有参与电极反应的电极电势也列在酸表中，如 $F_2+2e \rightleftharpoons 2F^-$。

三、浓度对电极电势的影响——能斯特方程

标准电极电势是在温度为 298.15K，各离子浓度均为 $1mol \cdot L^{-1}$，气体的分压为 101.325kPa 时测得的。如果反应条件(特别是温度、浓度)改变，电极电势也将改变。电极电势与温度、浓度间的关系可用能斯特(Nernst)方程式表示。

(一)能斯特方程式

1. 能斯特方程式的表达式

$$\varphi=\varphi^{\ominus}+\frac{RT}{nF}\ln\frac{[Ox]}{[Red]} \tag{9-1}$$

式中，$\varphi^{\ominus}$为电对的标准电极电势，R 为气体常数，其值为 $8.314J \cdot K^{-1} \cdot mol^{-1}$，$F$ 为法拉第常数，其值为 $96500C \cdot mol^{-1}$，T 为绝对温度，单位用 K 表示，$T=(273+t)K$，n 为电极反应中转移的电子数，[Ox]为氧化态的物质的量浓度，[Red]为还原态的物质的量浓度。

当温度为 298.15K 时，将各常数代入上式，则能斯特方程式可改写为：

$$\varphi=\varphi^{\ominus}+\frac{0.0592}{n}\ln\frac{[Ox]}{[Red]} \tag{9-2}$$

2. 能斯特方程式的正确使用方法

(1)计算前首先配平电极反应。

(2)如果电极反应中某一物质是固体或纯液体，则它们的浓度为1，气体的浓度则用分压表示。

(3)电极反应式中参与反应的物质系数不等于1时，应以该系数为指数，以浓度幂形式代入方程。

(4)离子浓度单位是 $mol \cdot L^{-1}$(严格地说应该是活度)。如：

①已知 $Fe^{3+} + e \rightleftharpoons Fe^{2+}$，$\varphi^{\ominus} = 0.77V$

$$\varphi = \varphi^{\ominus} + \frac{0.0592}{1}\ln\frac{[Fe^{3+}]}{[Fe^{2+}]} = 0.77 + 0.0592\ln\frac{[Fe^{3+}]}{[Fe^{2+}]}$$

②已知 $MnO_2 + 4H^+ + 2e \rightleftharpoons Mn^{2+} + 2H_2O$，$\varphi^{\ominus} = 1.224V$

$$\varphi = \varphi^{\ominus} + \frac{0.0592}{2}\ln\frac{[H^+]^4}{[Mn^{2+}]} = 1.224 + \frac{0.0592}{2}\ln\frac{[H^+]^4}{[Mn^{2+}]}$$

③已知 $O_2 + 4H^+ + 4e \rightleftharpoons 2H_2O$，$\varphi^{\ominus} = 1.229V$

$$\varphi = 1.229 + \frac{0.0592}{4}\ln\frac{p(O_2) \cdot [H^+]^4}{1}$$

(二)溶液中各物质浓度的变化对电极电势的影响

从 Nernst 方程可以看出，电极反应中各物质浓度对电极电势有显著影响。不仅电极物质本身的浓度，而且酸度、沉淀反应等均可引起电极反应中离子浓度的改变。

1. 电极物质本身的浓度对电极电势的影响

例9-4 已知电极反应：$Sn^{4+} + 2e \rightleftharpoons Sn^{2+}$，$\varphi^{\ominus} = 0.151V$，试计算$[Sn^{4+}]/[Sn^{2+}] = 10$ 和$[Sn^{4+}]/[Sn^{2+}] = 1/10$ 时的 φ 值(298K)。

解：由式(9-2)得

$$\varphi = 0.151 + \frac{0.0592}{2}\ln\frac{[Sn^{4+}]}{[Sn^{2+}]}$$

当$[Sn^{4+}]/[Sn^{2+}] = 10$ 时，　　$\varphi = 0.151 + 0.0296 = 0.18V$

当$[Sn^{4+}]/[Sn^{2+}] = 1/10$ 时，　　$\varphi = 0.151 - 0.0296 = 0.12V$

可见，当$[Sn^{4+}]$升高时，φ 值增大，Sn^{4+} 的氧化性增强；当$[Sn^{2+}]$升高时，φ 值减小，Sn^{4+} 的氧化性降低。因此，氧化型物质浓度增大时，其氧化型物质的氧化性增强；还原型物质浓度增大时，其氧化型物质的氧化性降低。

2. 酸度对电极电势的影响 若电极反应中含有 H^+ 或 OH^-，酸度将对电极电势产生影响。

例9-5 已知 $14H^+ + Cr_2O_7^{2-} + 6e \rightleftharpoons 2Cr^{3+} + 7H_2O$，$\varphi^{\ominus} = 1.23V$，试计算$[H^+] = 1.0 \times 10^{-7} mol \cdot L^{-1}$和$[H^+] = 2.0 mol \cdot L^{-1}$的 φ 值。设$[Cr_2O_7^{2-}] = [Cr^{3+}] = 1.0 mol \cdot L^{-1}$，$T = 298K$。

解：由式(9-2)得

$$\varphi = \varphi^{\ominus} + \frac{0.0592}{6}\ln\frac{[Cr_2O_7^{2-}][H^+]^{14}}{[Cr^{3+2}]}$$

当$[H^+] = 1.0 \times 10^{-7} mol \cdot L^{-1}$时，　　$\varphi = 0.25V$

当$[H^+] = 2.0 mol \cdot L^{-1}$时，　　$\varphi = 1.27V$

可见，$Cr_2O_7^{2-}$ 离子的氧化能力随$[H^+]$的升高而明显增强。即溶液酸度越大，φ 越大，$Cr_2O_7^{2-}$ 离子的氧化能力越强。所以在实验室及工业生产中总是在较强的酸性溶液中使用 $K_2Cr_2O_7$作氧化剂。

3. 沉淀反应对电极电势的影响

例 9-6 已知 $Pb^{2+} + 2e \rightleftharpoons Pb$，$\varphi^{\ominus} = -0.126V$，若向溶液中加入 I^-离子并设反应平衡时，$[I^-] = 1.0 mol \cdot L^{-1}$，试求 $\varphi(Pb^{2+}/Pb)$值(298K)，已知 $K_{sp}(PbI_2) = 8.49 \times 10^{-9}$。

解：当加入 I^- 离子时，$Pb^{2+} + 2I^- \rightleftharpoons PbI_2\downarrow$，使平衡时$[Pb^{2+}]$大大降低，即

$$[Pb^{2+}] = \frac{K_{sp}(PbI_2)}{[I^-]^2} = \frac{8.49 \times 10^{-9}}{(1.0)^2} = 8.49 \times 10^{-9} mol \cdot L^{-1}$$

代入式(9-2)得

$$\varphi(Pb^{2+}/Pb) = \varphi^{\ominus}(Pb^{2+}/Pb) + \frac{0.0592}{2}\ln[Pb^{2+}] = -0.365V$$

可见，由于 Pb^{2+}离子形成 PbI_2沉淀，使氧化型离子的电极电势降低，即 $\varphi(Pb^{2+}/Pb)$降低。这实际上是 PbI_2/Pb 电对的 $\varphi^{\ominus}$，其电极反应为：$PbI_2 + 2e \rightleftharpoons Pb + 2I^-$。

第三节　电极电势的应用

一、比较氧化剂和还原剂的相对强弱

（一）标准状态下 $\varphi^{\ominus}$ 大小

在标准状态下可通过直接比较 $\varphi^{\ominus}$大小而判断氧化剂和还原剂的相对强弱；$\varphi^{\ominus}$值较大的电对中的氧化型是较强的氧化剂；$\varphi^{\ominus}$值较小的电对中的还原型是较强的还原剂。例如：

$$Zn^{2+} + 2e \rightleftharpoons Zn \qquad \varphi^{\ominus} = -0.7618V$$

$$Cu^{2+} + 2e \rightleftharpoons Cu \qquad \varphi^{\ominus} = +0.3419V$$

由于 $\varphi^{\ominus}(Cu^{2+}/Cu) > \varphi^{\ominus}(Zn^{2+}/Zn)$，故氧化性 $Cu^{2+} > Zn^{2+}$，还原性 $Zn > Cu$。

例 9-7　在标准状态下一含有 Cl^-、Br^-、I^-三种离子的混合溶液，欲使 I^-氧化成 I_2 又不使 Cl^-、Br^-氧化，现有氧化剂 $Fe_2(SO_4)_3$和 $KMnO_4$，选择何种较为合适呢？

解：查标准电极电势表得 $\varphi^{\ominus}(I_2/I^-) = 0.54V$，$\varphi^{\ominus}(Fe^{3+}/Fe^{2+}) = 0.77V$，$\varphi^{\ominus}(Br_2/Br^-) = 1.07V$，$\varphi^{\ominus}(Cl_2/Cl^-) = 1.36V$，$\varphi^{\ominus}(MnO_4^-/Mn^{2+}) = 1.51V$。

由 $\varphi^\ominus$ 可知，在标准状态下，MnO_4^- 可将 Cl^-、Br^- 和 I^- 分别氧化成 Cl_2、Br_2、I_2；而 $\varphi^\ominus(Fe^{3+}/Fe^{2+})$ 比 $\varphi^\ominus(I_2/I^-)$ 大，却比 $\varphi^\ominus(Br_2/Br^-)$ 和 $\varphi^\ominus(Cl_2/Cl^-)$ 小，因此 Fe^{3+} 只可以将 I^- 氧化成 I_2，故选择 $Fe_2(SO_4)_3$ 为宜。

实验室常用的强氧化剂其电对的 $\varphi^\ominus$ 往往大于1，如 $KMnO_4$、$K_2Cr_2O_7$、H_2O_2 等；常用的强还原剂其电对的 $\varphi^\ominus$ 值往往小于零，如 Zn、Fe 等。当然，氧化剂和还原剂的强弱是相对的，没有严格的界限。

（二）非标准状态下

非标准状态下应通过 Nernst 方程的计算来决定氧化剂和还原剂的相对强弱。

例 9-8 298K 时，电对 $Co^{3+}(1.0\times10^{-5}mol\cdot L^{-1})/Co^{2+}(1.0mol\cdot L^{-1})$ 和 H_2O_2，$H^+(0.10mol\cdot L^{-1})/H_2O$ 中，哪种是较强的氧化剂？哪种是较强的还原剂？

解：查标准电极电势表得 $\varphi^\ominus(Co^{3+}/Co^{2+})=1.83V$，$\varphi^\ominus(H_2O_2/H_2O)=1.78V$，代入 Nernst 方程。

$$\varphi(Co^{3+}/Co^{2+})=\varphi^\ominus(Co^{3+}/Co^{2+})+0.0592\ln\frac{[Co^{3+}]}{[Co^{2+}]}=1.83+0.0592\ln\frac{1.0\times10^{-5}}{1.0}=1.53V$$

$$\varphi(H_2O_2/H_2O)=\varphi^\ominus(H_2O_2/H_2O)+\frac{0.0592}{2}\ln[H^+]^2=1.78+\frac{0.0592}{2}\ln(0.10)^2=1.72V$$

由于 $\varphi(H_2O_2/H_2O)>\varphi(Co^{3+}/Co^{2+})$，所以氧化性 $H_2O_2>Co^{3+}$；H_2O_2 是较强氧化剂，Co^{2+} 是较强的还原剂。

二、判断氧化还原反应进行的方向

在氧化还原反应中，反应总是向着生成较弱的氧化剂和较弱的还原剂的方向进行。即：较强的氧化剂 + 较强的还原剂→较弱的氧化剂 + 较弱的还原剂。因此，只要知道构成氧化还原反应的各半反应的电极电势，便可方便地判断反应的方向。

例 9-9 试判断标准状态，下列反应进行的方向。

$$2Fe^{3+}+2I^-\rightleftharpoons 2Fe^{2+}+I_2$$

解：查标准电极电势表得 $Fe^{3+}+e\rightleftharpoons Fe^{2+}$　　$\varphi^\ominus=0.77V$

$I_2+2e\rightleftharpoons 2I^-$　　$\varphi^\ominus=0.54V$

由于 $\varphi^\ominus(Fe^{3+}/Fe^{2+})>\varphi^\ominus(I_2/I^-)$，所以氧化性 $Fe^{3+}>I_2$，还原性 $I^->Fe^{2+}$，

即反应向正向进行：$2Fe^{3+}+2I^-=2Fe^{2+}+I_2$

用电极电势判断反应进行的方向时，必须注意以下几点：

1. 当反应在标准状态下进行时，可直接用 $\varphi^\ominus$ 作判断依据。

2. 当反应在非标准状态下进行时，浓度的变化将引起电极电势的改变。特别是当两个电对的标准电极电势相差较小时，必须用 Nernst 方程计算出所给条件下的电极电势 φ，

然后才能判断，否则可能得出错误结论。

3. 电极电势判断依据仅能告诉人们反应有无自发进行的可能性，这是热力学问题。至于实际上该反应能否自发进行，则属动力学问题，电极电势判断依据无法做出结论。

某些含氧化合物如 $KMnO_4$、$K_2Cr_2O_7$、MnO_2、H_3AsO_4等参加氧化还原反应时，溶液的酸度变化对反应方向的影响是必须考虑的。

例 9－10 在分析化学中常用 $K_2Cr_2O_7$作为氧化剂测定铁的含量。

$$Cr_2O_7^{2-} + 6Fe^{2+} + 14H^+ \rightleftharpoons 2Cr^{3+} + 6Fe^{3+} + 7H_2O$$

试计算 pH＝6 时，其反应是否能进行。设$[Cr_2O_7^{2-}] = [Cr^{3+}] = [Fe^{3+}] = [Fe^{2+}] = 1mol \cdot L^{-1}$。

解：查标准电极电势表得

$$Cr_2O_7^{2-} + 14H^+ + 6e \rightleftharpoons 2Cr^{3+} + 7H_2O \qquad \varphi^{\ominus} = 1.23V$$

$$Fe^{3+} + e \rightleftharpoons Fe^{2+} \qquad \varphi^{\ominus} = 0.771V$$

当 pH＝6，即$[H^+] = 1.0 \times 10^{-6} mol \cdot L^{-1}$，代入(8－3)得

$$\varphi(Cr_2O_7^{2-}/Cr^{3+}) = \varphi^{\ominus}(Cr_2O_7^{2-}/Cr^{3+}) + \frac{0.0592}{6}\ln\frac{[Cr_2O_7^{2-}][H^+]^{14}}{[Cr^{3+}]^2}$$

$$= 1.23 + \frac{0.592}{6}\ln(10^{-6})^{14} = 0.40V$$

$$\varphi(Fe^{3+}/Fe^{2+}) = \varphi^{\ominus}(Fe^{3+}/Fe^{2+}) + \frac{0.0592}{1}\ln\frac{[Fe^{3+}]}{[Fe^{2+}]} = 0.771V$$

由于 $\varphi(Cr_2O_7^{2-}/Cr^{3+}) < \varphi(Fe^{3+}/Fe^{2+})$，故氧化性 $Cr_2O_7^{2-} < Fe^{3+}$。

所以在 pH＝6 时反应不能正向进行。

酸度除了能影响氧化还原反应的方向外，还会使氧化还原反应的产物因介质不同而异。如 $KMnO_4$在酸性、中性、碱性介质中可以分别被还原为 Mn^{2+}、MnO_2和 MnO_4^{2-}。

三、判断氧化还原反应进行的限度

化学反应的进行的程度可以通过平衡常数的计算来确定。氧化还原反应属于可逆反应，当反应达到平衡时，$E = \varphi(+) - \varphi(-) = 0$，即两个半反应的电极电势相等。用 φ 值求得氧化还原反应的平衡常数 K，根据 K 值的大小，来判断反应进行的程度。

例 9－11 判断金属 Sn 和 Pb^{2+}溶液反应进行的程度如何？

解：反应式为：$Sn + Pb^{2+} \rightleftharpoons Pb + Sn^{2+}$

该反应为氧化还原反应，达到平衡的条件是两个半反应的电极电势相等。

查标准电极电势表得：$Sn^{2+} + 2e \rightleftharpoons Sn \qquad \varphi^{\ominus} = -0.136V$

$$Pb^{2+} + 2e \rightleftharpoons Pb \qquad \varphi^{\ominus} = -0.1262V$$

$$\varphi(Sn^{2+}/Sn) = \varphi^{\ominus}(Sn^{2+}/Sn) + \frac{0.0592}{2}\ln[Sn^{2+}]$$

$$\varphi(Pb^{2+}/Pb) = \varphi^{\ominus}(Pb^{2+}/Pb) + \frac{0.0592}{2}\ln[Pb^{2+}]$$

平衡时 $\varphi(Sn^{2+}/Sn) = \varphi(Pb^{2+}/Pb)$，即

$$\varphi^{\ominus}(Sn^{2+}/Sn) + \frac{0.0592}{2}\lg[Sn^{2+}] = \varphi^{\ominus}(Pb^{2+}/Pb) + \frac{0.0592}{2}\ln[Pb^{2+}]$$

$$\varphi^{\ominus}(Pb^{2+}/Pb) - \varphi^{\ominus}(Sn^{2+}/Sn) = \frac{0.0592}{2}\ln\frac{[Sn^{2+}]}{[Pb^{2+}]}$$

由于反应已达到平衡，故上式中各物质的浓度均为平衡常数，即

平衡常数 $$K = \frac{[Sn^{2+}]}{[Pb^{2+}]}$$

$$\ln K = \frac{2[\varphi^{\ominus}(Pb^{2+}/Pb) - \varphi^{\ominus}(Sn^{2+}/Sn)]}{0.0592}$$

$$= \frac{2(-0.1262 + 0.1375)}{0.0592}$$

$$= 0.382$$

所以 $$K = \frac{[Sn^{2+}]}{[Pb^{2+}]} = 2.4$$

此平衡常数很小，说明此反应进行得很不完全。

将上式结论推广到一般氧化还原反应：$Ox_1 + Red_2 \rightleftharpoons Ox_2 + Red_1$

当 $T = 298.15K$ 时

$$\ln K = \frac{n[\varphi^{\ominus}(Ox_1/Red_1) - \varphi^{\ominus}(Ox_2/Red_2)]}{0.0592} \tag{9-3}$$

式中，n 代表氧化还原反应中电子转移的数目(mol)。由式(9－3)可以看出，两电对的标准电极电势相差越大，平衡常数 K 值越大，氧化还原反应进行的越彻底。

例 9－12 在酸性溶液中，$KMnO_4$ 和 $FeSO_4$ 生成 $MnSO_4$ 和 $Fe_2(SO_4)_3$ 的反应能否进行完全。

解：该反应式为 $MnO_4^- + 5Fe^{2+} + 8H^+ \rightleftharpoons Mn^{2+} + 5Fe^{3+} + 4H_2O$

查标准电极电势表得：$MnO_4^- + 8H^+ + 5e \rightleftharpoons Mn^{2+} + 4H_2O \quad \varphi^{\ominus} = 1.507V$

$$Fe^{3+} + e \rightleftharpoons Fe^{2+} \qquad \varphi^{\ominus} = 0.771V$$

根据(9－3)式有：

$$\ln K = \frac{n[\varphi^{\ominus}(Ox_1/Red_1) - \varphi^{\ominus}(Ox_2/Red_2)]}{0.0592}$$

$$=\frac{5\times(1.507-0.771)}{0.0592}=62.5$$

$$K=5.01\times10^{62}$$

K 很大，说明此反应进行的程度很完全。在分析化学中，利用高锰酸钾标准溶液测定硫酸亚铁的含量，就是根据这一反应原理。

应该说明的是，平衡常数 K 值的大小，只能表示反应正向进行的趋势及反应到达平衡时能够完成的程度，不能说明反应的快慢。同时，反应实际完成的程度还要考虑浓度、温度等因素的影响。

重点小结

一、氧化还原反应

1. 氧化数

(1)概念：氧化数是某元素一个原子的表观荷电数，这种表观荷电数是假设把每个化学键中的电子指定给电负性较大的原子而求得的。并规定得电子的原子氧化数为负值，在数字前加“-”号；失电子的原子氧化数为正值，在数字前加“+”号。

(2)确定氧化数的原则

2. 氧化还原反应的基本概念 氧化反应和还原反应，氧化剂和还原剂，氧化还原电对。

3. 氧化还原反应方程式的配平 氧化数法，离子-电子法。

二、原电池与电极电势

1. 原电池 定义、构成条件、表示方法。

2. 电极电势

(1)双电层理论

(2)标准氢电极：标准压力(1.01×10^5Pa)，规定在298.15K时，标准氢电极的电极电势为零，即 $\varphi^{\ominus}(H^+/H_2)=0.0000$ V

(3)标准电极电势

(4)能斯特方程

$$\varphi=\varphi^{\ominus}+\frac{RT}{nF}\ln\frac{[Ox]}{[Red]}$$

标准状态

$$\varphi=\varphi^{\ominus}+\frac{0.0592}{n}\ln\frac{Ox}{Red}$$

三、电极电势的应用

1. 判断氧化剂和还原剂的强弱
2. 判断氧化还原反应的方向
3. 判断氧化还原反应进行的程度

$$\lg K^{\ominus} = \frac{n(\varphi_{+}^{\ominus} - \varphi_{-}^{\ominus})}{0.0592}$$

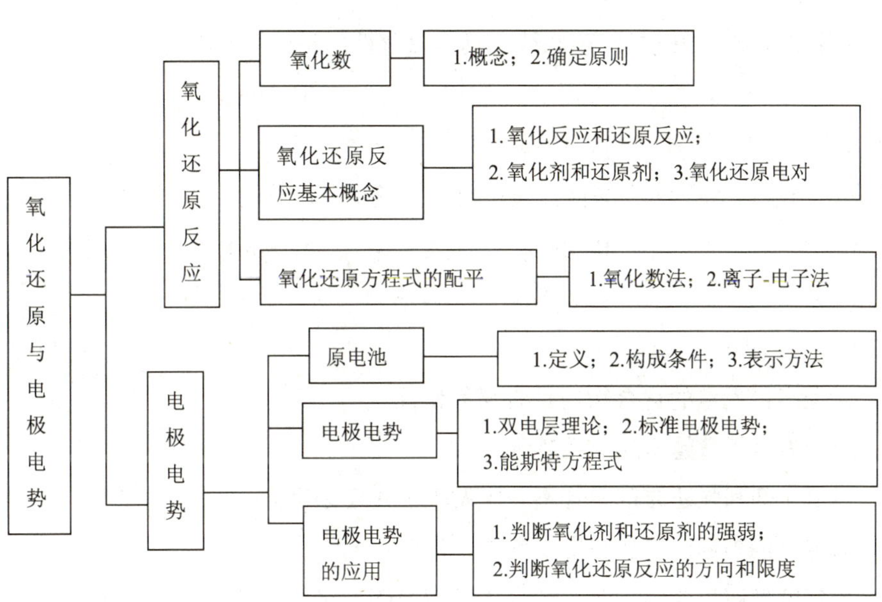

复习思考

一、选择题

1. 下列反应一定属于氧化还原反应的是（　　）

A. $Na_2O_2 + 2H_2O = H_2O_2 + 2NaOH$

B. $NaBr + H_3PO_4$(浓)$= NaH_2PO_4 + HBr\uparrow$

C. $Cl_2 + 2NaOH$(冷)$= NaClO + NaCl + H_2O$

D. $SO_3^{2-} + 2H^+ = 2SO_2\uparrow + H_2O$

E. $CaCl_2 + Na_2CO_3 = CaCO_3\downarrow + 2NaCl$

2. 在含有 Br^- 和 I^- 的混合液中，$c(Br^-) = c(I^-) = 1mol \cdot L^{-1}$，欲使 I^- 被氧化为 I_2，而 Br^- 不被氧化，应选择的氧化剂为（　　）

已知：$\varphi^{\ominus}(I_2/I^-) = 0.54V$，$\varphi^{\ominus}(Fe^{3+}/Fe^{2+}) = 0.77V$，$\varphi^{\ominus}(Br_2/Br^-) = 1.07V$，$\varphi^{\ominus}$

$(Cl_2/Cl^-) = 1.36V$，$\varphi^{\ominus}(MnO_4^-/Mn^{2+}) = 1.51V$，$\varphi^{\ominus}(Fe^{2+}/Fe) = -0.44V$。

A. Cl_2　　B. Fe^{2+}　　C. $KMnO_4^-$

D. Fe^{3+}　　E. Mn^{2+}

3. 在下列化合物中，S 的氧化数是 +4 的是(　　)

A. H_2S　　B. $Na_2S_2O_3$　　C. Na_2SO_3

D. Na_2SO_4　　E. SO_2

4. 下列分子或离子中既具有还原性又具有氧化性的是(　　)

A. Al^{3+}　　B. Cl^-　　C. MnO_4^-

D. H_2O_2　　E. H_2SO_4

5. $KMnO_4$与过量 Na_2SO_3在酸性介质中反应，其还原产物为(　　)

A. Mn^{2+}　　B. MnO_2　　C. MnO_4^-

D. Mn　　E. K_2MnO_4

6. 下列说法错误的是(　　)

A. 含最高价元素的化合物均具有强氧化性

B. 原子失电子数越多还原性越强

C. 强氧化剂和强还原剂混合不一定发生氧化还原反应

D. 失电子能力弱的物质得电子能力一定强

E. 氧化型物质浓度增大时，其氧化型物质的氧化性增强

7. 在氧化还原反应：$3S + 6KOH = K_2SO_3 + 2K_2S + 3H_2O$ 中，被氧化与被还原的硫原子数比是(　　)

A. 1∶2　　B. 2∶1　　C. 1∶1

D. 3∶2　　E. 2∶3

8. 关于盐桥叙述中错误的是(　　)

A. 电子通过盐桥流动

B. 盐桥的电解质中和两个半电池中过剩的电荷

C. 可以维持氧化还原反应进行

D. 盐桥中的电解质不参与反应

E. 保持溶液电中性

9. 将反应 $Fe^{2+} + Ag^+ \longrightarrow Fe^{3+} + Ag$ 构成原电池，其电池符号为(　　)

A. $(-)Fe^{2+} | Fe^{3+} \| Ag^+ | Ag(+)$

B. $(-)Pt | Fe^{2+} | Fe^{3+} \| Ag^+ | Ag(+)$

C. $(-)Pt | Fe^{2+}, Fe^{3+} \| Ag^+ | Ag(+)$

D. (－)Pt | Fe^{2+}，Fe^{3+} ‖ Ag^{+} | Ag | Pt(＋)

E. (－)Pt | $Fe^{2+}(c_1)$，$Fe^{3+}(c_2)$ ‖ $Ag^{+}(c_3)$ | Ag(＋)

10. 原电池(－)Fe | Fe^{2+} ‖ Cu^{2+} | Cu(＋)的电动势将随下列哪种变化而增加(　　)

A. 增大 Fe^{2+}离子浓度，减小 Cu^{2+}离子浓度

B. 减少 Fe^{2+}离子浓度，增大 Cu^{2+}离子浓度

C. Fe^{2+}离子和 Cu^{2+}离子浓度同倍增加

D. Fe^{2+}离子和 Cu^{2+}离子浓度同倍减少

E. Fe^{2+}离子和 Cu^{2+}离子浓度保持不变

二、填空题

1. 已知 $\varphi^{\ominus}(Cl_2/Cl^-) > \varphi^{\ominus}(Fe^{3+}/Fe^{2+}) > \varphi^{\ominus}(I_2/I^-)$，标准状况下，最强的氧化剂是________，最强的还原剂是________。氧化型氧化性由强到弱排序________，还原性还原性由强到弱排序________。

2. $FeCl_3$和 $SnCl_2$溶液间可发生如下反应：$2FeCl_3 + SnCl_2 \rightleftharpoons 2FeCl_2 + SnCl_4$，则氧化反应为________；还原反应为：________；

原电池符号为：____。

3. 氧化还原反应：$H_2O_2 + Cl_2 = 2HCl + O_2$中________为氧化剂，________为还原剂。

4. 在 $NaBH_4$中，B 的氧化数为________，H 的氧化数为________。

5. 标准氢电极的电极电势为________V。

6. 在原电池中，负极发生________反应。失电子的物质称________，表现为氧化数________(升高或降低)。

7. 在标准状态下可通过直接比较________大小而判断氧化剂和还原剂的相对强弱。

8. 在标准状态下，电对的标准电极电势值愈大，表明其________愈强，是愈强的________，而对应的还原型________愈弱，是弱的________。

9. 一给定浓度的溶液中，若金属失去电子的溶解速率大于金属离子得到电子的沉积速率，达到平衡时，金属带________电，溶液带________电。反之，如果金属离子的沉积速率大于金属的溶解速率，达到平衡时，金属表面带________电，溶液带________电。

10. 配平：____Cu + ____HNO_3(稀)═══____$Cu(NO_3)_2$ + ____NO + ____H_2O

三、判断题

1. 在氧化还原反应中，氧化剂得电子，还原剂失电子。(　　)

2. 在 $3Ca + N_2 \longrightarrow Ca_3N_2$反应中，$N_2$是氧化剂。(　　)

3. 电极的电极电势一定随 pH 值的改变而改变。(　　)

4. 铜锌原电池中，向锌电极中加入少量氨水，则电池电动势变大。(　　)

5. 标准氢电极的电极电势为零，是实际测定的结果。(　　)

6. 岐化反应是同种分子中同种原子之间发生的氧化还原反应。(　　)

7. 元素氧化数升高的过程称为氧化，而氧化数升高的物质称为还原剂。(　　)

8. 电极反应 $Zn^{2+} + 2e \rightleftharpoons Zn$，其 $\varphi^{\ominus}(Zn^{2+}/Zn) = -0.7618V$，则 $1/2Zn^{2+} + e \rightleftharpoons Zn$，$\varphi^{\ominus}(Zn^{2+}/Zn) = -0.3809V$。(　　)

9. 溶液酸度越大，φ 越大，$Cr_2O_7^{2-}$ 离子的氧化能力越强。(　　)

10. 在氧化还原反应中，反应总是向着生成较弱的氧化剂和较弱的还原剂的方向进行。(　　)

四、名词解释

1. 原电池　2. 氧化还原反应　3. 标准氢电极　4. 电极电势　5. 氧化数

五、简答题

1. 解释下列现象。

(1)配制 $SnCl_2$ 时，常需加入锡粒。

(2)硫酸亚铁在空气中久置会变黄。

2. 若下列各反应在原电池中进行，试写出电极反应、电池反应和电池符号。

(1) $Fe + Cu^{2+} = Fe^{2+} + Cu$

(2) $Cl_2 + 2Fe^{2+} = 2Cl^- + 2Fe^{3+}$

3. 在标准状态下，下列反应均可向右进行，试判断氧化剂的强弱顺序。

(1) $H_2O_2 + Br_2(l) \longrightarrow 2H^+ + O_2 + 2Br^-$

(2) $Cl_2 + Br^- \longrightarrow 2Cl^- + Br_2(l)$

六、计算题

1. 298K 时，$\varphi^{\ominus}(KMnO_4/Mn^{2+}) = 1.507V$，$\varphi^{\ominus}(Cl_2/Cl^-) = 1.358V$，在 298K 标准状态下将电对 $KMnO_4/Mn^{2+}$ 和 Cl_2/Cl^- 组成原电池，用原电池符号表示该电池的组成，并计算原电池的电动势。

2. 已知甘汞电极反应为：$Hg_2Cl_2 + 2e = 2Hg + 2Cl^-$，$\varphi^{\ominus} = 0.2681V$，计算 $[Cl^-] = 0.16mol \cdot L^{-1}$ 时的电极电势。

3. 298K 时，有原电池如下：

$(-)Pt \mid Cl_2(p^{\ominus}) \mid Cl^-(c^{\ominus}) \parallel H^+(c^{\ominus}), Mn^{2+}(c^{\ominus}), MnO_4^-(c^{\ominus}) \mid Pt(+)$

(1)写出电池反应式。

(2)计算反应的平衡常数。

(3)若原电池中其他条件不变，使 $[Cl^-] = [H^+] = 1.0 \times 10^{-3} mol \cdot L^{-1}$，求原电池的电动势，说明此时电池反应进行的方向。$[\varphi^{\ominus}(Cl_2/Cl^-) = 1.358V$，$\varphi^{\ominus}(MnO_4^-/Mn^{2+}) = 1.51V]$

扫一扫，知答案

扫一扫，看课件

第十章

配位化合物

【学习目标】

1. 掌握配位化合物的定义、组成、命名及书写；配位平衡的定义及稳定常数的意义。

2. 熟悉配位化合物的分类，螯合物的特点；酸效应、水解效应等对配位平衡的影响。

3. 了解配位化合物的几何异构现象；配位化合物的应用。

案例导入

生物体内大多数金属离子都以配位化合物的形式存在。如血红素是以 Fe^{2+} 为中心的配合物，它与有机大分子球蛋白结合成一种蛋白质称为血红蛋白，氧合血红蛋白具有鲜红的颜色。而血红蛋白本身是蓝色的。因此，动脉血呈鲜红色(含氧量高)，而静脉血则带蓝色(含氧量低)。煤气中毒是 CO 与血红蛋白反应生成更稳定的配合物，使血红蛋白失去输送 O_2 的能力，造成组织缺 O_2 而中毒。

问题：1. 什么是配合物？形成配合物的条件是什么？

2. 为什么 CO 能与配合物血红蛋白反应？

配位化合物(coordination compound)简称配合物，以前也称为络合物(complex compound)，它是一类组成复杂、用途极为广泛的化合物。如人体内的血红蛋白和植物光合作用依赖的叶绿素都是配合物。历史上最早有记载的配合物是 1704 年德国涂料工人狄斯巴赫(Diesbach)发现的可作染料和颜料使用的普鲁士蓝{$KFe[Fe(CN)_6]$}。1798年法国化学家塔萨厄尔(B. M. Tassaert)合成了第一个配合物$[Co(NH_3)_6]Cl_3$。随着更多配合物的发现，1893年，维尔纳(A. Werner)在前人的基础上首先提出了配合物的配位理论，揭示了配合物的成键本质，奠定了现代配位化学的基础，并因此在1913年获诺贝尔化学奖。自此，配位化学得到了迅速的发展。现在，配位化学涉及的内容实际上打破了传统的无机化学、有机化学、物理化学和生物化学的界限，成为各分支化学的交叉点。

在医学上常用配位化学的原理补充金属元素的不足；用配合物作为药物排除体内过量或有害元素，以治疗各种金属代谢障碍性疾病。同时，在药物分析、新药的研制和开发等方面，配合物的应用也十分广泛。因此学习配合物的结构及其性质对药学专业的学生十分必要。

第一节　配位化合物的基本概念

一、配位化合物及其组成

(一)配位化合物定义

在配合物$[Co(NH_3)_6]Cl_3$中，每个NH_3分子中的N原子均提供一对孤对电子给Co^{3+}的外层空轨道，形成6个配位键。6个NH_3分子与Co^{3+}结合牢固，$[Co(NH_3)_6]^{3+}$离子不管在水溶液中还是在晶体中都能稳定存在，这和大家熟悉的复盐，如$KAl(SO_4)_2 \cdot 12H_2O$(明矾)等，有着显著的区别。复盐在水溶液中和普通盐一样，电离出简单离子K^+、Al^{3+}、SO_4^{2-}，而不会有$[Co(NH_3)_6]^{3+}$这样的复杂离子。

像$[Co(NH_3)_6]^{3+}$这样，由一个具有空轨道的金属离子或原子(可接受电子对)和一定数目能提供孤对电子的中性分子或阴离子，通过配位键形成的具有一定空间结构的复杂离子称为配位离子(coordinationion)，简称配离子。如$[Cu(NH_3)_4]^{2+}$、$[Co(NH_3)_4Cl_2]^+$、$[Fe(CN)_6]^{3-}$等。配离子和其他具有相反电荷的简单离子组成的化合物称为配位化合物，简称配合物。如$[Cu(NH_3)_4]SO_4$、$K_3[Fe(CN)_6]$等。配合物也可以由金属离子或原子直接与提供孤对电子的中性分子或阴离子以配位键形成，如$[Pt(NH_3)_2Cl_2]$、$[Fe(CO)_5]$等。

(二)配位化合物的组成

配合物一般由内界和外界两部分组成，内界是配合物的特征部分，在化学式里以方括号括起来；外界为简单离子。如$[Co(NH_3)_6]Cl_3$的组成如下：

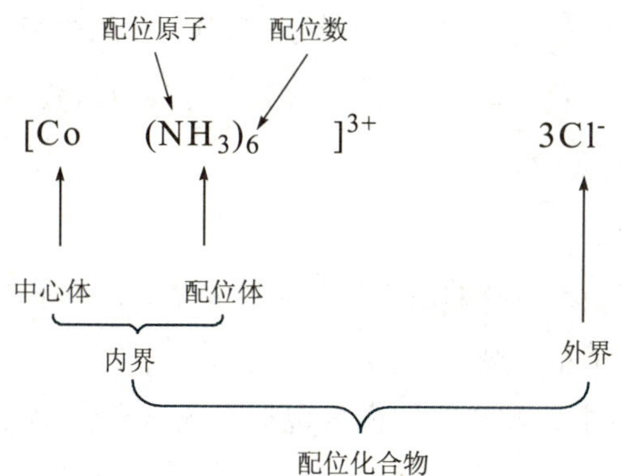

1. 中心体 中心体也称中心离子或中心原子，通常是金属离子或原子，以过渡金属离子最常见，如 Ag^{+}、Cu^{2+}、Fe^{3+}、Ni^{2+} 等金属离子和 Ni、Fe、Co 等金属原子。也有少数是非金属元素，如 $[BF_4]^-$ 中的 B(Ⅲ)和 $[SiF_6]^{2-}$ 中的 Si(Ⅳ)。中心体必须有空的价电子轨道，用来接受配位体提供的孤对电子。

2. 配位体 配合物中，提供孤对电子与中心体形成配位键的阴离子或中性分子称为配位体。常见的无机配位体有 X^-、CN^-、SCN^- 等阴离子和 H_2O、NH_3 等中性分子。配位体中提供孤对电子与中心体形成配位键的原子称为配位原子(coordinate atom)，如 NH_3 中的 N，H_2O 中的 O，X^- 中的 X 等。

根据配位体中配位原子的数目，将配位体分为单齿配位体(monodentate ligand)和多齿配位体(multidentate ligand)两类。只含一个配位原子的配位体称为单齿配位体，如 F^-、Cl^-、H_2O、NH_3 等；含两个或两个以上配位原子的配位体称为多齿配位体。如 $H_2N—CH_2—CH_2—NH_2$(乙二胺，简写为 en)，HOOC—COOH(乙二酸，简写为 ox)，$H_2N—CH_2—COOH$(氨基乙酸，简写为 gly)等。

3. 配位数 直接与中心体结合成键的配位原子的数目称该中心体的配位数。如果配合物的配位体都是单齿配位体，则配位数等于配位体的数目，如 $[Fe(CN)_6]^{3-}$ 中 Fe^{3+} 的配位数为 6、$[Pt(NH_3)_2Cl_2]$ 中 Pt^{2+} 的配位数为 4。如果配合物中有多齿配位体，则配位数不等于配位体的数目而是其结合的配位原子的总数，如 $[Pt(en)_2]Cl_2$ 中 Pt^{2+} 的配位数为 4 而不是 2，因为一个乙二胺配位体有两个配位原子 N 与中心体成键。

中心体的配位数一般为 2、4、6、8 等，其中最常见的是 4 和 6，配位数为 5 和 7 的并不常见。

4. 配离子的电荷 配离子的电荷等于中心体与配位体总电荷的代数和。例如，在 $[Cu(NH_3)_4]^{2+}$ 中，Cu^{2+} 离子电荷为 +2，NH_3 是中性分子，所以配离子电荷为 +2，$[AlF_6]^{3-}$ 配离子的电荷则为 $+3+6\times(-1)=-3$。另外，整个配合物是电中性的，所以配离子的电荷数与外界离子的电荷总数量相等，符号相反。因此通常可以根据外界简单离子的电荷总数判断出内界的电荷数，并进一步判断出中心体的电荷。例如 $K_3[Fe(CN)_6]$中，外界离子电荷总数为 $3\times(+1)=+3$，所以配离子$[Fe(CN)_6]^{3-}$的电荷为 -3，再根据 CN^-的电荷为 -1，判断出 Fe 为 +3 价。

（三）配合物的命名

配合物种类繁多，有些配合物的组成相对比较复杂，因此有必要进行系统命名。这里仅简单介绍配合物命名的基本原则。

1. 配离子的命名 通常，配合物的命名包括两大部分：内界与外界。内界的命名是关键，其顺序为：

配位体数（用一、二、三……表示）—配位体名称—“合”—中心体名称—中心体氧化数[用（Ⅰ）、（Ⅱ）、（Ⅲ）……表示]—“配离子”或“酸根”（通常阳离子称配离子或离子，阴离子称酸根）。例如：

$[Cu(NH_3)_4]^{2+}$ 四氨合铜（Ⅱ）配离子

$[Co(NH_3)_6]^{3+}$ 六氨合钴（Ⅲ）配离子

$[Fe(CN)_6]^{3-}$ 六氰合铁（Ⅲ）酸根

$[Fe(CN)_6]^{4-}$ 六氰合铁（Ⅱ）酸根

$[Cu(en)_2]^{2+}$ 二（乙二胺）合铜（Ⅱ）配离子

如果含有多种配位体，不同的配位体之间要用“·”隔开，命名的顺序是先阴离子（简单离子—复杂离子—有机酸根离子）），再中性分子（NH_3—H_2O—有机分子））。另外，如配位体都是阴离子或中性分子，按配位原子元素符号的英文字母顺序排列。例如：

$[Co(NH_3)_4Cl_2]^+$ 二氯·四氨合钴（Ⅲ）配离子

$[Co(NH_3)_3(H_2O)Cl_2]^-$ 二氯·三氨·一水合钴（Ⅲ）配离子

2. 配合物的命名 配合物的命名方法服从一般无机化合物的命名原则。例如，

$[Co(NH_3)_3(H_2O)Cl_2]Cl$ 氯化二氯·三氨·一水合钴（Ⅲ）

$[Cu(NH_3)_4]SO_4$ 硫酸四氨合铜（Ⅱ）

$H_2[SiF_6]$ 六氟合硅（Ⅳ）酸

$K_3[Fe(CN)_6]$ 六氰合铁（Ⅲ）酸钾

$[Cu(en)_2](OH)_2$ 氢氧化二（乙二胺）合铜（Ⅱ）

无外界的配合物命名，例如：

$[Fe(CO)_5]$ 五羰基合铁（0）

（四）配合物的几何异构现象

配合物都有一定空间结构，如果配合物中有几种不同的配位体，配位体在中心体周围

可能就有不同的空间排列方式。例如，同一化学式的[$Pt(NH_3)_2Cl_2$]（空间构型为平面正方形），有下列两种排列方式。

$$\begin{array}{ccc} H_3N & & Cl \\ & \diagdown \quad \diagup & \\ & Pt & \\ & \diagup \quad \diagdown & \\ H_3N & & Cl \end{array} \qquad \begin{array}{ccc} H_3N & & Cl \\ & \diagdown \quad \diagup & \\ & Pt & \\ & \diagup \quad \diagdown & \\ Cl & & NH_3 \end{array}$$

在[$Pt(NH_3)_2Cl_2$]的空间结构中，4 个配位体有两种空间排列方式，同种配位体彼此相互靠近（顺式），或者彼此处于对位位置（反式）。像这种组成相同，配位体几何排列方式不同的现象称几何异构现象（顺－反异构现象）。组成相同而配位体的几何排列方式不同所形成的异构体称几何异构体（顺－反异构体）。对于配位数为 2 或 3 的配合物或对于四面体配合物来说，这类异构现象是不可能的。在这些体系中所有的配位位置都是彼此相邻的，然而对于平面正方形和八面体配合物来说，顺－反异构现象是常见的。

由于结构不同，虽然配合物有相同的组成，性质却不一样。例如，[$Pt(NH_3)_2Cl_2$]的顺式异构体为橙黄色晶状粉末，分子有极性，在水中溶解度较大，有抗癌作用；[$Pt(NH_3)_2Cl_2$]的反式异构体为鲜黄色细八面体结晶，偶极矩为零，在水中溶解度很小，无抗癌作用。

二、配合物的分类

配合物在自然界中广泛存在，根据其结构特征，主要分为以下两类。

1. 简单配合物 由单齿配位体与中心体配位形成的配合物称为简单配合物。在简单配合物中只有一个中心体，且与中心体相结合的配位体都只有一个配位原子。因此，这类配合物即使有多个配位体，在分子中也不会形成环状结构。例如，[$Cu(NH_3)_4$]SO_4、[$Co(NH_3)_3(H_2O)Cl_2$]Cl等。

2. 螯合物 由多齿配位体与中心体配位形成的具有环状结构的配合物称为螯合物(chelaye compound)。例如，乙二胺(en)是双齿配位体，它与 Cu^{2+} 可形成两个五元环结构的二（乙二胺）合铜（Ⅱ）配离子，其结构如下：

$$\left[\begin{array}{ccccc} & H_2 & & H_2 & \\ H_2C- & N & & N & -CH_2 \\ | & & \searrow \quad \swarrow & & | \\ & & Cu & & \\ | & & \nearrow \quad \nwarrow & & | \\ H_2C- & N & & N & -CH_2 \\ & H_2 & & H_2 & \end{array}\right]^{2+}$$

每个乙二胺(en)中的两个 N 原子分别提供一对孤对电子与 Cu^{2+} 形成配位键，犹如螃蟹以双螯钳住中心体，螯合物的名称由此而得。依据螯合物环状结构中环上的原子总数相应称该环为几元环。

螯合物稳定性大大高于简单配合物，这是由于螯合物环状结构产生的。螯合物的环一般为五元环或六元环(空间效应，张力较小)，且环数越多越稳定，因为环越多，破坏螯合物需要断的键越多。这种由于螯合物的生成使配合物稳定性显著增加的现象称为螯合效应(chelating effect)。

能和中心体形成螯合物的多齿配位体称为螯合剂。一般是含有 N、O、S、P 等配位原子的有机化合物。螯合剂的结构应有以下特点：

(1)螯合剂必须含有 2 个或 2 个以上能给出孤对电子的配位原子。

(2)每两个配位原子之间最好间隔 2 个或 3 个其他原子，以便形成稳定的五元环或六元环。

(3)螯合物的中心体必须有空轨道，能接受配位原子提供的孤电子对。

常见的螯合剂除乙二胺外，还有氨基乙酸、乙二胺四乙酸等。例如，乙二胺四乙酸分子中共有 6 个配位原子，两个 N 原子和 4 个 O 原子，其结构式如下：

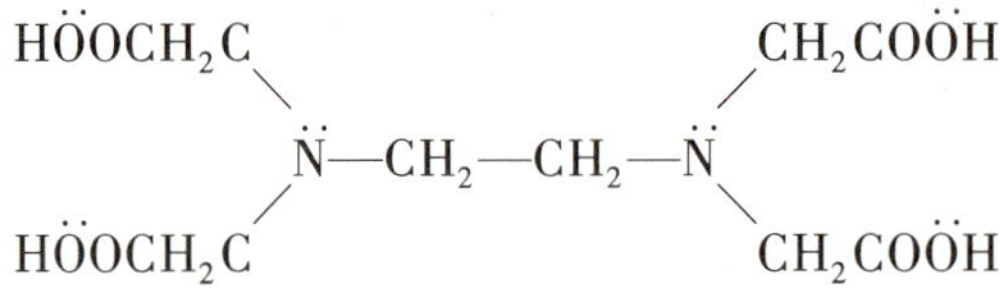

$$
\begin{array}{ccc}
H\ddot{O}OCH_2C & & CH_2CO\ddot{O}H \\
\diagdown & & \diagup \\
\ddot{N}-CH_2-CH_2-\ddot{N} & & \\
\diagup & & \diagdown \\
H\ddot{O}OCH_2C & & CH_2CO\ddot{O}H
\end{array}
$$

乙二胺四乙酸的 6 个配位原子能与中心体形成具有 5 个五元环的螯合物，这种结构具有非常高的稳定性。例如，它与 Cu^{2+} 生成的螯合物的结构式如下：

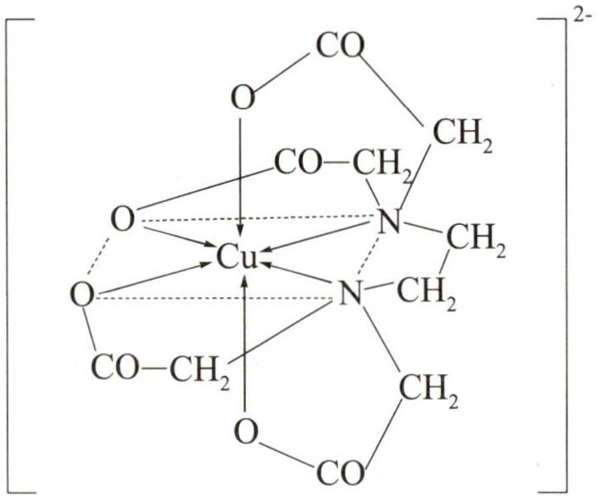

$[\ldots]^{2-}$

CO
O
CH_2
CO—CH_2
O
N
CH_2
Cu
O
N
CH_2
CO—CH_2
CH_2
O
CO

除此之外，配合物还有多核配合物、羰基配合物、金属簇状配合物、夹心配合物等类型。例如含有两个或两个以上中心体的多核配合物 μ－二羟基八水合二铁(Ⅲ)配离子的结构式如下：

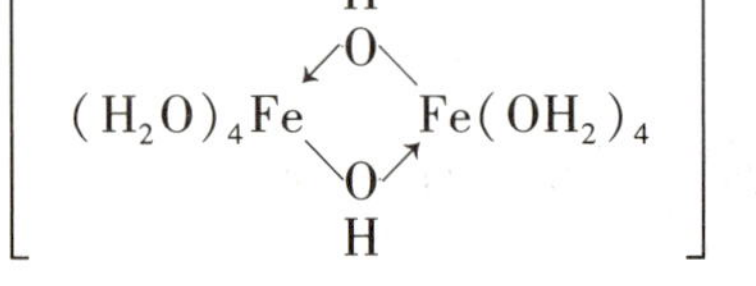

$$
\left[(H_2O)_4Fe \begin{array}{c} H \\ O \\ \swarrow \quad \searrow \\ \nwarrow \quad \nearrow \\ O \\ H \end{array} Fe(OH_2)_4 \right]^{4+}
$$

羰基配合物与高纯金属的制备

羰基配合物的中心体为中性原子，通常可由 CO 与金属直接生成。如常温常压下 CO 与 Ni 可直接生成 $Ni(CO)_4$；200℃、压强为 1.01×10^4kPa 时，CO 与 Fe 可直接生成 $Fe(CO)_5$。羰基配合物的热稳定性通常较差，易分解为相应金属和 CO。工业上可利用羰基配合物的生成和分解来制备高纯度的金属。如金属 Ni 中常含有杂质 Co，在常温常压下 Ni 可与 CO 生成 $Ni(CO)_4$，而 Co 不与 CO 反应。将所得 $Ni(CO)_4$ 的蒸气加热至约 180℃ 则分解得到高纯度的 Ni。

第二节　配位平衡

一、配位平衡常数

（一）稳定常数

在 $CuSO_4$ 溶液中加入氨水，生成 $[Cu(NH_3)_4]^{2+}$ 配合物，反应式为：

$$Cu^{2+}+4NH_3 \longrightarrow [Cu(NH_3)_4]^{2+}$$

当在 $[Cu(NH_3)_4]SO_4$ 溶液中加入 NaOH 溶液，无蓝色 $Cu(OH)_2$ 沉淀生成，但若在 $[Cu(NH_3)_4]SO_4$ 溶液中加入 Na_2S 溶液，则有黑色 CuS 沉淀生成。说明溶液中有少量的 Cu^{2+}，所以能生成 CuS 沉淀（$K_{sp}=6.3\times10^{-36}$）。但因为溶液中 Cu^{2+} 浓度非常小，$[Cu^{2+}][OH]^2<K_{sp}=5.6\times10^{-12}$，不能生成 $Cu(OH)_2$ 沉淀。说明溶液中既存在 Cu^{2+} 和 NH_3 的配位反应，又存在 $[Cu(NH_3)_4]^{2+}$ 的离解反应。即：

$$Cu^{2+}+4NH_3 \underset{\text{离解}}{\overset{\text{形成}}{\rightleftharpoons}} [Cu(NH_3)_4]^{2+}$$

当正、逆反应速率相等时，体系达到平衡状态，这种平衡称为配位平衡，平衡常数为：

$$K_{稳}=\frac{[Cu(NH_3)_4^{2+}]}{[Cu^{2+}][NH_3]^4}$$

配位平衡的平衡常数称为配位平衡常数，也称稳定常数，符号 $K_{稳}$。它表示了配离子的稳定程度，对于相同类型（配位比相同）的配离子来说，$K_{稳}$ 越大，配离子在溶液中越稳定，越不容易离解。例如，$[Ag(NH_3)_2]^+$ 和 $[Ag(CN)_2]^-$ 的配位比均为 2∶1，$K_{稳}$ 分别为 1.7×10^7 和 6.3×10^{21}，故后者比前者稳定得多。实际上，在上述两溶液中分别加入 I^-，前者有黄色 AgI 沉淀生成，而后者不能生成 AgI 沉淀。

表 10－1 列举一些常见配离子的稳定常数

表 10-1 一些配离子的稳定常数

配离子	$[Ag(NH_3)_2]^+$	$[Cu(NH_3)_4]^{2+}$	$[Cu(en)_2]^{2+}$	$[Fe(C_2O_4)_3]^{3-}$	$[Fe(CN)_6]^{3-}$
$K_{稳}$	1.1×10^{7}	2.1×10^{13}	1.0×10^{20}	1.6×10^{20}	1.0×10^{42}

(二)不稳定常数

如果将前述 $CuSO_4$ 溶液与氨水的化学反应倒过来写：

$$[Cu(NH_3)_4]^{2+} \rightleftharpoons Cu^{2+} + 4NH_3$$

则反应的平衡常数为：

$$K_{不稳} = \frac{[Cu^{2+}][NH_3]^4}{[Cu(NH_3)_4^{2+}]}$$

该平衡常数称为配离子离解常数，也称不稳定常数，符号 $K_{不稳}$。表示的是配离子的不稳定程度。对于相同类型(配位比相同)的配离子来说，$K_{不稳}$越大，表示配离子在溶液中越不稳定，越容易离解。

很明显，不稳定常数与稳定常数互为倒数，即：

$$K_{不稳} = \frac{1}{K_{稳}}$$

$K_{稳}$和 $K_{不稳}$从两个不同角度描述配离子的稳定程度，使用时注意不要混淆。

稳定常数可用于计算配合物溶液中相关离子的浓度。

例 10-1 在含有 $0.01mol\cdot L^{-1}$的$[Ag(NH_3)_2]^+$配离子和 $0.01mol\cdot L^{-1}NH_3$的溶液中，平衡状态下 Ag^+的浓度为多少？已知$[Ag(NH_3)_2]^+$的 $K_{稳}=1.1\times10^{7}$。

解：设平衡时 Ag^+浓度为 x。

$$[Ag(NH_3)_2]^+ \rightleftharpoons Ag^+ + 2NH_3$$

平衡浓度 $\quad 0.01-x \qquad x \qquad 0.01+2x$

由于配离子$[Ag(NH_3)_2]^+$的 $K_{稳}$很大，即在溶液中很难离解，那么解离出的 Ag^+很少，远远小于 0.01，故 $0.01-x\approx0.01$，$0.01+2x\approx0.01$。

$$K_{不稳} = \frac{1}{K_{稳}} = \frac{1}{1.1\times10^{7}} = 9\times10^{-8}$$

$$K_{不稳} = \frac{[Ag^+][NH_3]^2}{[Ag(NH_3)_2^+]} = \frac{x(0.01+2x)^2}{0.01-x} \approx \frac{(0.01)^2x}{0.01} \approx 9\times10^{-8}$$

$$[Ag^+] = x = 9\times10^{-6}mol\cdot L^{-1}$$

二、配位平衡移动

配位平衡和其他化学平衡一样，是有条件的、暂时的动态平衡。当外界条件改变时，配位平衡就会发生移动。如果配位平衡体系中存在其他化学反应，能与某个配位平衡的反应物或生成物发生反应，降低了配位平衡反应物或生成物的浓度，进而使平衡移动。不同化学反应对配位平衡的影响，本质上是一样的。

（一）配位平衡与酸碱平衡

在$[FeF_6]^{3-}$配离子溶液中滴加一定浓度H_2SO_4，溶液会由无色变成黄色；若在原$[FeF_6]^{3-}$溶液中滴加NaOH溶液，会有棕红色沉淀生成。反应如下：

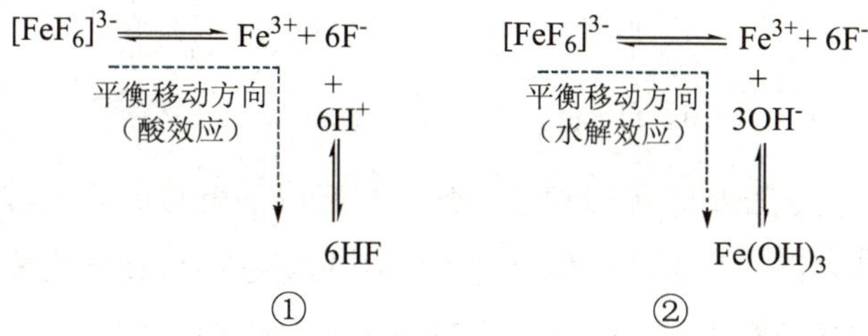

1. 酸效应 在平衡①中，配位平衡中的配位体F^-与溶液中的H^+发生反应，生成配位体F^-的共轭酸HF，F^-浓度降低，配位平衡移动并致使配离子离解。这种因配位体与H^+结合而使配离子离解的作用称为酸效应。溶液pH越小，酸效应越明显。

2. 水解效应 在平衡②中，配位平衡中的中心离子Fe^{3+}与溶液中的OH^-反应，使配位平衡移动。这种因中心离子（金属离子）与溶液中OH^-结合而使配离子离解的作用称为水解效应。溶液pH越大，水解效应越明显。

为减小中心离子的水解效应，应降低溶液的pH值。但pH值的减小，又会导致配位体的酸效应，可见酸碱平衡对配位平衡的影响是多方面的，但通常以酸效应为主。

（二）多个配位平衡间的相互影响

例10－2 判断化学反应$[Ag(NH_3)_2]^+ + 2CN^- \rightleftharpoons [Ag(CN)_2]^- + 2NH_3$的进行方向。已知$[Ag(NH_3)_2]^+$的$K_{稳} = 1.1\times10^7$、$[Ag(CN)_2]^-$的$K_{稳} = 1.3\times10^{21}$。

解：（反应中有两种配离子，反应倾向于朝着生成更稳定配离子的方向进行，即正反应方向，通过计算进一步证明）

$$K = \frac{[Ag(CN)_2^-][NH_3]^2}{[Ag(NH_3)_2^+][CN^-]^2}$$

将上式右边的分子、分母同乘以$[Ag^+]$，则有

$$K = \frac{[Ag(CN)_2^-][NH_3]^2[Ag^+]}{[Ag(NH_3)_2^+][CN^-]^2[Ag^+]} = \frac{K_{稳}[Ag(CN)_2^-]}{K_{稳}[Ag(NH_3)_2^+]}$$

$$= \frac{1.3\times10^{21}}{1.1\times10^7} = 1.2\times10^{14}$$

从反应的K值可以看出，反应向正反应方向进行的倾向很大，如果在$[Ag(NH_3)_2]^+$溶液中加入足够的CN^-，$[Ag(NH_3)_2]^+$配离子会离解从而生成$[Ag(CN)_2]^-$。

(三)配位平衡与沉淀－溶解平衡

若在 AgCl 沉淀中加入大量氨水，AgCl 沉淀会溶解并生成无色透明的配离子 $[Ag(NH_3)_2]^+$。继续向该溶液中加入 NaBr 溶液，立即出现淡黄色 AgBr 沉淀，反应如下：

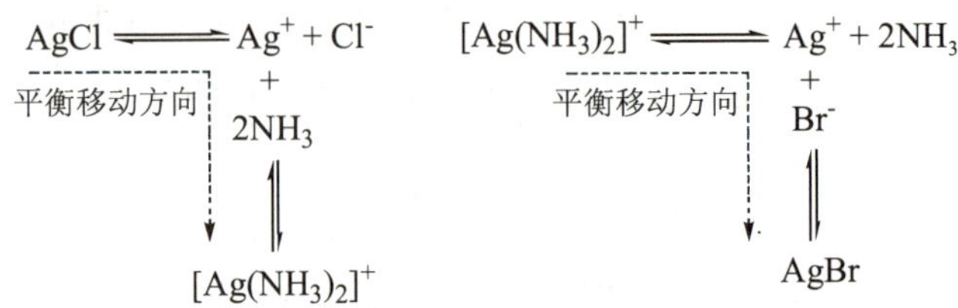

由此可以看出沉淀、配离子可以相互转化。在配位平衡与沉淀－溶解平衡相互转化过程中，配离子稳定性越高，沉淀的溶解度越大，则沉淀越容易转化为配合物。反之，配离子稳定性越低，沉淀的溶解度越小，则配合物越容易转化为沉淀。

例 10－3 已知配位反应 $Ag^+ + 2S_2O_3^{2-} \rightleftharpoons [Ag(S_2O_3)_2]^{3-}$ ($K_{稳} = 2.9 \times 10^{13}$)，将 $1.0mol \cdot L^{-1}$ $Na_2S_2O_3$溶液与 $0.2mol \cdot L^{-1}$ $AgNO_3$溶液等体积混合，平衡后向该溶液中加入 KBr 固体，使 Br^-浓度为 $0.01mol \cdot L^{-1}$，这时是否会有 AgBr($K_{sp} = 5.0 \times 10^{-13}$)沉淀生成？

解：等体积混合后，溶液中$[Na_2S_2O_3] = 0.5mol \cdot L^{-1}$，$[AgNO_3] = 0.1mol \cdot L^{-1}$。设平衡时 Ag^+浓度为 x。则有：

$$Ag^+ + 2S_2O_3^{2-} \rightleftharpoons [Ag(S_2O_3)_2]^{3-}$$

初始浓度($mol \cdot L^{-1}$)　0.1　0.5　0

平衡浓度($mol \cdot L^{-1}$)　x　$0.5-2(0.1-x)$　$0.1-x$

浓度变化量($mol \cdot L^{-1}$)　$0.1-x$　$2(0.1-x)$　$0.1-x$

因$[Ag(S_2O_3)_2]^{3-}$稳定常数很大，故$(0.1-x) \approx 0.1$

$$K_{稳} = \frac{[Ag(S_2O_3)_2]^{3-}}{[S_2O_3^{2-}]^2[Ag^+]} = \frac{0.1}{0.3^2 x} = 2.9 \times 10^{13}$$

$$[Ag^+] = x = 3.83 \times 10^{-14} mol \cdot L^{-1}$$

$$Q_i = [Ag^+][Br^-] = 3.83 \times 10^{-14} \times 0.01 = 3.83 \times 10^{-16}$$

因为 $Q_i < Ksp$，故不会有 AgBr 沉淀生成。

(四)配位平衡与氧化还原平衡

在配位平衡中，如果中心体或配位体发生氧化还原反应，其浓度会降低，使配位平衡发生移动；在氧化还原反应中，如果金属离子发生配位反应，金属离子浓度也会降低，相应电极电势发生变化，使氧化还原平衡移动。

例如在血红色的$[Fe(SCN)]^{2+}$配离子溶液中加入溶液 $SnCl_2$，红色会褪去，反应方程式如下：

$$2[Fe(SCN)]^{2+} + Sn^{2+} \rightleftharpoons 2Fe^{2+} + Sn^{4+} + 2SCN^-$$

反应中 Sn^{2+} 离子与 Fe^{3+} 离子发生的氧化还原反应，降低了中心体 Fe^{3+} 的浓度，使得配位平衡发生移动。

配位平衡对氧化还原反应的影响主要体现在对电对电极电势的影响。

例 10-4 已知 Cu^+/Cu 的标准电极电势为 0.52V，$[Cu(CN)_2]^-$ 的稳定常数为 1.0×10^{24}，求 $[Cu(CN)_2]^-/Cu$ 的标准电极电势。

解：（提示：标准状态下，$[Cu(CN)_2]^-$ 溶液中的 Cu^+ 离子浓度远远小于 $1mol\cdot L^{-1}$，可初步判断 $[Cu(CN)_2]^-/Cu$ 的标准电极电势更小）

$$[Cu(CN)_2]^- + e \rightleftharpoons Cu + 2CN^-$$

由于体系处于标准状态，$[Cu(CN)_2]^-$ 和 $[CN]^-$ 浓度均为 $1mol\cdot L^{-1}$。

根据 Nernst 方程：

$$\varphi^{\ominus}[Cu(CN)_2]^-/[Cu] = \varphi^{\ominus}(Cu^+/Cu) + 0.0592\lg[Cu^+]$$

因为，$Cu^+ + 2CN^- \rightleftharpoons [Cu(CN)_2]^-$

$$K_{稳} = \frac{[Cu(CN)_2^-]}{[Cu^+][CN^-]^2} = 1.0\times10^{24}$$

则 $[Cu^+] = 1.0\times10^{-24}$

$$\varphi^{\ominus}[Cu(CN)_2]^-/[Cu] = \varphi^{\ominus}(Cu^+/Cu) + 0.0592\lg10^{-24}$$

$$= 0.52 + 0.0592\lg10^{-24} = -0.9V$$

在配位平衡影响下，金属离子浓度减小，电对的电极电势降低。

在分析化学中，配合物广泛应用于离子鉴定、离子分离和掩蔽干扰离子等方面。例如，利用加入氨水后生成深蓝色 $[Cu(NH_3)_4]^{2+}$ 的现象，可以鉴定 Cu^{2+}。该鉴定反应非常灵敏，即使 Cu^{2+} 的浓度只有 $10^{-4}mol\cdot L^{-1}$，也能检出。在离子分离方面，利用两种离子中的一种能与某种配位体形成稳定配合物，来将两种离子分离开。例如分离 Zn^{2+} 和 Al^{3+}，可在它们的混合溶液中加入氨水，使它们先分别生成相应的氢氧化物沉淀 $Zn(OH)_2$ 和 $Al(OH)_3$，然后再继续加入氨水，$Zn(OH)_2$ 沉淀可以和 NH_3 生成可溶性配合物 $[Zn(NH_3)_4]^{2+}$，而 $Al(OH)_3$ 沉淀不能发生相应配位反应，继续以沉淀形式存在，从而达到分离 Zn^{2+} 和 Al^{3+} 的目的。在掩蔽干扰离子方面，如待测金属离子的溶液中有其他金属离子发生类似反应干扰测定，可加入适当的配位体与干扰金属离子反应生成不干扰测定的配合物，从而排除干扰。例如，在配位滴定中，当在 pH = 10 时可用三乙醇胺（TEA）掩蔽 Al^{3+}、Ti^{3+}、Al^{3+} 等干扰离子。

配合物也广泛应用于生物学、医药学。如生物体内的必需金属元素，绝大多数是以配位体的形式存在。这些必需金属元素的严重缺乏或过量都会对人体健康造成危害。补充这些缺乏的金属元素时，一般以金属配合物或螯合物形式补充，若以一般无机盐形式补充，则普遍存在吸收率低、刺激性大等缺点。另外，用于治疗和防治的很多药物本身就是配合物，如胰岛素是含锌的配合物，维生素 B_{12} 是含钴的配合物。而多数抗微生物药物属于配体，与金属离子配位后往往能增加其活性。如丙基异烟酰肼与一些金属生成的配合物的抗结核杆菌能力比纯配体强。也有些药物通过在人体内形成配合物而起作用，如医疗上常利用某些药物与体内重金属离子形成配合物来解毒。铅中毒的病人可以用柠檬酸钠（$Na_3C_6H_5O_7$）来治疗，它能与聚积在骨骼上的 $[Pb_3(PO_4)_2]$ 发生配位反应，生成可溶于水的 $[Pb(C_6H_5O_7)]^-$，从肾脏随尿液排出。此外，铂、铑、铱的配合物有抗癌作用。如顺式二氯·二氨合铂（Ⅱ）（顺铂）自1978年开始正式应用于临床以来，取得了良好的疗效，到目前为止，顺铂是全球三大广泛应用的抗癌药物之一。

自然界中很多化合物以配合物的形式存在，除前面简单介绍的配合物在分析化学、生物学、医药学领域的应用外，配位化学还广泛应用于工业、农业、新材料、尖端科技等国民经济和人民生活的各个领域。

重点小结

一、配合物的组成、命名和分类

1. 基本概念

（1）中心离子：主要是过渡金属离子（原子），能提供空轨道与一定数目的配体中的具有孤对电子的配位原子以配位键结合。

（2）配体：分为单齿配体和多齿配体，多齿配体与中心离子形成环状结构的螯合物，五元、六元环最稳定。

（3）配离子：中心离子（原子）和一定数目能提供孤对电子的中性分子或阴离子，通过配位键形成的具有一定空间结构的复杂离子称为配离子，即内界。内界与外界以离子键结合。

（4）配位数：提供孤对电子形成配位键的原子数。对于单齿配体，配位数 = 配体数；多齿配体等于每个配体提供成键的原子数乘以配体数。

2. 配合物的命名 命名主要在内界，含有多种配体，顺序是：先无机后有机，先离子后分子；同类配体按配位原子的英文字母顺序排先后。内外界按无机物命名为某化某、某酸某、某某酸。

二、配位平衡

1. 配位平衡常数（配合物稳定常数）$K_{稳}$ 越大，配合物越稳定。掌握配位平衡常数的意义及有关计算。

2. 了解影响配位平衡的因素、配位平衡的移动。

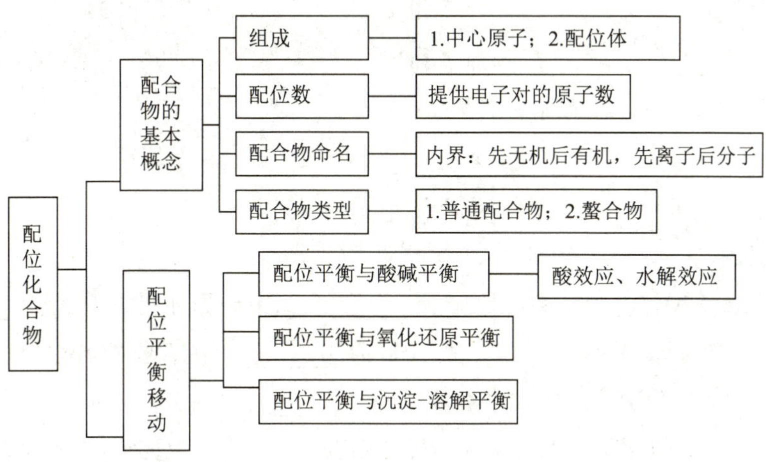

复习思考

一、选择题

1. 在配合物$[Co(NH_3)_5Cl]Cl_2$中，中心离子的配位数为(　　)

A. 2　　B. 3　　C. 4

D. 5　　E. 6

2. 在配合物$[Co(NH_3)_5Cl]Cl_2$中，配位原子是(　　)

A. N　　B. H　　C. Cl

D. N 和 Cl　　E. H 和 Cl

3. 下列物质中可做螯合剂的是(　　)

A. NH_3　　B. H_2O　　C. EDTA

D. CN^-　　E. SCN^-

4. 下列物质中不能作配体的是(　　)

A. NH_3　　B. H_2O　　C. EDTA

D. NH_4^+　　E. SCN^-

5. $Na_2S_2O_3$可作重金属解毒的解毒剂，这是利用它的(　　)

A. 还原性　　B. 氧化性　　C. 配位性

D. 与金属离子形成沉淀　　E. 中和性

6. $Cu^{2+} + 4NH_3 \rightleftharpoons [Cu(NH_3)_4]^{2+}$，向此体系中加 HCl，平衡移动的方向是(　　)

A. 向左　　B. 向右　　C. 不移动

D. 先向左再右　　E. 先向右再左

7. 在配合物$[Cu(NH_3)_2(en)]^{2+}$铜元素的氧化数和配位数是(　　)

A. +2 和3　　B. +2 和4　　C. 0 和3

D. 0 和4　　E. +2 和6

8. 下列五种配体中，最先命名的是(　　)

A. NH_3　　B. F^-　　C. EDTA

D. I^-　　E. SCN^-

二、填空题

1. 在$K_3[Ag(S_2O_3)_2]$中，中心原子为________，中心原子的氧化值为________，配体为________，配位原子为________，配位数为________，配合物的名称为________。

2. 在$[Co(NO_2)_3(NH_3)_3]$中，中心原子为________，中心原子的氧化值为________，配体为________，配位原子为________，配位数为________，配合物的名称为________。

3. 在$K_3[Co(ONO)_6]$中，中心原子为________，中心原子的氧化值为________，配体为________，配位原子为________，配位数为________，配合物的名称为________。

4. NH_3分子作为配位体是因为 N 原子有____________。

5. NH_3分子有________个配位原子，乙二胺作为配位体，则有________个配位原子。他们分别属于________配位体和________配位体。

6. 在配离子中，作为中心离子必须具有________；作为配位体的配位原子必须具有________。

7. 六氰合铁(Ⅱ)酸钾的化学式为________；六氯合铂(Ⅳ)酸钾为________；三氯化三乙二胺合铁(Ⅲ)________；硫酸亚硝酸根·五氨合钴(Ⅲ)________；

8. 配合物$(NH_4)[FeF_4(H_2O)_2]$的系统命名为______________，配离子的电荷是________，配位体是________，配位原子是________。中心原子的配位数是________。

9. $[Cu(en)_2]SO_4$的名称为________，中心原子为________，配位体为________，配位数为________。

10. 描述现象：往 $HgCl_2$溶液中逐滴加入 KI，先有________生成；继续滴加 KI，则________。

三、判断题

1. 配合物中心原子的氧化数不可能为零。(　　)

2. 配合物中心体的数目称为配位数。(　　)

3. 配合物中由于存在配位键，所以配合物都是弱电解质。(　　)

4. 配离子的配位键越稳定，其稳定常数越大。(　　)

5. 能够提供或两个或两个以上的多齿配体只能是有机分子。(　　)

6. 电负性越大的元素充当配位原子，其配位能力越强。(　　)

7. 螯合物的稳定性与环的大小有关，与环的多少无关。(　　)

8. 配位 EDTA 分子中有两个氨氮和四个羧氧，最多能提供六个配位原子。(　　)

10. 亚硝酸根离子以氮原子配位。(　　)

四、名词解释

1. 中心体　2. 配位数　3. 螯合物　4. 螯合效应　5. 单齿配体和多齿配位体

五、简答题

在$[Cu(NH_3)_4]SO_4$溶液中，存在配位平衡：$[Cu(NH_3)_4]^{2+} \rightleftharpoons Cu^{2+} + 4NH_3$。分别向该溶液中加入少量下列物质，判断平衡移动方向。

1. 稀 H_2SO_4溶液　2. $NH_3 \cdot H_2O$　3. KCN 溶液　4. Na_2S 溶液

六、计算题

1. 在含有 Zn^{2+} 的稀氨水溶液中，达到配位平衡时，有一半形成了$[Zn(NH_3)_4]^{2+}$，自由氨的浓度为6.7×10^{-3}mol/L，计算$[Zn(NH_3)_4]^{2+}$的标准稳定常数和不稳定常数。

2. 向 0.12mol/L 的 $CuSO_4$溶液 1 L 中加入 3.0mol · L^{-1}的氨水 1 L，求平衡时溶液中的 Cu^{2+}浓度($[Cu(NH_3)_4]^{2+}$的 $K_s^{\ominus} = 2.1 \times 10^{13}$)

3. 已知$[Ag(CN)]^- + e^- \rightleftharpoons Ag + 2CN^-$　　$E^{\ominus} = -0.4495V$

$$[Ag(S_2O_3)_2]^{3-} + e^- \rightleftharpoons Ag + 2S_2O_3^{2-} \qquad E^{\ominus} = +0.0054V$$

试计算反应：$[Ag(S_2O_3)_2]^{3-} + 2CN^- \rightleftharpoons [Ag(CN)_2]^- + 2S_2O_3^{2-}$ 在 298K 时的平衡常数 $E^{\ominus}$，并指出反应自发进行的方向。

扫一扫，知答案

扫一扫，看课件

第十一章

s区主要元素及其化合物

【学习目标】

1. 掌握碱金属和碱土金属元素的价电子层结构特点及单质的主要性质；碱金属和碱土金属盐类的一些重要结构和性质、制备、存在及用途。

2. 熟悉碱金属和碱土金属主要氧化物、氢氧化物的主要性质，氢氧化物溶解性和碱性的变化规律和用途，有关碱金属和碱土金属离子的鉴定。

3. 了解硬水的概念及硬水的软化方法、对角线规则、碱金属和碱土金属在医药中的应用。

案例导入

s区元素有多种用途。例如铷或铯的原子钟是碱金属最著名的应用之一，其中以铯原子钟最为精准。钠和钾是生物体中的电解质，具有重要的生物学功能，属于膳食矿物质。镭的放射线能破坏、杀死细胞和细菌，常用来治疗癌症等。其中碱金属多是银白色的金属，质地软，可以用刀切割，露出银白色的切面，在空气中很快便失去光泽。碱土金属的硬度大于碱金属，如钙、锶、钡可用刀子切割，切面在空气中也迅速变暗。其熔点和密度也都大于碱金属，但仍属于轻金属。

问题：1. s区元素主要有哪些？它们具有哪些性质？

2. s区元素在医药中有哪些应用？

s区元素(除H外)包括周期表中ⅠA和ⅡA族元素，是最活泼的金属元素。ⅠA族是由锂(Li)、钠(Na)、钾(K)、铷(Rb)、铯(Cs)、钫(Fr)六种金属元素组成，由于它们氧化物的水溶液显碱性，所以称为碱金属。ⅡA族是由铍(Be)、镁(Mg)、钙(Ca)、锶(Sr)、钡(Ba)及镭(Ra)六种元素组成，由于钙、锶、钡的氧化物既难溶解也难熔融(类似于土)，且呈碱性而得名碱土金属。其中钫和镭属于放射性元素。

第一节　碱金属

一、碱金属概述

(一)碱金属的原子结构

碱金属原子的价电子层构型为 ns^1，它们的原子半径在同周期元素中(稀有气体除外)是最大的，而核电荷在同周期元素中是最小的。此外，次外层为8电子结构(锂除外)，对核电荷的屏蔽作用较大，因此，这些元素最容易失去最外层唯一的价电子，呈+1氧化数，显示出强金属性。碱金属的原子结构见表11-1。

表11-1　碱金属的原子结构

元　　素	Li	Na	K	Rb	Cs
价电子层构型	$2s^1$	$3s^1$	$4s^1$	$5s^1$	$6s^1$
金属半径 r(M)/pm	152	186	227	248	265
离子半径 $r(M^+)$/pm	59	99	138	149	170
电负性	0.98	0.93	0.82	0.82	0.79

(二)碱金属单质的一般通性

1. 物理性质　碱金属是轻金属，具有良好的导电性和延展性，具有金属光泽。它们的硬度很小，可用小刀切割。碱金属的密度都小于2g/cm³，其中锂、钠、钾最轻，能浮在水面上。碱金属的熔点、沸点都较低，且对光十分敏感。碱金属单质的物理性质见表11-2。

表11-2　碱金属单质的物理性质

元　　素	锂(Li)	钠(Na)	钾(K)	铷(Rb)	铯(Cs)
原子序数	3	11	19	37	55
沸点(℃)	1347	883	774	688	678
熔点(℃)	181	97.8	64	39	28.5
密度(g/cm³)	0.543	0.971	0.860	1.532	1.873
硬度(金刚石=10)	0.6	0.4	0.5	0.3	0.2

2. 化学性质　碱金属性质的变化是有规律的。按照锂、钠、钾、铷、铯的顺序自上而下，随着原子的电子层数依次递增，原子半径依次增大，原子核对外层电子吸引力依次

递减，原子失去电子能力依次递增，金属的活泼性和还原性依次递增，反应剧烈程度依次递增。碱金属是化学活泼性很强的金属元素，它们能直接或间接地与一些非金属元素形成相应的化合物，如图 11－1 所示。

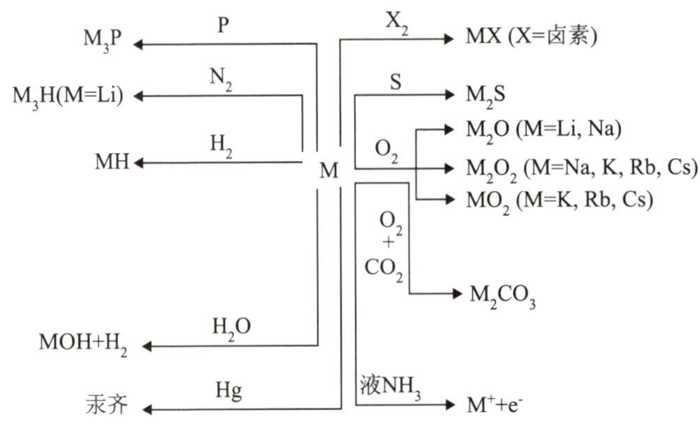

图 11－1　碱金属的主要化学性质

碱金属在空气中极易形成 M_2CO_3 的覆盖层，因此要将它们保存在煤油中，锂的密度最小，可浮在煤油上，通常封存在液体石蜡中。碱金属都易与水反应，锂反应较平稳，钠反应激烈，铷、铯燃烧甚至爆炸。

3. 对角线规则　一般说来，碱金属和碱土金属元素性质的递变是很有规律的，但锂和铍却表现出反常性。锂、铍与同族元素性质差异很大，但是锂与邻族的镁，铍与邻族的铝在性质上却表现出很多的相似性。在周期系中，某元素的性质和它左上方或右下方的另一元素性质具有相似性，称对角线规则。下列三对元素可看出明显的存在这种关系：

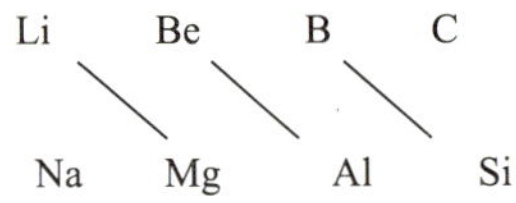

锂与镁相似性表现在：

(1)锂和镁在过量的氧中燃烧时，并不生成过氧化物，而生成正常的氧化物。

(2)锂和镁直接和碳、氮化合，生成相应的碳化物或氮化物。例如：

$$6Li + N_2 \xlongequal{} 2Li_3N$$

$$3Mg + N_2 \xlongequal{} Mg_3N_2$$

(3)锂和镁的氢氧化物均为中强碱，在水中溶解度不大。加热时可分解为 Li_2O 和 MgO。其他碱金属氢氧化物均为强碱，且加热至熔融也不分解。

(4)锂和镁的硝酸盐在加热时，均能分解成相应的氧化物 Li_2O、MgO 及 NO_2 和 O_2，而其他碱金属硝酸盐分解为 MNO_2 和 O_2。

(5)锂和镁的某些盐类如氟化物、碳酸盐、磷酸盐等均难溶于水，其他碱金属相应化合物均为易溶盐。

对角线规则可用离子极化理论解释。同一周期最外层电子构型相同的金属离子，从左向右随离子电荷的增加而引起极化作用的增强，而同一族电荷相同的金属离子，自上而下随离子的半径的增大而使极化作用减弱。因此处于周期表中左上右下对角位置的邻近两个元素，由于电荷和半径的影响恰好相反，它们的离子极化作用比较相近，它们的化学性质比较相似。

（三）碱金属单质的应用

碱金属有许多优异的性能，广泛应用于工业生产中。例如金属钠可用于生产作为汽油防爆添加剂的四乙基铅，还可以用于生产钠的化合物，如氢化钠、过氧化钠等。由于钠蒸气在高压电作用下会发射出穿透云雾能力很强的黄色光，因此可以用于制造公路照明的钠光灯。

碱金属（特别是钾、铷、铯）在光照之下，能放出电子，是制造光电管的良好材料。铷、铯可用于制造最准确的计时仪器——铷、铯原子钟。

二、碱金属的氧化物和氢氧化物

（一）氧化物

碱金属与氧反应能生成多种形式的氧化物，即普通氧化物、过氧化物、超氧化物。

1. 普通氧化物 碱金属与氧直接反应时，只有锂能生成普通氧化物 Li_2O。

$$4Li + O_2 = 2Li_2O$$

钠和钾只能在缺氧条件下才能生成普通氧化物，但条件难以控制。因此在实际应用中常用金属与它们的过氧化物或硝酸盐作用制得普通氧化物。例如：

$$Na_2O_2 + 2Na \xlongequal{\triangle} 2Na_2O \quad （白色）$$

$$2KNO_3 + 10K \xlongequal{\triangle} 6K_2O + N_2 \quad （K_2O\text{淡黄色}）$$

碱金属氧化物均为固体，从 Li_2O（白色）到 Cs_2O（橙红色）颜色逐渐加深，熔点和热稳定性逐渐降低。

2. 过氧化物 碱金属可以和氧反应生成过氧化物 M_2O_2。过氧化物中的负离子是过氧离子 O_2^{2-}，其结构式如下：

$$[:\ddot{\underset{..}{O}}:\ddot{\underset{..}{O}}:]^{2-}$$

例如 Na 和 K 与 O_2燃烧后会生成 Na_2O_2和 K_2O_2。其中实用意义最大的是过氧化钠。

过氧化钠是一种淡黄色粉末，对热稳定，但易吸潮。它具有强碱性，因此需采用铁或镍制容器盛放，不宜使用石英或陶瓷容器。

Na_2O_2可用作漂白剂和氧气发生剂。Na_2O_2与水或稀酸反应产生 H_2O_2，H_2O_2不稳定，可迅速分解放出氧气，反应式为：

$$Na_2O_2 + 2H_2O \xlongequal{} H_2O_2 + 2NaOH$$

$$Na_2O_2 + H_2SO_4(\text{稀}) \xlongequal{} H_2O_2 + Na_2SO_4$$

$$2H_2O_2 \xlongequal{} 2H_2O + O_2\uparrow$$

Na_2O_2与 CO_2反应能得到氧气。利用这一性质，Na_2O_2在防毒面具、高空飞行和潜艇中可作 CO_2的吸收剂和供氧剂：

$$2Na_2O_2 + 2CO_2 \xlongequal{} 2Na_2CO_3 + O_2\uparrow$$

Na_2O_2还是一种强氧化剂，能强烈地氧化一些金属。例如：

$$Fe_2O_3 + 3Na_2O_2 \xlongequal{} 2Na_2FeO_4 + Na_2O$$

3. 超氧化物 除锂外，碱金属都能形成超氧化物 MO_2。其中钾、铷、铯与氧燃烧可以直接生成超氧化物。超氧化物中含有超氧离子 O_2^-，超氧化物是强氧化剂，能和 H_2O、CO_2反应放出 O_2，因此常被用作供氧剂。其中 KO_2较易制备，常用于急救的供氧剂。

$$2KO_2 + 2H_2O \xlongequal{} 2KOH + H_2O_2 + O_2\uparrow$$

（二）氢氧化物

碱金属的氧化物遇水能发生剧烈反应，生成相应的碱。

$$M_2O + H_2O \xlongequal{} 2MOH$$

1. 溶解性 除 LiOH 外，碱金属的氢氧化物都易溶于水，溶解度从 NaOH 到 CsOH 依次递增。这是由于随着金属离子半径的增大，阴阳离子之间的作用力逐渐减小，容易为水分子所解离的缘故。

2. 碱性 碱金属的氢氧化物除 LiOH 是中强碱外，其余都是强碱，从 NaOH 到 CsOH 碱性依次增强。它们对皮肤、纤维、陶瓷甚至金属铂都有强烈的腐蚀作用，故称它们为苛性碱。其中 NaOH 和 KOH 是最常用的强碱，也是重要的化工试剂和化工原料。以 NaOH 为例，NaOH 为白色固体，置于空气中易吸水潮解。它是基础化学工业中最重要的产品之一，主要用来制肥皂、精炼石油、造纸、药物合成、制造人造丝、染料等。

NaOH 又称苛性钠，它呈现一系列的碱性反应。

（1）NaOH 可与某些金属、非金属单质如 Al、B、Si 等反应，放出 H_2：

$$2Al + 2NaOH + 2H_2O \xlongequal{} 2NaAlO_2 + 3H_2\uparrow$$

$$Si + 2NaOH + H_2O \xlongequal{} Na_2SiO_3 + 2H_2\uparrow$$

（2）可与卤素、硫、磷等在碱中发生歧化反应：

$$Cl_2 + 2NaOH \xlongequal{} NaCl + NaOCl + H_2O$$

（3）NaOH 能腐蚀玻璃，因此实验室盛放其的试剂瓶应该用橡皮塞，而不能用玻璃塞，否则时间一长，它与玻璃中的 SiO_2反应生成硅酸盐会将瓶口和塞子黏在一起，反应式为：

$$SiO_2 + 2NaOH = Na_2SiO_3 + H_2O$$

三、碱金属盐类

碱金属的盐有卤化物、硝酸盐、硫酸盐、碳酸盐等。很多盐类都是常用药品，比如：Li_2CO_3为抗躁狂药，可用于治疗躁狂症；NaCl 为电解质补充药，生理盐水可用于脱水等症状。

（一）晶体类型

碱金属的盐大多数是离子型晶体，它们具有较高的熔点和沸点。由于 Li^+ 离子半径很小，极化力较强，它在某些盐（如卤化物）中表现出不同程度的共价性。碱金属离子是无色的，所以它们的盐类的颜色一般取决于阴离子的颜色。无色阴离子（如 X^-、NO_3^-、SO_3^{2-}、CO_3^{2-} 等）与之形成的盐一般是无色或白色的，而有色阴离子（如 MnO_4^-、$Cr_2O_7^{2-}$ 等）与之形成的盐则具有阴离子的颜色，例如 $KMnO_4$呈紫色、$K_2Cr_2O_7$呈橙色等。

（二）溶解度

几乎所有常见的碱金属盐类都易溶于水，这也是它们最大的特征之一。仅有少数碱金属盐是难溶的，其中半径小的 Li^+ 所形成的盐类如 LiF、Li_2CO_3、Li_3PO_4等是难溶盐；K^+ 和 Na^+ 同某些较大阴离子所形成的盐也是难溶或微溶的，如 $Na[Sb(OH)_6]$；$KHC_4H_4O_6$（酒石酸氢钾）、$KClO_4$等。这些难溶盐通常用于鉴定 Na^+ 和 K^+。

（三）热稳定性

碱金属盐的热稳定性较高。碱金属的卤化物在高温时只挥发而不易分解，由 Li 到 Cs，碱金属氟化物的热稳定性依次降低，而碘化物的热稳定性反而依次增强；硫酸盐在高温下既不挥发又难分解；碳酸盐中除 Li_2CO_3在 1000℃以上部分地分解为 Li_2O 和 CO_2以外，其余均不分解。只有硝酸盐热稳定性差，加热时易分解，这一性质也使 KNO_3成为火药的一种成分：

$$2NaNO_3 \xlongequal{653K} 2NaNO_2 + O_2$$

$$2KNO_3 \xlongequal{773K} 2KNO_2 + O_2$$

（四）钠盐和钾盐的差异性

钠与钾性质相似。它们的盐大多易溶，因此 K^+ 和 Na^+ 很难分离。钠盐和钾盐的差异主要体现在以下三方面：

1. 溶解度上有明显的区别 一般强酸组成的钾盐溶解度比钠盐小，而弱酸组成的钾盐溶解度均比钠盐大。一般有如下规律：

$KI < NaI$，$K_2SO_4 < Na_2SO_4$，$K_2Cr_2O_7 < Na_2Cr_2O_7$

$KF > NaF$，$KCN > NaCN$，$K_2CO_3 > Na_2CO_3$

$KSCN > NaSCN$，$KNO_2 > NaNO_2$，$K_2C_2O_4 > Na_2C_2O_4$

2. 钠盐的水合盐水分子数目多于钾盐 如 $Na_2CO_3 \cdot 10H_2O$ 含 10 个结晶水，而 $K_2CO_3 \cdot 2H_2O$ 只含 2 个；$Na_2SO_4 \cdot 10H_2O$ 含 10 个结晶水，而 K_2SO_4 不含结晶水。

3. 钠盐的吸潮能力比相应的钾盐大 所以不能用 $NaClO_3$、$NaNO_3$ 代替 $KClO_3$、KNO_3 作炸药。

（五）焰色反应

焰色反应，是某些金属或它们的化合物在无色火焰中灼烧时使火焰呈现特征的颜色的反应。碱金属（或它们的挥发性盐）在无色火焰中灼烧时，会产生特征性的焰色，见表11－3。

表11－3 碱金属的焰色反应

离子	Li^+	Na^+	K^+	Rb^+	Cs^+
焰色	红	黄	紫	紫红	紫红

利用焰色反应，可用来鉴别碱金属元素。

（六）碱金属盐在医药中的应用

1. 氯化钠和氯化钾 氯化钠（NaCl）矿物药名为大青盐，是维持体液平衡的重要盐分，缺乏时会引起恶心、呕吐、衰竭和肌肉痉挛。故常把氯化钠配成生理盐水（0.85%～0.90%），供流血或失水过多的病人补充体液。氯化钾用于低血钾症及洋地黄中毒引起的心律不齐。

2. 碳酸氢钠 碳酸氢钠俗称小苏打，它的水溶液呈弱碱性，常用于治疗胃酸过多和酸中毒。

3. 硫酸钠 $NaSO_4 \cdot 10H_2O$ 称为芒硝，在空气中易风化脱水变为无水硫酸钠，无水硫酸钠作中药用时称为玄明粉，为白色粉末，有潮解性。在有机药物合成中，作干燥剂。医药上芒硝和玄明粉都用作缓泻剂，芒硝还有清热消肿作用。

四、碱金属离子鉴定

（一）K^+ 离子的鉴定

1. 取钾盐作焰色反应，隔钴玻璃片观察，火焰呈紫色。
2. 在中性或弱酸性溶液中，K^+ 与亚硝酸钴钠溶液反应，生成橙黄色沉淀，反应式为：

$$2K^+ + Na^+ + [Co(NO_2)_6]^{3-} \xlongequal{} K_2Na[Co(NO_2)_6] \downarrow$$

该反应溶液酸度不能过高，否则 $[Co(NO_2)_6]^{3-}$ 容易分解，也不能呈碱性，以防止 $Co(OH)_3$ 沉淀析出。

此外，NH_4^+ 也可以和 $[Co(NO_2)_6]^{3-}$ 产生黄色沉淀，因此在鉴定前，必须将 NH_4^+ 除去。

（二）Na^+离子的鉴定

1. 取钠盐作焰色反应，火焰呈持久的亮黄色。

2. 试液用醋酸酸化后，加少许95%乙醇，再加入过量的醋酸铀酰锌试剂，用玻璃棒摩擦容器内壁，有淡黄色沉淀生成，说明有Na^+存在。注意强酸或强碱溶液都会使试剂分解。反应式为：

$$Na^+ + Zn^{2+} + 9Ac^- + 3UO_2^{2+} + 9H_2O = NaAc \cdot Zn(Ac)_2 \cdot 3UO_2(Ac)_2 \cdot 9H_2O \downarrow$$

第二节　碱土金属

一、碱土金属概述

（一）碱土金属的原子结构

碱土金属元素原子的价电子层构型为ns^2，与同周期的碱金属相比，碱土金属原子半径小。在化学反应中，碱土金属元素的氧化数为+2。从整个周期系来看，碱土金属的金属性比碱金属略差，但仍是活泼性相当强的金属元素。碱土金属的原子结构见表11－4。

表11－4　碱土金属的原子结构

元素符号	铍(Be)	镁(Mg)	钙(Ca)	锶(Sr)	钡(Ba)
原子序数	4	12	20	38	56
价电子层构型	$2s^2$	$3s^2$	$4s^2$	$5s^2$	$6s^2$
原子半径(pm)	112	160	197	215	222
离子半径(pm)	27	72	100	113	136

（二）碱土金属单质的一般通性

1. 物理性质　碱土金属在自然界中只能以化合状态存在。它们的单质都是轻金属，有银白色的金属光泽（只有铍为钢灰色），具有良好的导电性和延展性。硬度和密度都很小，除铍和镁外，其他金属都很软，可用小刀切割。与同周期的碱金属相比，因为原子半径小，所形成的金属键比碱金属强，因而熔点、沸点要高于碱金属。

碱土金属单质的物理性质见表11－5。

表11－5　碱土金属单质的物理性质

性质	Be	Mg	Ca	Sr	Ba
熔点，t(℃)	1278	648.8	839	769	725
沸点，t(℃)	2970	1090	1483.6	1383.9	1640
密度(20℃)，$\rho(g \cdot cm^{-3})$	1.85	1.74	1.55	2.54	3.50
硬度，a	…	2.0	1.5	1.8	…

2. 化学性质　碱土金属均为活泼金属元素，且都是强还原剂。在同一族中，金属的

活泼性由上而下逐渐增强。

碱土金属可以与水反应。铍能与水蒸气反应，镁能与热水反应，而钙、锶、钡与冷水就能比较剧烈地进行反应。碱土金属的活泼性，还表现在它们在空气中都容易和氧化合。室温下碱土金属表面会缓慢生成氧化膜，反应比较温和。只有在空气中加热才会显著发生反应。

碱土金属的主要化学性质如图 11 －2 所示。

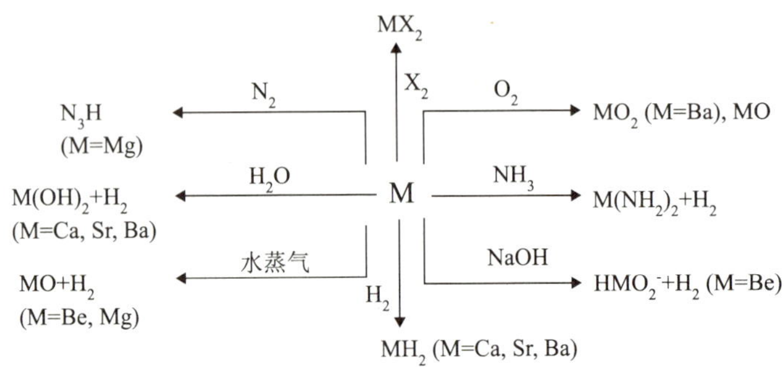

图 11 －2　碱土金属的主要化学性质

(三) 碱土金属单质的应用

碱土金属中用途较大的是镁。金属镁的主要用途是制造轻质合金，它熔进稀土金属后可大大提高合金的使用温度，因此常用于制造汽车发动机外壳及飞机机身等。由于镁燃烧时发出强光，因此镁粉可作发光剂，用于照明弹、信号弹的制造和照像时的照明。

金属钙一般作脱水剂和还原剂。

铍作为新兴材料日益被重视，薄的铍片易被 *X* 射线穿过，是制造 *X* 射线管小窗不可取代的材料。铍还是核反应堆中最好的中子反射剂和减速剂之一。铍有密度小、比热大、导电性好、刚度大等优良性能，使它在导弹、卫星、宇宙飞船等方面得到广泛应用。

铍在原子反应堆中的用途

铍是原子能工业之宝，它是原子反应堆中最好的中子减速剂。为了防止中子跑出反应堆危及工作人员的安全，反应堆的四周需有一圈中子反射层，用来强迫那些企图跑出反应堆的中子返回反应堆中去。铍的氧化物不仅能够像镜子反射光线那样把中子反射回去，而且熔点高，特别能耐高温，是反应堆里中子反射层的最好材料。

二、碱土金属的氧化物和氢氧化物

（一）碱土金属的氧化物

1. 普通氧化物 碱土金属可与氧直接反应生成普通氧化物：

$$2M + O_2 = 2MO$$

但实际上碱土金属的氧化物是常用它们的碳酸盐、硝酸盐、氢氧化物等热分解制取的。

$$MCO_3 = MO + CO_2 \uparrow$$

碱土金属的氧化物均是难溶于水的白色粉末，它们具有较大的晶格能，因此熔点高、硬度大。BeO、MgO 等用于制耐火材料和金属陶瓷。CaO 是重要的建筑材料，由它可制得价格便宜的碱 $Ca(OH)_2$。

2. 过氧化物和超氧化物 钙、锶、钡的氧化物与过氧化氢作用，可得到相应的过氧化物：

$$MO + H_2O_2 + 7H_2O = MO_2 \cdot 8H_2O$$

碱土金属的过氧化物以 BaO_2 较为重要，BaO_2 可用于钡盐或过氧化氢的制备，还可用作氧化剂、漂白剂、媒染剂、消毒剂等。BaO_2 是在 600 ~ 800℃ 时，将氧气通过氧化钡制得。

除铍、镁外，碱土金属也可以形成超氧化物。钡和钙的超氧化物 $Ba(O_2)_2$、$Ca(O_2)_2$ 已制得，是有一定颜色的固体氧化剂。

（二）碱土金属的氢氧化物

BeO 几乎不与水反应，MgO 与水缓慢反应生成相应的碱，其他碱土金属元素的氧化物遇水都能发生剧烈反应，生成相应的碱。

$$MO + H_2O = M(OH)_2$$

碱土金属的氢氧化物中，$Be(OH)_2$ 呈两性，$Mg(OH)_2$ 为中强碱，其余都是强碱。相对于碱金属的氢氧化物，碱土金属氢氧化物的溶解度较小，其中 $Be(OH)_2$ 和 $Mg(OH)_2$ 是难溶的氢氧化物。随着金属离子半径的增大，从 $Be(OH)_2$ 到 $Ba(OH)_2$，溶解度依次增大。碱土金属的氢氧化物的溶解度见表 11－6。

表 11－6　碱土金属氢氧化物的溶解度（20℃）

氢氧化物	$Be(OH)_2$	$Mg(OH)_2$	$Ca(OH)_2$	$Sr(OH)_2$	$Ba(OH)_2$
溶解度（$mol \cdot L^{-1}$）	8×10^{-6}	5×10^{-4}	1.8×10^{-2}	6.7×10^{-2}	2×10^{-1}

碱土金属的氢氧化物中，$Ca(OH)_2$ 较为常用。$Ca(OH)_2$ 俗称熟石灰或消石灰，在常温下是细腻的白色粉末，微溶于水，其水溶液俗称澄清石灰水。由于它的价格低，在需要氢

氧根离子时都使用它，还可用于制造漂白粉和建筑材料灰泥或水的软化。

氢氧化钙溶液和饱和碳酸钠溶液反应能够生成氢氧化钠，这个反应可以用来制取少量烧碱：

$$Ca(OH)_2 + Na_2CO_3 \xlongequal{} 2NaOH + CaCO_3\downarrow$$

氢氧化钙也不能盛放在带玻璃塞的试剂瓶中，因为氢氧化钙会和二氧化硅发生反应生成硅酸钙，硅酸钙会沉淀在瓶塞上，导致瓶子打不开。反应式为：

$$Ca(OH)_2 + SiO_2 \xlongequal{} CaSiO_3\downarrow + H_2O$$

三、碱土金属的盐类

1. 晶体类型 碱土金属的盐大多数是离子型晶体，但 Be 和 Mg 的某些盐具有一定程度的共价性。碱土金属的盐类离子键特征较碱金属差。随着金属离子半径的增大，键的离子性也增强。例如碱土金属氯化物的熔点从 Be 到 Ba 依次增高，见表 11－7：

表 11－7 碱土金属氯化物的熔点

	$BeCl_2$	$MgCl_2$	$CaCl_2$	$SrCl_2$	$BaCl_2$
熔点(℃)	405	714	782	876	962

2. 溶解度 碱土金属盐类中，有不少是难溶的，这是区别于碱金属的特点之一。碱土金属的硝酸盐、氯酸盐、醋酸盐易溶于水；卤化物中除氟化物外，也易溶；但草酸盐，碳酸盐，磷酸盐等都难溶于水。钙盐中 $Ca_2C_2O_4$ 的溶解度最小。对硫酸盐和铬酸盐来说，溶解度差别较大，$BaSO_4$ 和 $BaCrO_4$ 是其中溶解度最小的难溶盐，$BaSO_4$ 不溶于酸；而 $MgSO_4$ 和 $MgCrO_4$ 等则易溶。

3. 热稳定性 碱土金属的盐的热稳定性较碱金属差，但常温下也都是稳定的。碱土金属的碳酸盐在强热的情况下，才能发生分解，铍盐的热稳定性特别差，例如，$BeCO_3$ 加热不到 100℃就分解，而 $BaCO_3$ 需在 1360℃时才分解。

4. 焰色反应 碱土金属中的钙、锶和钡也有特征性的焰色反应。将它们放置在无色火焰中灼烧时，Ca^{2+} 产生砖红色火焰，Sr^{2+} 产生洋红色火焰，Ba^{2+} 则产生黄绿色火焰。上述焰色都可作为离子鉴定的方法之一。

5. 重要碱土金属盐在医药中的应用

(1)氧化镁：MgO 是白色或淡黄色粉末，通常作为抗酸剂，抑制和缓解胃酸过多，治疗胃溃疡和十二指肠溃疡病。MgO 中和胃酸的作用强且缓慢持久，不产生二氧化碳。

(2)氯化钙：氯化钙有多种水合物，其中二水合物($CaCl_2 \cdot 2H_2O$)用于治疗钙缺乏症，也可用于抗过敏药和消炎药。无水 $CaCl_2$ 有很强的吸水性，是实验室常用的干燥剂，但不能干燥乙醇和氨气，因能反应生成加合物。

(3)硫酸镁：硫酸镁($MgSO_4 \cdot 7H_2O$)俗称泻盐，内服作缓泻剂和十二指肠引流剂，其注射剂主要用于抗惊厥。

(4)硫酸钙：$CaSO_4 \cdot 2H_2O$ 又称为石膏。当加热到 393K 时，可失去部分结晶水，称为熟石膏 $CaSO_4 \cdot \frac{1}{2}H_2O$，加水调成糊状又能恢复为二水合物并硬化，外科用于制成石膏绷带。生石膏内服有清热泻火的功效。熟石膏有解热消炎的作用，是中医治疗流行性乙型脑炎“白虎汤”的主药之一。

(5)硫酸钡：$BaSO_4$为白色疏松的细粉，无臭、无味，难溶于水、酸、碱或有机溶剂。$BaSO_4$能阻止 X 射线透过，且不被肠胃吸收，因此常用于胃肠道造影剂。

四、碱土金属离子鉴定

(一)Ba^{2+}离子

1. 取钡盐做焰色反应，火焰呈黄绿色。

2. 向含有 Ba^{2+}离子的试液中加入 K_2CrO_4，会有黄色的 $BaCrO_4$沉淀生成，反应式为：

$$Ba^{2+} + CrO_4^{2-} = BaCrO_4 \downarrow$$

(二)Ca^{2+}离子

1. 取钙盐做焰色反应，火焰呈砖红色。

2. 将含有 Ca^{2+}离子的试液用 HAc 酸化，然后加入草酸铵试剂，溶液中会生成白色 $Ca_2C_2O_4$沉淀，反应式为：

$$Ca^{2+} + C_2O_4^{2-} = CaC_2O_4 \downarrow$$

(三)Mg^{2+}离子

1. 取含有 Mg^{2+}离子的试液，加氢氧化钠试液使溶液呈碱性，即生成白色沉淀，分离，沉淀分成两份，一份加过量氢氧化钠试液，沉淀不溶；另一份加碘试液，沉淀显红棕色。

$$Mg^{2+} + 2OH^- = Mg(OH)_2 \downarrow (白色)$$

2. 取含有 Mg^{2+}离子的试液，加少量氢氧化钠试液，此时 Mg^{2+}转化为 $Mg(OH)_2$白色沉淀。然后加对硝基苯偶氮间苯二酚试液(镁试液)数滴，沉淀会吸附镁试剂显天蓝色沉淀。镁试剂在碱性溶液中显紫红色，在酸性溶液中显黄色。

五、水的净化和软化

自然界的水与土壤、矿物和空气等接触，溶解了许多物质，常含有钙盐、镁盐、硫酸盐和氧化物。根据水中 Ca^{2+}和 Mg^{2+}的含量，把自然界的水分为两种：溶有较多量 Ca^{2+}和 Mg^{2+}的水叫作硬水；溶有少量 Ca^{2+}和 Mg^{2+}的水叫作软水。长期饮用硬水对人体健康不利。针对水质的不同，需要对水进行净化处理，除去水中部分或全部杂质的过程叫作水的净化。常用水的净化方法如下。

(一) 静置沉淀法

利用明矾溶于水后生成的胶体对杂质的吸附，使杂质沉淀，来达到净水的目的。

(二) 吸附沉淀法

用具有吸附作用的固体过滤水，可以滤去水中的不溶性物质，还可以吸附一些溶解的杂质，除去臭味。如有些净水器就是利用活性炭来吸附、过滤水中的杂质的。经过净化后的水虽然变澄清了，但所得的水仍然不是纯水。

(三) 过滤

把不溶于水的固体物质与水分开的一种方法。

(四) 蒸馏

根据各物质沸点不同把相互溶解的液体物质进行分离的一种方法。净化程度相对较高。

(五) 杀菌

水中含有细菌、病菌，可放入适量的药物进行杀菌、消毒。如漂白粉、氯气及新型消毒剂二氧化氯等。

(六) 煮沸

生活中可用煮沸的方法减少或消除硬水的危害。

1. 含有碳酸氢钙 $Ca(HCO_3)_2$ 或碳酸氢镁 $Mg(HCO_3)_2$ 的硬水叫做暂时硬水，暂时硬水经煮沸后，所含的酸式碳酸盐分解为不溶性的碳酸盐。反应式如下：

$$Ca(HCO_3)_2 \xlongequal{\text{煮沸}} CaCO_3\downarrow + H_2O + CO_2\uparrow$$

$$Mg(HCO_3)_2 \xlongequal{\text{煮沸}} MgCO_3\downarrow + H_2O + CO_2\uparrow$$

碳酸镁在加热时能生成溶解度更小的氢氧化镁：

$$MgCO_3 + H_2O \xlongequal{\triangle} Mg(OH)_2\downarrow + CO_2\uparrow$$

这样，容易从水中除去 Ca^{2+} 和 Mg^{2+}，水的硬度就变低了。

2. 含有硫酸镁 $MgSO_4$、硫酸钙 $CaSO_4$ 或氯化镁 $MgCl_2$、氯化钙 $CaCl_2$ 等的硬水，经过煮沸，水的硬度也不会消失，这种水叫作永久硬水。永久硬水可以用石灰、纯碱软化法。石灰、纯碱与钙、镁的硫酸盐和氯化物反应，生成难溶性的盐，使永久硬水失去它的硬性。此法操作复杂，软化效果差，但成本低，适用于处理大量硬度较大的水。反应方程式如下：

$$Mg^{2+} + Ca(OH)_2 \xlongequal{\quad} Mg(OH)_2\downarrow + Ca^{2+}$$

$$Ca^{2+} + Na_2CO_3 \xlongequal{\quad} CaCO_3\downarrow + 2Na^+$$

重点小结

本章介绍了 s 区元素价层电子构型及 Ⅰ A 族和 Ⅱ A 族元素的基本性质：都是活泼性强的金属元素；化合物以离子键为特征；熔、沸点高；单质都是强还原剂。

介绍了 s 区元素常见的普通氧化物、过氧化物、超氧化物、氢氧化物的性质和重要盐类卤化物、硝酸盐、硫酸盐、碳酸盐等的重要性质及在医药中的应用。

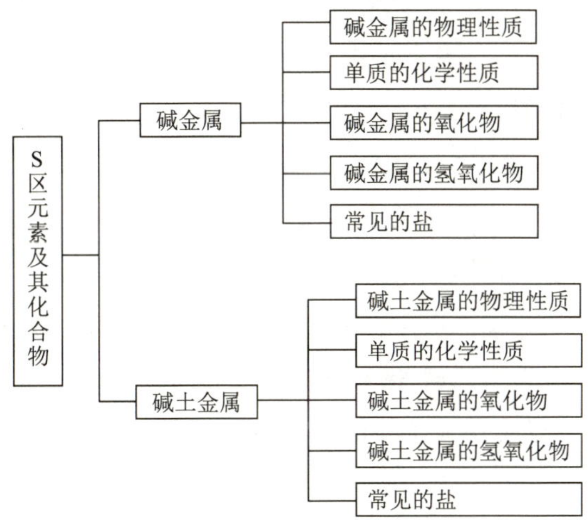

复习思考

一、单项选择题

1. 关于 s 区元素的性质，下列叙述中不正确的是(　　)

   A. 由于 s 区元素的电负性小，所以都形成典型的离子型化合物

   B. 在 s 区元素中，Be、Mg 因表面形成致密的氧化物保护膜而对水较稳定

   C. s 区元素的单质都有很强的还原性

   D. 除 Be、Mg 外，其他 s 区元素的硝酸盐或氯酸盐都可做焰火材料

   E. s 区元素(除 H 外)包括周期表中 Ⅰ A 和 Ⅱ A 族元素，是最活泼的金属元素

2. 碱土金属原子比相邻的碱金属多一个电子，同时增加了一个单位的核电荷，所以与相邻的碱金属相比较(　　)

   A. 碱土金属原子半径大些

   B. 碱土金属的电离能大

C. 碱土金属较易失去第一个电子

D. 碱土金属更活泼

E. 碱土金属的金属性略强

3. 在火焰试验中，下列金属哪一种不呈红色(　　)

A. 锂　　B. 锶　　C. 铷

D. 钡　　E. 钙

4. 金属钠应保存在(　　)

A. 酒精中　　B. 液氨中　　C. 煤油中

D. 空气中　　E. 水中

5. 下列金属单质表现两性的是(　　)

A. Li　　B. Mg　　C. Ba

D. Be　　E. Na

6. 下列成对元素中化学性质最相似的是(　　)

A. Be 和 Mg　　B. Mg 和 Al　　C. Li 和 Be

D. Be 和 Al　　E. Na 和 Mg

7. 下列碳酸盐中，热稳定性最差的是(　　)

A. $BaCO_3$　　B. $CaCO_3$　　C. K_2CO_3

D. Na_2CO_3　　E. $MgCO_3$

8. 下列化合物中，在水中溶解度最小的是(　　)

A. NaF　　B. KF　　C. CaF_2

D. BaF_2　　E. MgF_2

9. 碱金属、碱土金属氢氧化物中显示两性的是(　　)

A. $Mg(OH)_2$　　B. $Be(OH)_2$　　C. $Sr(OH)_2$

D. LiOH　　E. NaOH

10. 以下四种氢氧化物中碱性最强的是(　　)

A. $Ba(OH)_2$　　B. CsOH　　C. NaOH

D. KOH　　E. $Ca(OH)_2$

二、填空题

1. 金属锂应保存在________中，金属钠和钾应保存在________中。

2. 在 s 区金属中，熔点最高的是________，熔点最低的是________。

3. 在 s 区金属中，密度最小的是________，硬度最小的是________。

4. 周期表中，处于斜线位置的 B 与 Si、Be 与 Al、Li 与 Mg 性质十分相似，人们习惯上把这种现象称之为________。

5. 写出下列物质的化学式：

(1)重晶石________；(2)方解石________；(3)纯碱________；(4)烧碱________。

三、判断题

1. 碱金属和碱土金属很活泼，因此在自然界中没有它们的游离状态。(　　)

2. 碱金属的熔点、沸点随原子序数增加而降低，可见碱土金属的熔点沸点也具有这种变化规律。(　　)

3. 碱金属是很强的还原剂，所以碱金属的水溶液也是很强的还原剂。(　　)

4. 碱金属的氢氧化物都是强碱性的。(　　)

5. 铍和其同组元素相比，离子半径小、极化作用强，所以形成键具有较多共价性。(　　)

6. 在周期表中，处于对角线位置的元素性质相似，这称为对角线规则。(　　)

7. 由 Li 至 Cs 的原子半径逐渐增大，所以其第一电离能也逐渐增大。(　　)

8. 碳酸及碳酸盐的热稳定性次序是 $NaHCO_3 > Na_2CO_3 > H_2CO_3$。(　　)

9. CaH_2便于携带，与水分解放出 H_2，故野外常用它来制取氢气。(　　)

10. 因为氢可以形成 H^+，所以可以把它划分为碱金属。(　　)

四、名词解释

1. 碱金属　2. 碱土金属　3. 焰色反应　4. 硬水　5. 对角线规则

五、简答题

1. 为什么人们常用 Na_2O_2作供氧剂?

2. 市售的 NaOH 中为什么常含有 Na_2CO_3杂质? 如何配制不含 Na_2CO_3杂质的 NaOH 稀溶液?

3. 为什么暂时硬水能用加热煮沸的方法使之软化?

扫一扫，知答案

扫一扫，看课件

第十二章

p区主要元素及其化合物

【学习目标】

1. 掌握卤素、氧族元素、氮族元素、硼族元素单质及各重要化合物的基本性质。
2. 熟悉p区各元素通性、元素性质及其电子层结构的关系。
3. 了解p区元素在医药中的应用。

案例导入

人们发现：部分p区元素(ⅣA～ⅥA族)从上到下，随着原子序数的递增，元素的生化功能有着明显的递变规律。它们都是从生命必需常量元素(C、N、O)开始，过渡到具有两性的微量元素(Ge、Se、As等)，最后到达有毒性的重元素(Tl、Pb、Bi、Po)。生物元素性质递变最典型的是第ⅥA的氧族元素。对于锡、砷、硒的双重效应及其活性的研究已成为生物无机化学的热点。

如微量元素硒，若过量则生成亚硒酸钠造成急性中毒。若缺乏后果更严重。硒是组成谷胱甘肽——过氧化物酶的一个重要元素，该酶能保护阻止软骨细胞脂质的氧化，帮助白血球清除癌症、大骨节病、克山病触发因子的活性氧自由基，以保护人体细胞。

问题：1. 何为p区元素？

2. p区元素的单质及化合物有哪些主要性质？

p区元素是指价层电子构型为$ns^2np^{1\sim6}$的元素，包括ⅢA～ⅦA族和0族，氦元素虽然没有p电子，但也归入此区。周期表中的非金属元素除氢外，其余都集中在p区，占据元素周期表右侧的位置。

本章主要介绍ⅢA～ⅦA族中重要非金属元素在周期表中的位置和价电子层结构特征，讨论其单质和化合物的组成、结构、性质、用途以及结构与性质的关系及变化规律等。

第一节　卤族元素

一、概述

周期表中第ⅦA族元素通称卤族元素，其中包括氟、氯、溴、碘和砹五种元素，简称卤素。

卤素原子的价电子构型为 ns^2np^5，在化学反应中很容易获得一个电子，形成氧化值为 -1 的离子。卤素是同周期中最活泼的非金属元素，有最大的电负性和最小的原子半径。除氟外，其他卤素原子均能形成 +1、+3、+5 和 +7 的化合物。卤族元素的基本性质汇列于表 12-1。

表 12-1　卤族元素的一些基本性质

性　质	元　素			
	氟	氯	溴	碘
元素符号	F	Cl	Br	I
原子序数	9	17	35	53
价电子层结构	$2s^22p^5$	$3s^23p^5$	$4s^24p^5$	$5s^25p^5$
原子半径(pm)	64	99	114	133
电负性	3.98	3.16	2.96	2.66
主要氧化值	-1，0	-1，0，+1，+3，+5，+7	-1，0，+1，+3，+5，+7	-1，0，+1，+3，+5，+7

二、卤素单质

(一) 物理性质

卤素单质都是非极性双原子分子，难溶于水，易溶于有机溶剂。分子间以色散力相结合，从 $F_2 \rightarrow I_2$，随着相对分子质量增大，分子间作用力依次增强，熔点、沸点、密度等也依次增大。表 12-2 列出了卤素单质的一些物理性质。

表 12-2 卤素单质的一些物理性质

性质	卤素单质			
	氟	氯	溴	碘
分子式	F_2	Cl_2	Br_2	I_2
物态	气	气	液	固
颜色	浅黄	黄绿	棕红	紫黑
密度($kg \cdot L^{-1}$)	1.108	1.57	3.21	4.93
熔点(K)	53.38	172.02	265.92	386.5
沸点(K)	84.86	238.95	331.76	457.35
溶解度(g/100g 水)	分解水	0.732(反应)	3.58	0.029

另外，氟、氯、溴、碘单质都具有刺激性气味和毒性，使用时要小心。氯中毒时，应立即吸入少量乙醚和酒精的混合蒸气解毒。液溴能严重地灼伤皮肤，致伤时应立即用苯或甘油洗，再用水洗，必要时去医院治疗。

(二)化学性质

卤素单质的化学性质很活泼，主要表现为强氧化性，其氧化能力从 $F_2 \rightarrow I_2$ 依次减弱。

1. 与金属和非金属元素的反应 卤素与金属反应生成金属卤化物。氟和氯可与所有金属反应；溴和碘与大多数金属反应，但反应较慢。

$$2M + nX_2 = 2MX_n$$

式中，X_2 代表卤素单质，M 代表金属。

$$H_2 + X_2 = 2HX$$

$$2P(\text{过量}) + 3X_2 = 2PX_3(l)$$

$$2P + 5X_2(\text{过量}) = 2PX_5(s)$$

2. 与水的作用

(1)对水的氧化作用：$X_2 + H_2O = 2H^+ + 2X^- + \frac{1}{2}O_2$

(2)对水的歧化反应：$X_2 + H_2O = H^+ + X^- + HXO$

F_2 氧化水剧烈放出 O_2；Cl_2 和 Br_2 次之，且主要是进行歧化反应；而 I_2 则不能氧化水，只能进行歧化反应。

3. 卤素间的置换反应 X_2 与 X^- 离子间的氧化还原反应称为卤素间的置换反应。例如：

$$Cl_2 + 2Br^- = 2Cl^- + Br_2$$

$$Br_2 + 2I^- = 2Br^- + I_2$$

课堂互动

请写出卤素单质与水和碱的反应方程式。

三、卤化氢、氢卤酸和卤化物

(一)卤化氢和氢卤酸

卤化氢是指仅包含氢和卤素的二元化合物。它的通式是 HX，X 代表卤素离子。

1. 卤化氢的制备

(1)直接合成法：卤素和氢可直接化合生成卤化氢。工业生产盐酸就是由氯和氢直接合成氯化氢，经冷却后吸水而得。

氟和氢的反应异常剧烈，在暗处即可爆炸，以致无法控制；溴和碘在加热催化下也能与氢化合，但产率不高且反应速率慢。故氟化氢、溴化氢、碘化氢的制备不用此法。

(2)复分解法：用卤化物和高沸点的酸如硫酸、磷酸等相互作用来制取卤化氢。

实验室中少量的氯化氢可用食盐和浓硫酸反应制得。此法不适于制取 HBr 和 HI，因为浓 H_2SO_4能氧化所生成的 HBr 和 HI，故应选用非氧化性酸(如浓磷酸)制取 HBr 和 HI。

$$NaBr + H_3PO_4(浓) \xlongequal{} NaH_2PO_4 + HBr\uparrow$$

$$NaI + H_3PO_4(浓) \xlongequal{} NaH_2PO_4 + HI\uparrow$$

2. 卤化氢的性质 卤化氢(HX)都是无色、具有刺激性气味的气体，有毒。在空气中会“冒烟”，这是因为卤化氢与空气中的水蒸气结合形成了酸雾。卤化氢的一些物理性质见表 12－3。

表 12－3 卤化氢的物理性质

性质	HF	HCl	HBr	HI
熔点(K)	189.9	158.9	186.3	222.4
沸点(K)	292.7	188.1	206.4	237.8
溶解度(1 大气压，20℃)	35.3%	42%	49%	57%
键能($kJ \cdot mol^{-1}$)	565	431	362	299

卤化氢都是极性分子，都易溶于水形成氢卤酸，氢卤酸在水溶液中电离出氢离子和卤素离子，因此酸性和卤素离子的还原性是卤化氢的主要化学性质。

除氢氟酸外，其余都是强酸，酸性按 HF、HCl、HBr、HI 顺序递增。氢氟酸因具有特别大的键能和分子间氢键，而呈现弱酸性(298K，$K_a = 6.16 \times 10^{-4}$)，但在浓的氢卤酸溶液中(浓度大于 $5mol \cdot L^{-1}$)，氢氟酸变成了一种强酸，因为一部分 F^- 通过氢键与 HF 形成 HF_2^- 缔合离子，有利于 HF 的离解，使其酸性增强而成为强酸。

$$F^- + HF \rightleftharpoons HF_2^-$$

氢氟酸特殊的性质是与玻璃作用。二氧化硅或硅酸钙(玻璃的主要成分)都与氢氟酸反应：

$$SiO_2 + 4HF \xlongequal{} SiF_4\uparrow + 2H_2O$$

$$CaSiO_3 + 6HF \xlongequal{} CaF_2 + SiF_4\uparrow + 3H_2O$$

因此，氟化氢不宜贮存于玻璃器皿中，通常盛于聚乙烯塑料容器中。氢氟酸与皮肤接触易引起难以治愈的灼伤，当皮肤上沾有氢氟酸，应立即用大量清水冲洗，并涂敷氨水。

（二）卤化物和多卤化物

卤素和电负性较小的元素生成的化合物叫做卤化物。

1. 金属卤化物和非金属卤化物 金属卤化物有共价型、过渡型和离子型等种类。金属的极化能力越强、卤素离子的变形性越大，相应的卤化物共价性越强，反之亦然。所有非金属卤化物都有一定的共价性，其分子间作用力为范德华力，它们一般易挥发，熔点、沸点都较低。

2. 多卤化物 金属卤化物与卤素单质发生加合作用，生成含有多个卤原子的化合物称为多卤化物。例如 KI_3、CsI_5等，不稳定，易分解。

$$KI + I_2 \xlongequal{} KI_3$$

配制药用碘酒（碘酊）时，加入适量的 KI 可使碘的溶解度增大，保持了碘的消毒杀菌作用。

（三）相关药物

1. 盐酸 药用盐酸含量为9.5% ~10.5%（$g\cdot mL^{-1}$），内服补充胃酸不足，治疗胃酸缺乏症。

2. 氯化钠 配制生理盐水，浓度为9$g\cdot mL^{-1}$，大量用于出血过多，严重腹泻等所引起的缺水症状，也可用于洗涤伤口。

3. 氯化钾 具有利尿作用，用于心脏性或肾脏性水肿、缺钾症。

4. 氯化铵 主要用作祛痰剂和用于治疗重度代谢性碱血症。

5. 溴化钠、溴化钾、溴化铵 三者的混合溶液称为三溴合剂，对中枢神经有抑制作用，用作镇静剂。

6. 碘化钠、碘化钾 主要用于配制碘酊，碘化钠还用于配制造影剂。

四、氯的含氧酸及其盐

除氟外，所有的卤素都可以生成含氧酸，氯可以生成氧化数为+1，+3，+5和+7的四种含氧酸；分别为次氯酸（HClO）、亚氯酸（$HClO_2$）、氯酸（$HClO_3$）、高氯酸（$HClO_4$）。

（一）次氯酸及其盐

1. 次氯酸 常温下次氯酸具有刺鼻气味，其稀溶液无色，浓溶液显黄色。HClO 的主要化学性质是弱酸性和不稳定性。HClO 是一元弱酸，291K 时，$K_a = 2.95\times10^{-8}$。次氯酸不稳定，只存在于稀溶液中，常以两种形式分解：

$$2HClO \xlongequal{} 2HCl + O_2 \text{（次氯酸的杀菌、漂白作用）}$$

$$3HClO \xlongequal{} 2HCl + HClO_3$$

2. 次氯酸盐 常见的次氯酸盐为次氯酸钠和次氯酸钙。把氯气通入冷碱溶液，可生成次氯酸钠，反应如下：

$$Cl_2 + 2NaOH(\text{冷}) \xlongequal{} NaClO + NaCl + H_2O$$

漂白粉是次氯酸钙和碱式氯化钙的混合物，将氯气通入 $Ca(OH)_2$ 中，可制得漂白粉。次氯酸钙 $Ca(ClO)_2$ 是漂白粉的有效成分。

$$2Cl_2 + 2Ca(OH)_2 \xlongequal{} Ca(ClO)_2 + CaCl_2 + 2H_2O$$

市售新鲜漂白粉含有有效氯 25% ~35%，具有杀菌消毒作用。漂白粉的漂白作用是 $Ca(ClO)_2$ 遇酸生成 HClO，发挥其漂白、消毒作用。

$$Ca(ClO)_2 + H_2O + CO_2 \xlongequal{} CaCO_3 + 2HClO$$

$$Ca(ClO)_2 + 2HCl \xlongequal{} CaCl_2 + 2HClO$$

（二）氯酸及其盐

氯酸是强酸，其稀溶液在室温时较稳定，当遇热或溶液浓度超过 40% 时，即迅速分解并发生爆炸。

$$3HClO_3 \xlongequal{} 2O_2\uparrow + Cl_2\uparrow + HClO_4 + H_2O$$

$KClO_3$ 是最重要的氯酸盐。在催化剂存在、加热 473K 时，$KClO_3$ 受热分解生成氧气和氯化钾，实验室常用此法制取氧气。

$$2KClO_3 \xlongequal[\triangle]{MnO_2} 2KCl + 3O_2$$

如果没有催化剂，加热至 668K 时，即发生歧化反应。

$$4KClO_3 \xlongequal{} 3KClO_4 + KCl$$

$KClO_3$ 与易燃物（如硫、磷、碳等）或有机物混合时，受撞击会发生爆炸。因此常用于制造火柴、烟火及炸药。

氯酸及其盐在酸性溶液中都是强氧化剂。例如，在酸性介质中，氯酸盐能将 Cl^- 离子氧化为 Cl_2。

$$ClO_3^- + 5Cl^- + 6H^+ \xlongequal{} 3Cl_2 + 3H_2O$$

（三）高氯酸及其盐

用浓硫酸与高氯酸钾作用，可制得高氯酸。

$$KClO_4 + H_2SO_4(\text{浓}) \xlongequal{} HClO_4 + KHSO_4$$

高氯酸是无机酸中最强的酸，又是一种强氧化剂。纯高氯酸不稳定，在贮藏过程中可能会发生爆炸，市售试剂为 70% 溶液。浓热的高氯酸氧化性很强，遇到有机化合物会发生爆炸反应，而稀冷的高氯酸溶液氧化能力极弱。

高氯酸盐较为稳定，如 $KClO_4$ 的分解温度高于 $KClO_3$，用 $KClO_4$ 制成炸药称“安全炸药”。有些高氯酸盐有较显著的水合作用，例如 $Mg(ClO_4)_2$ 可作优良的干燥剂，吸湿后的 $Mg(ClO_4)_2$ 经加热脱水，又能重复使用。

综上所述，氯的含氧酸及其盐的主要化学性质可归纳为：

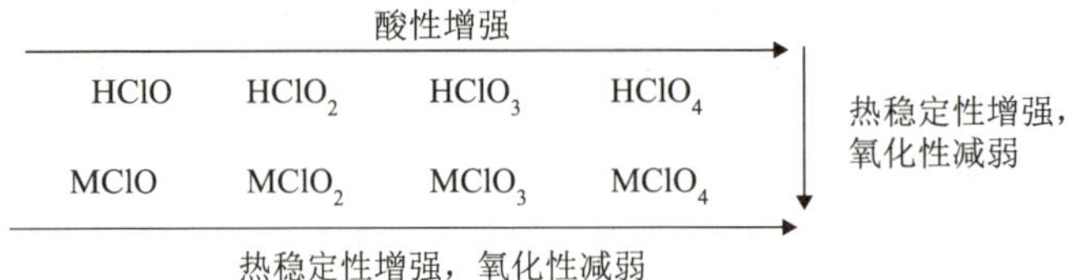

五、拟卤素

拟卤素也称类卤素或类卤化物，是指由两个或两个以上电负性较大的元素原子组成的与卤素性质相近的原子团。重要的拟卤素有氰 $(CN)_2$、硫氰 $(SCN)_2$ 和氧氰 $(OCN)_2$。它们的性质与卤素相似：

1. 游离态时都是二聚体，具有挥发性和特殊的刺激性气味。

2. 与金属元素化合生成 -1 氧化态的盐，其中 Ag(Ⅰ)、Hg(Ⅰ)、Pb(Ⅱ)的盐皆难溶于水。

3. 与氢化合形成氢酸，除氢氰酸是弱酸外，其余均为强酸，但酸性较氢卤酸弱。

4. 与水或碱溶液发生歧化反应。如：

$$(CN)_2 + H_2O = HCN + HOCN$$

$$(CN)_2 + 2OH^-(冷) = CN^- + OCN^- + H_2O$$

5. 拟卤素离子具有还原性，能被氧化剂氧化。

6. 与许多中心离子(原子)形成配位化合物。如 $K_2[Hg(SCN)_4]$。

(一)氰、氢氰酸和氰化物

氰 $(CN)_2$ 是无色有苦杏仁味的可燃性气体，剧毒。

氰与氢化合生成氰化氢(HCN)。氰化氢是无色易挥发性气体，极毒，易溶于水，其水溶液为氢氰酸，稀溶液有苦杏仁味。氢氰酸是弱酸。298K 时，$K_a = 4.93 \times 10^{-10}$。

氢氰酸的盐称为氰化物。可溶性氰化物溶于水时，因 CN^- 离子水解而使溶液显碱性。

重金属的氰化物除 $Hg(CN)_2$ 外，多数不溶于水，但由于 CN^- 离子具有极强的配位作用，能与绝大多数重金属形成稳定的可溶性配合物。如

$$Ag^+ + CN^- = AgCN$$

$$AgCN + CN^- = [Ag(CN)_2]^-$$

所有氰化物及其衍生物都是剧毒品，毫克数量级即可使人致死，且中毒作用非常迅速，氰化物溶液必须保持强碱性，氰化物固体必须密封保存，因空气中的CO_2能置换出HCN。含CN^-的废液，应先加入次氯酸钠或双氧水(H_2O_2)将其氧化为无毒的KCNO，再埋掉或排出；或加入$FeSO_4$，使其生成无毒的$K_3[Fe(CN)_6]$。

(二)硫氰和硫氰化物

硫氰常温下是黄色油状液体，不稳定，其氧化能力与溴相似。

硫氰化氢HSCN为挥发性液体，易溶于水形成硫氰酸，硫氰酸是强酸。

硫氰酸盐即硫氰化物。大多数硫氰化物易溶于水，一些金属硫氰化物，如AgSCN、$Hg(SCN)_2$、CuSCN等难溶于水。

六、卤素离子的鉴定

对混合离子(Cl^-、Br^-、I^-)进行分离鉴定，是根据离子的性质采用不同的方法进行的。

1. Cl^-　氯、溴、碘离子都可与银离子反应生成沉淀，可以排除其他阴离子的干扰。将银离子加入到含有卤离子的溶液中。

$$Ag^+ + X^- \longrightarrow AgX$$

根据沉淀的颜色[AgCl(白)、AgBr(淡黄)、AgI(黄)]判断卤离子种类，如果不能区别，通过控制氨水的浓度(用碳酸铵水解代替氨水)使氯化银溶解，而溴化银不溶解(AgCl形成配离子而溶解，AgBr微溶于氨水，AgI几乎不溶于氨水)。

$$AgCl + 2NH_3 \longrightarrow [Ag(NH_3)_2]^+ + Cl^-$$

氯化银沉淀用氨水溶解后，加入稀硝酸后沉淀再出现，表明有Cl^-存在。

$$[Ag(NH_3)_2]^+ + Cl^- + 2H^+ \longrightarrow AgCl\downarrow + 2NH_4^+$$

2. Br^-，I^-　在酸性或中性介质中，将AgBr、AgI沉淀用Zn单质还原后，使Br^-，I^-重新进入溶液。氯水可以将溴、碘离子氧化，利用它们之间的还原性差异可鉴别它们。搅拌下向含有少量CCl_4的溴、碘离子的混合溶液中滴加氯水，CCl_4层显紫色表示有碘，随后变为无色，又变为黄色表示有溴存在。

$$2AgBr + Zn \longrightarrow 2Ag\downarrow + Zn^{2+} + 2Br^-$$

$$Cl_2 + 2I^- \longrightarrow 2Cl^- + I_2(\text{紫色})$$

$$5Cl_2 + I_2 + 6H_2O \longrightarrow 10HCl + 2HIO_3(\text{无色})$$

$$Cl_2 + 2Br^- \longrightarrow 2Cl^- + Br_2(\text{黄色})$$

3. CN^-　氰离子易与Fe^{2+}形成配合物，再加入$FeCl_3$，即可生成普鲁士蓝沉淀，此法用来检验药品中的CN^-。

$$Fe^{2+} + 6CN^- = [Fe(CN)_6]^{4-}$$

$$K^+ + [Fe(CN)_6]^{4-} + Fe^{3+} = KFe[Fe(CN)_6]\downarrow\text{(蓝色沉淀)}$$

第二节　氧族元素

一、氧族元素的通性

周期表中第ⅥA族元素包括氧、硫、硒、碲、钋五种元素，通称为氧族元素。氧族元素希腊原文的意思是成矿元素，是因自然界中有用的矿物多为氧化物矿和硫化物矿而得名的。氧族元素与卤素相比非金属性减弱。氧和硫为非金属，硒和碲为准金属，钋是放射性元素。本节重点讨论氧和硫两种元素。

氧族元素的价电子构型是 ns^2np^4，其原子有获得两个电子或与其他元素共用两个电子，形成稀有气体原子结构的趋势。它们常见的氧化值为 -2。而硫、硒、碲等与电负性大的元素化合时，可显示 +2，+4，+6 氧化值。氧族元素的一些基本性质汇列于表 12-4 中。

表 12-4　氧族元素的基本性质

性　质	元　素				
	氧	硫	硒	碲	钋
元素符号	O	S	Se	Te	Po
原子序数	8	16	34	52	84
价电子层构型	$2s^22p^4$	$3s^23p^4$	$4s^24p^4$	$5s^25p^4$	$6s^26p^4$
共价半径(pm)	73	104	117	137	167
离子半径(pm)	140	184	198	221	—
电负性	3.44	2.58	2.55	2.10	2.00
主要氧化数	-2，0	-2，0，+2，+4，+6	-2，0，+2，+4，+6	-2，0，+2，+4，+6	—

二、氧、臭氧和过氧化氢

(一)氧

氧是自然界中最重要、分布最广、含量最多的元素。存在形式包括单质氧和化合态氧。自然界中的氧有 ^{16}O、^{17}O、^{18}O 三个稳定的同位素。氧单质有两种同素异形体，即 O_2 和 O_3(臭氧)。

氧气是无色、无味、无臭的气体，在标准状态下，密度为 $1.429kg \cdot L^{-1}$；熔点(54.21K)和沸点(90.02K)都较低；液态氧和固态氧都显淡蓝色；氧在水中的溶解度很小，通常 1mL 水仅能溶解 0.0308mL O_2。

氧气的主要化学性质是氧化性。除稀有气体和少数金属外，氧几乎能与所有元素直接或间接地化合，生成类型不同、数量众多的化合物。

（二）臭氧（O_3）

臭氧是单质中唯一的极性分子，键角为116.8°，"V"字型几何构型，其结构如图12－1所示。

图12－1　O_3的分子结构

常温下，臭氧是浅蓝色的气体，沸点160.6K，熔点21.6K，O_3比O_2易溶于水（通常1mL水中能溶解0.49mL O_3）。因有刺激性臭味而称"臭氧"。臭氧比氧气易溶于水，不稳定，易分解为氧气。臭氧具有较强的氧化性，常温下，O_3能与许多还原剂直接作用。例如：

$$PbS + 2O_3 = PbSO_4 + O_2\uparrow$$

$$2Ag + 2O_3 = 2O_2 + Ag_2O_2\text{（过氧化银）}$$

$$2KI + O_3 + H_2O = 2KOH + I_2 + O_2\uparrow$$

臭氧用作氧化剂、漂白剂和消毒剂时，不仅作用强，速度快，而且不会造成二次污染。

（三）过氧化氢

纯的过氧化氢（H_2O_2）是一种淡蓝色的黏稠液体，可与水以任意比互溶。其水溶液俗称双氧水，市售商品为3%和30%的水溶液。过氧化氢分子间存在的氢键缔合作用，使它具有较高的熔点（－1℃）和沸点（150℃）。

过氧化氢的分子结构如图12－2所示。分子中有一个过氧链（—O—O—）。O—O键与O—H键间的夹角为97°，两个氢原子向空间伸展所形成的两个平面间的夹角为94°，是非线性结构的极性分子。它的几何构型可以形象地看作是一本半敞开的书，过氧链在书本的夹缝上，两个氧原子在两页纸平面上。

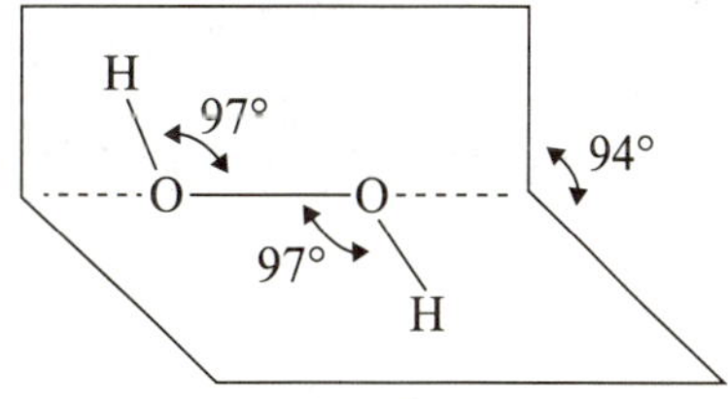

图12－2　H_2O_2的分子结构

主要化学性质：

1. 不稳定性　常温下分解缓慢，加热或高温时H_2O_2剧烈分解甚至爆炸。遇光、碱和少量重金属离子（如Mn^{2+}、Cu^{2+}、Fe^{2+}等）时可加快分解。因此，常放在阴凉、避光的棕色瓶或塑料容器中。

$$2H_2O_2 = 2H_2O + O_2\uparrow$$

2. 弱酸性　过氧化氢是一种极弱的二元弱酸（$K_a = 2.4\times10^{-12}$）。

$$H_2O_2 \rightleftharpoons H^+ + HO_2^-$$

它能与碱作用生成盐，所生成的盐称为过氧化物。

$$H_2O_2 + Ba(OH)_2 = BaO_2 + 2H_2O$$

3. 氧化还原性 过氧化氢既有氧化性又有还原性。氧化还原能力与介质的酸碱性有关，在碱性介质中是中等强度氧化剂，在酸性介质中是强氧化剂。当遇到强氧化剂时，H_2O_2表现出还原性。例如：

$$H_2O_2 + 2I^- + 2H^+ = I_2 + 2H_2O$$

$$PbS + 4H_2O_2 = PbSO_4 + 4H_2O$$

含3%的过氧化氢水溶液又称双氧水，常作为消毒防腐药，用于清洗疮口。五官科用它含漱或洗涤有炎症的部位。H_2O_2还可用作漂白剂、消毒剂、防毒面具中的氧源、燃料电池中的燃料和火箭推进剂。

三、硫、硫化氢和金属硫化物

(一)硫

硫有多种同素异形体，常见的有斜方硫和单斜硫。单质硫为淡黄色、有微臭味的晶体，不溶于水，易溶于二硫化碳(CS_2)和四氯化碳(CCl_4)等非极性溶剂。

硫的化学性质比较活泼。

1. 与金属、氢、碳等还原性较强的物质作用时，表现氧化性。

$$Hg + S = HgS$$

$$H_2 + S \xlongequal{\triangle} H_2S$$

$$C + 2S \xlongequal{\triangle} CS_2$$

2. 与具有氧化性的酸反应，表现还原性。

$$S + 2HNO_3 \xlongequal{\triangle} H_2SO_4 + 2NO\uparrow$$

$$S + 2H_2SO_4(\text{浓}) \xlongequal{\triangle} 3SO_2\uparrow + 2H_2O$$

3. 在碱性条件下，硫容易发生歧化反应。

$$3S + 6NaOH = 2Na_2S + Na_2SO_3 + 3H_2O$$

硫的用途

《中国药典》收载的硫黄是升华硫(S_8)，药用硫还有沉降硫和洗涤硫。升华硫用于配制10%的硫黄软膏，外用治疗疥疮、真菌感染及牛皮癣等。洗涤硫和沉降硫既可外用也可内服，内服有消炎、镇咳、轻泻作用。硫还是重要的化工原料，用于制造烟火、橡胶、硫酸等。

(二)硫化氢

硫化氢(H_2S)是无色、有臭鸡蛋味的有毒气体，吸入少量的就会引起头痛、晕眩等症状，较多则会造成昏迷甚至死亡。故制备或使用时必须在通风橱中进行。

硫化氢能溶于水，常温时饱和的 H_2S 水溶液浓度约为 $0.1mol \cdot L^{-1}$，其水溶液称为氢硫酸。氢硫酸的主要化学性质有：

1. 弱酸性 氢硫酸是一种二元弱酸。在溶液中存在如下电离平衡：

$$H_2S \rightleftharpoons H^+ + HS^- \quad K_a = 9.1 \times 10^{-8}$$

$$HS^- \rightleftharpoons H^+ + S^{2-} \quad K_a = 1.1 \times 10^{-12}$$

2. 还原性 氢硫酸具有较强的还原性，能被空气中 O_2 氧化成单质硫，与强氧化剂反应时可被氧化为硫酸。

$$2H_2S + O_2 = 2H_2O + 2S\downarrow$$

$$4Cl_2 + H_2S + 4H_2O = H_2SO_4 + 8HCl$$

(三)金属硫化物

金属硫化物可由硫与金属化合生成，也可由 H_2S 与金属氧化物或氢氧化物作用生成。难溶性和水解性是金属硫化物的主要性质。本节主要讨论金属硫化物的溶解性。

碱金属硫化物和硫化铵易溶于水，因 S^{2-} 水解使溶液显弱碱性。

$$S^{2-} + H_2O \rightleftharpoons HS^- + OH^-$$

可溶性硫化物的固体或溶液均易被空气中的 O_2 氧化，并生成多硫化物。例如：

$$2Na_2S + O_2 + 2H_2O = 2S + 4NaOH$$

$$Na_2S + S = Na_2S_2(\text{多硫化钠})$$

因此可溶性硫化物不宜长期存放。

难溶金属硫化物在水中溶解度相差较大且具有特征的颜色，它们在不同酸、碱等试剂中的溶解性也不相同，这种特征在药物制造上用来鉴别、分离和判断重金属离子的含量限度。表 12－5 列出了某些难溶性金属硫化物的颜色、K_{sp} 及溶解性特征。

表 12－5 某些难溶性金属硫化物的性质

名称	化学式	颜色	Ksp	溶解性特征
硫化锰	MnS	肉红色	4.65×10^{-14}	溶于醋酸和稀盐酸
硫化亚铁	FeS	黑色	1.29×10^{-19}	溶于稀盐酸
硫化锌	ZnS	白色	2.93×10^{-25}	溶于稀盐酸
硫化镉	CdS	黄色	1.40×10^{-29}	溶于浓盐酸和硝酸
硫化亚锡	SnS	褐色	1.0×10^{-25}	溶于盐酸和多硫化铵
硫化铅	PbS	黑色	9.04×10^{-29}	溶于浓盐酸和硝酸
硫化锑	Sb_2S_3	橘红色	1.5×10^{-93}	溶于浓盐酸、氢氧化钠及硫化钠
硫化铜	CuS	黑色	1.27×10^{-36}	溶于热硝酸
硫化银	$Ag_2S(\beta)$	黑色	1.09×10^{-49}	溶于热硝酸
硫化汞	HgS	黑色	6.44×10^{-53}	溶于王水和硫化钠

四、硫的重要含氧酸及其盐

硫能形成多种含氧酸，大致可分为亚硫酸(如亚硫酸、连二亚硫酸)、硫酸(如硫酸、硫代硫酸、焦硫酸)、连硫酸(如连四硫酸、连多硫酸)、过硫酸(如过一硫酸、过二硫酸)四个系列，大多数不存在相应的自由酸，只能以盐的形式存在。下面仅介绍亚硫酸、硫酸、硫代硫酸及其盐。

(一)亚硫酸及其盐

二氧化硫溶于水，水溶液称为亚硫酸(H_2SO_3)，不能从水溶液中被分离出来，亚硫酸是二元弱酸。在水中存在以下平衡关系。

$$H_2SO_3 \rightleftharpoons HSO_3^- + H^+ \quad K_{a_1} = 1.3 \times 10^{-2}$$

$$HSO_3^- \rightleftharpoons SO_3^{2-} + H^+ \quad K_{a_2} = 1.02 \times 10^{-7}$$

亚硫酸及其盐的主要化学性质为：

1. 不稳定性 亚硫酸及其盐不稳定，遇强酸即分解放出 SO_2。

$$SO_3^{2-} + H^+ = SO_2\uparrow + H_2O$$

亚硫酸盐遇热易发生歧化反应，生成硫化物和硫酸盐。

$$4Na_2SO_3 \xlongequal{\triangle} 3Na_2SO_4 + Na_2S$$

2. 氧化还原性 亚硫酸及其盐中硫元素的氧化数为 +4，处于中间价态。因此它们既有氧化性又有还原性，但主要显还原性。因此在空气中亚硫酸钠很容易被氧气氧化。亚硫酸钠常作为抗氧化剂用于注射剂，以保护药品中的主要成分不被氧化。

$$2Na_2SO_3 + O_2 = 2Na_2SO_4$$

只有遇到强还原剂时，亚硫酸及其盐才表现出氧化性。

$$SO_3^{2-} + 2H_2S + 2H^+ = 3S\downarrow + 3H_2O$$

(二)硫酸及其盐

纯硫酸是无色的油状液体，凝固点为 283.4K，沸点为 603.2K。市售浓硫酸密度为 $1.84kg \cdot L^{-1}$，质量分数为 96% ~98%，约为 $18mol \cdot L^{-1}$。硫酸为二元强酸，是最常用的三大无机强酸之一。

硫酸及其盐的主要化学性质为：

1. 吸水性和脱水性 浓硫酸具有较强的吸水性，吸水时易形成一系列 SO_3 的水合物($SO_3 \cdot xH_2O$)。因此可作干燥剂，常用于干燥不与它起反应的氯气、氢气和二氧化碳等气体。

硫酸具有很强的脱水性，能将某些有机物中的氢和氧按水的组成比脱去而使其炭化。因此浓 H_2SO_4 能严重破坏动植物的组织，使用时必须注意安全。

2. 强酸性和强氧化性 硫酸是二元强酸，第一步完全电离，第二步部分电离($K_a = 1.2 \times 10^{-2}$)。硫酸是实验室的常用试剂，用于制备挥发性酸或置换弱酸等。稀硫酸还常用作化学反应的酸性介质。

浓硫酸具有氧化性，加热时氧化性增强。可以氧化许多金属和非金属，被还原为SO_2，在与过量的强还原剂作用时，可被还原为S甚至H_2S。

$$C + 2H_2SO_4(\text{浓}) = CO_2 + 2SO_2\uparrow + 2H_2O$$

$$3Zn + 4H_2SO_4(\text{浓}) = 3ZnSO_4 + S\downarrow + 4H_2O$$

$$2H_2SO_4(\text{浓}) + S = 3SO_2\uparrow + 2H_2O$$

但金和铂甚至在加热时也不与浓硫酸作用。此外冷浓硫酸(93%以上)不和铁、铝等金属作用，因为铁和铝在冷浓硫酸中被钝化，故可将浓硫酸装在钢罐中运输和贮存。

稀硫酸具有一般酸的通性，它的氧化性是H_2SO_4中H^+的作用，这和浓硫酸的氧化性是有区别的。它的酸性使它能与金属活动顺序中位于氢以前的金属发生置换反应，放出氢气。

3. 硫酸盐的溶解性 硫酸有酸式盐和正盐两类。酸式盐均易溶于水。正盐大部分易溶于水，仅Ag_2SO_4、$HgSO_4$、$CaSO_4$微溶，$SrSO_4$、$BaSO_4$和$PbSO_4$难溶。

多数硫酸盐能形成复盐。当形成复盐的两种硫酸盐的晶体相同时，又称为矾。例如明矾$K_2SO_4 \cdot Al_2(SO_4)_3 \cdot 24H_2O$，镁钾矾$K_2SO_4 \cdot Mg_2SO_4 \cdot 6H_2O$等。

(三)硫代硫酸及其盐

“代酸”是指氧原子被其他原子所取代的含氧酸。硫代硫酸就是硫酸中的一个氧原子被硫原子所取代。硫代硫酸($H_2S_2O_3$)极不稳定，但它的盐却能稳定存在。其中最重要的是$Na_2S_2O_3 \cdot 5H_2O$，俗称海波或大苏打。

硫代硫酸钠是无色透明的柱状晶体，易溶于水，因$S_2O_3^{2-}$水解而显弱碱性。

$$S_2O_3^{2-} + H_2O = HS_2O_3^- + OH^-$$

$Na_2S_2O_3$的主要化学性质为：

1. 遇强酸分解 $Na_2S_2O_3$在中性、碱性溶液中很稳定，在酸性溶液中迅速分解。

$$Na_2S_2O_3 + 2HCl = 2NaCl + S\downarrow + SO_2\uparrow + H_2O$$

由于生成具有高度杀菌能力的S和SO_2，医学上可用来治疗疥癣等皮肤病。

2. 还原性 $Na_2S_2O_3$是一个中等强度的还原剂，如碘可将它氧化为连四硫酸钠。这个反应是定量分析中碘量法的基本反应。

$$2Na_2S_2O_3 + I_2 = Na_2S_4O_6 + 2NaI$$

若遇到Cl_2、Br_2等强氧化剂可被氧化为硫酸，故硫代硫酸钠常作为脱氯剂，用于纺织和造纸工业上。

$$Na_2S_2O_3 + 4Cl_2 + 5H_2O \longrightarrow 2H_2SO_4 + 2NaCl + 6HCl$$

3. 配位性 $S_2O_3^{2-}$ 离子有非常强的配位能力，它可与一些金属生成稳定的配离子。因此是常用的配位剂，在医药上可作重金属中毒时的解毒剂。如：

$$2S_2O_3^{2-} + AgBr \longrightarrow [Ag(S_2O_3)_2]^{3-} + Br^-$$

照相术上用它作为定影液，溶去照相底片上未感光的 AgBr。

课堂互动

硫代硫酸及其盐的主要性质有哪些？

（四）相关药物

1. 硫酸钠 $Na_2SO_4 \cdot 10H_2O$ 在中药中称芒硝或朴硝。$Na_2SO_4 \cdot 10H_2O$ 露置空气中易风化失去结晶水。中药称无水硫酸钠为玄明粉或元明粉，有吸湿性。它们都可用作缓泻剂。

2. 硫代硫酸钠 20%硫代硫酸钠普通制剂内服用于治疗重金属中毒，外用可治疗疥癣和慢性皮炎等皮肤病；10%硫代硫酸钠注射剂主要用于治疗氰化物、砷、汞、铅、铋和碘中毒。

五、离子鉴定

1. S^{2-} S^{2-}浓度较大时，利用醋酸铅试纸鉴定。具体操作是向试液中滴加酸，并用润湿的醋酸铅试纸接近管口，如试纸变黑，证明原试液中有 S^{2-}存在。

$$S^{2-} + Pb^{2+} \longrightarrow PbS$$

S^{2-} 的量较少时，可利用亚硝酰五氰合铁酸钾检验，溶液显紫红色。

$$S^{2-} + [Fe(CN)_5NO]^{2-} \longrightarrow [Fe(CN)_5(NOS)]^{4-}\text{（紫红色）}$$

2. SO_3^{2-} 亚硫酸盐遇强酸就放出 SO_2气体，SO_2具有还原性，能使硝酸亚汞试纸变黑（Hg_2^{2+} 还原为金属汞）。

$$SO_3^{2-} + 2H^+ \longrightarrow 2SO_2\uparrow + H_2O$$

$$SO_2 + Hg_2^{2+} + 2H_2O \longrightarrow 2Hg + SO_4^{2-} + 4H^+$$

3. $S_2O_3^{2-}$

（1）利用在酸性介质中的不稳定性来检测

$$S_2O_3^{2-} + 2H^+ \longrightarrow S\downarrow + SO_2\uparrow + H_2O$$

与 SO_3^{2-} 的最重要区别在于溶液出现浑浊。

（2）用 $AgNO_3$检验：过量的 Ag^+ 和 $S_2O_3^{2-}$ 作用，先生成白色的 $Ag_2S_2O_3$沉淀，此沉淀

不稳定很快分解为 Ag_2S，沉淀颜色由白变黄、变棕，最后变为黑色。

4. SO_4^{2-} 在确证无 F^-、SiF_6^{2-} 存在时，用钡离子检验，生成不溶于盐酸的白色沉淀。

$$SO_4^{2-} + Ba^{2+} = BaSO_4 \downarrow$$

第三节 氮族元素

扫一扫，看课件

一、概述

氮族元素(Nitrogen group)是指元素周期表第VA族元素，包括氮(N)、磷(P)、砷(As)、锑(Sb)、铋(Bi)、镆(Up)六种元素。氮族元素的基本性质列于表12-6中。

绝大部分的氮以单质状态存在于空气中，磷则以化合状态存在于自然界中。随着原子序数的增加，本族元素的非金属性逐渐减弱和金属性逐渐增强的性质最为突出。六种元素性质差异较大，氮、磷为非金属元素，砷和锑具有半金属性质，铋为金属元素，镆为人工合成元素。

表12-6 氮族元素的基本性质

性质	氮(N)	磷(P)	砷(As)	锑(Sb)	铋(Bi)
原子序数	7	15	33	51	83
原子量	14.01	30.97	74.92	121.75	208.98
价电子层构型	$2s^22p^3$	$3s^23p^3$	$4s^24p^3$	$5s^25p^3$	$6s^26p^3$
共价半径(pm)	70	110	121	141	152
电负性	3.04	2.19	2.18	2.05	2.02
主要氧化数	±1，±2，±3 +4，+5	-3，+3 +5	-3，+3 +5	-3，+3 +5	-3，+3 +5

本族元素价电子层构型为 ns^2np^3，其中p轨道处于较为稳定的半充满状态。与卤素、氧族元素比较，形成正氧化数化合物的趋势较明显。正氧化数主要为+3和+5。随着原子序数的增加，从N到Bi氧化数为+3的物质的稳定性增加，而氧化数为+5的物质的稳定性降低。本节重点讨论氮、磷及其化合物。

二、氨和铵盐

(一)氨

氨(NH_3)是氮的氢化物，常温下为无色、有强刺激性气味的气体，极易溶于水。常温常压下1L水约能溶解700L的氨，其水溶液称为氨水。

氨的化学性质比较活泼，主要化学性质有：

1. 弱碱性 氨具有一对孤对电子，可与质子结合，显碱性。即：

$$:NH_3 + H^+ \rightleftharpoons NH_4^+$$

氨溶于水时形成水合物 $NH_3 \cdot H_2O$，其中少数 $NH_3 \cdot H_2O$ 发生电离，使氨溶液显碱性，使润湿的红色石蕊试纸变蓝。此为氨气最常用的检验方法之一。

$$NH_3 \cdot H_2O \rightleftharpoons NH_4^+ + OH^- \quad K_b = 1.76 \times 10^{-5}$$

2. 取代反应 NH_3分子中 H 原子可被其他原子或原子团取代，如 $NaNH_2$(氨基化钠)，CaNH(亚氨基化钙)，当 3 个 H 原子都被取代，则生成氮化物，如 Li_3N。

3. 还原性 NH_3中的 N 为 −3 价，处于最低氧化态。在一定条件下，氨具有还原性。氨在纯氧中燃烧时，火焰显黄色。

$$4NH_3 + 3O_2 = 2N_2 + 6H_2O$$

药用稀氨水的浓度为 95～105g · L^{-1}，为刺激性药。给昏厥病人吸入氨气，可反射性引起中枢兴奋。外用可治疗某些昆虫叮咬伤和化学试剂(如氢氟酸)造成的皮肤沾染伤。

(二)铵盐

氨与酸反应得到相应的铵盐。大多数铵盐为无色晶体，易溶于水，水溶液一般比较稳定。由于 NH_4^+ 的离子半径与 K^+ 的半径相近，许多铵盐和钾盐的晶体结构及溶解度相似，因此铵盐的性质与碱金属盐类似，本节重点讲解不同之处。

1. 遇强碱分解放出氨气 在加热的条件下，任何铵盐固体或铵盐溶液与强碱作用都将分解放出 NH_3，这是鉴定铵盐的特效反应。

$$NH_4^+ + OH^- \xlongequal{\triangle} NH_3\uparrow + H_2O$$

2. 强酸类铵盐水溶液显弱酸性 这类铵盐因铵根离子水解，溶液显弱酸性。

$$NH_4^+ + H_2O \rightleftharpoons NH_3 + H_3O^+$$

3. 固态铵盐受热时易发生分解反应 铵盐的热稳定性差，受热时极易分解，分解产物通常与组成酸有关。例如：

$$NH_4Cl \xlongequal{\triangle} NH_3\uparrow + HCl\uparrow$$

$$(NH_4)_2SO_4 \xlongequal{\triangle} NH_3\uparrow + NH_4HSO_4$$

$$(NH_4)_2Cr_2O_7 \xlongequal{\triangle} N_2\uparrow + Cr_2O_3 + 4H_2O$$

$$2NH_4NO_3 \xlongequal{\triangle} 2N_2\uparrow + 2O_2\uparrow + 4H_2O$$

三、氮的含氧酸及其盐

(一)亚硝酸及其盐

亚硝酸的主要化学性质如下。

1. 弱酸性 亚硝酸(HNO_2)是一元弱酸，286K 时，$K_a = 4.6 \times 10^{-4}$，酸性比醋酸略强。

2. 不稳定性 HNO_2很不稳定，仅能存在于冷的稀溶液中，受热即发生分解。

$$3HNO_2 \xlongequal{} HNO_3 + H_2O + 2NO\uparrow$$

3. 氧化还原性 HNO_2分子中N的氧化数为+3，属于中间价态，既有氧化性又有还原性。在酸性介质中，HNO_2及其盐主要显氧化性。如：

$$2NO_2^- + 2I^- + 4H^+ \xlongequal{} I_2 + 2NO\uparrow + 2H_2O$$

当HNO_2与强氧化剂作用时，NO_2^-为还原剂，被氧化为NO_3^-。如：

$$5NO_2^- + 2MnO_4^- + 6H^+ \xlongequal{} 5NO_3^- + 2Mn^{2+} + 3H_2O$$

亚硝酸盐要比亚硝酸稳定得多，均易溶于水，仅$AgNO_2$微溶。亚硝酸盐固体对热稳定，尤其是碱金属和碱土金属的亚硝酸盐热稳定性很大。

亚硝酸盐有毒，误食会引起严重的中毒反应。亚硝酸盐是致癌物质。$10g \cdot L^{-1}$ $NaNO_2$注射液可用于治疗氰化物中毒。

(二)硝酸及其盐

硝酸(HNO_3)是一种具有强氧化性、腐蚀性的强酸，是三大无机强酸之一，为极其重要的化工原料和化学试剂。纯HNO_3为无色液体，易挥发，有刺激性气味，能与水按任意比例混合。市售浓硝酸密度$1.42kg \cdot L^{-1}$，质量分数为68%～70%，约$16mol \cdot L^{-1}$。硝酸的主要化学性质如下。

1. 不稳定性 浓硝酸受热或见光会发生分解，产生的NO_2因溶于浓硝酸使溶液逐渐变黄，故硝酸应储存于棕色试剂瓶中。

$$4HNO_3 \xlongequal{} 4NO_2\uparrow + O_2\uparrow + 2H_2O$$

2. 强氧化性 HNO_3分子中的N具有最高氧化态(+5)，具有强氧化性，可氧化金属和非金属。

(1)氧化非金属：硝酸可以氧化除氟、氧以外的非金属，得到相应的酸，本身被还原为NO。如：

$$2HNO_3 + S \xlongequal{} H_2SO_4 + 2NO\uparrow$$

$$5HNO_3 + 3P + 2H_2O \xlongequal{} 3H_3PO_4 + 5NO\uparrow$$

(2)氧化金属：硝酸可与除金、铂等稀有金属外的所有金属反应，生成相应的化合物。铝、铬、铁、钙等金属可溶于稀硝酸，但在冷的浓硝酸中由于钝化作用而不溶。一般来说，浓硝酸的氧化性强于稀硝酸，且还原产物也与硝酸浓度有关。如：

$$4HNO_3(\text{浓}) + Cu \xlongequal{} Cu(NO_3)_2 + 2NO_2\uparrow + 2H_2O$$

$$8HNO_3(\text{稀}) + 3Cu \xlongequal{} 3Cu(NO_3)_2 + 2NO\uparrow + 4H_2O$$

$$10HNO_3(\text{较稀}) + 4Zn \xlongequal{} 4Zn(NO_3)_2 + N_2O\uparrow + 5H_2O$$

$$10HNO_3(\text{极稀}) + 4Zn \xlongequal{} 4Zn(NO_3)_2 + NH_4NO_3 + 3H_2O$$

总之，浓硝酸的还原产物主要为二氧化氮，稀硝酸主要为一氧化氮，硝酸浓度极稀时，主要产物是 NH_3。当硝酸密度增大到 1.25kg · L^{-1}时，产物主要是 NO，其次为 NO_2和少量的 N_2O，当硝酸密度增大到大于 1.35kg · L^{-1}时，产物主要是 NO_2。

浓盐酸(HCl)和浓硝酸(HNO_3)按体积比为 3∶1 组成的混合物称为王水，具有比硝酸更强的氧化性，可溶解包括金、铂等在内的许多金属。

$$Au + HNO_3 + 4HCl = H[AuCl_4] + NO\uparrow + 2H_2O$$

硝酸盐的主要性质：几乎所有的硝酸盐都溶于水，水溶液都无氧化性。固体硝酸盐低温时较稳定，高温时显氧化性，受热易分解，分解产物与硝酸盐中相应的金属阳离子的性质有关。

碱金属、碱土金属硝酸盐，如：

$$2NaNO_3 \xlongequal{\triangle} 2NaNO_2 + O_2\uparrow$$

金属活动顺序表中位于 Mg ~ Cu 之间的金属硝酸盐，如：

$$2Pb(NO_3)_2 \xlongequal{\triangle} 4NO_2\uparrow + O_2\uparrow + 2PbO$$

金属活动顺序表中位于 Cu 以后的金属硝酸盐，如：

$$2AgNO_3 \xlongequal{\triangle} 2NO_2\uparrow + O_2\uparrow + 2Ag$$

四、磷的含氧酸及其盐

磷的含氧酸主要有磷酸 H_3PO_4、亚磷酸 H_3PO_3和次磷酸 H_3PO_2。

(一)磷酸及其盐

常温下纯磷酸(H_3PO_4)为无色晶体，熔点 315.3K，能与水按任何比例混溶。市售磷酸溶液为黏稠状液体，无挥发性，密度 1.7kg · L^{-1}，浓度为 85%。磷酸为三元中强酸，298K 时，其逐级电离常数为：$K_1 = 7.52 \times 10^{-3}$，$K_2 = 6.23 \times 10^{-8}$，$K_3 = 2.2 \times 10^{-13}$。

磷酸的标准电极电势很小($\varphi^{\ominus} H_3PO_4/H_3PO_3 = -0.276V$)，通常不具氧化性。

H_3PO_4可形成三种盐，即磷酸盐(Na_3PO_4)、磷酸一氢盐(Na_2HPO_4)和磷酸二氢盐(NaH_2PO_4)。磷酸盐和一氢盐，除 K^+、Na^+、NH_4^+外，一般都不溶于水；磷酸二氢盐均溶于水。可溶性磷酸盐在水溶液中能发生不同程度的水解，使溶液呈现不同的酸碱性。以钠盐为例，Na_3PO_4溶液呈较强的碱性，Na_2HPO_4水溶液呈弱碱性，而 NaH_2PO_4的水溶液呈弱酸性。

(二)次磷酸、及其盐

纯净的次磷酸(H_3PO_2)是无色晶体，熔点 299.5K，易潮解。H_3PO_2是一元酸，$K_a = 1.0 \times 10^{-2}$，其分子中有两个与磷原子直接结合的氢原子。次磷酸及其盐都是强还原剂，

可将 Ag^{+}、Hg^{2+}、Cu^{2+} 等还原。如：

$$4Ag^{+} + H_3PO_2 + 2H_2O = 4Ag\downarrow + H_3PO_4 + 4H^{+}$$

(三)多磷酸、偏磷酸及其盐

磷酸经强热时就会发生脱水作用，生成多聚磷酸或偏磷酸。n 个磷酸分子脱去 $n-1$ 个水分子所得的酸称为多(聚)磷酸，化学通式为 $H_{n+2}P_nO_{3n+1}$($n \geq 2$)。$n=2$ 为焦磷酸，是二分子磷酸加热脱水产物；$n=3$ 为三磷酸，以此类推。高聚磷酸的 n 值可达 90 左右。焦磷酸和三磷酸对生物体至关重要，三磷酸腺苷(ATP)是生化反应中的高能分子。

n 个磷酸分子脱去 n 个水分子所得酸称为偏磷酸，化学通式 $(HPO_3)_n$($n \geq 3$)。$n=3$ 为三偏磷酸。多酸的酸性强于单酸。偏磷酸根的化学通式为 $P_nO_{3n}^{n-}$，具有环状结构。$(NaPO_3)_n$($n=30 \sim 90$)可与 Ca^{2+}、Mg^{2+} 形成可溶性磷酸盐，故可用作软水剂。

五、砷、锑、铋的重要化合物

本族元素的砷、锑、铋又称为砷分族，由于它们的次外层电子构型(18 电子构型)与氮和磷(8 电子构型)不同，因此他们的单质及其化合物在性质上有更多的相似之处而与氮和磷不同。

(一)氢化物

砷、锑、铋的氢化物(AsH_3、SbH_3、BiH_3)均为恶臭、无色、剧毒的气体。它们的分子结构与 NH_3 类似，但在水中溶解度不大。这些氢化物都不稳定，容易分解。它们的稳定性，按 $AsH_3 \rightarrow SbH_3 \rightarrow BiH_3$ 的顺序依次降低。它们能够还原重金属的盐使金属沉积出来。例如 AsH_3 能将硝酸银中的银还原：

$$2AsH_3 + 12AgNO_3 + 3H_2O = As_2O_3 + 12Ag\downarrow + 12HNO_3$$

借此可检验砷的存在(古氏验砷法)。

利用强还原剂将 As_2O_3 转变为 AsH_3，在加热情况下，AsH_3 分解成砷聚集在玻璃表面上，形成砷镜(马氏验砷法)：

$$As_2O_3 + 6Zn + 6H_2SO_4 = 2AsH_3\uparrow + 6ZnSO_4 + 2H_2O$$

$$2AsH_3 \xlongequal{\triangle} 2As + 3H_2\uparrow$$

(二)氧化物及其水化物

砷、锑、铋 +3 价氧化态的氧化物的酸性依次递减，碱性依次递增。As_2O_3(俗称砒霜)为白色粉末，致死量约为 0.1g，主要用于制造杀虫剂、除草剂以及含砷药物，略溶于水，生成亚砷酸。

$$As_2O_3 + 3H_2O = 2H_3AsO_3$$

As_2O_3 的酸性显著，易溶于碱性溶液形成亚砷酸盐。

$$As_2O_3 + 6NaOH \longrightarrow 2Na_3AsO_3 + 3H_2O$$

Sb_2O_3为白色固体，不溶于水，能溶于酸和强碱，呈两性。Bi_2O_3为黄色固体，不溶于水、不溶于碱，而能溶于酸。

砷、锑、铋+3价氧化态的氢氧化物都呈两性。H_3AsO_3仅在溶液中存在，$Sb(OH)_3$和$Bi(OH)_3$都是不溶于水的白色沉淀物，易部分脱水形成SbO(OH)和BiO(OH)。按H_3AsO_3、$Sb(OH)_3$、$Bi(OH)_3$的顺序，酸性依次迅速减弱，$Bi(OH)_3$的酸性很弱，碱性较为明显，它只能微溶于浓的强碱液中。

砷、锑、铋的+5氧化态的氧化物的酸碱性变化规律类似于+3氧化态的氧化物，酸性依As→Sb→Bi顺序减弱，但铋(Ⅴ)难以成酸。它们的酸性都较相应的+3氧化态的氧化物强。砷酸易溶于水，酸性近似磷酸。锑酸是白色无定形的沉淀，酸性很弱。砷酸和锑酸在酸性溶液中表现出氧化性。锑酸的氧化能力大于砷酸，而铋酸盐在酸性溶液中氧化能力最强，它可以把Mn(Ⅱ)氧化成Mn(Ⅶ)。如：

$$10NaBiO_3 + 4MnSO_4 + 14H_2SO_4 \longrightarrow 4NaMnO_4 + 5Bi_2(SO_4)_3 + 3Na_2SO_4 + 14H_2O$$

(三)常见的盐

砷、锑、铋常见的盐主要有氯化物、硝酸盐以及亚砷酸钠和砷酸钠。它们最主要的化学性质是水解性、氧化还原性和生成配位化合物。本节主要讨论它们的水解性。

砷分族元素的可溶性盐溶于水时均发生水解反应，水解性从As到Bi递减，水解产物也不相同。例如，$AsCl_3$水解生成H_3AsO_3，$SbCl_3$和$BiCl_3$水解则生成难溶于水的碱式氯化物沉淀。

$$AsCl_3 + 3H_2O \rightleftharpoons H_3AsO_3 + 3HCl$$

$$SbCl_3 + H_2O \rightleftharpoons SbOCl\downarrow(\text{氯化氧锑}) + 2HCl$$

$$BiCl_3 + H_2O \rightleftharpoons BiOCl\downarrow(\text{氯化氧铋}) + 2HCl$$

Na_3AsO_3和Na_3AsO_4溶液因酸根离子水解而呈碱性。

$$AsO_3^{3-} + H_2O \rightleftharpoons HAsO_3^{2-} + OH^-$$

$$AsO_4^{3-} + H_2O \rightleftharpoons HAsO_4^{2-} + OH^-$$

(四)相关药物

1. 三氧化二砷 As_2O_3俗称砒霜，有剧毒，致死量为0.1g。外用治疗慢性皮炎、牛皮癣等。也可配成亚砷酸钾溶液内服，用于治疗慢性白血病。

2. 雄黄 雄黄为中药矿物药，主要成分是硫化砷As_4S_4。外用治疗疮疖疔毒、疥癣及虫蛇咬伤等。也可内服，许多治疗上述病症的内服药中均含有雄黄。雄黄还可用于治疗肠道寄生虫感染和疟疾等。

3. 酒石酸锑钾(钠) 酒石酸锑钾$KSbC_4H_2O_6 \cdot \frac{1}{2}H_2O$，为抗血吸虫病药，常用1%的

注射液静脉给药。

4. 次水杨酸铋(碱式水杨酸铋、次柳酸铋) 次水杨酸铋 $BiO \cdot C_7H_5O_3$为抗梅毒药，配制成油悬浊液供肌注。也可用于治疗扁平疣。

酸　雨

酸雨是pH小于5.6的雨水、冰雪等大气降水。现已确认，大气中的SO_2和NO_2是形成酸雨的主要物质，主要来源于煤和石油的燃烧。酸雨成分中硫酸约占60%，硝酸约占32%，盐酸约占6%，其余是碳酸和少量有机酸。酸雨对土壤、水体、森林、建筑等均带来严重危害，不仅造成重大经济损失，更危及人类生存和发展。大气无国界，防治酸雨是一个国际性的环境问题，需共同解决。

六、离子的鉴定

1. NH_4^+ 铵盐溶液中加入过量的NaOH试液，加热后有氨气生成，可以使湿润的红色石蕊试纸变蓝(或湿润pH试纸变碱色)。

$$NH_4^+ + OH^- = NH_3\uparrow + H_2O$$

本法用于NH_4^+浓度较大时，氰根离子(CN^-)有一定的干扰，可加入汞盐(Hg^{2+})消除干扰。NH_4^+浓度较小时，可取试液少许，加入奈氏试剂(碱性K_2HgI_4溶液)，若有黄色沉淀生成，表示有NH_4^+存在。

$$2K_2HgI_4 + NH_3 + 3KOH = Hg_2ONH_2I\downarrow + 7KI + 2H_2O$$

2. NO_3^- 取试样数滴于试管中，加入0.1mol·L^{-1} $FeSO_4$试液，沿管壁缓慢加入浓H_2SO_4,使成两液层，界面显棕色为阳性反应。

$$NO_3^- + 3Fe^{2+} + 4H^+ = 3Fe^{3+} + NO\uparrow + 2H_2O$$

$$Fe^{2+} + NO + SO_4^{2-} = Fe(NO)SO_4$$

NO_2^-存在干扰反应，应先加尿素除去NO_2^-后再鉴定。

$$2NO_2^- + 2H^+ + CO(NH_2)_2 = 2N_2\uparrow + CO_2\uparrow + 3H_2O$$

3. NO_2^- 试管中加入几滴试液、H_2SO_4和淀粉KI试液，振荡试管，若显蓝色，表明有NO_2^-存在。

$$2NO_2^- + 4H^+ + 2I^- = 2NO\uparrow + I_2 + 2H_2O$$

4. PO_4^{3-} 取磷酸盐溶液，加硝酸和钼酸铵试液，在70℃左右温热数分钟，即析出黄色沉淀。

$$PO_4^{3-} + 12MoO_4^{2-} + 3NH_4^+ + 24H^+ = (NH_4)_3PO_4 \cdot 12MoO_3 \cdot 12H_2O(黄色)$$

如有 AsO_4^{3-} 离子存在时，则出现砷钼酸铵黄色沉淀，发生干扰。为此，在检验磷酸根之前需加 Na_2SO_3，使 AsO_4^{3-} 还原成 AsO_3^{3-} 并通入 H_2S，使之沉淀为 As_2S_3 除去。

第四节　碳族和硼族元素

一、概述

碳族元素(Carbon group)为元素周期表中第ⅣA 族元素，包括碳(C)、硅(Si)、锗(Ge)、锡(Sn)、铅(Pb)、𫓧(Fl)六种元素；硼族元素(Boron group)为元素周期表中第ⅢA 族元素，包括硼(B)、铝(Al)、镓(Ga)、铟(In)、铊(Tl)、鉨(Nh)六种元素。有关碳族和硼族元素的一些基本性质分别列于表 12－7 和表 12－8 中。

与元素周期表中所有的主族元素一样，从上而下，碳族元素和硼族元素的非金属性递减，而金属性递增。碳是非金属，硅是准金属，锗、锡、铅是金属，𫓧是人工合成元素。硼族元素中除硼是非金属元素外，其他都是金属元素，鉨为人工合成元素。

碳族元素原子的价电子层构型为 ns^2np^2，其价电子数与价电子轨道数相等，因此称它们为等电子原子，能形成氧化数为＋2、＋4 的化合物。硼族元素原子的价电子构型为 ns^2np^1，价电子数少于价电子轨道数，因此称它们为缺电子原子，它们的最高氧化数为＋3。

表 12－7　碳族元素的基本性质

性　质	碳(C)	硅(Si)	锗(Ge)	锡(Sn)	铅(Pb)
原子序数	6	14	32	50	82
原子量	12.01	28.09	72.59	118.0	207.2
价电子层构型	$2s^22p^2$	$3s^23p^2$	$4s^24p^2$	$5s^25p^2$	$6s^26p^2$
共价半径(pm)	77	117	122.5	140.5	175
电负性	2.55	1.90	2.01	1.96	1.9
主要氧化数	＋4、＋2、(－4、－2)	＋4(＋2)	＋4、＋2	＋4、＋2	＋2、＋4

表 12－8　硼族元素的基本性质

性　质	硼(B)	铝(Al)	镓(Ga)	铟(In)	铊(Tl)
原子序数	5	13	31	49	81
原子量	10.81	26.98	69.72	114.8	204.4
价电子层构型	$2s^22p^1$	$3s^23p^1$	$4s^24p^1$	$5s^25p^1$	$6s^26p^1$
共价半径(pm)	88	143.1	122.1	162.6	170.4
电负性	2.04	1.61	1.81	1.78	162
主要氧化数	＋3	＋3	＋1、＋3	＋1、＋3	＋1、＋3

二、活性炭的吸附作用

活性炭是黑色粉末状或颗粒状的碳物质。活性炭材料是经过加工处理所得的无定形碳，具有较大的比表面积，对气体、溶液中的有机或无机物质以及胶体颗粒等都有很好的吸附能力。

吸附作用是指各种气体或溶液里的溶质被吸附在固体或液体物质表面上的现象。具有吸附作用的物质称为吸附剂，被吸附的物质称吸附质。固体吸附剂吸附作用的大小通常用吸附量来衡量。吸附量是指1g吸附剂所吸附的吸附质的量（常用mmol或mg表示）。一般来说，一定质量的固体吸附剂其粒子越细，粒子的孔隙越多，总表面积就越大，吸附量越大。

影响活性炭吸附量的因素有：①内因：由吸附质的性质决定。活性炭是非极性吸附剂，倾向于吸附非极性物质。吸附质的极性越小，被吸附的倾向越强。吸附质为气体时，气体的沸点越高越容易被吸附。②外因：主要包括吸附温度、吸附质浓度和气体吸附质的压力。通常低温有利于吸附；吸附质浓度越大或气体吸附质压力越大吸附量越大。

吸附可分为物理吸附和化学吸附。在吸附过程中，当分子间作用力是范德华力（或静电引力）时，称为物理吸附。活性炭对许多气体的吸附就属于物理吸附，被吸附的气体很容易解脱出来，而不发生性质上的变化，为可逆过程。在吸附过程中，当分子间作用力是化学键时，称为化学吸附。例如许多催化剂对气体的吸附（如镍对 H_2 的吸附）属于这一类，被吸附的气体往往需要在较高的温度下才能解脱，而且在性状上有变化，所以化学吸附大都是不可逆过程。同一种物质，可能在低温下进行物理吸附而在高温下为化学吸附，或者两者同时进行。

药用炭为植物活性炭，吸附药。主要用于腹泻及胃肠胀气，还用于各种原因引起的急慢性肾功能衰竭、尿毒症、高尿酸血症、痛风。

三、碳的氧化物、碳酸及碳酸盐

（一）碳的氧化物

碳的氧化物有多种，主要包括CO、CO_2等。

1. 一氧化碳 CO为无色、无臭的气体，沸点181K，熔点68K。CO不助燃但可以燃烧，在水中溶解度较小，易溶于乙醇等有机溶剂中。

CO是电子对给予体（配合体），它能与某些具有空轨道的金属离子（或原子）形成配位键而生成配合物，如 $Fe(CO)_5$、$Ni(CO)_4$ 和 $Cr(CO)_6$ 等。

CO的毒性与它能和血液中携带 O_2 的血红蛋白生成稳定的配合物有关。CO与血红蛋白的结合力约为O_2与血红蛋白的230～270倍。一旦CO与血红蛋白结合，血红蛋白就失去输送O_2的能力，从而使人缺氧死亡。当空气中的CO达到0.1%体积时，就会引发中毒。CO中毒可注射亚甲基蓝($C_{16}H_{18}N_3ClS$)，它可从血红蛋白－CO的配合物中夺取CO，使血红蛋白恢复功能。

2. 二氧化碳 CO_2是一种无色、无臭、无毒、不能燃烧的气体，比重是空气的1.53倍，高压下(5.65MPa)液化，液态CO_2的气化热很高(217K时为25.1$KJ \cdot mol^{-1}$)，当部分液态CO_2汽化的同时，另一部分CO_2被冷却而凝固为雪花状的固体，即是“干冰”。CO_2被用作制冷剂、灭火剂。空气中CO_2的平均含量约为0.03%，近年来的“温室效应”与大气中CO_2含量增加有关。

CO_2化学性质不活泼，但在高温下，能与碳或活泼金属镁、铝等作用。

$$CO_2 + 2Mg \xlongequal{点燃} 2MgO + C$$

(二)碳酸及其盐

碳酸(H_2CO_3)为CO_2溶于水中生成，是一种在人体内广泛存在的二元弱酸，$K_1 = 4.3 \times 10^{-7}$，$K_2 = 5.6 \times 10^{-11}$。实际上$CO_2$溶于水时只有一小部分转化成$H_2CO_3$，大部分以水合分子形式存在。碳酸仅存在于水溶液中，至今尚未制得纯净的碳酸。

碳酸盐有正盐和酸式盐，它们的主要性质如下：

1. 溶解性 除NH_4^+、碱金属(除Li^+)的碳酸盐易溶外其余均难溶；酸式碳酸盐均能溶于水。

2. 酸碱性 碳酸钠(Na_2CO_3)俗称纯碱，在水溶液中，因CO_3^{2-}水解使水溶液显强碱性。用Na_2CO_3溶液沉淀金属阳离子时，有些阳离子生成碳酸盐，如Ca^{2+}、Sr^{2+}、Ba^{2+}等；有些阳离子则生成碱式碳酸盐，如Cu^{2+}、Mg^{2+}、Zn^{2+}、Co^{2+}、Ni^{2+}等；还有些阳离子生成氢氧化物，如Cr^{3+}、Al^{3+}、Fe^{3+}。这主要由阳离子碳酸盐和氢氧化物溶解度大小决定。碳酸钠在制药工业中主要作解酸药、渗透性轻泻剂。

碳酸氢钠($NaHCO_3$)又名小苏打或重碳酸钠，水溶液显碱性。内服用于治疗胃酸过多、消化不良及碱化尿液等；静脉给药用于酸中毒；外用滴耳软化盯聍；5%的$NaHCO_3$注射液用于治疗酸中毒。

四、硅的含氧化合物及其盐

(一)二氧化硅

天然二氧化硅(SiO_2)的存在形式有结晶态和无定形态两种。石英是晶态SiO_2的一种，硅藻土则属于无定形SiO_2。晶态SiO_2是原子晶体，且Si—O的键能很高，所以石英的硬度大，熔点高。

SiO_2是酸性氧化物，化学性质很不活泼，除 F_2、HF 和强碱外，常温下一般不能与其他物质发生反应。强碱或熔融态的碳酸钠与 SiO_2的反应为：

$$SiO_2 + 2NaOH \xlongequal{} Na_2SiO_3 + H_2O$$

$$SiO_2 + Na_2CO_3 \xlongequal{熔融} Na_2SiO_3 + CO_2 \uparrow$$

生成的 Na_2SiO_3能溶于水。因此，含有 SiO_2的玻璃能被强碱所腐蚀。

石英耐高温，能透过紫外光，常用于制造耐高温仪器和医学、光学仪器。

白石英又叫水晶，主要成分是二氧化硅。具有温肺肾、安心神、利小便的功效，用于治疗肺寒咳喘、阳痿、消渴等疾病。

（二）硅酸及其盐

硅酸是玻璃状无色透明的不规则颗粒，以水合形式（$xSiO_2 \cdot yH_2O$）表示，简单的硅酸是正硅酸（H_4SiO_4），习惯上用 H_2SiO_3（偏硅酸）表示。虽然二氧化硅是硅酸的酸酐，但由于其不溶于水，因此不能与水生成硅酸。硅酸是由硅酸盐酸化得到的。

$$Na_2SiO_3 + 2HCl \xlongequal{} H_2SiO_3 + 2NaCl$$

硅酸是二元弱酸，$K_1 = 2.2 \times 10^{-10}$，$K_2 = 1 \times 10^{-12}$。硅酸在水中溶解度很小，但不是立即沉淀下来的，经相当长的时间后发生絮凝作用，生成胶体溶液，经干燥后得到硅酸干胶。硅胶具有多孔性，有很强的吸附作用，常用于气体回收、石油精炼和制备催化剂，在实验室中常用作干燥剂。

自然界中硅酸盐种类很多，分布很广，除钾、钠的硅酸盐易溶外，其余均难溶。可溶性 Na_2SiO_3俗称水玻璃（工业上称泡花碱）。

水玻璃是很好的黏合剂，肥皂、洗涤剂的填充剂，木材和织物浸过水玻璃，可以防腐、阻燃。

天然沸石是铝硅酸盐，是具有多孔结构的物质，其中有许多笼状空穴，加热真空脱水干燥，制成干燥剂，用于干燥气体及有机溶剂。

三硅酸镁 $Mg_2Si_3O_8$内服中和胃酸时能生成胶状的 SiO_2，对胃及十二指肠溃疡面有保护作用。

五、硼酸和硼砂

（一）硼酸

硼酸（H_3BO_3）为无色晶体，微溶于冷水，在热水中溶解度增大。H_3BO_3是一元弱酸，293K 时 $K_a = 7.3 \times 10^{-10}$。

硼酸是一个典型的路易斯酸，其酸性不是由于本身给出质子，而是由于硼是缺电子原子，能加合水分子的氢氧根离子，而释放出质子，显酸性。硼原子空轨道接受 OH^- 的孤对电子，使[H^+]相对升高，溶液显酸性。

$$H_3BO_3 + H_2O \rightleftharpoons \left[\begin{array}{c} OH \\ | \\ HO—B\leftarrow OH \\ | \\ OH \end{array}\right]^- + H^+$$

硼酸与甘油或其他多元醇反应时，能生成很稳定的配合物，使 H_3BO_3 的酸性大大增强。

$$HO—B(OH)_2 + \begin{array}{c} HO—CH_2 \\ | \\ CHOH \\ | \\ HO—CH_2 \end{array} \rightleftharpoons \left[\begin{array}{c} CH_2—O \\ HOCH \quad\quad B—O \\ CH_2—O \end{array}\right]^- + H^+ + 2H_2O$$

甘油　　　　硼酸甘油

在医药中硼酸用于杀菌，洗涤创口。2% ~5% 的硼酸水溶液可用于洗眼、漱口等；10% 的硼酸软膏用于治疗皮肤溃疡等；用硼酸作原料与甘油制成的硼酸甘油酯是治疗中耳炎的滴耳剂。

（二）硼砂

硼砂（$Na_2B_4O_7 \cdot 10H_2O$）为无色或白色晶体，是最常用的硼酸盐。按硼砂的结构单元，应将分子式写成 $Na_2B_4O_5(OH)_4 \cdot 8H_2O$，在冷水中溶解度比较小，沸水中较易溶解，溶液因酸根离子水解而显碱性。

$$Na_2B_4O_7 + 3H_2O \rightleftharpoons 2NaBO_2 + 2H_3BO_3$$

$$2NaBO_2 + 4H_2O \rightleftharpoons 2NaOH + 2H_3BO_3$$

硼砂易在干燥的空气中失水风化。硼砂与金属氧化物或金属盐类一起灼烧，生成偏硼酸复盐，这些复盐常具有特殊的颜色，可用于鉴别某些金属离子，称为硼砂珠试验。例如：

$$Na_2B_4O_7 + CoO = (NaBO_2)_2 \cdot Co(BO_2)_2\text{（蓝色）}$$

$$Na_2B_4O_7 + HiO = (NaBO_2)_2 \cdot Ni(BO_2)_2\text{（热时紫色，冷后棕色）}$$

在医药方面，硼砂外用作用与硼酸相似。内服能刺激胃液分泌；硼砂也是治疗咽喉炎及口腔炎的冰硼散和复方硼砂含漱剂的主要成分。

六、铝、锡、铅的重要化合物

（一）铝的重要化合物

1. 铝的氧化物和氢氧化物

（1）氧化铝：Al_2O_3 为白色无定形粉末。Al_2O_3 有两种主要变体，$\alpha-Al_2O_3$ 和 $\gamma-Al_2O_3$。自然界以结晶状态存在的 $\alpha-Al_2O_3$ 称为刚玉，刚玉由于含有不同的杂质而有多种颜色。例如含微量铬的呈红色，称为红宝石；含有钛、铁的呈蓝色，称为蓝宝石。$\alpha-Al_2O_3$硬度相当高，仅次于金刚石，化学性质极不活泼，除溶于熔融碱外，与所有试剂都不反应。$\gamma-Al_2O_3$可溶于稀酸，化学性质活泼，又称活性氧化铝，可用作吸附剂和催化剂。

（2）氢氧化铝：在铝盐溶液中加入氨水或碱液，可得到凝胶状的白色无定形氢氧化铝沉淀。

$$Al_2(SO_4)_3 + 6NH_3 \cdot H_2O = 2Al(OH)_3\downarrow + 3(NH_4)_2SO_4$$

氢氧化铝是两性氢氧化物，既溶于酸也溶于强碱，其碱性略强于酸性，但仍属于弱碱，它在溶液中按下式作两种方式的电离：

$$Al^{3+} + 3OH^- \rightleftharpoons Al(OH)_3 = H_3AlO_3 \rightleftharpoons H^+ + AlO_2^- + H_2O$$

$$Al(OH)_3 + 3HNO_3 = Al(NO_3)_3 + 3H_2O$$

$$Al(OH)_3 + KOH = KAlO_2 + 2H_2O$$

2. 铝盐

（1）铝的三卤化物：铝能生成三卤化物（AlX_3），其中 AlF_3为离子型化合物，$AlCl_3$、$AlBr_3$和 AlI_3为共价型化合物。

铝的卤化物中以三氯化铝最重要。由于铝盐容易水解，所以在水溶液中不能制得无水$AlCl_3$。

无水 $AlCl_3$常温下为无色晶体，加热到180℃时升华，在400℃时气态 $AlCl_3$具有双聚分子的缔合结构。无水 $AlCl_3$几乎能溶于所有有机溶剂，易形成配位化合物，它的最重要的工业用途是作为有机合成和石油工业的催化剂。

（2）硫酸铝和明矾：无水硫酸铝为白色粉末，在常温下自溶液中析出的无色针状晶体为 $Al(SO_4)_3 \cdot 18H_2O$。硫酸铝易溶于水，其水溶液由于 $Al_2(SO_4)_3$的水解而呈酸性。硫酸铝易于碱金属（除锂以外）或铵的硫酸盐结合而形成复盐（这类复盐又称为矾），例如，铝钾矾 $KAl(SO_4)_2 \cdot 12H_2O$，俗称明矾，它是无色晶体。

铝盐的主要用途是基于它的水解作用。硫酸铝与水作用所得的氢氧化铝具有很强的吸附性能，因此明矾在工业上常作为漆染剂、净水剂和泡沫灭火剂等。

（二）锡的重要化合物

1. 氧化锡　SnO_2是白色固体，可由金属锡在空气中加热生成，不溶于水，也很难溶于酸和碱溶液中，但与 NaOH 共溶能使它转化为可溶性化合物。

$$SnO_2 + 2NaOH = Na_2SnO_3 + H_2O$$

从溶液中析出的锡酸钠晶体的组成其实是 $Na_2[Sn(OH)_6]$。

氨、烧碱或碳酸钠溶液作用于锡（Ⅳ）盐，可生成白色胶状的氢氧化锡 $Sn(OH)_4$沉淀。氢氧化锡实际上是 SnO_2的水合物（$SnO_2 \cdot xH_2O$），通常叫 α－锡酸，它既溶于碱也溶于酸。

如将其久放或加热则转变为β－锡酸，β－锡酸不溶于酸和碱。

2. 氢氧化亚锡 用碱金属的碳酸盐或氢氧化物处理锡（Ⅱ）盐，则有白色的氢氧化亚锡沉淀生成。

$$Sn^{2+} + 2OH^- = Sn(OH)_2 \downarrow$$

加热 $Sn(OH)_2$ 则分解为暗棕色的氧化亚锡（SnO）粉末。

氢氧化亚锡具有两性，既溶于酸，也溶于碱。

$$Sn(OH)_2 + 2HCl = SnCl_2 + 2H_2O$$

$$Sn(OH)_2 + 2NaOH = Na_2SnO_2 + 2H_2O$$

锡（Ⅱ）的化合物在碱性溶液中特别容易被氧化，$Sn(OH)_2$ 或 $[Sn(OH)_3]^-$ 都是强还原剂。

3. 氯化亚锡 $SnCl_2$ 具有强还原性。如：

$$2FeCl_3 + SnCl_2 = 2FeCl_2 + SnCl_4$$

$SnCl_2$ 是实验室中常用的重要的亚锡盐和还原剂。

（三）铅的重要化合物

1. 铅的氧化物 铅的氧化物除了有 PbO 和 PbO_2 以外，还有常见的混合氧化物 Pb_3O_4。PbO 为黄色或略带红色的黄色粉末或细小片状结晶，遇光易变色。PbO 有两种变体，红色四方晶体和黄色正交晶体。黄色正交晶体加热变为红色四方晶体，俗称“密陀僧”，是一种中药。Pb_3O_4（俗称红丹或铅丹），可看成是由简单氧化物 PbO 和 PbO_2 结合而成的，即 $2PbO \cdot PbO_2$。

PbO_2 在酸性介质中是强氧化剂。例如，PbO_2 与浓 H_2SO_4 作用放出 O_2；与 HCl 作用放出 Cl_2。

$$2PbO_2 + 2H_2SO_4 = 2PbSO_4 + O_2 \uparrow + 2H_2O$$

$$PbO_2 + 4HCl = PbCl_2 + Cl_2 \uparrow + 2H_2O$$

2. 铅盐 绝大多数铅的化合物难溶于水，有颜色或者有毒。卤化铅中以金黄色的 PbI_2 溶解度最小。$PbSO_4$ 难溶于水，但可溶于醋酸铵中，生成了难电离的 $Pb(Ac)_2$。

（四）相关药物

1. 氢氧化铝 氢氧化铝内服用于中和胃酸，常用于制成氢氧化铝凝胶剂或氢氧化铝片剂，作用缓慢而持久。$Al(OH)_3$ 凝胶本身就能保护溃疡面并具有吸附作用。

2. 明矾 明矾 $KAl(SO_4)_2 \cdot 12H_2O$ 具有收敛作用，0.5%～2%的溶液可用于洗眼或含漱。外科用煅明矾作伤口的收敛性止血剂，也可以用于治疗皮炎或湿疹。

3. 铅丹 铅丹又名黄丹，主要成分为 Pb_3O_4，具有直接杀灭细菌、寄生虫和抑制黏液分泌的作用。主要用于配制外用膏药，具有收敛、止痛、消炎、生肌的作用。

七、离子鉴定

1. CO_3^{2-} 在碳酸盐、碳酸氢盐和二氧化碳之间存在着平衡，加酸使平衡向着生成CO_2的方向移动，产生气体CO_2，将此气体通入澄清的氢氧化钙溶液中，会产生白色碳酸钙沉淀。

$$CO_2 + Ca(OH)_2 \xlongequal{} CaCO_3\downarrow + H_2O$$

碳酸根和碳酸氢根具有同样的反应，为区别它们可加入Mg^{2+}离子，如为碳酸根，即产生白色沉淀；而碳酸氢根则由于生成的碳酸氢镁溶解度较大而无沉淀生成，煮沸时，碳酸氢镁分解才有白色沉淀产生，并将分解产生的气体通入氢氧化钙溶液中，有白色沉淀产生，则证明为碳酸氢根。

$$Mg^{2+} + CO_3^{2-} \xlongequal{} MgCO_3\downarrow$$

$$Mg^{2+} + 2HCO_3^- \longrightarrow Mg(HCO_3)_2 \xrightarrow{\triangle} MgCO_3\downarrow + H_2O + CO_2\uparrow$$

微量时，可用$Ba(OH)_2$鉴定CO_2。

$$Ba(OH)_2 + CO_2 \xlongequal{} BaCO_3\downarrow + H_2O$$

2. Al^{3+} 在含有Al^{3+}的溶液中，加入氨水，得到氢氧化铝的白色沉淀。

$$2Al^{3+} + 6NH_3 \cdot H_2O \xlongequal{} 2Al(OH)_3\downarrow + 6NH_4^+$$

白色沉淀能溶于盐酸或醋酸，仅略溶于过量的氨水中，如先加铵盐，例如氯化铵，使近饱和，再加稍许过量的氨水，并煮沸之，则氢氧化铝可达到沉淀完全。

3. Sn^{2+} Sn^{2+}具有强还原性，它能将汞离子Hg^{2+}还原为亚汞离子Hg^+。例如，在含有$SnCl_2$的溶液中加入$HgCl_2$溶液，生成白色丝光状沉淀Hg_2Cl_2，表示有Sn^{2+}存在。

$$2HgCl_2 + SnCl_2 \xlongequal{} Hg_2Cl_2\downarrow + SnCl_4$$

生成的Hg_2Cl_2进一步被还原为Hg而使沉淀呈灰黑色。

$$Hg_2Cl_2 + SnCl_2 \xlongequal{} 2Hg\downarrow + SnCl_4$$

4. Pb^{2+} Pb^{2+}离子的鉴定一般采用铬酸钾法。在弱碱（如氨水）或弱酸（如稀HAc）中，K_2CrO_4与Pb^{2+}生成黄色的沉淀。

$$Pb^{2+} + CrO_4^{2-} \xlongequal{} PbCrO_4\downarrow$$

Ag^+、Ba^{2+}存在时，因生成砖红色Ag_2CrO_4沉淀和黄色$BaCrO_4$沉淀，对鉴定有干扰。这些离子存在时，应先用硫酸将Pb^{2+}沉淀析出（同时Ag^+、Ba^{2+}也沉淀析出），再用NH_4Ac将铅盐溶解分离，然后用K_2CrO_4鉴定Pb^{2+}。

重点小结

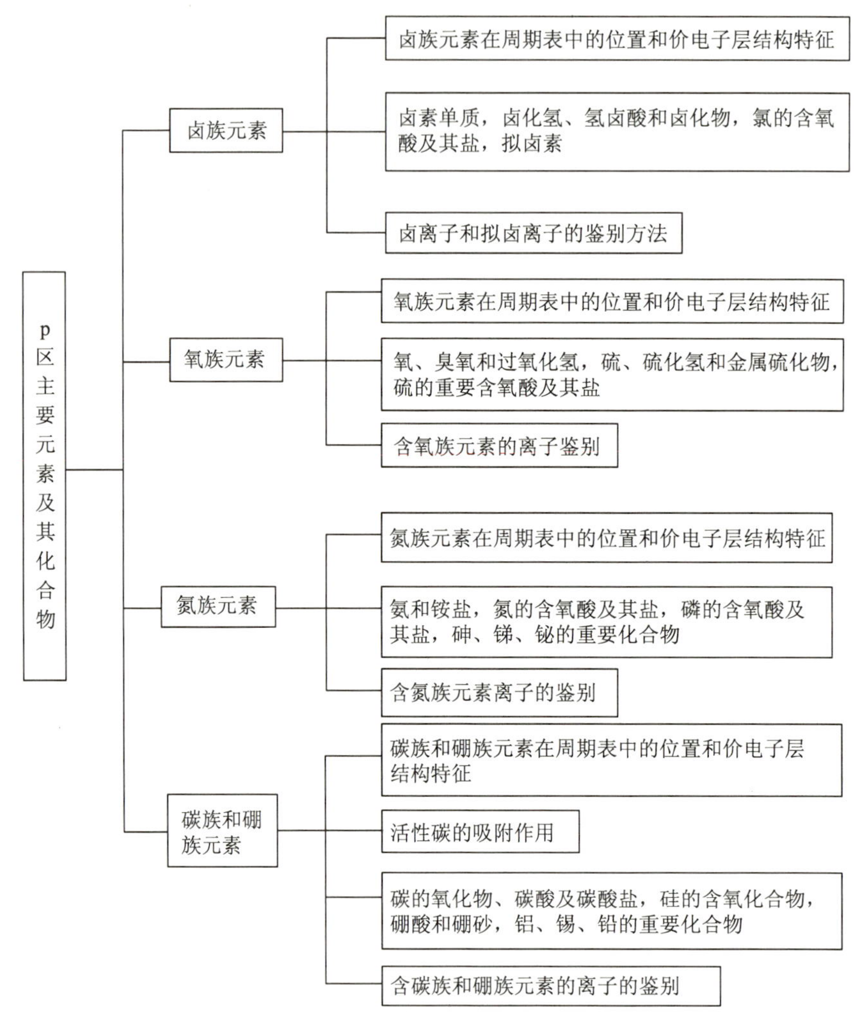

复习思考

一、选择题

1. HX 及卤化物中的 X^-，还原性的最强的是(　　)

A. F^-　　B. Cl^-　　C. Br^-

D. I^-　　E. 不确定

2. 氮族元素的价电子层构型为(　　)

A. ns^2np^3　　B. ns^2np^2　　C. ns^2np^1

D. ns^2np^4　　E. ns^2np^5

3. 过氧化氢(H_2O_2)(　　)

A. 是一种酸　　B. 是一种氧化剂　　C. 是一种还原剂

D. 既是氧化剂又是还原剂　　E. 是一种碱

4. 下列实验可以用来区别 NaBr 和 NaI 溶液的是(　　)

A. 分别通入 CO_2　　B. 分别通入 Cl_2　　C. 分别加入 Na(s)

D. 分别加入 HCl 溶液　　E. 分别加入 KCl

5. 误食会引起严重中毒反应的物质是(　　)

A. 亚硝酸盐　　B. 碳酸钠　　C. 碳酸氢钠

D. 硼酸　　E. 碳酸

6. HClO、$HClO_3$、$HClO_4$酸性大小排列顺序正确的是(　　)

A. $HClO_4 > HClO_3 > HClO$　　B. $HClO > HClO_3 > HClO_4$

C. $HClO_3 > HClO_4 > HClO$　　D. $HClO_4 > HClO > HClO_3$

E. $HClO_3 < HClO_4 < HClO$

7. 下列化合物中，不能由单质直接化合的是(　　)

A. $FeCl_3$　　B. NO_2　　C. NH_3

D. PCl_3　　E. HCl

8. 在 Na_2S、Na_2SO_3、Na_2SO_4、$Na_2S_2O_3$四种固体化合物中，加入盐酸进行鉴别，若有刺激性气体和黄色沉淀产生，则可判断该物质为(　　)

A. Na_2S　　B. Na_2SO_3　　C. Na_2SO_4

D. $Na_2S_2O_3$　　E. 无法确定

9. 以下能与血红蛋白中生成稳定的配合物，使人缺氧死亡的是(　　)

A. N_2　　B. NH_3　　C. CO

D. CO_2　　E. H_2

10. 下列硫化物中在水中最不稳定的是(　　)

A. ZnS　　B. Al_2S_3　　C. CuS

D. Ag_2S　　E. HgS

二、填空题

1. 将氯气通入石灰水中，生成的产物是________；其中________为有效成分，用反应方程式____________表示该物质的漂白、杀菌作用。

2. 卤族元素、氧族元素和碳族元素原子价电子构型分别为__________，__________，________。

3. 序数为53的元素其价电子构型为________，未成对电子数为________，有______个能级组，最高氧化数是________。位于周期表的____周期，____族。

4. 不能用玻璃瓶储存氢氟酸的原因是(用化学方程式表示)______________________。

5. H_2O_2水溶液的俗名称为________，在医疗上用作________。

6. 浓盐酸(HCl)和浓硝酸(HNO_3)按体积比为________组成的混合物称为________，具有比硝酸更强的氧化性，可溶解包括金、铂等在内的许多的金属。

7. 下列物质的水溶液呈碱性的是________，呈中性的是________，呈酸性的是________。

Na_2CO_3、$NaHCO_3$、$NaHSO_4$、$NaClO_3$、NaH_2PO_4、$Al_2(SO_4)_3$

8. H_3BO_3是________元酸，它与水反应的方程式为________。

三、判断题

1. 所有卤族元素都有可变的氧化数。(　　)

2. 实验室中用MnO_2和任何浓度的HCl作用，都可以制取氯气。(　　)

3. 卤化银全部都难溶于水。(　　)

4. HF能腐蚀玻璃，实验室中必须用玻璃瓶盛放。(　　)

5. 单质O_3是极性分子。(　　)

6. 浓硫酸有脱水性，所以可用浓硫酸干燥SO_2、CO_2、Cl_2等气体。(　　)

7. 浓硫酸虽有强氧化性，但仍可用铁罐运输。(　　)

8. 在照相行业中，$Na_2S_2O_3$作为定影剂使用是基于它具有还原性。(　　)

9. 二氧化硅与水反应生成硅酸。(　　)

10. n个磷酸分子脱去n个水分子所得酸称为偏磷酸。(　　)

四、名词解释

1. 卤素　2. 卤化物　3. 物理吸附　4. 吸附量　5. 王水

五、简答题

1. 为什么漂白粉露置于空气中容易失效?

2. 为什么含KI的药品在空气中容易发黄变质?

3. 简述硼酸显酸性的原因。

六、计算题

1. 400g碘化钾溶液中通入一定量干燥氯气，待反应完全后把溶液蒸干，剩余固体加强热，称得干燥残渣49.72g，经分析残渣中含有25%的碘化钾，计算反应中通入的氯气的质量是多少克?

2. 浓盐酸与二氧化锰起反应，生成的氯气从碘化钾溶液中置换出1.27g碘，计算至少需要HCl和二氧化锰各多少克?

扫一扫，知答案

扫一扫，看课件

第十三章

d 区主要元素及其化合物

【学习目标】

1. 掌握 Cr、Mn、Fe、Cu、Ag、Hg 元素重要化合物的基本性质。
2. 熟悉 d 区元素的通性与其电子层结构的关系。
3. 了解 d 区元素在医药中的应用。

案例导入

"过渡元素"这一名词首先由门捷列夫提出，是指 8、9、10 三族元素。他认为从碱金属到锰族是一个"周期"，铜族到卤素又是一个"周期"，那么夹在两个周期之间的元素就一定有过渡的性质，这个词虽然还在使用，但已失去原有的意思。

根据美国乔治梅森大学的哈罗德·莫洛维兹和维加亚萨拉斯·斯里尼瓦桑及圣达菲研究所的埃里克·史密斯提出的模型，深海热泉中简单的过渡金属配体复合物可催化产生更复杂分子的反应。之后，这些日益复杂的分子在效率越来越高的过渡金属配体复合物催化剂中扮演着配体的角色，渐渐就累积起了新陈代谢的基本分子成分，并自我组织起奠定生命基础的化学反应网络，最终导致了生命的起源。

问题：1. 什么是过渡元素？其具有哪些通性？

2. 过渡元素有哪些重要代表物？在医药中有哪些应用？

第一节　过渡元素的通性

d 区元素又称为过渡元素，在元素周期表的中部。其价电子构型为$(n-1)d^{1-10}ns^{1-2}$

（钯除外，其价电子结构为$4d^{10}5s^0$），第四周期 d 区元素的一些基本性质见表 13－1。d 区元素的原子结构上的共同特点是随着核电荷的增加电子依次填充在次外层的 d 轨道上，而最外层只有 1～2 个电子，较易失去电子，所以 d 区元素全是金属，这就决定 d 区元素具有一些共同的性质。

表 13－1 第四周期 d 区元素基本性质

性质	元素							
	钪	钛	钒	铬	锰	铁	钴	镍
原子序数	21	22	23	24	25	26	27	28
元素符号	Sc	Ti	V	Cr	Mn	Fe	Co	Ni
价电子层结构	$3d^14s^2$	$3d^24s^2$	$3d^34s^2$	$3d^54s^1$	$3d^54s^2$	$3d^64s^2$	$3d^74s^2$	$3d^84s^2$
原子半径(pm)	144	132	122	117	117	116.5	116	115
第一电离能（$kJ \cdot mol^{-1}$）	6.54	6.82	6.74	6.77	7.44	7.87	7.86	7.64
电负性	1.2	1.32	1.45	1.56	1.6	1.64	1.7	1.75
$\varphi^{\ominus}(M^{2+}/M)(V)$		−1.63	−1.18	−0.91	−1.18	−0.44	−0.28	−0.25

一、过渡元素的基本性质变化特征

（一）原子半径

同一周期过渡元素，随着原子序数的增加，原子半径依次减少。这是因为同周期元素原子核外电子层数相同，增加的电子依次填充到次外层的 d 轨道。当 d 轨道的电子未充满时，电子的屏蔽效应减少，随着原子核电荷数的增加，原子核对外层电子的吸引力逐渐增大，所以原子半径依次减少，直到铜族元素附近，由于 d 轨道充满，使屏蔽效应增强，原子核对外层电子吸引力减弱，半径才开始略有增大。

同族元素从上到下原子半径增大，但第五、六周期同族元素的原子半径很接近，铪的原子半径(146pm)与锆(146pm)几乎相同。

（二）电负性

d 区元素的电负性相差不是很大，同周期元素从左到右及同族元素从上到下，其电负性变化均无规律，这与电子层结构有关。且第 6 周期与第 5 周期（除ⅠB 族和ⅡB 族元素外），元素的电负性非常接近，这是因为镧系收缩造成的。

（三）电离能

d 区元素的电离能不像主族元素那样有规律，但总的规律随原子序数的增大而逐渐增大。在同一周期中，电离能总的变化趋势是逐渐增大的；在同族中，电离能变化不是很有规律。

（四）金属性

d 区元素的金属性变化不够显著，同周期从左到右多数元素金属性依次减弱（锰例外）；同族元素从上到下元素的金属性依次减弱。

二、过渡元素的物理性质

过渡元素的物理性质非常相似。由于外层 s 电子和 d 电子都参与形成金属键，所以它们的金属晶格能比较高，原子堆集紧密。因此，它们的硬度和密度都很大，熔点和沸点比较高，具有较好的延展性和良好的导电及导热性能，单质一般呈银白色或灰色，有光泽。过渡金属中熔点最高的是钨；硬度最大的是铬；最重的是锇，密度是最轻金属锂的 42 倍；导热和导电性能最好的是银；常温下唯一的液体金属是汞。

三、过渡元素的化学性质

（一）金属活泼性

第一过渡系元素都是比较活泼的金属，在金属活动顺序中均位于氢以前，都能从非氧化性稀酸中置换出 H_2。第二、三过渡系元素的金属活泼性较差，它们中的大多数金属不能与强酸反应。

（二）氧化数的多变性

过渡元素具有多种氧化态，这是由它们的价电子层构型所决定的。因为过渡元素外层 s 电子与次外层 d 电子能级接近，在化学反应中，ns 电子首先参与成键，故元素的氧化态通常从 +2 开始，在一定条件下，$(n-1)$d 电子也可以部分或全部参与成键，形成多种氧化数。由表 13 -2 可见，从左到右，同周期过渡元素的氧化态随 d 电子数的增多而依次升高，当 d 电子数目达到或超过 5 时，能级处于半充满状态，能量降低，稳定性增强，d 电子参加成键的倾向减弱，氧化态逐渐降低，可变氧化态的数目随之减少。

表 13 -2　第四周期 d 区元素的氧化数

元　素	Sc	Ti	V	Cr	Mn	Fe	Co	Ni
氧化数	<u>+3</u>	+2 +3 <u>+4</u>	+2 +3 +4 <u>+5</u>	+2 <u>+3</u> +4 +5 <u>+6</u>	<u>+2</u> +3 <u>+4</u> +5 +6 <u>+7</u>	+2 <u>+3</u> +4 +5 +6	<u>+2</u> +3 +4 +5	<u>+2</u> <u>+3</u> <u>+4</u>

注：画横线者为最稳定氧化态。

此外，从上到下，同族过渡元素高氧化态趋于稳定。即第一过渡系低氧化态比较稳定，而它们的高氧化态化合物是强氧化剂，而第二、第三过渡素元素高氧化态化合物比较稳定，它们的低氧化态化合物通常具有还原性。

(三)氧化物及其水合物的酸碱性

过渡元素氧化物及其水合物的酸碱性的递变规律如下：

同一元素低氧化态氧化物及其水合物的碱性强于其高氧化态氧化物及其水合物的碱性；从左到右，同周期元素(ⅢB～ⅦB族)最高氧化态氧化物及其水合物的酸性增强；从上到下，同族元素相同氧化态氧化物及其水合物的碱性增强。第ⅢB～ⅦB族过渡元素最高氧化态氧化物的水合物的酸碱性递变如表13－3所示。

表13－3 第ⅢB～ⅦB族过渡元素最高氧化态氧化物的水合物的酸碱性

	ⅢB	ⅣB	ⅤB	ⅥB	ⅦB	
碱性增强↓	$Sc(OH)_2$ 弱碱性	$Ti(OH)_4$ 两性	HVO_3 酸性	H_2CrO_4 酸性	$HMnO_4$ 强酸性	酸性增强↑
	$Y(OH)_3$ 中强碱	$Zr(OH)_4$ 两性，微碱性	$Nb(OH)_2$ 两性	H_2MoO_4 弱酸性	$HTcO_4$ 酸性	
	$La(OH)_3$ 弱碱性	$Hf(OH)_4$ 两性，弱碱性	$Ta(OH)_5$ 两性	H_2WO_4 弱酸性	$HReO_4$ 弱酸性	
	$Ac(OH)_3$ 弱碱性	酸性增强→				

(四)易形成配合物

过渡元素与主族元素相比，有很强的形成配合物的倾向，不仅能形成简单的配合物和螯合物，还可形成多核配合物、羰基配合物等。因为过渡元素的电负性比p区元素小，半径比s区元素小，最外层一般为未填满的d^x结构，极化能力强，比主族元素能形成较强的正电场，有较强的吸引配体的能力，能将配位体吸引在中心离子(原子)的周围，所以有很强的形成配合物的倾向。

另外，过渡元素的离子(原子)有能级相近的9个价电子轨道，包括一个ns轨道，3个np轨道，5个$(n-1)$d轨道，这些能级相近的轨道易形成一组杂化轨道，来接受配位体提供的孤对电子，形成较稳定的配位键。

(五)化合物的颜色特征

过渡元素的化合物或离子普遍具有颜色，这是过渡元素区别于主族元素的重要特征之一。就第一过渡系元素的水合离子来说，除d电子数为零的Sc^{3+}、Ti^{4+}外，均具有颜色，见表13－4。这些离子在水溶液中一般以$[M(H_2O)_6]^{n+}$的形式存在，水合离子的颜色同它们的d轨道未成对电子在晶体场作用下发生电子跃迁有关。当d电子由基态跃迁到能量较高的激发态能级所需的能量在可见光范围内时，吸收可见光后，呈现出互补可见光的颜色。

表13－4　第四周期d区元素的水合离子的颜色

水合离子	Sc^{3+}	Ti^{3+}	Ti^{4+}	V^{4+}	Cr^{2+}	Cr^{3+}	Mn^{2+}	Mn^{3+}	Fe^{2+}	Fe^{3+}	Co^{2+}	Ni^{2+}
价电子构型	$3d^0$	$3d^1$	$3d^0$	$3d^1$	$3d^4$	$3d^3$	$3d^5$	$3d^4$	$3d^6$	$3d^5$	$3d^7$	$3d^8$
颜色	无色	紫色	无色	蓝色	蓝色	紫色	肉色	紫色	浅绿	黄色	红色	绿色

第二节　重要的过渡元素及其化合物

一、铬、锰及其重要化合物

铬与锰在元素周期表中属于相邻元素，它们有很多相似的性质。

（一）铬及其重要化合物

铬是第四周期ⅥB族元素，价层电子构型为$3d^54s^1$。铬具有从+2到+6的各种氧化态，常见的为+3、+6，以+3为最稳定。铬是人体必须的微量元素之一。

铬是极硬的银白色有光泽的金属，通常条件下在水中和空气中相当稳定，高温时能与氧、氮、卤素、硫等作用。铬能缓慢溶于稀硫酸，但不溶于冷的硝酸和王水，这些氧化性的酸能使它钝化。纯铬有延展性，含有杂质的铬硬而脆。铬元素电势图如下：

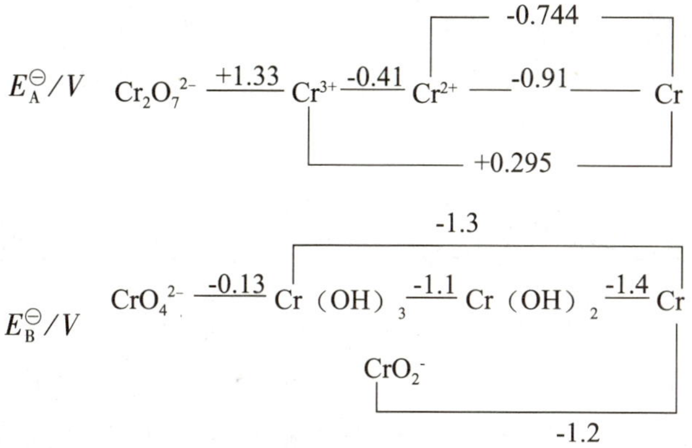

$$E_A^{\ominus}/V \quad Cr_2O_7^{2-} \xrightarrow{+1.33} Cr^{3+} \xrightarrow{-0.41} Cr^{2+} \xrightarrow{-0.91} Cr$$

$$Cr^{2+} \xrightarrow{-0.744} Cr \qquad Cr^{3+} \xrightarrow{+0.295} Cr$$

$$E_B^{\ominus}/V \quad CrO_4^{2-} \xrightarrow{-0.13} Cr(OH)_3 \xrightarrow{-1.1} Cr(OH)_2 \xrightarrow{-1.4} Cr$$

$$Cr(OH)_3 \xrightarrow{-1.3} Cr \qquad CrO_2^- \xrightarrow{-1.2} Cr$$

铬主要用于炼钢和电镀。钢中加入铬后，能显著提高钢的硬度和抗腐蚀能力，含铬10%以上的钢材称为不锈钢，具有很强的抗腐蚀性和抗氧化性；铬的镀件耐磨、耐腐蚀又极光亮，广泛用于汽车、自行车及金属仪器部件的表面，铬和镍的合金用来制造电热丝和电热设备。

1. 铬（Ⅲ）的重要化合物　Cr（Ⅲ）的价电子层构型为$3d^34s^0$，属于不规则电子构型。其化合物具有以下特征：①具有一定颜色；②其氧化物及其水合物具有明显的两性；③其盐有水解性；④有较强的配合性。

(1)氧化铬：Cr_2O_3是绿色极难熔化的氧化物之一，熔点2275℃，微溶于水，易溶于酸。灼烧过的Cr_2O_3不溶于水，也不溶于酸。Cr_2O_3是制备其他铬化合物的原料，也常作为绿色颜料而广泛应用于玻璃、陶瓷、涂料、印刷等工业，近年来也用它作为有机合成的催化剂。

(2)氢氧化铬：向Cr(Ⅲ)盐溶液中加入适量碱，可析出灰绿色水合三氧化二铬($Cr_2O_3 \cdot xH_2O$)胶状沉淀，可简写为$Cr(OH)_3$。$Cr(OH)_3$难溶于水，具有两性，溶于酸生成蓝紫色的铬(Ⅲ)盐；溶于碱生成亮绿色的亚铬(Ⅲ)酸盐：

$$Cr(OH)_3 + 3H^+ = Cr^{3+} + 3H_2O$$

$$Cr(OH)_3 + OH^- = CrO_2^- + 2H_2O$$

或 $$Cr(OH)_3 + OH^- = [Cr(OH)_4]^-$$

(3)铬(Ⅲ)盐：常见的可溶性铬(Ⅲ)盐主要有氯化铬$CrCl_3 \cdot 6H_2O$(绿色或紫色)、硫酸铬$Cr_2(SO_4)_3 \cdot 18H_2O$(紫色)以及铬钾矾$KCr(SO_4)_2 \cdot 12H_2O$(蓝紫色)。它们溶于水时，$Cr^{3+}$离子将发生水解反应，使溶液显酸性。

铬(Ⅲ)盐的水溶液在不同条件下可呈现不同的颜色，一般是绿色、蓝紫色或紫色。例如$CrCl_3$的稀溶液呈紫色，其颜色随温度、离子浓度而变化，在冷的稀溶液中，由于$[Cr(H_2O)_6]^{3+}$的存在而显紫色，但随着温度的升高和Cl^-浓度的加大，由于生成了$[CrCl(H_2O)_5]^{2+}$而使溶液变为绿色。

2. 铬(Ⅵ)的化合物

(1)三氧化铬：三氧化铬俗名“铬酐”，向$K_2Cr_2O_7$的饱和溶液中，边搅拌边缓慢加入浓硫酸，即可析出深红色的CrO_3晶体。

$$K_2Cr_2O_7 + H_2SO_4(\text{浓}) = K_2SO_4 + 2CrO_3 + H_2O$$

CrO_3呈暗红色，易溶于水，熔点较低，热稳定性较差，加热超过其熔点时分解放氧：

$$4CrO_3 \stackrel{\triangle}{=} 2Cr_2O_3 + 3O_2\uparrow$$

CrO_3具有强氧化性，工业上主要用于电镀业和鞣革业，还可用作金属清洁剂等。

(2)铬酸、重铬酸及其盐：铬酸H_2CrO_4和重铬酸$H_2Cr_2O_7$均为强酸，只存在于水溶液中，H_2CrO_4为二元强酸，$H_2Cr_2O_7$的酸性比H_2CrO_4还强些。

重要的可溶性铬酸盐和重铬酸盐有铬酸钾K_2CrO_4和铬酸钠Na_2CrO_4、重铬酸钾$K_2Cr_2O_7$(俗称红矾钾)和重铬酸钠$Na_2Cr_2O_7$(俗称红矾钠)。其中$K_2Cr_2O_7$在低温下的溶解度极小，又不含结晶水，而且不易潮解，故常用作定量分析中的基准物。在铬酸盐和重铬酸盐的水溶液中都存在着下列平衡：

$$\underset{(\text{橙红})}{Cr_2O_7^{2-}} + H_2O \rightleftharpoons 2HCrO_4^- \rightleftharpoons \underset{(\text{黄色})}{2CrO_4^{2-}} + 2H^+$$

若向铬酸盐溶液中加酸，平衡左移，溶液由黄色变为橙红色，即 CrO_4^{2-} 转变为 $Cr_2O_7^{2-}$；反之，若向重铬酸盐溶液中加入碱时，平衡右移，溶液由橙红色变为黄色，即 $Cr_2O_7^{2-}$ 转变为 $Cr_2O_4^{2-}$。所以调节溶液的 pH 值，就能使 $Cr_2O_4^{2-}$ 和 $Cr_2O_7^{2-}$ 之间相互转化。

铬酸盐中除碱金属盐、铵盐和镁盐外，一般都难溶于水，而重铬酸盐的溶解度通常较大。因此，无论向重铬酸盐还是向铬酸盐溶液中加入 Ba^{2+}、Pb^{2+}、Ag^+ 等离子时，生成的都是难溶性的铬酸盐沉淀，如 $BaCrO_4$（黄色）、$PbCrO_4$（黄色）、Ag_2CrO_4（砖红色）沉淀。例如：

$$4Ag^+ + Cr_2O_7^{2-} + H_2O = 2Ag_2CrO_4\downarrow + 2H^+$$

(3) 铬(Ⅵ)化合物和铬(Ⅲ)化合物的转化：在酸性溶液中，$Cr_2O_7^{2-}$ 是强氧化剂，可将 H_2S、I^-、Fe^{2+} 等氧化，本身被还原为 Cr^{3+}；在碱性溶液中，CrO_4^{2-} 的氧化性很弱，而 CrO_2^- 却有较强的还原性，可用 H_2O_2、Cl_2、Br_2、Na_2O_2 等将其氧化成 $Cr_2O_4^{2-}$，例如：

$$2CrO_2^- + 3H_2O_2 + 2OH^- = 2CrO_4^{2-} + 4H_2O$$

由此可以看出，欲使 Cr(Ⅲ)化合物转为 Cr(Ⅵ)化合物，加入氧化剂，在碱性介质中较易进行；欲使 Cr(Ⅵ)化合物转为 Cr(Ⅲ)化合物，加入还原剂，在酸性介质中进行。

用饱和 $K_2Cr_2O_7$ 溶液和浓硫酸混合，即可得到实验室常用的铬酸洗液。铬酸洗液具有强氧化性，可用于洗涤玻璃器皿，以除去器壁上黏附的还原性污物。当洗液经多次使用后，由暗红色变为绿色，表明 Cr(Ⅵ)已转变为 Cr(Ⅲ)，洗液基本失效。

铬的生理功能和主要食物来源

1. 铬是葡萄糖耐量因子的组成部分，对调节体内糖代谢、维持体内正常的葡萄糖耐量起重要作用。

2. 影响肌体的脂质代谢，降低血中胆固醇和甘油三酯的含量，预防心血管病。

3. 是核酸(DNA 和 RNA)的稳定剂，可防止细胞内某些基因物质的突变并预防癌症。

铬缺乏主要表现在葡萄糖耐量受损，并可能伴有高血糖、尿糖，导致脂质代谢失调，易诱发冠状动脉硬化导致心血管病。

铬主要食物来源：啤酒酵母、废糖蜜、干酪、蛋、肝、苹果皮、香蕉、牛肉、面粉、鸡肉以及马铃薯等。

（二）锰及其重要化合物

锰是第四周期ⅦB族元素，价层电子构型为$3d^54s^2$。在第一过渡元素中，锰具有最多的氧化态，常见的有+2，+3，+4，+6及+7。锰也是人体必须的微量元素之一。Mn^{2+}离子的电子构型是$3d^5$，为轨道半充满的稳定状态，通常是最稳定的价态。锰的元素电势图如下：

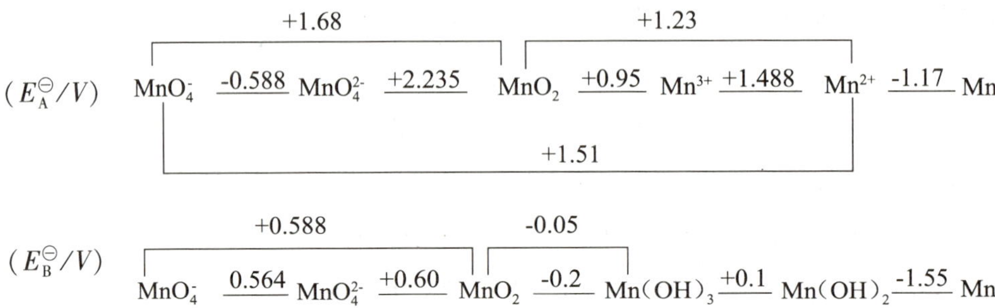

($E_B^\ominus/V$) MnO_4^- 0.564 MnO_4^{2-} +0.60 MnO_2 -0.2 $Mn(OH)_3$ +0.1 $Mn(OH)_2$ -1.55 Mn （+0.588；-0.05）

由锰的电势图可知，在酸性溶液中Mn^{3+}和MnO_4^{2-}均易发生歧化反应，MnO_4^-和MnO_2有强氧化性；在碱性溶液中，$Mn(OH)_2$不稳定，易被空气中的氧气氧化为MnO_2，MnO_4^{2-}也能发生歧化反应，但不如在酸性溶液中进行得完全。

1. 锰（Ⅱ）的化合物 重要的锰（Ⅱ）盐主要有氯化锰$MnCl_2$、硫酸锰$MnSO_4$和硝酸锰$Mn(NO_3)_2$等。锰（Ⅱ）的强酸盐均溶于水，只有少数弱酸盐如$MnCO_3$、MnS等难溶于水。在酸性溶液中，Mn^{2+}相当稳定，只有用强氧化剂如过二硫酸盐（Ag^+作催化剂）、二氧化铅、铋酸钠等，才能将其氧化成Mn（Ⅶ），如：

$$2Mn^{2+}+5S_2O_8^{2-}+8H_2O = 16H^++10SO_4^{2-}+2MnO_4^-$$

$$5NaBiO_3+2Mn^{2+}+14H^+ = 5Na^++5Bi^{3+}+2MnO_4^-+7H_2O$$

$$5PbO_2+2Mn^{2+}+5SO_4^{2-}+4H^+ \xlongequal{\triangle} 2MnO_4^-+5PbSO_4+2H_2O$$

这些反应由几乎无色的Mn^{2+}溶液变成紫红色的MnO_4^-溶液，故可用上述反应用来鉴定Mn^{2+}。

碱性介质中，锰（Ⅱ）的还原性较强，空气中的氧即可氧化Mn（Ⅱ）成Mn（Ⅳ），故向盐Mn（Ⅱ）溶液中加入碱，可得到白色胶状$Mn(OH)_2$沉淀，在空气中放置一会儿，即转变成棕色：

$$Mn^{2+}+2OH^- = Mn(OH)_2\downarrow（白色）$$

$$2Mn(OH)_2+O_2 = 2MnO(OH)_2（棕色）$$

2. 锰（Ⅳ）的化合物 最重要的锰（Ⅳ）的化合物是二氧化锰MnO_2，它是自然界中软锰矿的主要成分，也是制备其他锰的化合物的主要原料。MnO_2的用途很广，可作有机反应的催化剂、氧化剂，干电池中的去极化剂，玻璃工业中的脱色剂，火柴工业的助燃剂，油漆油墨的干燥剂等。

MnO_2是灰黑色固体，不溶于水，它的酸性和碱性均极弱。

由于Mn(Ⅳ)处于锰元素的中间氧化态，它既有氧化性又有还原性，但以氧化性为主。特别是在酸性介质中，MnO_2是个强氧化剂。实验室制备氯气，就是利用它与浓盐酸的反应：

$$MnO_2 + 4HCl(浓) \xrightarrow{\triangle} MnCl_2 + Cl_2\uparrow + H_2O$$

MnO_2还可与浓硫酸反应放出氧气：

$$2MnO_2 + 2H_2SO_4(浓) = 2MnSO_4 + O_2\uparrow + 2H_2O$$

3. 锰(Ⅶ)的化合物 最重要的锰(Ⅶ)化合物是高锰酸钾，俗称灰锰氧，它是深紫色棱柱状晶体，易溶于水，对热不稳定，加热到200℃以上即分解放氧：

$$2KMnO_4 = K_2MnO_4 + MnO_2 + O_2\uparrow$$

$KMnO_4$的水溶液呈紫红色，在酸性溶液中缓慢分解，在中性溶液中分解极慢，但光和MnO_2对其分解起催化作用，故配制好的$KMnO_4$溶液应保存在棕色瓶中，放置一段时间后，需过滤除去MnO_2。

$$4MnO_4^- + 4H^+ = 4MnO_2 + 3O_2\uparrow + 2H_2O$$

$KMnO_4$最突出的性质是它的强氧化性，无论在酸性，中性或碱性溶液中皆有氧化性，它的氧化能力和还原产物随溶液的酸度不同而异。

例如和SO_3^{2-}的反应：

酸性 $2MnO_4^- + 5SO_3^{2-} + 6H^+ = 2Mn^{2+} + 5SO_4^{2-} + 3H_2O$(肉色)

中性或者弱碱性 $2MnO_4^- + 3SO_3^{2-} + H_2O = 2MnO_2 + 3SO_4^{2-} + 2OH^-$(棕色)

强碱性 $2MnO_4^- + SO_3^{2-} + 2OH^- = 2MnO_4^{2-} + SO_4^{2-} + H_2O$(绿色)

高锰酸钾是化学上常用的氧化剂，在医药上也用作防腐剂、清毒剂、除臭剂及解毒剂等。

(三)常用药物

1. $KMnO_4$ 高锰酸钾是强氧化剂，在临床上常用作消毒防腐剂。0.02% ~0.05%的$KMnO_4$溶液常用于冲洗伤口、腔道和黏膜；1∶1000的$KMnO_4$溶液常用于有机磷中毒时洗胃。$KMnO_4$稀溶液也可用于水果的消毒。

2. $CrCl_3 \cdot 6H_2O$ 六水合三氯化铬应用于治疗动脉粥样硬化和糖尿病等。

(四)离子鉴定

1. 铬(Ⅲ)和铬(Ⅵ)的鉴定 在$Cr_2O_7^{2-}$溶液中加入H_2O_2，可生成蓝色的过氧化铬CrO_5或写成$CrO(O_2)_2$，其结构为：

```
      O
O     ‖     O
| \   ‖   / |
|     Cr    |
| /       \ |
O           O
```

$$Cr_2O_7^{2-} + 4H_2O_2 + 2H^+ \Longrightarrow 2CrO_5 + 5H_2O$$

CrO_5很不稳定，很快分解为 Cr^{3+} 并放出 O_2。它在乙醚或戊醇溶液中较稳定。这一反应，常用来鉴定 $Cr_2O_4^{2-}$ 或 $Cr_2O_7^{2-}$ 的存在。

以上是铬(Ⅵ)的鉴定，铬(Ⅲ)的鉴定是先把铬(Ⅲ)氧化到铬(Ⅵ)后再鉴定，方法如下：

$$Cr^{3+} \xrightarrow{OH^- 过量} Cr(OH)_4^- \xrightarrow[OH^-]{H_2O_2} CrO_4^{2-} \xrightarrow[乙醚]{H^+ + H_2O_2} CrO_5(蓝色)$$

$$或\ Cr^{3+} \xrightarrow{OH^- 过量} Cr(OH)_4^- \xrightarrow[OH^-]{H_2O_2} CrO_4^{2-} \xrightarrow{Pb^{2+}} PbCrO_4\downarrow(黄色)$$

2. Mn^{2+} 的鉴定 在碱性条件下锰(Ⅱ)具有较强的还原性，易被氧化。在酸性条件下锰(Ⅱ)具有较强的稳定性，只有用强氧化剂如 PbO_2、$NaBiO_3$、$(NH_4)_2S_2O_8$等才能使 Mn^{2+} 氧化为 MnO_4^-。例如在 HNO_3溶液中，Mn^{2+} 与 $NaBiO_3$反应如下：

$$5NaBiO_3 + 2Mn^{2+} + 14H^+ \Longrightarrow 5Na^+ + 5Bi^{3+} + 2MnO_4^- + 7H_2O$$

这一反应常用来鉴定 Mn^{2+}的存在。

3. MnO_4^- 的鉴定 在 MnO_4^- 的溶液中加入少量稀硫酸酸化，再加入 H_2O_2溶液，MnO_4^- 的紫红色退去，并有气体生成。

$$2MnO_4^- + 5H_2O_2 + 6H^+ \Longrightarrow 2Mn^{2+} + 5O_2\uparrow + 8H_2O$$

知识拓展

锰的生理功能和主要食物来源

锰是体内多种酶的活性基因或辅助因子，又是某些酶的激活剂。能促进骨骼的生长发育，保护细胞中细粒体的完整，保持正常的脑功能，维持正常的糖代谢和脂肪代谢，改善肌体的造血功能。

锰缺乏可影响生殖能力，可能使后代先天性畸形，骨和软骨的形成不正常及葡萄糖耐量受损。另外，还可引起神经衰弱综合征，影响智力发育。锰缺乏还将导致胰岛素合成和分泌的降低，影响糖代谢。

锰的主要食物来源有：糙米、核桃、麦芽、赤糖蜜、莴苣、干菜豆、花生、马铃薯、大豆、向日葵籽、小麦、大麦以及肝等。

二、铁、钴、镍及其重要化合物

铁、钴、镍是第四周期Ⅷ族元素，性质非常相似，统称铁系元素。铁的价层电子构型

为 $3d^64s^2$，铁的最重要的氧化态为 +2、+3，在强氧化剂作用下可达到 +6，在特殊配位化合物中铁也表现其他氧化态。

铁元素的标准电势图如下：

$$(E_A^{\ominus}/V)\quad FeO_4^{2-}\xrightarrow{+1.9}Fe^{3+}\xrightarrow{+0.77}Fe^{2+}\xrightarrow{-0.447}Fe\quad (Fe^{3+}\xrightarrow{-0.037}Fe)$$

$$(E_B^{\ominus}/V)\quad FeO_4^{2-}\xrightarrow{+0.9}Fe(OH)_3\xrightarrow{-0.56}Fe(OH)_2\xrightarrow{-0.88}Fe$$

由电势图可知：①单质铁无论在酸性还是碱性介质中都具有较强的还原性；②Fe(Ⅱ)在酸性介质中较稳定，但在碱性介质中还原性较强；③Fe(Ⅲ)在酸性介质中是中等强度的氧化剂。

(一)铁(Ⅱ)化合物

重要的亚铁盐包括七水硫酸亚铁 $FeSO_4\cdot7H_2O$，它是淡绿色，俗称绿矾；硫酸亚铁铵 $(NH_4)_2SO_4\cdot FeSO_4\cdot6H_2O$，俗称摩尔盐，以及二氯化铁 $FeCl_2$。

亚铁盐的主要性质有：

1. 还原性 Fe(Ⅱ)盐的固体或溶液都可以被空气中的氧所氧化：

$$4Fe^{2+}+O_2+4H^+ = 4Fe^{3+}+2H_2O$$

2. 沉淀反应 在溶液中，Fe^{2+} 离子与 OH^-、S^{2-}、CO_3^{2-}、$C_2O_4^{2-}$ 离子及许多弱酸的酸根离子作用时，均生成难溶性沉淀。其中 $Fe(OH)_2$ 是白色胶状沉淀，但由于空气中氧的氧化作用，看到的沉淀颜色由白很快变为灰绿色，继而变成棕红色的氢氧化铁沉淀。

3. 配合性 Fe(Ⅱ)具有很强的形成配合物的倾向，多数配合物的配位数为6，空间构型为正八面体。最重要的 Fe(Ⅱ)配合物是六氰合铁(Ⅱ)酸钾 $K_4[Fe(CN)_6]$(又称亚铁氰化钾、黄血盐)。$K_4[Fe(CN)_6]$ 可与 Fe^{3+} 离子作用，生成深蓝色的沉淀 $Fe_4[Fe(CN)_6]_3$(Ⅱ)，俗称滕氏蓝，该反应可用于鉴定 Fe^{3+} 离子。

Fe(Ⅲ)配合物是六氰合铁(Ⅲ)酸钾 $K_3[Fe(CN)_6]$(又称铁氰化钾、赤血盐)。$K_3[Fe(CN)_6]$ 可与 Fe^{2+} 离子作用，生成深蓝色的沉淀 $KFe[Fe(CN)_6]$(Ⅲ)，俗称普鲁士蓝，该反应可用于鉴定 Fe^{2+} 离子。

(二)铁(Ⅲ)盐

重要的 Fe(Ⅲ)化合物有三氧化二铁 Fe_2O_3 和可溶性铁盐。常用的 Fe(Ⅲ)盐有三氯化铁 $FeCl_3$、硫酸铁 $Fe_2(SO_4)_3$、硝酸铁 $Fe(NO_3)_3$ 和硫酸铁铵 $NH_4Fe(SO_4)_2$。

溶液中，Fe^{3+} 离子的主要性质有：

1. 氧化性 在酸性溶液中 Fe^{3+} 是中等强度的氧化剂，能把 I^-、$SnCl_2$、SO_2、H_2S、Fe、Cu 等氧化，而本身被还原为 Fe^{2+}。

$$Fe^{3+} + Fe \xlongequal{} 2Fe^{2+}$$

$$2Fe^{3+} + H_2S \xlongequal{} 2Fe^{2+} + S\downarrow + 2H^+$$

2. 水解性 Fe^{3+}离子在酸性水溶液中，通常以淡紫色的$[Fe(H_2O)_6]^{3+}$形式存在，它很容易水解，生成的碱式水合离子为黄色。它可形成聚合体：

$$2[Fe(H_2O)_6]^{3+} \xlongequal{} [Fe_2(OH)_2(H_2O)_8]^{4+} + 2H_3O^+$$

这种结构可以看成是多核配位离子，溶液 pH 值越高，水解聚合的程度越大，逐渐形成胶体，最后析出红棕色水合氧化铁沉淀。温度升高，水解度增大；酸度降低，水解度减小。

（三）常用药物

1. 中药自然铜 主含硫化铁 FeS_2，经煅烧后主成分转化为 Fe_2O_3，有散瘀、接骨、止痛的作用，用于跌打损伤等症。

2. $FeSO_4$ 硫酸亚铁是常用的补铁剂，主要用于治疗缺铁性贫血。临床上常制成片剂或糖浆，为防止空气氧化，把片剂压膜以隔绝空气，糖浆制剂调为酸性。

3. $FeCl_3$ 三氯化铁是棕黑色晶体，易潮解和分解，易溶于水。能引起蛋白质的迅速凝固，临床上常用于伤口止血。

（四）离子鉴定

1. Fe^{3+}的鉴定 在含有 Fe^{3+}的溶液中，加入硫氰化钾（KSCN）试液，溶液呈血红色。

$$Fe^{3+} + 6SCN^- \xlongequal{} Fe(SCN)_6^{3-}\text{（血红色）}$$

2. Fe^{2+}的鉴定 在含有 Fe^{2+}的溶液中，加入铁氰化钾 $K_3[Fe(CN)_6]$试液，生成深蓝色的沉淀。

$$3Fe^{2+} + 2[Fe(CN)_6]^{3-} \xlongequal{} Fe_3[Fe(CN)_6]_2\downarrow\text{（深蓝色）}$$

3. Co^{2+}的鉴定 向含有 Co^{2+}的溶液中加入硫氰化钾（KSCN）试液，在丙酮酸作稳定剂的情况下，生成蓝色的配离子。

$$Co^{2+} + 4SCN^-\text{（过量）} \xlongequal{} Co(SCN)_4^{2-}\text{（蓝色）}$$

三、铜、银及其重要化合物

（一）铜及其重要化合物

铜在化合物中主要的氧化态为 +2，其次是 +1，铜的元素电势图如下：

$$(E_A^{\ominus}/V) \qquad Cu^{2+} \xrightarrow{+0.153} Cu^+ \xrightarrow{+0.521} Cu$$

$$(E_B^{\ominus}/V) \qquad Cu(OH)_2 \xrightarrow{-0.089} Cu_2O \xrightarrow{-0.361} Cu$$

$E_{右}^{\ominus} > E_{左}^{\ominus}$，说明 Cu^+能歧化成 Cu^{2+}和 Cu，而且歧化反应趋势很大。在 298K 时歧化反应的平衡常数为：

$$\lg K^{\ominus}=\frac{n(E^{\ominus}_{右}-E^{\ominus}_{左})}{0.0592}=\frac{1\times0.364\text{V}}{0.0592\text{V}}=6.15$$

$$K^{\ominus}=\frac{c\,(Cu^{2+})}{[c\,(Cu^{+})]^2}=1.41\times10^6$$

说明歧化反应的平衡常数相当大，反应进行得很彻底。即 Cu^+ 离子几乎全部转化成稳定的 Cu^{2+} 和 Cu。

1. 铜(Ⅱ)盐 常见的可溶性铜(Ⅱ)盐有蓝色的 $CuSO_4\cdot5H_2O$ 和绿色的 $CuCl_2\cdot2H_2O$。$CuSO_4\cdot5H_2O$ 俗称胆矾，受热后逐步脱水：

$$CuSO_4\cdot5H_2O(蓝色)\xrightarrow{102℃}CuSO_4\cdot3H_2O\xrightarrow{113℃}CuSO_4\cdot H_2O\xrightarrow{258℃}$$

$$CuSO_4(白色)\xrightarrow{750℃}CuO(黑色)+SO_3$$

无水 $CuSO_4$ 易溶于水，吸水性强，吸水后即显示特征的蓝色，可利用这一性质检验有机液体中的微量水分；也可用作干燥剂，从有机液体中除去水分。$CuSO_4$ 溶液由于 Cu^{2+} 水解而显酸性。

$CuSO_4$ 是制取其他铜盐的重要原料，在电解或电镀中用作电解液或电镀液。$CuSO_4$ 具有杀菌能力，用于游泳池、蓄水池消毒，防止藻类生长，与生石灰配成波尔多液用于消灭植物病虫害。

无水 $CuCl_2$ 为棕黄色固体，可由单质直接化合而成，它是共价化合物。

在铜(Ⅱ)盐溶液中通入硫化氢，得到黑色 CuS 沉淀，它在水中溶解度很小，$K^{\ominus}_{sp}=6.3\times10^{-36}$，不溶于非氧化性酸，能溶于热稀硝酸。

碱式碳酸铜 $Cu_2(OH)_2CO_3$ 俗称铜绿，是中药铜青的主要成分，它是绿色不溶于水的固体。铜在潮湿空气中慢慢生成的铜锈就是该物质：

$$2Cu+O_2+H_2O+CO_2=\!=\!=Cu_2(OH)_2CO_3$$

2. 铜(Ⅱ)和铜(Ⅰ)的转化 从 Cu^+ 的价层电子结构($3d^{10}$)看，Cu(Ⅰ)化合物应该是稳定的，自然界中也确有含 Cu_2O 和 Cu_2S 的矿物存在。但在水溶液中，Cu^+ 易发生歧化反应，生成 Cu^{2+} 和 Cu，因此在水溶液中 Cu^+ 不如 Cu^{2+} 稳定。从铜的电势图看出，在酸性溶液中：

$$2Cu^+=\!=\!=Cu^{2+}+Cu$$

为使 Cu(Ⅱ)转化为 Cu(Ⅰ)，必须有还原剂存在，同时要降低溶液中 Cu^+ 的浓度，使之成为难溶物或难解离的配合物。例如，在热的盐酸溶液中，用铜粉还原 $CuCl_2$，可生成难溶于水的 CuCl：

$$Cu^{2+}+Cu+2Cl^-=\!=\!=2CuCl$$

在这个反应中，由于生成了 CuCl 沉淀，降低了 Cu^+ 的浓度，致使平衡向 Cu^+ 歧化反应的相反方向进行。

又如 $CuSO_4$ 溶液与 KI 反应，得不到 CuI_2，而得到白色 CuI 沉淀：

$$2Cu^{2+} + 4I^- \longrightarrow 2CuI + I_2$$

其中 I^- 既是还原剂，又是沉淀剂。

3. 铜(Ⅰ)和铜(Ⅱ)的配合物 Cu^+ 可与单齿配体形成配位数为 2、3、4 的配合物，其中以配位数为 2 的直线型配离子最为常见，例如 $[CuCl_2]^-$、$[Cu(CN)_2]^-$、$[Cu(SCN)_2]^-$ 等。

Cu^{2+} 与单齿配体一般形成配位数为 4 的正方形配合物，例如：$[Cu(H_2O)_4]^{2+}$、$[Cu(NH_3)_4]^{2+}$、$[CuCl_4]^{2-}$ 等。

此外，Cu^{2+} 还可和一些有机配合剂(如乙二胺等)形成稳定的螯合物。

4. 氢氧化铜 $Cu(OH)_2$ 为浅蓝色粉末，难溶于水，不稳定，加热至 353K 时，脱水生成黑褐色的 CuO。

$$Cu(OH)_2 \longrightarrow CuO + H_2O$$

$Cu(OH)_2$ 微显两性，易溶于酸，也能溶于过量的较浓的强碱中。

$$Cu(OH)_2 + 2OH^- \longrightarrow [Cu(OH)_4]^{2-}$$

$Cu(OH)_2$ 易溶于氨水，生成深蓝色的四氨合铜(Ⅱ)配离子 $[Cu(NH_3)_4]$。

$$Cu(OH)_2 + 4NH_3 \longrightarrow [Cu(NH_3)_4]^{2+} + 2OH^-$$

铜的生理功能和主要食物来源

铜在体内能维护正常造血机能和铁的代谢，维护中枢神经系统的健康，保护毛发正常的色素和结构，维护骨骼、血管、皮肤的正常，保护肌体细胞免受超氧离子的伤害。

铜缺乏将导致贫血、骨质疏松、皮肤和毛发的脱色、肌张力的减退和精神运动性障碍。摄入过多的铜可导致肝细胞和红细胞的损伤，症状为恶心、呕吐、腹泻，严重时将昏迷。

铜的主要食物来源有黑胡椒、废糖蜜、可可、肝、甲壳类、坚果类、黄豆、种子、油橄榄(绿)、麦麸、香蕉及牛肉等。

(二)银及其重要化合物

银属于贵重金属，具有很好的导电导热性，富有延展性。化学性质稳定。因通常形成

氧化态为 +1 的化合物。最常见的银的可溶性盐就是 $AgNO_3$，$AgNO_3$可作收敛药，用于治疗溃疡等。$AgNO_3$晶体对热不稳定，加热到 440℃ 即分解：

$$2AgNO_3 = 2Ag + 2NO_2\uparrow + O_2\uparrow$$

在光照下，$AgNO_3$也会按上式分解，微量的有机物可促进 $AgNO_3$的见光分解，如 $AgNO_3$溶液滴在手上，见光分解，在皮肤上产生 Ag 的黑斑难以洗去。因此 $AgNO_3$常保存在棕色瓶内。

$AgNO_3$有一定的氧化性，在水溶液中可被金属 Cu、Zn 等还原为单质，但并不能够氧化 I^-、H_2S 等还原剂。

Ag^+和 Cu^+一样，主要形成配位数为 2 的直线型配离子，例如 $[Ag(NH_3)_2]^+$、$[AgCl_2]^-$、$[Ag(S_2O_3)_2]^{3-}$等。其中 $[Ag(NH_3)_2]^+$可用于制造保温瓶胆和镜子镀银，反应式为：

$$2[Ag(NH_3)_2]^+ + \underset{\text{(醛或葡萄糖)}}{RHCHO} + 3OH^- = 2Ag\downarrow + 4NH_3\uparrow + RCOO^- + 2H_2O$$

此反应称为银镜反应，可用来检验含醛基的有机化合物。

（三）常用药物

1. $CuSO_4$ 胆矾 $CuSO_4 \cdot 5H_2O$ 内服可作催吐剂；硫酸铜对黏膜有收敛、刺激的作用，具有较强的杀真菌作用，外用可治疗各种真菌感染的皮肤病；眼科用于治疗沙眼、结膜炎等。

2. $AgNO_3$ 硝酸银具有收敛、腐蚀和杀菌的作用，0.25% ~0.5% 的 $AgNO_3$溶液可用于治疗眼科炎症，更高浓度的 $AgNO_3$溶液可用于治疗宫颈、口腔及其他组织的炎症；也可治疗溃疡和慢性肉芽创面。

（四）离子鉴定

1. Cu^{2+}的鉴定 在近中性溶液中，Cu^{2+}与 $[Fe(CN)_6]^{4-}$反应，生成 $Cu_2[Fe(CN)_6]$红棕色沉淀：

$$2Cu^{2+} + [Fe(CN)_6]^{4-} = Cu_2[Fe(CN)_6]\downarrow$$

2. Ag^+的鉴定

（1）在可溶性银盐溶液中加入稀盐酸，即生成白色乳凝状沉淀，沉淀不溶于硝酸，可溶于氨水。

$$Ag^+ + Cl^- = AgCl\downarrow$$

$$AgCl + 2NH_3 = [Ag(NH_3)_2]\downarrow + Cl^-$$

（2）在可溶性银盐溶液中加入铬酸钾试液，生成砖红色沉淀，沉淀可溶于硝酸。

$$2Ag^+ + CrO_4^{2-} = Ag_2CrO_4\downarrow$$

四、锌、镉、汞及其重要化合物

锌、镉、汞是周期系中ⅡB族元素，又称锌族元素，它们的价电子构型为$(n-1)d^{10}ns^2$。最外层有2个电子，次外层有18个电子。18电子层结构屏蔽作用较小，有效核电荷数较大，ns电子受到原子核的作用力大，较稳定，而且这种稳定性随着原子序数的增大而增大。尤其是汞的6s电子对最为稳定，造成金属键作用力较弱，其单质在常温下为液体。

锌和镉的化合物与汞的化合物相比有许多不同之处，例如，汞除了形成氧化数为+2的化合物外，还有氧化数为+1（Hg_2^{2+}离子）的化合物，而锌和镉在化合物中通常氧化数为+2。

锌、镉、汞之间或与其他金属可形成合金。例如汞能溶解金属形成汞齐，如汞和钠的合金（钠汞齐）与水接触时，其中的汞仍保持其惰性，而钠则与水反应放出氢气。同纯的金属相比，反应进行得比较平稳。根据此性质，钠汞齐在有机合成中常用作还原剂。

无论在物理性质或化学性质方面，锌、镉都比较相近，而汞较特殊。锌是比较活泼的金属，镉的化学活泼性不如锌，汞的化学性质不活泼。但汞和硫粉很容易形成硫化汞，据此性质，可以在洒落汞的地方撒上硫粉，使汞转化成硫化汞，以消除汞蒸气的毒性。

（一）锌及其重要化合物

1. 单质锌的性质及用途 单质锌是活泼的蓝白色金属，当温度达到225℃后，锌氧化激烈。燃烧时，发出蓝绿色火焰。

单质锌，既可与稀酸反应，又可与强碱反应。都能产生氢气：

$$Zn + 2H_2SO_4(\text{稀}) = ZnSO_4 + H_2\uparrow$$

$$Zn + 2NaOH = Na_2ZnO_2 + H_2\uparrow$$

锌与浓硫酸反应能产生二氧化硫气体：

$$Zn + 2H_2SO_4(\text{浓}) = ZnSO_4 + SO_2\uparrow + 2H_2O$$

锌与氨水反应生成$[Zn(NH_3)_4]^{2+}$配离子。

$$Zn + 4NH_3 \cdot H_2O = [Zn(NH_3)_4](OH)_2 + H_2\uparrow + 2H_2O$$

锌主要用于钢铁、冶金、机械、电气、化工、轻工、军事和医药等领域。其表面易在空气中生成一层致密的氧化物或碱式碳酸盐$ZnCO_3 \cdot Zn(OH)_2$的膜，而使锌有抗御腐蚀的性能，所以常用锌来镀薄铁板。

2. 锌的重要化合物

（1）氧化锌：氧化锌又称锌氧粉或锌白，是优良的白色颜料，它遇H_2S不变黑（因为ZnS也是白色）而优于铅白。ZnO生成热较大，较稳定，加热升华而不分解。ZnO无毒，具有收敛性和一定的杀菌能力，在医药上常调制成软膏应用。ZnO是橡胶制品的增强剂，是制备各种锌化合物的基本原料。

ZnO，白色粉末，不溶于水，是两性氧化物，既溶于酸生成锌盐，又溶于碱生成锌酸盐：

$$ZnO + 2HCl = ZnCl_2 + H_2O$$

$$ZnO + 2NaOH = Na_2ZnO_2 + H_2O$$

(2)氢氧化锌：在锌盐溶液中加入适量强碱，可以得到氢氧化锌，如：

$$ZnCl_2 + 2NaOH = Zn(OH)_2 + 2NaCl$$

$Zn(OH)_2$是两性氢氧化物，既能溶于强酸又能溶于强碱。

$$ZnO + 2NaOH = Na_2ZnO_2 + H_2O$$

$$Zn(OH)_2 + 2OH^- = Zn(OH)_4^{2-}$$

$Zn(OH)_2$还溶于氨水，这一点与 $Al(OH)_3$不同，是由于生成了氨配离子：

$$Zn(OH)_2 + 4NH_3 = [Zn(NH_3)_4]^{2+} + 2OH^-$$

$Zn(OH)_2$加热时容易脱水变为 ZnO。ZnO 和 $Zn(OH)_2$都是共价型化合物。

(3)硫化锌：在锌盐溶液中通入 H_2S，即可产生 ZnS 沉淀。由于 ZnS 能溶于 $0.1mol \cdot L^{-1}$盐酸，所以往酸性锌盐溶液中通入 H_2S，ZnS 沉淀不完全，因在沉淀过程中，H^+浓度的增加，阻碍了 ZnS 进一步沉淀。ZnS 不溶于醋酸。

ZnS 可用作白色颜料，它同 $BaSO_4$共沉淀所形成的混合晶体 $ZnS \cdot BaSO_4$叫做锌钡白（立德粉），是一种优良的白色颜料，其遮盖力强，无毒，大量用于油漆工业。制备立德粉的反应简单，用等物质的量的 $ZnSO_4$和 BaS 溶液混合即可发生共沉淀反应：

$$ZnSO_4 + BaS = ZnS\downarrow + BaSO_4\downarrow$$

ZnS 在 H_2S 气氛中灼烧，即转变为晶体。若在 ZnS 晶体中加入微量的 Cu、Mn、Ag 作活化剂，经光照后能发出不同颜色的荧光，这种材料叫荧光粉，可制作荧光屏、夜光表、发光油漆等。

(4)硫酸锌：$ZnSO_4 \cdot 7H_2O$ 是常见的锌盐，俗称锌矾、皓矾。主要用于电镀工业、也用来制备锌钡白及其他锌盐，还用作媒染剂、木材防腐剂、医药用催吐剂、收敛剂等。工业上常用氧化锌和硫酸反应制备硫酸锌。

(5)氯化锌：无水氯化锌是白色容易潮解的固体，易溶于水、醇和醚中。它在水中的溶解度很大，吸水性很强，有机化学中常用它作脱水剂和催化剂：

$$ZnCl_2 + H_2O = Zn(OH)Cl + HCl$$

一般要在干燥 HCl 气氛中加热脱水制得无水氯化锌。

在 $ZnCl_2$浓溶液中，由于生成配合酸，有显著的酸性，能溶解金属氧化物：

$$ZnCl_2 + H_2O = H[ZnCl_2(OH)]$$

$$FeO + 2H[ZnCl_2(OH)] = Fe[ZnCl_2(OH)]_2 + H_2O$$

所以 $ZnCl_2$浓溶液常被用作清除金属表面的氧化物，又不损害金属表面，便于焊接。

（二）镉及其重要化合物

镉既耐大气腐蚀，又对碱和海水有较好的抗腐蚀性，有良好的延展性，易于焊接，且能长久保持金属光泽，因此，广泛应用于飞机和船舶零件的防腐镀层。

1. 氧化镉 CdO 为棕色粉末，易溶于酸而难溶于碱。工业上用镉在空气中燃烧直接合成，也用碳酸镉或硝酸镉的热分解制得 CdO。

$$CdCO_3 = CdO + CO_2\uparrow$$

CdO 的生成热较大，较稳定，加热升华而不分解。CdO 用作催化剂、陶瓷釉彩。

2. 氢氧化镉 在镉盐溶液中加入适量强碱，可以得到氢氧化镉：

$$CdCl_2 + 2NaOH = Cd(OH)_2 + 2NaCl$$

$Cd(OH)_2$ 的酸性特别弱，不易溶解于强碱中，当碱的浓度很大时，也可溶解生成无色的 $Cd(OH)_4^{2-}$，$Cd(OH)_2$ 可溶于氨水或 NaCN，生成$[Cd(NH_3)_4]^{2+}$和$[Cd(CN)_4]^{2-}$配合物。

$$Cd(OH)_2 + 4NH_3 = [Cd(NH_3)_4]^{2+} + 2OH^-$$

$Cd(OH)_2$ 加热时容易脱水变为 CdO。镉的氧化物和氢氧化物都是共价型化合物。

3. 硫化镉 在镉盐溶液中通入 H_2S，便会产生 CdS 沉淀。CdS 具有鲜艳的黄色，是重要的黄色颜料，叫镉黄。CdS 的溶度积比 ZnS 的小，它不溶于稀酸，可溶于较浓的盐酸或硫酸中，所以控制溶液的酸度，可以使锌、镉分离。CdS 也可溶于稀硝酸（发生氧化还原反应）。纯净的 CdS 也用于制造半导体材料和发光材料。

（三）汞及其重要化合物

汞是唯一在常温下呈液态的金属，且容易挥发，汞的蒸气毒性很大，使用时一切操作都要在通风橱中进行。不慎洒出，必须尽量收集，遗留在缝隙处的用锡箔回收，因为锡箔可被汞湿润将汞粘起，然后在缝隙中填上硫磺粉或三氯化铁，它们可将汞反应成化合物 HgS 或 Hg_2Cl_2，而减小毒性。在氧化数为 +1 的化合物中，Hg 是以双聚离子 Hg_2^{2+} 的形式出现，且比较稳定，汞元素的电势图如下：

酸性介质（$E_A^\ominus$/V）

$$Hg^{2+} \xrightarrow{+0.92} Hg_2^{2+} \xrightarrow{0.7973} Hg \qquad (Hg^{2+} \xrightarrow{0.851} Hg)$$

$$HgCl_2 \xrightarrow{0.63} Hg_2Cl_2 \xrightarrow{0.26781} Hg$$

碱性介质（$E_B^\ominus$/V）

$$HgO \xrightarrow{0.098} Hg$$

1. 氯化汞和氯化亚汞 氧化汞和盐酸作用可得 $HgCl_2$。$HgCl_2$为共价型化合物，熔点较低(280℃)，易升华，因而俗名升汞，是中药白降丹的主要成分。$HgCl_2$溶于水，有剧毒，其稀溶液有杀菌作用，外科上用作消毒剂，其水溶液可用于动植物标本的保存，防止虫蛀。

$HgCl_2$可被还原剂还为白色的氯化亚汞Hg_2Cl_2，进一步被还原为黑色的金属汞：

$$2HgCl_2 + Sn^{2+} + 4Cl^- \xlongequal{} Hg_2Cl_2\downarrow + [SnCl_6]^{2-}$$

$$Hg_2Cl_2 + Sn^{2+} + 4Cl^- \xlongequal{} 2Hg\downarrow + [SnCl_6]^{2-}$$

分析化学中利用此反应鉴定Hg(Ⅱ)或Sn(Ⅱ)。

另外，$HgCl_2$与$NH_3 \cdot H_2O$反应可生成一种难溶解的白色氨基氯化汞沉淀：

$$HgCl_2 + 2NH_3 \xlongequal{} Hg(NH_2)Cl\downarrow(\text{白色}) + NH_4Cl$$

此反应可用于鉴定Hg(Ⅱ)离子。

Hg_2Cl_2分子结构也为直线型(Cl—Hg—Hg—Cl)，它是白色固体，难溶于水。少量的Hg_2Cl_2无毒，因味略甜，俗称甘汞，为中药轻粉的主要成分。内服可作缓泻剂，外用治疗慢性溃疡及皮肤病。Hg_2Cl_2也常用于制作甘汞电极。Hg_2Cl_2见光易分解：

$$Hg_2Cl_2 \xlongequal{} HgCl_2 + Hg$$

因此应把它保存在棕色瓶中。

如在Hg_2Cl_2溶液中加入$NH_3 \cdot H_2O$，不仅有白色沉淀，同时有黑色汞析出：

$$Hg_2Cl_2 + 2NH_3 \xlongequal{} Hg(NH_2)Cl\downarrow(\text{白色}) + Hg\downarrow(\text{黑色}) + NH_4Cl$$

此反应可用于鉴定Hg(Ⅰ)。注意这与$HgCl_2$与$NH_3 \cdot H_2O$的反应是有区别的。

金属汞与$HgCl_2$固体一起研磨可制得氯化亚汞Hg_2Cl_2：

$$HgCl_2 + Hg \xlongequal{} Hg_2Cl_2$$

2. 硫化汞 HgS的天然矿物叫做辰砂或朱砂，因产于湖南辰州而得名，又因它的颜色是朱红色，故又称朱砂。中药用作安神镇静药。人工合成的朱砂是由汞与硫直接反应，加热升华而成：

$$Hg + S \xlongequal{} HgS$$

实验室中，在汞盐溶液中通入硫化氢，得到黑色硫化汞沉淀：

$$Hg^{2+} + H_2S \xlongequal{} HgS\downarrow + 2H^+$$

硫化汞是最难溶的金属硫化物，它不溶于盐酸及硝酸，但溶于王水生成配离子：

$$3HgS + 12Cl^- + 2NO_3^- + 8H^+ \xlongequal{} 3[HgCl_4]^{2-} + 3S + 2NO\uparrow + 4H_2O$$

3. 汞的硝酸盐的水解性与Hg^{2+}的氧化性及Hg^{2+}的鉴定 硝酸汞$Hg(NO_3)_2$和硝酸亚汞$Hg_2(NO_3)_2$易溶于水。$Hg(NO_3)_2$可用HgO或Hg与HNO_3作用制取：

$$HgO + 2HNO_3 \xlongequal{} Hg(NO_3)_2 + H_2O$$

$$Hg + 4HNO_3(\text{浓}) \xlongequal{} Hg(NO_3)_2 + 2NO_2\uparrow + 2H_2O$$

$Hg(NO_3)_2$与Hg作用可制取$Hg_2(NO_3)_2$：

$$Hg(NO_3)_2 + Hg = Hg_2(NO_3)_2$$

$Hg(NO_3)_2$和$Hg_2(NO_3)_2$是离子型化合物。

在$Hg(NO_3)_2$、$Hg_2(NO_3)_2$在水中按下式发生水解反应：

$$[Hg(H_2O)_6]^{2+} \rightleftharpoons [Hg(OH)(H_2O)_5]^+ + H^+ \quad K^{\ominus} = 10^{-3.7}$$

$$[Hg_2(H_2O)_x]^{2+} \rightleftharpoons [Hg_2(OH)(H_2O)_{x-1}]^+ + H^+ \quad K^{\ominus} = 10^{-5.0}$$

增大溶液的酸性，可以抑制它们的水解。

在Hg^{2+}的溶液中加入$SnCl_2$，首先有白色的Hg_2Cl_2生成。再加入过量的$SnCl_2$溶液时Hg_2Cl_2可被Sn^{2+}还原为Hg，此反应常用来鉴定溶液中Hg^{2+}的存在。

（四）常用药物

1. 氯化亚汞Hg_2Cl_2和氧化汞HgO 轻粉氯化亚汞Hg_2Cl_2，红粉氧化汞HgO，均有攻毒去腐的作用，主要用于痈疽溃疡、神经性皮炎等症。Hg_2Cl_2杀菌力强，但毒性强烈，主要用于配制外科手术器械消毒液。

2. HgS 硫化汞 HgS的天然矿物叫做辰砂或朱砂，具有安神镇静解毒作用。内服可治疗惊风、心悸、失眠、多梦等疾病。配成复方制剂外用具有消肿、解毒、止痛的功效，还能抑制杀灭皮肤的细菌及寄生虫。

3. $ZnSO_4$ $ZnSO_4 \cdot 7H_2O$是常见的锌盐，俗称锌矾、皓矾。外用配制0.25%～0.5%的$ZnSO_4$溶液作为滴眼溶液，用于治疗结膜炎。$ZnSO_4$复方制剂外用可促进伤口愈合。$ZnSO_4$也可用于配制内服药剂，用于治疗锌缺乏引起的疾病。

4. ZnO ZnO无毒，具有收敛性和一定的杀菌能力，在医药上常调制成散剂、糊剂、混悬剂和软膏，利用其收敛性与抗生素合用，治疗湿疹、皮炎等皮肤病。

（五）离子鉴定

1. Hg^{2+}的鉴定

（1）在Hg^{2+}的溶液中加入$SnCl_2$，首先有白色的Hg_2Cl_2生成。再加入过量的$SnCl_2$溶液时Hg_2Cl_2可被Sn^{2+}还原为灰黑色的Hg沉淀。

$$2Hg^{2+} + Sn^{2+} + 2Cl^- = Sn^{4+} + Hg_2Cl_2\downarrow（白色）$$

$$Hg_2Cl_2 + Sn^{2+} = Sn^{4+} + 2Cl^- + 2Hg\downarrow（灰黑）$$

（2）在Hg^{2+}溶液中加入NaOH试液，即生成黄色沉淀。

$$Hg^{2+} + 2OH^- = HgO\downarrow + H_2O$$

（3）在Hg^{2+}中性溶液中加入碘化钾试液，即生成橙红色沉淀，能在过量的碘化钾试液中溶解。

$$Hg^{2+} + 2I^- = HgI_2\downarrow（橙红色）$$

$$HgI_2 + 2I^- = [HgI_4]^{2-}（无色）$$

2. Hg_2^{2+}

（1）在 Hg_2^{2+} 溶液中加入氨或 NaOH 试液，生成黑色沉淀。

$$Hg_2^{2+} + 2OH^- = HgO\downarrow + Hg\downarrow + H_2O$$

（2）在 Hg_2^{2+} 溶液中加入碘化钾试液，振摇，即生成黄绿色沉淀，很快变为灰绿色，并逐渐转变为灰黑色。

$$Hg_2^{2+} + 2I^- = Hg_2I_2\downarrow（黄绿色）$$

$$Hg_2I_2 + 2I^- = [HgI_4]^{2-} + Hg\downarrow（灰黑色）$$

3. Cd^{2+} 的鉴定 在 Zn^{2+}、Cd^{2+} 的溶液中分别通入 H_2S 时，都会有硫化物从溶液中沉淀出来：

$$Zn^{2+} + H_2S \rightleftharpoons ZnS\downarrow + 2H^+$$

$$Cd^{2+} + H_2S \rightleftharpoons CdS\downarrow + 2H^+$$

由于 ZnS 的溶度积较大，如溶液的 H^+ 浓度超过 $0.3mol \cdot L^{-1}$ 时，ZnS 就能溶解。CdS 则难溶于稀酸中，从溶液中析出的 CdS 呈亮黄色。

4. Zn^{2+} 的鉴定

（1）在锌盐溶液中加入亚铁氰化钾溶液，生成白色沉淀，沉淀不溶于稀盐酸，可溶于 NaOH。

$$2Zn^{2+} + [Fe(CN)_6]^{4-} \rightleftharpoons Zn_2[Fe(CN)_6]\downarrow$$

$$Zn_2[Fe(CN)_6] + 8OH^- = 2[Zn(OH)_4]^{2-} + [Fe(CN)_6]^{4-}$$

（2）锌盐溶液以稀硫酸酸化后，加入 0.1% 硫酸铜溶液 1 滴及硫氰酸汞铵试液数滴，生成紫色沉淀。

$$Zn^{2+} + [Hg(SCN)_4]^{2-} = Zn[Hg(SCN)_4]\downarrow$$

五、环境中对人体有害的过渡元素

（一）汞对环境的污染

一只 40 瓦的直管日光灯内含有约 25 毫克的水银，如果经焚化炉燃烧，就会污染空气；如果丢在水中，就会变成有机汞，饮用后易引起脑部病变；要是掩埋，则转变成甲基汞，污染地下水源，误饮后引起神经病变。同样，水银电池也是一个可怕的污染源，市售各种电池中，只有锂电池不含汞，其他都含汞。

汞可以在生物体内积累，很容易被皮肤以及呼吸道和消化道吸收。水俣病是汞中毒的一种。汞破坏中枢神经系统，对口、黏膜和牙齿有不良影响。长时间暴露在高汞环境中可以导致脑损伤和死亡。尽管汞沸点很高，但在室内温度下饱和的汞蒸气已经达到了中毒剂量的数倍。

（二）镉对环境的污染

绝大多数淡水的含镉量低于 1μg · L^{-1}，海水中镉的平均溶度为 0.15μg · L^{-1}。镉的主要污染源是电镀、采矿、冶炼、染料、电池和化学工业等排放的废水。

镉进入人体后，能代换骨骼中的钙，从而引起骨质疏松、骨质软化等，使人感觉骨骼疼痛，还伴有疲倦无力、头痛和头晕。引起“骨痛病”。随着年龄的增长，镉在人体的肾和肝中蓄积，造成累积性中毒。

也有报道镉作业工人易患肺气肿、贫血及出现骨骼改变，但这些改变与镉接触的确切关系尚不能肯定。国外也有报道接触氧化镉的工人前列腺癌发病率较高。

重点小结

1. 过渡元素的基本性质变化特征 同一周期过渡元素，随着原子序数的增加，原子半径依次减少，同族元素从上到下原子半径增大；同周期元素从左到右及同族元素从上到下，其电负性变化均无规律；在同一周期中，电离能总的变化趋势是逐渐增大的；在同族中，电离能变化不是很有规律；同周期从左到右多数元素金属性依次减弱(锰例外)；同族元素从上到下元素的金属性依次减弱。

2. 过渡元素的化学性质 第一过渡系元素都是比较活泼的金属，第二、三过渡系元素的金属活泼性较差；过渡元素具有多种氧化态；同一元素低氧化态的氧化物及其水合物的碱性强于其高氧化态氧化物及其水合物的碱性；易形成配合物；过渡元素的化合物或离子普遍具有颜色。

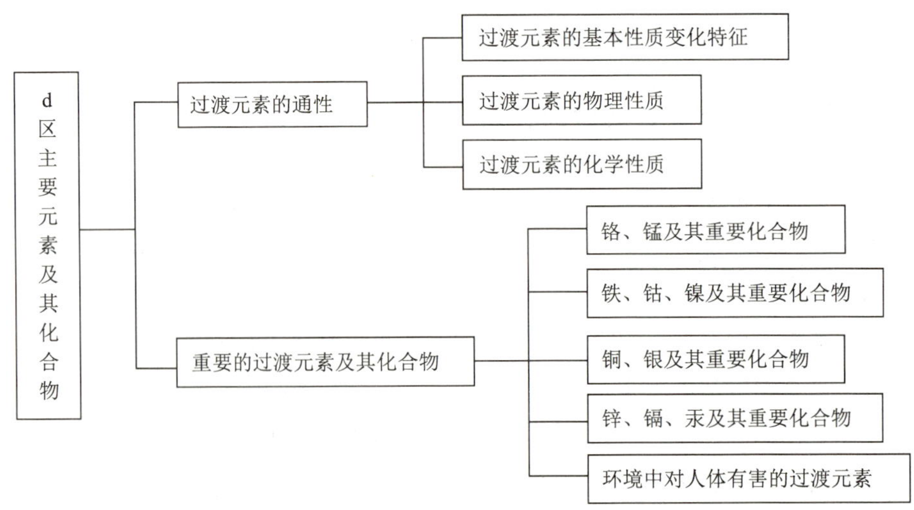

复习思考

一、选择题

1. 下列金属中，最活泼的是(　　)

A. Fe　　B. Co　　C. Ni

D. Pd　　E. Cu

2. 下列金属中，吸收 H_2能力最强的是(　　)

A. Fe　　B. Ni　　C. Co

D. Pt　　E. Pd

3. 向 $FeCl_3$溶液中加入氨水生成的产物主要是(　　)

A. $[Fe(NH_3)_6]^{3+}$　　B. $Fe(OH)Cl_2$　　C. $Fe(OH)_2Cl$

D. $Fe(OH)_3$　　E. $Fe(OH)_2$

4. 酸性条件下，H_2O_2与 Fe^{2+} 作用的主要产物是(　　)

A. Fe，O_2和 H^+　　B. Fe^{3+} 和 H_2O　　C. Fe 和 H_2O

D. Fe^{3+} 和 O_2　　E. Fe 和 H_2O 和 O_2

5. Co^{2+} 离子在水溶液中和在氨水溶液中的还原性(　　)

A. 前者大于后者　　B. 二者相同　　C. 后者大于前者

D. 都无还原性　　E. 无法判断

6. 铁制品在潮湿空气中生的铁锈是松脆多孔物质，它的成分通常表示为(　　)

A. Fe_2O_3　　B. Fe_3O_4　　C. $FeO \cdot H_2O$

D. $Fe_2O_3 \cdot xH_2O$　　E. $FeO \cdot Fe_2O_3$

7. 下列关于 $FeCl_3$性质的叙述，正确的是(　　)

A. $FeCl_3$是离子化合物

B. $FeCl_3$只能用 $Fe(OH)_3$和 HCl 反应制得

C. 可用加热 $FeCl_3 \cdot 6H_2O$ 的方法制取无水 $FeCl_3$

D. 在 $FeCl_3$中，铁的氧化态是 +Ⅲ，是铁的最高氧化态

E. 高温气态时，以 $FeCl_3$单分子存在

8. 下列物质与 $K_2Cr_2O_7$溶液反应没有沉淀生成的是(　　)

A. H_2S　　B. KI　　C. H_2O_2

D. $AgNO_3$　　E. 以上物质都没有沉淀生成

9. 在下列条件中，$KMnO_4$发生反应时产物中没有气体的是(　　)

A. 受热　　B. 在酸性条件下放置　　C. 在浓碱溶液中

D. 酸性条件下与 H_2S 反应　　E. B 和 D

10. 下列物质不易被空气中的 O_2 氧化的是(　　)

A. $Mn(OH)_2$　　B. $Ni(OH)_2$　　C. Fe^{2+}

D. $[Co(NH_3)_6]^{2+}$　　E. 以上物质都可以被空气中的 O_2 氧化

二、填空题

1. 现有四瓶绿色溶液，分别含有 Ni(Ⅱ)、Cu(Ⅱ)、Cr(Ⅲ)、MnO_4^{2-}。

(1)加水稀释后，溶液变蓝的是________。

(2)加入过量酸性 Na_2SO_3 溶液后，变为无色的是________。

(3)加入适量 NaOH 溶液有沉淀生成，NaOH 过量时沉淀溶解，又得到绿色溶液的是________。

(4)加入适量氨水有绿色沉淀生成，氨水过量时得到蓝色溶液的是________。

2. 在 Cr^{3+}、Mn^{2+}、Fe^{2+}、Fe^{3+}、Co^{2+}、Ni^{2+} 中，易溶于过量氨水的是________。

3. 向 $CoSO_4$ 溶液中加入过量 KCN 溶液，则有________生成，放置后逐渐转化为________。

4. Fe^{2+} 加氨水生成________。此产物在空气中很快生成________。

5. ZnO、Cr_2O_3 是________氧化物(填酸性、两性或碱性)，NaH、CaH_2 是________氢化物(填离子型或共价型)。

6. $[Co(NH_3)5H_2O]Cl_3$ 系统命名为________，而 $[Fe(EDTA)]^-$ 系统命名为________。

7. 向 K_2MnO_4 溶液中滴加稀硫酸时，发生________反应，产物为________。

8. 硫酸铜晶体俗称为________，其分子式为________，它受热时将会________得到________色的________。

9. 锰的常见氧化物有 MnO、Mn_2O_3、MnO_2、Mn_2O_7，其中碱性最强的是________，酸性最强的是________。

10. 欲将 Ag^+ 从 Pb^{2+}、Sn^{2+}、Al^{3+}、Hg^{2+} 混合溶液中分离出来，可加入的试剂为________。

三、判断题

1. d 区元素又称为过渡元素，其价电子构型为 $(n-1)d^{1\sim10}ns^{1\sim2}$。(　　)

2. d 区元素的电负性相差不是很大，同周期元素从左到右及同族元素从上到下，其电负性变化均无规律。(　　)

3. d 区元素的电离能在同一周期中，电离能总的变化趋势是逐渐增大的。(　　)

4. 过渡金属中熔点最高的是铂。(　　)

5. 过渡系元素都是比较活泼的金属，都能从非氧化性稀酸中置换出 H_2。(　　)

6. 从上到下，同族过渡元素高氧化态趋于稳定。(　　)

7. 过渡元素有很强的形成配合物的倾向，不仅能形成简单的配合物，还可形成多核配合物、羰基配合物等。(　　)

8. 过渡元素的化合物或离子普遍具有颜色。(　　)

9. 铬能缓慢溶于冷的硝酸和王水。(　　)

10. MnO_2是灰黑色固体，不溶于水，它的酸性和碱性均极弱。(　　)

四、简答题

1. 给出鉴别 Fe^{3+}、Fe^{2+}、Co^{2+}、Ni^{2+} 的常用方法。

2. 现有 3 个标签脱落的试剂瓶，分别盛有 MnO_2、PbO_2、Fe_3O_4棕黑色粉末。请加以鉴别并写出反应式。

3. 蓝色化合物 A 溶于水得粉红色溶液 B。向 B 中加入过量氢氧化钠溶液得粉红色沉淀 C，用次氯酸钠溶液处理 C 则转化为黑色沉淀 D。洗涤，过滤后将 D 与浓盐酸作用得蓝色溶液 E。将 E 用水稀释后又得粉红色溶液 B。请给出 A、B、C、D、E 所代表的物质。

4. 如何从二氧化钴制备$[Co(NH_3)_6]Cl_3$？

5. 如何从粗镍制取高纯镍？

6. 在实验室使用铂丝、铂坩埚、铂蒸发皿等器皿时，必须严格遵守哪些规定，试联系铂的化学性质说明原因。

7. 如何用铁和硝酸制备硝酸铁和硝酸亚铁？应该控制什么条件？

8. 在使 $Fe(OH)_3$、$Co(OH)_3$、$Ni(OH)_2$、$MnO(OH)_2$等沉淀溶解时，除加 H_2SO_4外，为什么还要加 H_2O_2？为什么要将过量的 H_2O_2完全分解？

扫一扫，知答案

扫一扫，看课件

第十四章 矿物药简介

【学习目标】

1. 熟悉矿物药的发展简史。
2. 了解矿物药的种类。

案例导入

在古装宫斗戏中，常听到这样一句台词："太后赐死，赐匕首一把，白绫一条，鹤顶红一瓶。"所谓鹤顶红其实就是砒霜。砒霜在古代是臭名昭著的毒药，谁喝谁死，但到了现代却摇身一变成为救命的良药。血液病专家张亭栋教授是使用砒霜治疗白血病的奠基人，与合作者的共同努力，在20世纪90年代将此研究推广全国，乃至世界，成为当今全球治疗APL(急性早幼粒细胞白血病)的标准药物之一。

第一节 矿物药的发展简史

矿物(mineral)是由地质作用形成的天然单质及其化合物，除少数是自然元素以外，绝大多数是自然化合物，大部分是固体，也有的是液体。矿物药(mineral medicine)是指可供药用的矿物和岩石等一些天然形成的无机物或矿石的加工品，如朱砂、雄黄、石膏、炉甘石等，也包括一些古生物的化石，如龙骨等。

矿物药的应用由来已久，最早起源于炼丹术，公元前2世纪，古人已能从丹砂中提炼出水银，西汉时期的《五十二病方》收载矿物药21种，如水银、雄黄等；东汉时期的

《神农本草经》是我国最早的药学专著，收载矿物药41种；《名医别录》增矿物药32种，并将“玉石”类药单独立卷，放在首位；《新修本草》增矿物药14种；《本草拾遗》增矿物药17种，在唐代矿物药种类已达104种之多；宋代《证类本草》等书中的矿物药已达139种；到明代李时珍著的《本草纲目》更是集前人之大成，对矿物药的名称、产地、采集、性状、色泽、加工、炮制、气味、毒性、归经配伍、主治及组方配伍、剂型剂量、用法用量等方面进行了全面系统阐述，把矿物药分别记述在土部、金石部，特别在金石部，记述比较完整，分为金、玉、石、卤四类，共161种。李时珍将矿物药的应用推向了全盛时期。

新中国成立后，国家对中医药事业十分重视，使得中医药得到迅速发展，也已走向世界。据《中国中药资源》记载，根据1985～1989年全国中药资源普查统计，我国现在药用的矿物药80种，《中药大辞典》《全国中草药汇编》等专著也有矿物药的记载。《中华人民共和国药典》从颁布之初到现在的2015年版都收载有矿物药。

矿物药的数量虽较植物、动物类药少，但从医疗价值来说，仍就十分重要。随着科技的发展，矿物药的研究也开创了新局面，其作用越来越受到医学界的广泛关注。采用新的科技手段研究矿物药，揭示了许多化学元素的生物效应与药物治疗疾病的关系，比如镁、钾、钠等盐类矿物药作为泻下、利尿药；硫、砷、汞化合物治疗梅毒及疥癣等；含铜、铁、钙、磷、锰等成分的矿物药作为滋养性和兴奋性强壮药；铅、锌盐作为收敛药等。矿物药的作用越来越受到医学界的关注，对矿物药的开发、开发、普及和应用将产生广泛的社会效益。

第二节　矿物药的分类

矿物药的种类颇多，不同学科按不同方法分类。根据矿物药的来源、加工方法及所用原料性质不同等，将矿物药分为三类：原矿物药、矿物制品药、矿物药制剂。按矿物药的功能分为清热解毒药、利水通淋药、理血药、潜阳安神药、补阳止泻药、消积药、涌吐药、外用药等。化学学科按矿物药的阳离子种类分为汞化合物类、铁化合物类、铝化合物类、铜化合物类、铅化合物类、砷化合物类、硅化合物类、钙化合物类、镁化合物类、钠化合物类等。（表14－1～表14－9）

表 14－1 汞类矿物药

名称	异名	原矿物	主要成分	性、味	功效	代表方或中成药
水银	汞、灵液	辰砂、自然汞	Hg	辛，寒	攻毒、杀虫	
朱砂	辰煞、丹砂	辰砂	HgS	甘，微寒	镇惊、安神、解毒	朱砂安神丸
银朱	猩红、紫粉霜	汞和硫炼制品	HgS	辛，温，有毒	攻毒、杀虫、燥湿、祛痰	除湿活络丸、臁疮膏
灵砂	二气砂、神砂	汞和硫炼制品	HgS	甘，温，有毒	调阴阳、交水火、定魂定魄	
红粉	红升丹、大升丹	人工制品	HgO	辛，温，有毒	拔毒、祛脓、祛腐、生肌	九转丹
三仙丹	升药、小升丹、灵丹	人工制品	HgO	辛，燥，有毒	拔毒、祛腐、生肌	九一丹、三分三药膏
轻粉	水银粉、汞粉	人工制品	Hg_2Cl_2	辛，寒，有毒	杀虫、消积、祛痰、逐水	桃花散、一扫光白玉膏
粉霜	水银霜、白雪、百灵砂	轻粉升华精品	Hg_2Cl_2	辛，温，有毒	杀虫、消积、祛痰、逐水	
白降丹	降药、降丹	人工制品	Hg_2Cl_2	辛，燥，有剧毒	拔毒、祛脓、祛腐、生肌	白降九一丹

表 14－2 砷类矿物药

名称	异名	原矿物	主要成分	性、味	功效	代表方或中成药
雄黄	黄金石、鸡冠石	硫化物矿	As_2S_2	辛，温，有毒	解毒、杀虫、燥湿	牛黄解毒丸、益金丸
信石	砒石、白石	等轴晶系氧化物	As_2O_3	辛、酸，有大毒，大热	劫痰、截虐、杀虫、蚀腐肉	疥药一扫光、龙虎丸
砒霜		砒石经升华精致	As_2O_3	辛、酸，热，有大毒	劫痰、截虐、杀虫、蚀腐肉	杀虫方
雌黄	砒黄、黄安	硫化物矿	As_2S_3	辛，平，有毒	解毒、杀虫、燥湿	癣药水、紫金丹
礜石	白礜、鼠乡	毒砂	FeAsS	辛，大热，有剧毒	燥寒湿、消冷积、劫痰虐、蚀恶肉、杀虫、毒鼠	九转丹

表 14－3　铜类矿物药

名称	异名	原矿物	主要成分	性、味	功效	代表方或中成药
胆矾	石胆、蓝胆	胆矾	$CuSO_4 \cdot 5H_2O$	酸、辛，寒，有毒	催吐、杀虫、收敛、化痰、消积	光明眼药水、二圣散
铜绿	铜锈、铜青	铜经 CO_2 作用生锈	$CuCO_3 \cdot Cu(OH)_2$	酸涩，平，有毒	退翳、祛腐、敛疮、杀虫	瘰疬千捶膏、结乳膏
绿盐	盐绿、石绿	氯铜矿	$CuCl_2 \cdot 3Cu(OH)_2$	咸、苦、辛，平，有毒	杀菌防腐、收敛、明目、消翳	
绿青	石绿、大绿	孔雀石	$CuCO_3 \cdot Cu(OH)_2$	酸，寒，有毒	祛痰、镇惊	碧霞丹
赤铜屑	铜落、铜砂、熟铜末	铜屑	Cu	平，苦，微毒	续筋接骨、止血	铜末散
扁青	石青、大青、碧青	蓝铜矿	$2CuCO_3 \cdot Cu(OH)_2$	酸、咸，平，有毒	祛痰、催吐、破积明目	化痰丸
空青	杨梅青	蓝铜矿	$2CuCO_3 \cdot Cu(OH)_2$	甘、酸，寒，有小毒	明目祛翳	空青散
曾青	朴青、层青	蓝铜矿	$2CuCO_3 \cdot Cu(OH)_2$	酸，小寒，有小毒	明目、镇惊、杀虫	曾青丹

表 14－4　铅类矿物药

名称	异名	原矿物	主要成分	性、味	功效	代表方或中成药
铅	黑铅、青铅、黑锡	方铅矿	Pb	甘，寒，有毒	降逆逐痰、杀虫解毒	银粉散、黑锡丹
铅粉	宫粉、锡粉、胡粉	由铅炼制	$2PbCO_3 \cdot Pb(OH)_2$	甘、辛，寒，有毒	消积杀虫、解毒生肌	神应膏、胡粉散
红丹	漳丹、朱粉、铅丹	铅加工	Pb_3O_4	辛、咸，微寒，有毒	拔毒、收敛、生肌	黄生丹、桃花散
密陀僧	黄丹、金陀僧	粗制 PbO	PbO	辛、咸，平，有毒	杀虫、收敛、祛痰	一扫光、祖师麻药膏
铅霜	粉霜	铅加醋	$Pb(AC)_2 \cdot 3H_20$	甘、酸，寒，有毒	坠痰、敛疮	铅霜九一散

表 14-5 铁类矿物药

名称	异名	原矿物	主要成分	性、味	功效	代表方或中成药
铁	黑金、乌金	各种铁矿石	Fe	辛，凉	镇心平肝、消痈解毒	
铁粉	针砂、钢砂	铁	Fe_3O_4	咸，平	平肝镇心	铁粉散
铁落	铁屑、铁华	铁	Fe_3O_4	辛，平	平肝降火、潜阳镇惊	生铁落饮、七味铁屑丸
铁锈	铁衣	铁	$Fe_3O_4 \cdot xH_2O$	辛，寒	清热、解毒	御史散
铁浆		铁	$Fe_3O_4 \cdot xH_2O$	甘、涩，平	解毒敛疮	
铁华粉	铁粉、铁艳粉、铁霜	铁与醋生成的粉末	$Fe(AC)_2 \cdot H_2O$	咸，平	养血安神、平肝镇惊	
铁精	铁精华、铁华	炼铁炉的灰烬	Fe_2O_3	辛、苦，平	镇惊安神、消肿解毒	
绿矾	皂矾	水绿矾	$FeSO_4 \cdot 7H_2O$	酸，凉	燥湿、化痰	更年安、绛矾丹
磁石	吸铁石	磁铁矿	Fe_3O_4	辛、咸，微寒	镇肝潜阳、纳气、定喘、明目安神	磁朱丸
代赭石	须丸、铁朱	赤铁矿	Fe_2O_3	苦，寒	镇逆、平肝	旋覆代赭汤
自然铜	接骨丹	黄铁矿	FeS_2	辛、苦，平	接骨续经、散瘀止疼	八厘散、各种跌打丸
禹粮石	禹余粮	褐铁矿	$Fe_2O_3 \cdot xH_2O$	甘、涩，微寒	止血、止带	神效太乙丸、镇灵丹
蛇含丹	蛇黄	黄铁矿-褐铁矿	$Fe_2O_3 \cdot xH_2O - FeS_2$	甘，寒	镇惊安神	蛇黄丸
黄矾	金丝矾、鸡矢矾	黄矿	$Fe_2(SO_4)_3 \cdot 10H_2O$	咸、酸，微寒	散瘀、行血、止疼	黄矾丸

表 14-6　硅类矿物药

名称	异名	原矿物	主要成分	性、味	功效	代表方或中成药
滑石	番石	硅酸盐	$Mg_3(Si_4O_{10})(OH)_2$	甘、淡，寒	清热解暑、利尿、通淋	辰砂六一散
麦饭石	长寿石	花岗岩风化产物	SiO_2、Al_2O_3、Fe_2O_3、CaO、MgO	甘、温，无毒	解毒、制痛、排脓	麦饭石软膏
白石英	石英、水精	石英矿	SiO_2	甘，温，无毒	温肺肾、安心神、利小便	保元化滞汤
玛瑙	马脑	石英变种	SiO_2	辛，寒	清热明目	秋毫散
浮石	浮海石	浮石	铝、铁、钙等的硅酸盐	咸，平	清肺化痰、软坚散结	
云母石	云母	白云母	$KAl_2[AlSi_3O_{10}](OH)_2$	甘，平	补肾平喘、止血敛疮	
滑石	滑石粉	滑石	$Mg_3(Si_4O_{10})(OH)_2$	甘、寒	清暑、渗湿	防风通圣丸
赤石脂	红土、赤符	高岭土	$Al_4(SiO_{10})(OH)_8 \cdot 4H_2O$	甘、涩，温	涩肠、生肌、止血敛疮	赤石脂禹余粮汤
白石脂	白陶土、白符	高岭土矿	$Al_4(SiO_{10})(OH)_8 \cdot 4H_2O$	甘、酸，平	涩肠、生肌、止血敛疮	生肌钐
金礞石	礞石	云母岩风化物	$K(Mg、Fe)_2[AlSi_3O_{10}](OH)_2$	甘、平	逐痰、平肝	礞石滚痰丸
青礞石	礞石	黑云母片岩	$KAl_2[AlSi_3O_{10}](OH、F)_2$	甘、咸，平	逐痰、平肝	竹沥达痰丸
金精石	金晶石	蛭石	$(Mg、Fe)_2[(Si、Al)_4O_{10}](OH)_2 \cdot 4H_2O$	甘、咸，平	祛翳明目	
阳起石	羊起石	白石、阳起石	$Ca_2(Mg、Fe)_5[Si_4O_{11}]_2(OH)_2$	咸，温	温肾壮阳	至宝三鞭丸、还少丹
阴起石		滑石片岩	$Mg_3[Si_4O_{10}](OH)_2$	咸，温	温补壮阳	
伏龙肝	灶心土	灶心黄土	铝、铁等的硅酸盐	辛，温	温中燥湿、止呕止血	小儿百效散
不灰木	无灰木	阳起石变种	$Ca_2(Mg、Fe)_5[Si_4O_{11}]_2(OH)_2$	甘，大寒	除烦解热、利尿、止咳	真珠丸
黄土	好土、好黄土	黄土	$CaSiO_3$	甘，平	和中解毒	黄土汤

表 14－7 钙类矿物药

名称	异名	原矿物	主要成分	性、味	功效	代表方或中成药
石膏	白虎、软石膏	硫酸盐矿	$CaSO_4 \cdot 2H_2O$	甘、辛，大寒	生用清热泻火	白虎汤、明目上清丸
珍珠		珍珠贝	$CaCO_3$	甘、咸，寒	镇心安神、清热坠痰、解毒生肌、祛翳明目	珍视明滴眼液
钟乳石	石钟乳	钟乳石	$CaCO_3$	辛，温	温肺、益肾、制酸	海马保肾丸、还少丹
花蕊石	花乳石	蛇纹石、大理石	$CaCO_3$	酸、涩，平	化瘀止血	花蕊石止血散、失血奇效散
浮海石	浮海石	苔虫的骨骼	$CaCO_3$	咸，寒	清肺化痰、软坚散结	化痰平喘丸、咳喘片
石燕	燕子石	石燕	$CaCO_3$	甘，凉	除湿热、利小便	龟龄集、参茸多鞭酒
石蟹	蟹滑石	石蟹	$CaCO_3$	咸，寒	清热明目	石蟹丸
龙骨		大型哺乳动物骨骼化石	$CaCO_3$、$Ca_3(PO_4)_2$	甘、涩，平	安神、固涩、生肌、敛疮	龙牡壮骨冲剂、琥珀安神丸、金锁固精丸
龙齿		大型哺乳动物牙齿骨骼化石	$CaCO_3$、$Ca_3(PO_4)_2$	甘、涩，凉	安神、镇惊	养心安神丸、健脑丸
寒水石	凝水石	方解石（南方）石膏（北方）	$CaCO_3$、$CaSO_4 \cdot 2H_2O$	辛、寒，咸	清热降火、除烦止渴	解热清心丸、紫血丹
玄精石	元精石、明精石	石膏	$CaSO_4 \cdot 2H_2O$	咸，寒	滋阴降火、软坚消痰	正阳丸、玄精石散
紫石英	氟石、萤石	萤石	CaF_2	甘，温	镇心安神、温肝肾	震灵丹
石灰	石灰花	白灰	CaO	辛、温，有毒	制酸止泻、收敛止血	八味沉香散
珊瑚		珊瑚虫分泌的质骨骼	$CaCO_3$	甘、平，无毒	镇惊安神、祛翳明目	

表 14-8 钠类矿物药

名称	异名	原矿物	主要成分	性、味	功效	代表方或中成药
芒硝	朴硝、盆硝、盐硝、水硝	芒硝矿物、煮炼结晶	$NaSO_4 \cdot 10H_2O$	咸、苦，寒	泻热、通便、消热、消肿、润燥、软坚	大承气汤、苦硝汤、通便清心丸、化积丸、小儿化毒丸
玄明粉	元明粉、风化硝	芒硝产物	$NaSO_4$	辛、咸，寒	泻热、通便、润燥、软坚	喉症丸、冰硼散
大青盐	食盐、戎盐	石盐	NaCl	咸，寒	清热凉血	参茸大补丹、紫金锭眼膏
秋石	咸秋石、盐秋石	人中白和食盐加工品	NaCl	咸、寒，无毒	滋阴、降火	
紫硇砂	咸硇砂	石盐	NaCl	咸、苦、辛，温	软坚消积化痰、散瘀消肿	保坤丹、五霞丸

表 14-9 其他矿物药

名称	异名	原矿物	主要成分	性、味	功效	代表方或中成药
白矾	明矾石	明矾石经加工提炼	$KAl(SO_4)_2 \cdot 12H_2O$	酸、涩，寒	外用祛痰杀虫燥湿、止痒，内服止血、止泻	明矾注射液、白金丸
枯矾	煅白矾		$KAl(SO_4)_2$	酸、涩，寒	收敛、制酸、止血、止泻	胃痛灵、舒胃片
硫黄	黄硇砂	硫黄	S	酸，温，有毒	通便杀虫、助阳益火	汗斑散、颠倒散
炉甘石	甘石、羊甘石	菱锌矿	$ZnCO_3$	甘，平	解毒、明目退翳、收敛止痒	妙喉散、生肌散
硼砂	盆砂、月石	硼砂精制品	$Na_2B_4O_7 \cdot 10H_2O$	甘、咸，凉	除痰热、生津止咳、破结消积	硼砂霜、冰硼散
白硇砂	淡硇砂	硇砂	NH_4Cl	咸、苦、辛，温	软坚消积、化痰、散瘀消肿	马应龙眼膏
无名异	土子、黑石子	软锰矿	MnO_2	甘，平	祛瘀止痛、消肿生肌	跌打万花油
硝石	消石、火硝、土硝、烟硝	硝石	KNO_3	甘，平	镇惊安神、散瘀、止血、利水通淋	急救散、红灵丹、内消瘰疬丸
金箔	金薄	自然金	Au	辛、苦，平	镇心安神	金箔镇心丸
银箔	银薄	自然银	Ag	辛、苦，有毒	镇惊安神、解毒	镇心丸

重点小结

1. 矿物药的概念。

2. 按矿物药所含主要阳离子的不同把矿物药分为汞化合物类、砷化合物类、铜化合物类、铁化合物类、铅化合物类、钙化合物类、硅化合物类、铝化合物类和钠化合物类等9大类。

3. 按类以表格的形式介绍了各种主要矿物药的名称、异名、原矿物、主要成分、性味、功效、代表方或中成药等。

复习思考

一、单选题

1. 我国16世纪以前对药学贡献最大的著作是(　　)

A.《本草图经》　　B.《本草纲目拾遗》　　C.《本草纲目》

D.《证类本草》　　E.《神农本草经》

2. 下列矿物药中常含结晶水的是(　　)

A. 朱砂　　B. 雄黄　　C. 石膏

D. 自然铜　　E. 珊瑚

二、写出下列矿物药主要化学成分的化学式

石膏、胆矾、磁石、轻粉、砒霜、雄黄、朱砂、升药、自然铜、朴硝、代赭石、枯矾。

扫一扫，知答案

扫一扫，看课件

实　训

无机化学实训基本知识

一、化学实训须知

无机化学实训是无机化学教学中不可缺少的重要环节，能培养学生独立操作、观察记录、分析归纳、撰写报告等多方面能力。无机化学实训可以使课堂讲授的基础知识和基本理论得到验证，巩固、充实和提高，同时培养学生科学的工作态度和逻辑思维方法，养成良好的科学实训习惯。

（一）实训学生守则

1. 实训前认真预习，明确实训目的和要求，了解操作步骤、操作方法和注意事项，做好预习报告。

2. 进入实训室应穿着实验服，禁止穿拖鞋、高跟鞋、背心、短裤（裙）或披发，禁止大声喧哗、吸烟、玩手机和饮食。

3. 实训前，先了解药品特性、仪器设备使用方法，并清点仪器设备，如发现缺损，应立即报告教师（或实训室工作人员），并按规定手续补领。实训中如有仪器破损，应及时报告并按规定手续换取新仪器。

4. 实训时，严格按照教材实训方法、步骤和试剂用量进行实训操作，仔细观察各种现象，并如实地详细记录在实训报告中。

5. 实训时，严格遵守实训室纪律，注意安全，爱护仪器，节约药品，节约水电。如发生意外事故，保持冷静，按事故处理规则及时处理和报告。

6. 实训时，应保持实训室和桌面清洁、整齐，废纸、火柴梗和废液等应倒在废物缸内，有毒废物倒入指定地点或容器，严禁倒入水槽内，以防水槽淤塞和腐蚀。

7. 实训时，药品应按规定量取用，如果书中未规定用量，应注意节约，尽量少用。药品取出后，不应倒回原瓶中；试剂瓶用过后应立即盖上塞子，并放回原处；教材中规定需回收的药品，应倒入回收瓶中。

8. 实训时，精密仪器必须严格按照操作规程进行操作，细心谨慎，如发现仪器有故障，应立即停止使用并报告指导教师，及时排除故障。

9. 实训结束，应将仪器洗刷干净，放回规定的位置，整理好桌面，把实验台擦净，打扫地面并检查水电。实训室内一切物品(仪器药品和产物等)不得带离实训室。

10. 实训后，按要求和格式书写实训报告，据实填写实训现象、实训数据和实训结果，并按时交给指导教师审阅。

(二)实训安全守则

无机化学实训会接触许多化学试剂和仪器，其中包括一些有毒、易燃、易爆、有腐蚀性的试剂，以及玻璃器皿、电气设备、加压和真空器具等，实训时必须严格执行必要的安全守则。

1. 水、电、煤气一经使用完毕就应立即关闭。

2. 一切有毒性或刺激性气体(如 Cl_2、Br_2、HF、HCl、H_2S、SO_2、NO_2、CO 等)的实验都应在通风橱内进行。

3. 绝对不允许任意混合各种化学药品，以免发生意外事故。

4. 浓酸、浓碱具有强腐蚀性，切勿溅在皮肤或衣服上，尤其是避免溅到眼睛上。稀释浓酸时应将它们慢慢倒入水中，而不能相反进行，以避免迸溅。

5. 乙醚、乙醇、丙酮、苯等有机易燃物质，放置和使用时必须远离明火，取用完毕后立即盖紧瓶塞和瓶盖。白磷、钾、钠等暴露在空气中易燃烧，必须将白磷保存在水中，钾、钠保存在煤油中，取用时用镊子夹取。

6. 有毒药品(如重铬酸钾、钡盐、铅盐、砷的化合物、汞的化合物，特别是氰化物)不得进入口内或接触伤口。剩余的废液也不能随便倒入下水道，应倒入废液缸中。

7. 金属汞易挥发，吸入体内易引起慢性中毒。一旦有汞洒落，须尽可能收集起来，并用硫磺粉覆盖在洒落过的地方。

8. 强氧化剂(如氯酸钾、高氯酸等)及其混合物(如氯酸钾与红磷、碳、硫等混合物)，不能研磨，否则易发生爆炸。

9. 氢气、甲烷点燃前，必须先检查纯度，以确保安全。银氨溶液因久置后易爆炸，不能长时间保存。

10. 不允许用手直接取用固体药品；嗅闻气体时，鼻子不能直接对着瓶口或试管口，而应用手轻轻将少量气体扇向自己后再闻。

11. 加热试管时，不要将管口对着自己或别人，更不能俯视正在加热的液体，以免液体溅出而烫伤。

12. 使用酒精灯时，应随用随点燃，不用时盖上灯罩；严禁用已点燃的酒精灯去点燃别的酒精灯，以免酒精溢出而失火。

13. 将玻璃管、温度计、漏斗等插入橡皮塞(或软木塞)时，应涂以水或甘油等润滑剂，以防玻璃管破碎刺伤。

14. 不要用潮湿的手接触电器，以免触电。不得在加热过程中随意离开加热装置，以免被加热物质激烈反应或溶液被烧干等引起事故。

(三)实训室事故处理

1. 烫伤 可用高锰酸钾或苦味酸溶液擦洗烫伤处，再涂上凡士林或烫伤膏。

2. 割伤 如果伤口内有玻璃碎片，须先挑出，用生理盐水清洗伤口，再用3% H_2O_2消毒，然后抹上红药水或龙胆紫药水并包扎。对伤势较重者，应立即送医院医治。

3. 强酸腐蚀 先用干布蘸干，再用饱和碳酸氢钠溶液或稀氨水冲洗，最后用水冲洗。若酸液溅入眼睛内，则应立即用细水流长时间冲洗，再用2% 硼砂溶液洗，最后用蒸馏水冲洗(有条件可用洗眼器冲洗)。冲洗时，避免用水流直射眼睛，也不要揉搓眼睛。

4. 强碱腐蚀 先用大量水冲洗，再用2% 醋酸溶液冲洗，最后用水冲洗。若碱液溅入眼睛内，则应立即用细水流长时间冲洗，再用3% 硼酸溶液冲洗，最后用蒸馏水冲洗。

5. 吸入毒气 若吸入氯气、氯化氢等气体，可立即吸入少量酒精和乙醚的混合蒸气解毒；若吸入硫化氢而感到不适或头晕时，应立即到室外呼吸新鲜空气。吸入溴蒸气时，可吸入氨气和新鲜空气解毒。

6. 误食毒物 把5~6mL稀硫酸铜溶液或高锰酸钾溶液加入一杯温水中，内服后，用手指伸入咽喉部位，促使呕吐，然后送往医院救治。

7. 白磷灼伤 用1% 硫酸铜或高锰酸钾溶液冲洗伤口，再用水冲洗。

8. 触电 立即切断电源，然后进行人工呼吸，对伤势严重者，立即送医院救治。

9. 起火 若遇酒精、苯或乙醚等有机物着火时，应立即用湿布或砂土等灭火。火势大时可用泡沫灭火器。如遇电气设备着火，需立即切断电源后，用四氯化碳灭火器灭火。

二、无机化学实训常用仪器简介

名　　称	规格和主要用途	使用方法和注意事项
普通试管、具支试管、离心试管	分有刻度、无刻度试管；无刻度试管一般以管口直径（mm）× 长度（mm）表示，如 10×100、15×150 等；有刻度试管按容量表示，如 5mL、10mL、15mL 等 试管是用于少量试剂的反应器，便于操作和观察；具支试管可用于装配气体发生器、洗气装置和检验气体产物；离心试管可用于定性分析中的沉淀分离	1. 普通试管和具支试管可直接用火加热，加热后不能骤冷 2. 离心试管只能用水浴加热 3. 反应液体不超过试管容积 1/2，加热时，不超过 1/3 4. 加热液体时，应用试管夹夹持，试管口不要对自己或他人，并使试管倾斜与桌面成 45°；加热固体时，试管口略向下倾斜 5. 加热前，试管外壁要擦干，加热时，应用试管夹夹持；加热后未冷却的试管，应以试管夹夹好，悬放于试管架上
试管架	材质有木、竹、金属或有机玻璃等，有 6 孔、12 孔、24 孔等 用来放置、晾干试管	1. 可以将试管放置于试管架上，滴加试剂，观察实验现象 2. 使用时要防止被洒落的试剂腐蚀，特别是木质、竹质
试管夹	一般用木料和金属弹簧制成 加热试管时，夹持试管，以便操作	1. 夹在试管上半部分；要从试管底部套上或取下试管夹 2. 使用时不要用手指按压活动部位，以免试管脱落 3. 使用时防止被火烧坏或腐蚀 4. 金属弹簧应有足够弹性，并做防锈处理
试管刷	按洗刷对象分为试管刷、烧瓶刷等 用于洗刷玻璃仪器	1. 避免试管顶部的铁丝撞破试管底部 2. 不宜在高温、干燥或高速下使用
烧杯	分有刻度、无刻度烧杯；以容量大小表示，如 50mL、100mL、250mL 等 用于少量试剂的反应器；配制溶液；物质的加热溶解；蒸发溶剂或溶液中析出晶体、沉淀	1. 加热时，外壁擦干放在石棉网上加热，使受热均匀 2. 为避免液体外溢，反应液体不得超过烧杯容量的 2/3 3. 加热后未冷却的烧杯，不能直接置于桌面上，应置于石棉网上
三角瓶	分有塞、无塞；以容量大小表示，有 50mL、100mL、250mL 等 用于滴定操作的反应容器，振荡方便；可装配气体发生器	1. 加热时置于石棉网上使受热均匀 2. 盛液不宜过多，以免振荡时溅出

续 表

名 称	规格和主要用途	使用方法和注意事项
量筒、量杯	以最大刻度容量表示，如 10mL、50mL、200mL 等 用于准确量取液体	1. 不能加热，不能作为反应容器 2. 不可量热的或过冷的液体 3. 读数时放平稳，保持视线、筒内液体凹液面最低点和刻度在一平面
滴瓶、细口瓶、广口瓶	按瓶口大小分为广口瓶、细口瓶；按颜色分为无色瓶和棕色瓶；以容量大小表示，如 50mL、125mL、500mL 等 广口瓶用于盛放固体药品；细口瓶用于盛放液体药品；棕色瓶盛放见光易分解或不稳定的试剂；不带磨口塞的广口瓶可作集气瓶	1. 滴管及瓶塞不能互换 2. 盛放碱液时，要用橡皮塞，以免玻璃磨口被腐蚀黏牢 3. 浓酸或其他对胶头有腐蚀的试剂不能长期存放在滴瓶中 4. 磨口试剂瓶在不用时，洗净后应在磨口处垫上纸片
容量瓶	按颜色分为无色、棕色；以刻度以下的容积表示，如 50mL、100mL、500mL 等 用于定量稀释或配制溶液	1. 不能加热和烘干 2. 磨口瓶塞是配套的，不能互换 3. 不能代替试剂瓶存放液体
洗耳球	橡胶材质，也称吸耳球，规格有 30、60、90、120mL 用于移液管或吸量管定量移取液体	1. 用手握住球体，将内部空气排出，将球嘴放入移液管或吸量管上口捏紧，松手时溶液便会被吸入管内 2. 洗耳球应保持清洁，禁止与酸、碱、油、有机溶剂等接触，远离热源
移液管、吸量管	以最大刻度容量表示，如 1mL、5mL、10mL 等 用于精确移取一定体积的液体	1. 移液前，要用移取液润洗 2 ~ 3 遍 2. 未标明“吹”字的吸量管，残留的最后一滴液体不能吹出 3. 不能加热和烘干
漏斗、长颈漏斗	有短颈、长颈、粗颈、无颈等；以口径大小表示，如 40mm、60mm 用于过滤操作或引导溶液入小口容器中	1. 过滤时，漏斗颈尖端必须紧靠接液容器内壁 2. 在气体发生器中做加液用时，漏斗颈应插入液面下，防止气体从漏斗溢出
酸式、碱式滴定管	以最大容量表示，如 10mL、20mL 等 酸式滴定管用于量取或滴定酸性溶液或氧化性试剂；碱式滴定管用于量取或滴定碱性溶液	1. 使用时先检查是否漏液 2. 量取滴定液体时必须洗涤、润洗 3. 读数前要将管内的气泡赶尽、尖嘴内充满液体。

续 表

名　　称	规格和主要用途	使用方法和注意事项
滴管	由橡皮乳头和尖嘴玻璃管构成 用于吸取或加少量试剂，分离沉淀时吸取上层清液	1. 使用滴管时，用手指捏紧乳胶头，赶出管中空气，把管嘴伸入试剂瓶中，放开手指，试剂即被吸入 2. 滴加液体时，滴管要保持垂直于容器正上方，不要倾斜、横置或倒立，不可伸入容器内部或碰到容器壁 3. 严禁用未经清洗的滴管再吸取其他试剂
滴定台	底座为大理石、金属或玻璃材质；蝴蝶夹一般为塑料材质，可固定在金属撑杆上用于夹滴定管或移液管等 用于滴定实验	滴定台跟一般铁架台没大差别，但滴定台高一些，一般只供做滴定实验用
球形、梨形、筒形分液漏斗	按形状可分为球形、梨形、筒形；以最大容量表示，有 100mL、250mL、500mL 等 用于液体的分离、洗涤；作为固液或液液反应发生装置，控制所加液体的量及反应速率的大小；对萃取后形成的互不相溶的两液体进行分离提纯	1. 使用时先检查是否漏液；分液漏斗不能加热；长时间不用时要把旋塞的塞芯与塞槽之间放一纸条，避免黏连 2. 漏斗内加入的液体量不能超过容积的 3/4；不宜装碱性液体；向反应体系中滴加溶液时，下口应插入液面下 3. 萃取时，振荡初期，应多次放气，以免漏斗内压力过大；分液操作时，先打开顶塞，使漏斗与大气相通
热漏斗	铜质材料，以口径(mm)大小表示 铜质夹层内加热水，侧管加热保温，用于趁热过滤	1. 将短颈玻璃漏斗置于热漏斗内，热漏斗内装有热水并加热维持温度 2. 加热水量不能超过其容积的 2/3
点滴板	有瓷质及玻璃质，有黑、白两种颜色，有 6 孔、9 孔、12 孔等规格 用于化学定性分析中的显色或沉淀点滴实验	1. 滴加试剂量 1 ~ 2 滴，不能超过穴孔的容量 2. 生成白色沉淀的，用黑色点滴板，生成有色沉淀或溶液的，用白色点滴板 3. 不能用于加热反应
坩埚	有石墨、陶瓷和金属等材质；常以“号”表示，如 1 号、2 号等 用于溶液的蒸发、浓缩或结晶，及固体物质的灼烧	1. 用坩埚钳取用；可直接受热，加热后不能骤冷 2. 应放在泥三角上受热 3. 蒸发时要搅拌；将近蒸干时用余热蒸干

续 表

名　　称	规格和主要用途	使用方法和注意事项
坩埚钳	用于从热源(如酒精灯、电炉、马福炉等)中夹持取放坩埚或蒸发皿	使用前，要洗干净，夹取灼热的坩埚时，钳尖要先预热，以免坩埚因局部骤冷而破裂
三脚架	用于放置较大或较重的容器加热	对于不能直接加热的容器，应在架上垫石棉网加热
泥三角	用于搁置坩埚加热	1. 选择泥三角时，要使搁在其上的坩埚所露出的上部，不超过本身高度1/3 2. 灼热的泥三角，不要放在桌面上，不要接触水，以免瓷管骤冷破裂
研钵	材质有瓷质、玻璃，也有玛瑙或铁制品；以口径大小表示，如60mm、75mm等 用于研磨或混匀固体物质	1. 只能研磨，不能捣碎，放入物质的量不超过容量的1/3 2. 不能将易爆物质混合研磨 3. 不能用作反应容器
酒精灯、酒精喷灯	用作热源，酒精灯火焰温度为500～600℃；酒精喷灯火焰温度可达1000℃左右	1. 酒精灯酒精量不能超过容积2/3，不少于1/4 2. 用外焰加热，熄灭时用灯帽盖灭，不能用嘴或气体吹灭
蒸发皿	分圆底、平底；以口径大小表示，如60mm、80mm等 用于溶液的蒸发、浓缩、结晶和灼烧固体	1. 耐高温，不宜骤冷 2. 蒸发溶液时，一般放在石棉网上加热，也可用火直接加热，盛液量不超过容积2/3 3. 临近蒸干时，应用小火或停止加热，利用余热蒸干

续 表

名　　称	规格和主要用途	使用方法和注意事项
表面皿	以口径大小表示，如 45mm、90mm 等 用于盖在烧杯上，防止液体溅出或晾干晶体用；用作点滴反应、承放器皿烘干或称量等	1. 不能用火直接加热，以防止破裂 2. 作盖用时，直径应略大于被盖容器
石棉网	由铁丝编成，中间涂有石棉，以石棉直径大小表示，如 10cm、15cm 等 用于加热时，可以使受热物体均匀受热	1. 不能与水接触，以免石棉脱落或铁丝生锈 2. 石棉脱落的，不能使用,；不能卷折，以免石棉脱落
药匙	由牛角、塑料或合金制成 用于取用少量粉末状或小颗粒固体试剂	1. 大小的选择以盛放试剂后能放进容器口为准 2. 取完一种试剂后，应洗净、干燥后再使用 3. 不能取用于加热药品，也不能接触酸、碱溶液 4. 取固体粉末置于试管中时，先将试管倾斜，把盛药品的药匙(或纸槽)小心地送入试管底部，再使试管直立
称量瓶	以外径 × 高度(mm)表示，分扁形、筒形 用于准确称量一定量固体药品	1. 称量瓶盖子为磨口配套，不得丢失、弄乱 2. 用前，应洗净烘干，不用时，应洗净，在磨口处垫一小纸条；不能直接用火加热
抽滤瓶、布氏漏斗	抽滤瓶以容量大小表示，如 250mL、500mL，布氏漏斗为瓷质，以口径大小表示 两者配套用于晶体或沉淀的减压过滤	1. 漏斗大小与吸滤瓶要适应，与过滤的沉淀或晶体的量要适应；滤纸应略小于布氏漏斗内径并全部覆盖小孔 2. 过滤时，先用玻璃棒引流向漏斗内转移上层清液，再转移晶体或沉淀；漏斗内溶液量不要超过漏斗容积 2/3 3. 先抽气，再过滤，过滤结束先放气再关泵

续表

名称	规格和主要用途	使用方法和注意事项
铁架台	铁圈以直径大小表示，如 60mm、80mm 等 用于固定反应容器，铁圈可代替漏斗架用于过滤	1. 仪器固定在铁架台上时，仪器和铁架的重心应落在铁架台底盘中心，防止不稳倾倒 2. 铁夹夹持玻璃仪器时，不宜过紧，以免碎裂
烘箱	用于干燥玻璃仪器或烘干无腐蚀性、受热不分解的物品	使用时，通电后将控温旋钮由“0”位顺时针旋至工作温度，当指示灯灭时即达到恒温点；挥发性易燃物或刚用酒精、丙酮淋洗过的玻璃仪器，切勿放入烘箱内，以免引起爆炸；箱内物品不可过挤，箱内外保持洁净

三、实训数据的处理及实训报告的书写

（一）实训数据的处理

实训数据的处理可以采用列表法或曲线法。

1. 列表法 可以将实训得到的大量数据整齐、有规律地表达出来，方便运算和处理。列表时，每一表格应有简明的名称及单位，以横向和纵向分别表示自变量和因变量，原始数据和处理结果可以并列在同一表格中，数据处理的方法、运算公式等在表下注明或举例说明。列表法简单，但不能表示出各数值间连续变化的规律及取得实验值范围内任意自变量和因变量的对应值，故实训数据也常用作图法表示。

2. 作图法 可以直接显示变量间的连续变化关系，从图上易于找出所需数据，还可以用来求实验的内插值、外推值、极值点、拐点及直线的斜率、截距、曲线某点的切线斜率，求解经验方程式及直线方程常数等。作图时，选择合适的坐标纸和比例尺，横坐标和纵坐标分别代表自变量和因变量，将测量数值的各点绘于图上，作出尽可能接近于实验点的直线或曲线，线条应平滑均匀，画线不必通过所有的点，但各点应在线的两旁均匀分布，点线间的距离表示测量误差。曲线做好后，在图的正下方或右侧写明图序号、图的名称及作图所依据的条件。纵横坐标所代表的物理量比例尺及单位在坐标轴旁（纵左横下）予以标明。

（二）实训报告的书写及格式

1. 实训的序号及名称。

2. 实训目的：简述实训的目的要求。

3. 实训原理：简明扼要地说明实训有关的基本原理、性质、主要反应式及定量测定的方法原理。

4. 实训内容：对于实训现象记录与数据记录，按照实训指导的要求，尽量采用表格、框图、符号等形式表示，试剂名称和浓度则分别用化学符号表示。内容要具体详实，记录要表达准确，数据要完整真实。

5. 数据处理与结论：对实训记录要做出简要的解释或者说明，要求做到科学严谨、简洁明确，写出主要化学反应、离子反应方程式；数据计算结果可列入表格中，但计算公式、过程等要在表下举例说明；最后得出结论或结果。

6. 问题与讨论：主要针对实训中遇到的较难问题提出自己的见解或收获；定量实验则应分析出现误差的原因，对实训的方法、内容等提出改进意见。

7. 完成实训思考题。

实训一　无机化学实训基本知识与基本操作

一、实训目的

1. 掌握化学实训中常见事故紧急处理措施；常用玻璃仪器的洗涤和干燥方法；酒精灯、电炉等加热仪器的正确使用方法；化学试剂的正确取用方法。

2. 理解化学实训安全知识；常见化学仪器使用注意事项。

3. 识记常用化学仪器的名称、规格、主要用途和使用方法。

二、实训指导

化学实训室是提供化学实验条件及进行科学探究的重要场所，一般存有大量仪器设备和各种化学药品，进入实训室前要充分了解实训学生守则。实训室中很多化学药品使用不当会对人体及环境产生危害，实验中也有可能发生爆炸、着火、中毒、灼烧、触电等事故，因此掌握实训安全守则和意外事故的紧急处理措施是一名化学实验工作者必须具备的基本素质。

化学实训中应掌握常用仪器的规格、主要用途，特别要学会仪器的正确使用方法，以免在操作中出现意外事故。

实训中，化学仪器的洁净与否，直接影响实训结果的准确性，甚至会导致实验失败，因此，洗涤仪器是实训一项重要的技术性工作。不论采取何种方法洗涤仪器，最后都要用自来水冲洗，当倾完水后，仪器内壁应被水均匀湿润而不挂水珠，如壁上挂水珠，说明仪器没有洗干净，必须重洗。洗干净的仪器最后还要用蒸馏水荡洗 3 次。

不同实验对仪器是否干燥及干燥程度要求不同，应根据实验要求来干燥仪器。

有些化学实验常温下不能进行，需要加热。加热时常用的仪器有酒精灯、酒精喷灯、电炉等，应根据实验要求选择合适的加热仪器，并学会正确使用。

取用化学试剂是实训一个重要的技术环节，学会固体试剂和液体试剂的正确取用。

三、实训内容

1. 准备仪器和试剂

仪器：化学实训常用仪器、铬酸洗液、去污粉、洗涤剂等。

试剂：Na_2CO_3固体，稀盐酸。

2. 操作步骤

(1)以班为单位观看化学实训基本操作教学录像。

(2)学习实训指导中化学实训须知及无机化学实训常用仪器简介。

(3)按仪器清单认领化学实训常用仪器，熟悉其名称、规格、主要用途和使用注意事项。

(4)选用适当的洗涤方法洗涤已领取的仪器。

(5)选用适当的干燥方法干燥洗涤后的仪器。

(6)将所认领的仪器按能否加热、容量仪器和非容量仪器进行分类。

(7)正确取用约 1g Na_2CO_3固体和约 1mL HCl 分别置于两支试管中。

(8)正确点燃、熄灭酒精灯；向灯内添加酒精。

四、注意事项

1. 铬酸洗液具有腐蚀性和强氧化性，使用时应注意安全，废洗液对环境有严重污染，淋洗液要回收到废液缸，严禁排放到下水道，洗液洗过的仪器用自来水淋洗。

2. 量筒、移液管和容量瓶等带有刻度的计量仪器，不宜用毛刷刷洗，不能用加热方法干燥。

五、思考题

1. 化学实训室安全要注意哪些事项？
2. 洗涤和干燥仪器分别有哪些方法？
3. 如何判断玻璃仪器已经洗涤洁净？
4. 可否用加热法干燥带有磨砂口的仪器？
5. 使用酒精灯应注意哪些事项？
6. 怎样正确取用固体和液体试剂？

附：实训操作指导

(一)玻璃仪器的洗涤和干燥

1. 洗涤 化学实训室经常使用各种玻璃仪器，仪器干净与否常常影响到实验结果的准确性，因此仪器应该保持干净。洗涤仪器的方法很多，应根据实验的要求、污物的性质和玷污的程度来选用。一般说来，附着在仪器上的污物既有可溶性物质，也有尘土和其他不溶物质，还有油污和有机物质。针对这种情况，可以分别采用下列洗涤方法。

(1)用水冲洗或刷洗：用自来水刷洗可以洗掉仪器上的尘土、水溶性物质以及附着力不强的不溶物，但难以除去油污及某些有机物。刷洗时，先在试管中注入适量水，再用试管刷轻轻转动或来回刷洗，注意不要用力过猛，以防戳穿底部，然后分别用自来水、蒸馏水冲洗 2 ~ 3 遍，即可洗净，如实训图 1 所示。

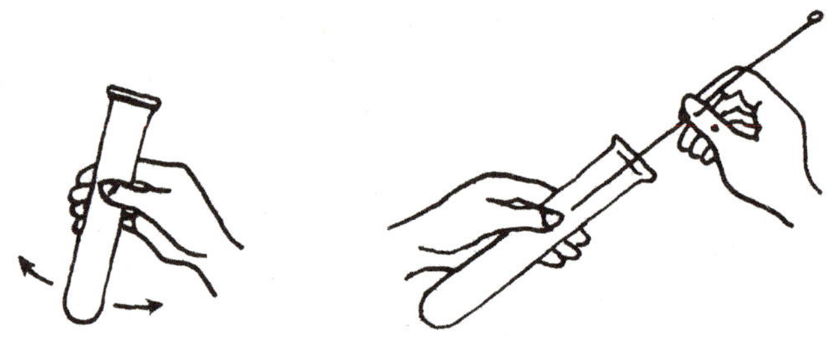

实训图 1 用毛刷洗涤试管

(2)用去污粉或洗涤剂刷洗：去污粉或合成洗涤剂可以洗去油污和有机物质。使用时，首先用自来水浸泡润洗，加入少量去污粉或洗涤剂，用毛刷刷洗污处，然后分别用自来水、蒸馏水冲洗干净。对于滴定管、移液管和容量瓶等具有准确刻度的容量仪器不宜用毛刷刷洗，以免玻璃受磨损，也不宜用强碱性洗涤剂洗涤，以免玻璃受腐蚀，影响其容积准确度。

(3)用特殊洗液洗涤：对于精确定量实验所用仪器或某些特殊形状仪器中的油污和有机物，可以采用铬酸洗液洗涤。洗涤时先将仪器用自来水刷洗，倒净其中的水，加入少量洗液，转动容器使内壁全部为洗液所浸润，一段时间后，将洗液倒回原瓶。仪器先用自来水冲洗，再用蒸馏水冲洗 2 ~ 3 次。需要注意的是洗液洗完用自来水清洗时，第一、二遍洗涤的水，应倒入废液缸，不能直接倒入下水道，以免污染水源。

对于碱性污物及一般无机残污可采用盐酸洗液(化学纯盐酸与水 1∶1 混合)洗涤；仪器内壁附着的金属(如银镜、铜镜等)可采用 50% 硝酸或王水(浓硝酸与浓盐酸 1∶3 混合)洗涤。

对于仪器中的 Fe_2O_3、MnO_2 等残污可采用草酸洗液洗涤，将 8g 草酸溶于 100mL 水中，加少量浓盐酸制备。

此外，还有用于洗涤油污及有机物的碱性高锰酸钾洗液、煮沸后用于除去油污的碳酸钠洗液、用于洗涤油污及某些有机物的氢氧化钠 - 乙醇洗液、用于洗涤比色皿、比色管上油污的盐酸 - 乙醇洗液、用于洗涤结构复杂仪器所沾油脂或有机物的浓硝酸 - 乙醇洗液、用于除去能被有机溶剂溶解的有机残污的有机溶剂洗液等。

(4)用超声清洗仪洗涤：超声波清洗仪利用超声波在液体中的空化作用、减速作用以及直流作用对液体和污物间接、直接的作用，使污物层被分散、乳化、剥离而达到清洗目的。采用超声波清洗，一般用水作为介质，特殊情况下可采用化学溶剂作为介质，清洗介质的化学作用可以加速超声波清洗效果，对于手工难以清洗的污物有较好效果，将带有污物的玻璃仪器放入超声清洗仪，再加入合适的洗涤剂和适量水，盖紧，选择合适的功率、温度和时间进行清洗，取出后，仪器用毛刷刷洗、自来水、蒸馏水冲洗 2 ~3 遍，即可洗净。

2. 干燥 仪器干燥的方法有以下几种：

(1)晾干：将洗净的仪器倒置于干燥的仪器柜、仪器架或木钉上自然干燥，如实训图 2 所示。

(2)烤干：洗涤干净的烧杯、蒸发皿可置于石棉网上，用小火烤干；试管可直接烤干，烤干时应将试管略微倾斜，管口向下，并不时转动试管以驱掉水气，最后将管口朝上以驱净水气，如实训图 3 所示。

(3)烘干：将干净的仪器尽量倒干水后可置于快速烘干器上烘干，如实训图 4 所示。亦可放入电热烘干箱烘干(控温 105℃左右)，放入烘箱的仪器口朝上，或在烘箱下层放一瓷盘，接受滴下的水珠，注意木塞、橡皮塞不能与玻璃仪器一同干燥，玻璃塞也应分开干燥。

(4)有机溶剂快速干燥：带有刻度的计量仪器不能用加热的方法干燥，可将易挥发的有机溶剂(如乙醇、丙酮等)少量加入到已经洗净的玻璃仪器中，倾斜并转动仪器然后倒出，操作两次后用乙醚洗涤仪器后倒出，自然晾干或用电吹风吹干。

实训图 2　自然晾干

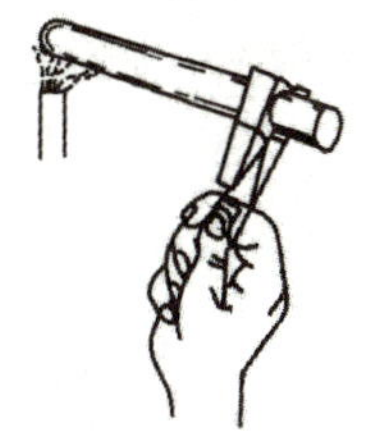

实训图 3　烤干试管

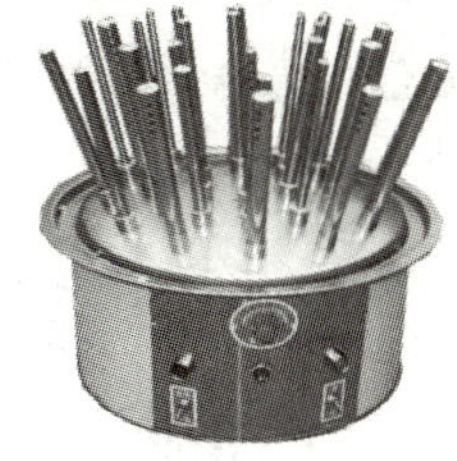

实训图 4　快速烘干器

(二)物质的加热和冷却

1. 加热 加热时常用的仪器有酒精灯、酒精喷灯、电炉、电热板和马福炉等。

(1)酒精灯：酒精灯是实验室最常用的加热器具，常用于加热温度不太高的实验，其火焰温度为 400 ~500℃。酒精灯由灯罩、灯芯和灯壶三部分组成，见实训图 5。使用时应注意以下几点：

①使用酒精灯以前，应先检查灯芯，如灯芯不齐或烧焦，要进行修整。

②使用火柴点燃酒精灯，不能用点燃的酒精灯来点燃，否则灯内的酒精会洒出，引起燃烧而发生火灾。加热时，若要使灯焰平稳，并适当提高温度可以加金属网罩。

③添加酒精时应将灯熄灭，利用漏斗将酒精加入到灯壶内，添加量最多不超过总容量的2/3，也不少于1/5。

④熄灭酒精灯不能用嘴吹，用灯罩盖熄。酒精灯不用时应盖上灯罩，以免酒精挥发。

1. 灯罩；2. 灯芯；3. 灯壶

实训图5　酒精灯的构造及正确点燃方法

(2)酒精喷灯：酒精喷灯有座式[(如实训图6(a)]和挂式[(如实训图6(b)]两种，使用方法相似。酒精喷灯温度通常可达到700～1000℃，可用于焰色反应或玻璃工艺实验。使用时，先将灯壶(座式)或储罐(挂式)灌入酒精，注意灯壶内贮酒精量不能超过2/3。然后在预热盘上加满酒精并点燃，待盘内酒精燃尽将灯管灼热后，打开空气调节器和储罐(挂式)下与灯管相通的开关，并在灯管口点燃喷灯，即可得到温度很高的火焰；调节空气调节器开关，可以控制火焰的大小。用毕，向右旋紧空气调节器，可使火焰熄灭，也可盖灭。挂式酒精喷灯还应关闭储罐下的开关。

使用时需要注意：

①在开启空气调节器、点燃以前，灯管必须充分灼热，否则酒精在灯管内不会全部气化，会有液态酒精由管口喷出，形成“火雨”。碰到这种情况时，应马上关闭空气调节器，

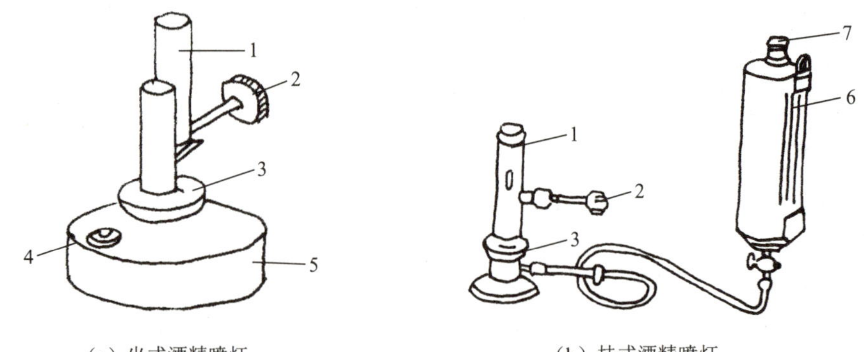

(a) 坐式酒精喷灯　　(b) 挂式酒精喷灯

1. 灯管；2. 空气调节器；3. 预热盘；4. 灯壶盖；5. 灯壶；6. 酒精贮罐；7. 灯盖

实训图6　酒精灯

在预热盘中再加满酒精烧干 1 ~2 次。

②喷灯使用一般不超过 30 分钟，冷却、添加酒精后再继续使用。

(3)电炉、电热板和马福炉

①电炉(实训图 7)：可加热盛于器皿中的液体，通过调节电阻来控制温度高低。玻璃器皿与电炉间要垫上石棉网才能受热均匀。

②电热板：电炉做成封闭式的称为电热板。由控制开关和外接调压变压器调节加热温度。电热板升温速度较慢，受热面为平面，常用于加热烧杯、锥形瓶等平底容器。

③马福炉(实训图 8)：炉膛是长方体，炉壁很厚，利用电热丝加热，温度可调控，最高使用温度可达 1300℃。需要加热的物质应放入坩埚内再放进炉内加热。马福炉内温度测量是采用一副热电偶和一只毫伏表所组成的高温计。将一只接入线路的温度控制器与热电偶连接起来，便可控制炉内温度，使一温度不变。

实训图 7　万用电炉

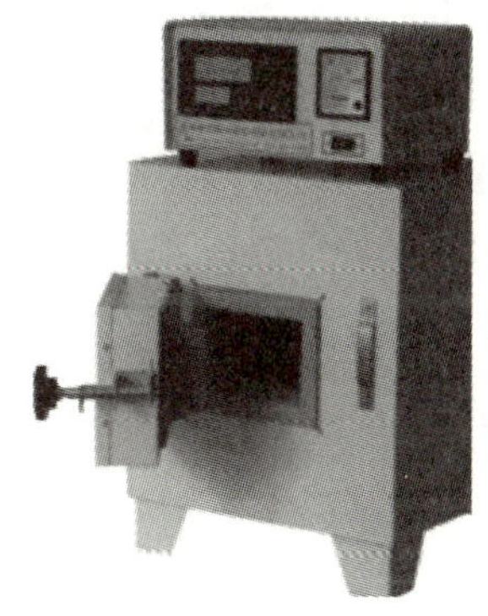

实训图 8　马福炉

根据加热的方式不同可分为直接加热和间接加热。

(1)直接加热：根据实验的需要，可以把盛有化学物质的器皿如试管和蒸发皿等用酒精灯或电炉等直接加热。而烧杯、烧瓶、三角瓶等要垫上石棉网才能加热。

(2)水浴间接加热：当被加热的物质需受热均匀而温度不超过 100℃时，可用水浴加热。通常使用的水浴锅如实训图 9 所示，锅盖是由一组大小不同的同心金属(铜或铝)圈环组成。根据加热器皿的大小任意选择，以尽可能增大器皿底部的受热面积而又不掉进水中为原则。水浴中水不能超过其容量的 2/3，注意勿使水烧干。

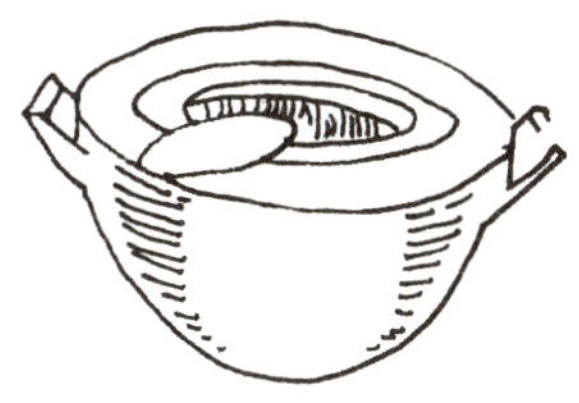

实训图 9　水浴锅

实验中常用大烧杯代替水浴锅或用电水浴锅，后者加热温度可以自动控制，比较方便。

(3)固体物质的灼烧：把固体放在坩埚中，将坩埚置于泥三角上，用氧化焰灼烧，如实训图 10 所示。不要让还原焰接触坩锅底部，以免坩埚底部结上炭黑。灼烧开始时先用小火烘烧坩埚，使坩埚受热均匀，然后加大火焰，根据实验要求控制灼烧温度和时间。要夹取高温下的坩埚时，必须用干净的坩埚钳，用前先在火焰上预热钳的尖端，再去夹取。坩埚钳用后，应按实训图11平放在桌上(温度很高则应放在石棉网上)，尖端向上，保证坩埚钳尖端洁净。

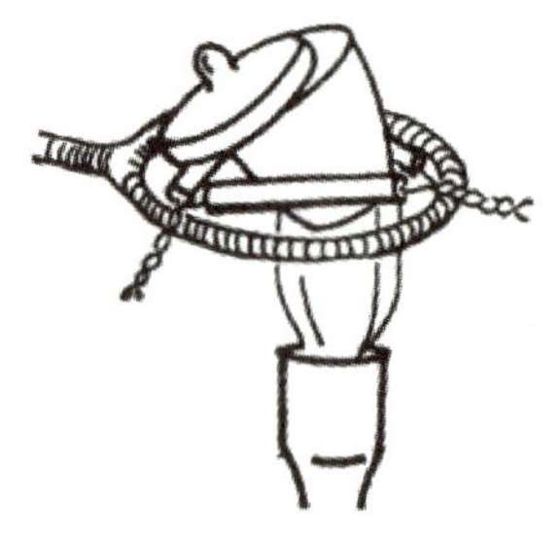

实训图10　灼烧

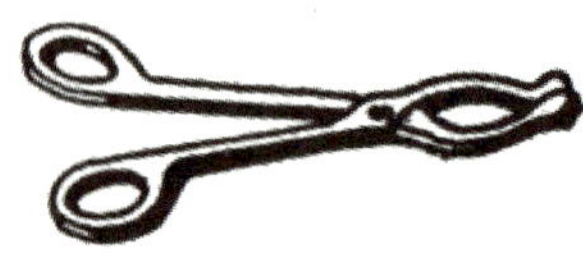

实训图11 坩埚钳

2. 冷却

(1)将加热后的固体或液体放在空气中自然冷却。

(2)无机化学实验有时为了加速冷却，根据实验不同的要求，选用适当的冷却剂冷却，最简单的是用水和碎冰的混合物，可冷至0～5℃，它比单纯用冰块的冷却效果高。因为冰水混合物可与容器的器壁充分接触。

若在碎冰中酌加适量的盐类，则得到冰盐混合冷却剂，温度可到0℃以下。如食盐与碎冰的混合物(30:100)，其温度可由-1℃降至-21.3℃，但在实际操作中，温度约为-5～-18℃。冰盐浴不宜用大块的冰，按上述比例将食盐均匀撒布在碎冰上，这样冷却效果才好。

(三)化学试剂的取用

固体试剂一般盛放在广口瓶中，液体试剂一般盛放在细口瓶或滴瓶中；见光易分解的试剂盛放在棕色试剂瓶内。每个试剂瓶上都贴有标签，标明试剂的名称、浓度和配制日期。

(1)固体试剂的取用及注意事项

①粉末或小颗粒的药品取用：用干净的药匙取用，装入试管(特别是湿试管)时，可用药匙或将取出的药品放在对折的纸片上，试管放平，送入管底，再竖起试管，见实训图12和实训图13。

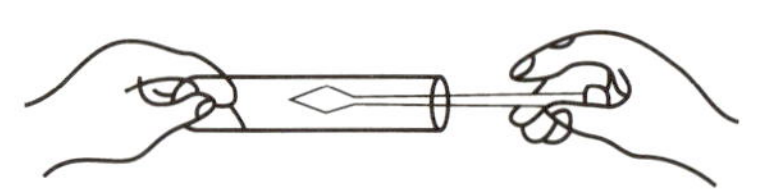

实训图12　用药匙往试管里送入固体试剂

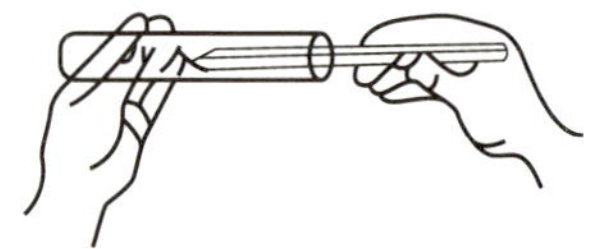

实训图13　用纸槽往试管里送入固体试剂

②块状药品或金属颗粒的取用：用干净的镊子夹取。装入试管时，先将试管倾斜，将药品放入管口内后，再把试管慢慢竖起，使颗粒缓慢地滑到试管底部。见实训图14。

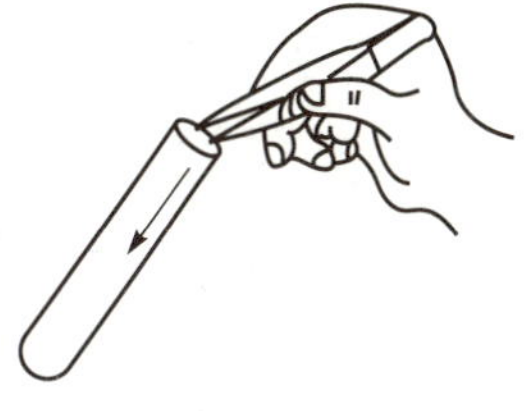

实训图 14　块状固体试剂沿管壁慢慢滑下

③注意事项：取用固体试剂的药匙必须保持干燥而洁净。一般的固体试剂可以放在干净的纸或表面皿上称量。具有腐蚀性、强氧化性或易潮解的固体试剂不能在纸上称量。多取的药品不能倒回原瓶，可以放在指定容器中供他人使用。有毒药品要在教师指导下取用。

(2)液体试剂的取用及注意事项

①从细口瓶中取用试剂：取下瓶塞仰放在台上，用左手的大拇指、食指和中指拿住容器(如试管、量筒等)。用右手拿起试剂瓶，并注意使试剂瓶上的标签对着手心，倒出所需量的试剂，见实训图 15。倒完后，应该将试剂瓶口在容器上靠一下，再使瓶子竖直，这样可以避免遗留在瓶口的试剂从瓶口流到试剂瓶的外壁。倒完试剂后，瓶塞须立刻盖在原来的试剂瓶上，把试剂瓶放回原处，并使瓶上的标签朝外。取用挥发性强的试剂时要在通风橱中进行，做好安全防护措施。

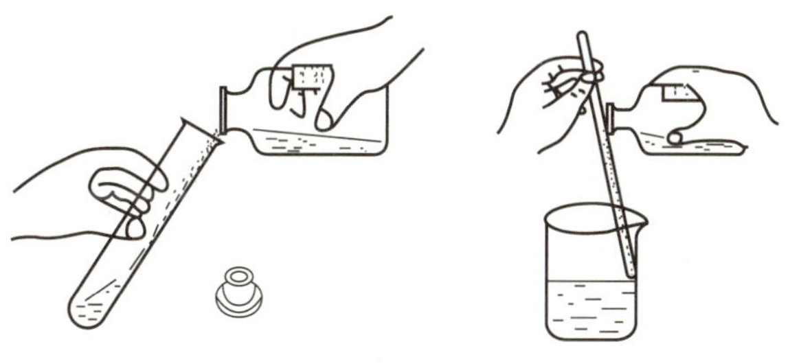

实训图 15　倾倒溶液

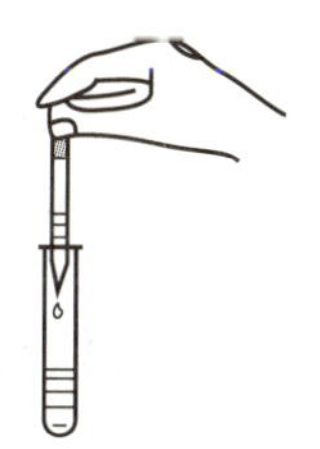

实训图 16　用滴管滴加少量溶液

②从滴瓶中取用少量试剂：取用少量液体时，用滴管吸取。提起滴管，使管口离开液面。用手指紧捏滴管上部的橡皮胶头，赶出滴管中的空气，然后把滴管伸入试剂瓶中，放开手指，吸入试剂。滴加试剂时，滴管在盛接容器的正上方，滴管保持垂直，不得倾斜或倒立，见实训图 16。定性分析时，不需要用量具准确量取药品，一般滴管的一滴液体约为 0. 05mL，即 1mL 约为 20 滴。

③注意事项：滴管不能伸入容器中或触及盛接容器的器壁，以免污染。滴管放回原瓶时不要放错。装有药品的滴管不能横置或管口向上倾斜，以免药品流入滴管的胶头中。

实训二　粗食盐的提纯

一、实训目的

1. 掌握氯化钠的提纯方法和基本原理。

2. 练习和巩固称量、溶解、过滤、沉淀、蒸发、结晶等基本操作。

3. 了解 Ca^{2+}、Mg^{2+}、SO_4^{2-} 的定性检验方法。

二、实训原理

粗食盐中含有不溶性杂质（如泥沙等）和可溶性杂质（主要是 Ca^{2+}、Mg^{2+}、Ba^{2+}、），不溶性杂质在粗食盐溶解后可过滤除去，可溶性杂质则要用化学沉淀方法除去。处理的方法是：在粗食盐溶液中加入稍过量的 $BaCl_2$ 溶液，溶液中的可溶性 SO_4^{2-} 等杂质便转化为难溶解的 $BaSO_4$ 沉淀而除去。

$$Ba^{2+} + SO_4^{2-} = BaSO_4 \downarrow$$

将溶液过滤，除去 $BaSO_4$ 沉淀。再在溶液中加入 NaOH 和 Na_2CO_3 的混合溶液，Ca^{2+}、Mg^{2+} 及过量的 Ba^{2+} 便生成沉淀。

$$Ca^{2+} + CO_3^{2-} = CaCO_3 \downarrow$$

$$Ba^{2+} + CO_3^{2-} = BaCO_3 \downarrow$$

$$2Mg^{2+} + 2OH^- + CO_3^{2-} = Mg_2(OH)_2CO_3 \downarrow$$

过滤后 Ba^{2+} 和 Ca^{2+}、Mg^{2+} 都已除去，然后用 HCl 将溶液调至微酸性以中和 OH^- 和除去 CO_3^{2-}。

$$OH^- + H^+ = H_2O$$

$$CO_3^{2-} + 2H^+ = CO_2 + H_2O$$

少量的可溶性杂质（如 KCl），由于含量少，溶解度又很大，在最后的浓缩结晶过程中，绝大部分仍留在母液中而与氯化钠分离。

三、实训仪器和药品

1. 仪器 三角架、石棉网、台秤、表面皿、蒸发皿、普通漏斗、烧杯（100mL）、量筒（100mL）、吸滤瓶、布氏漏斗。

2. 实训材料及试剂 粗食盐、NaOH（$2mol \cdot L^{-1}$）、Na_2CO_3（$1mol \cdot L^{-1}$）、HCl（$3mol \cdot L^{-1}$）、$BaCl_2$（$1mol \cdot L^{-1}$）、$(NH_4)_2C_2O_4$（饱和）、镁试剂。

四、实训内容

1. 除去泥沙及 SO_4^{2-} 称取 7.5g 粗食盐放入 100mL 的烧杯中，加入 30mL 水，加热、搅拌使其溶解，继续加热近沸腾，一边搅拌一边滴加 1.5～2mL $1mol \cdot L^{-1}$ 的 $BaCl_2$ 溶液，直至 SO_4^{2-} 沉淀完全为止。为了检验沉淀是否完全，可将酒精灯移去，停止搅拌，待沉淀沉降后，沿烧杯壁滴加 1～2 滴 $BaCl_2$ 溶液，观察是否有沉淀生成。如无浑浊，说明 SO_4^{2-}

已沉淀完全；如有浑浊，则继续滴 1mol · L^{-1}的 $BaCl_2$溶液，直到沉淀完全为止。沉淀完全后再继续加热几分钟，过滤，保留溶液，弃去 $BaSO_4$及原来的不溶性杂质。

2. 除去 Ca^{2+}、Mg^{2+}和过量的 Ba^{2+} 将滤液转移至另一干净的烧杯中，在加热至接近沸腾的情况下，边搅拌边滴加 1mL 2mol · L^{-1} NaOH 溶液，并滴加 4 ~ 5mL 1mol · L^{-1} Na_2CO_3溶液至沉淀完全为止，过滤，弃去沉淀。

3. 除去剩余的 CO_3^{2-} 和 K^+ 将滤液转移至蒸发皿中，用 3mol · L^{-1}的 HCl 将溶液 pH 值调至 4 ~ 5，用小火加热浓缩蒸发，同时不断搅拌，直至溶液呈稠粥状，减压过滤，将晶体尽量抽干。将晶体转移至蒸发皿中，在石棉网上用小火烘炒，用玻璃棒不断翻动，防止结块。在无水蒸气逸出后，改用大火烘炒几分钟，即得到洁白而松散的 NaCl 晶体。

冷却，称重，计算产率。

五、思考题

1. 食盐精制中加试剂的次序为什么必须先加 $BaCl_2$，再加 Na_2CO_3，最后加 HCl？顺序能否改变？

2. 食盐原料中所含的 K^+、Br^-、I^- 等离子是怎样去除的？

附：实训操作指导

（一）托盘天平和电子天平的使用

1. 托盘天平 托盘天平又称台秤，用于准确度不高的称量，一般能称准至 0.1g。或 0.2g。最大荷载一般是 200g。其构造如实训图 17 所示。

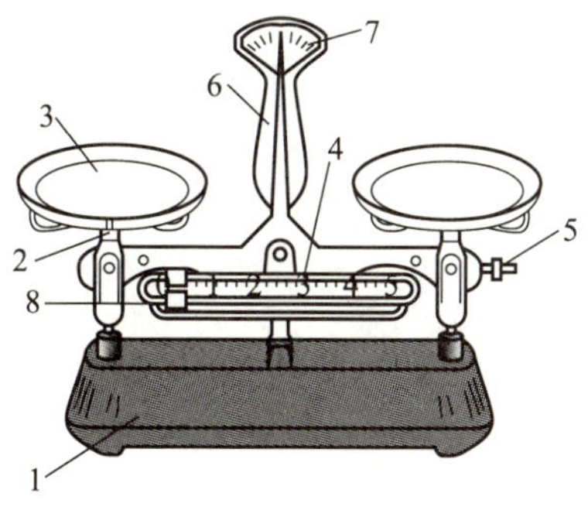

1. 横梁；2. 托盘；3. 指针；4. 刻度盘；5. 游码标尺；6. 游码；7. 平衡螺丝

实训图 17 托盘天平

台秤的使用方法及注意事项如下：

（1）零点调整：在称量前，先将游码拨到游标尺的“0”位处，检查台秤指针是否停在刻度盘中间的位置。如果不在中间位置，可通过调节托盘下的螺丝，使指针正好停在刻度盘的零点。

(2)物品称量：称量时左盘放物品，右盘放砝码，先加大砝码，再加小砝码，最后由游码调节至台秤指针正好指向刻度盘中间位置为止。记下砝码及游码的数值，相加即为所称物品重量。

(3)称量结束：称量后应将砝码放回砝码盒，游码退回刻度为“0”处，取出盘中物品。两个托盘重叠后，放在天平的一侧，使天平休止，以保护天平的刀口。

(4)注意事项：砝码应用镊子摄取，药品应放在称量纸或干净的玻璃容器中称量，不能直接放在称量盘中，药品撒在托盘天平上后应立即清除。

2. 电子台秤 如实训图 18 所示，称量精确度(即分度值)为 0.01g，最大称量载荷为 1kg，适用于不太精确的称量。

电子台秤操作简便，使用方法操作如下：

(1)把秤放在平稳的实验台上，接通电源(有些型号用电池)，按下开机键，仪器自检，清零显示 0.00g(有些型号分度值为 0.1g，则显示 0.0g)，即可称量。

实训图 18 电子台秤

(2)将盘托(或称量纸、表面皿或其他容器)置于盘中央，按下 TARE(即去皮)键，显示 0.00g(或 0.0g)，仪器自动去除盘托重量。

(3)将药品放于盘托或容器中，显示屏显示值即为药品重量。

3. 电子分析天平 如实训图 19 所示，电子天平是最新一代的天平，它是根据电磁力平衡原理，直接称量，全量程不需要砝码，放上被测物质后，在几秒钟内达到平衡，直接显示读数，具有称量速度快，精度高的特点。能称准到 0.001g(千分之一天平)、0.0001g(万分之一天平)甚至 0.00001g(十万分之一天平)，在定量分析中常用。

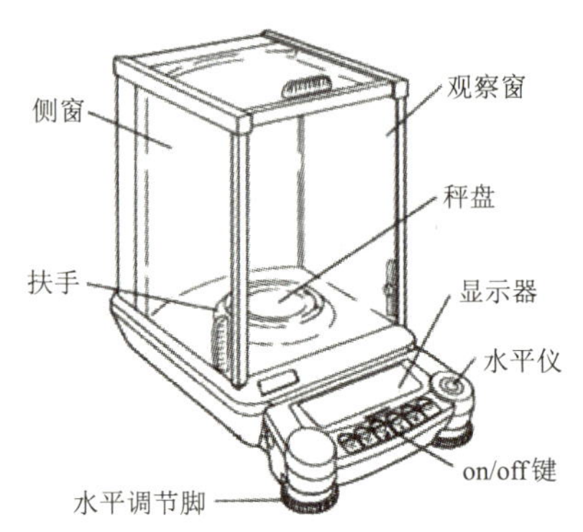

实训图 19 电子分析天平

使用方法操作如下：

(1)称量前的检查：①取下天平罩，叠好，放于天平后。②检查天平盘内是否干净，必要的话予以清扫。③检查天平是否水平，若不水平，调节底座螺丝，使气泡位于水平仪中心。④检查硅胶是否变色失效，若是，应及时更换。

(2)开机：关好天平门，轻按 ON 键，LTD 指示灯全亮，松开手，天平先显示型号，稍后显示为 0.0000g，即可开始使用。

(3)称量：①将洁净称量瓶置于称盘上，关上侧门，轻按一下去皮清零键(有些型号为“TARE”键或“O/T”键)，天平自动校对零点，再逐渐加入待称物质，直到所需质量为止。②显示屏读数稳定时，所显示的数值即为被称物质的质量(g)。

(4)称量结束：除去称量瓶，关上侧门，按下开关键(有些型号为“OFF”键)，复原天平，清扫，并做好使用情况登记。

(5)电子天平使用的注意事项：①在开关门，放取称量物时，动作必须轻缓，切不可用力过猛或过快，以免造成天平损坏。②对于过热或过冷的称量物，应使其回到室温后方可称量。③称量物的总质量不能超过天平的称量范围。在固定质量称量时要特别注意。④所有称量物都必须置于一定的洁净干燥容器(如烧杯、表面皿、称量瓶等)中进行称量，以免沾染腐蚀天平。

(二)物质的溶解、蒸发和结晶

1. 固体的溶解 固体颗粒较大时，溶解前应进行粉碎。粉碎可在干洁的研钵中进行。研钵中的固体量不要超过研钵容量的1/3。

称取一定量的固体试剂，放在烧杯内，然后让液体沿玻璃棒慢慢流入烧杯中，以防杯内溶液溅出。溶剂加入后，用玻璃棒轻轻搅拌，使试剂完全溶解。搅拌时不要用力过猛或触及器壁，以免损坏仪器。如溶解时会产生气体，应先加入少量水使固体样品润湿为糊状，用表面皿将烧杯盖好，再用滴管将溶剂自烧杯嘴加入，以避免产生的气体将试样带出。

加热可以加速溶解，加热时要防止溶液的剧烈沸腾和迸溅，溶解完停止加热以后，要用溶剂冲洗表面皿和容器内壁。

2. 蒸发 用加热的方法从溶液中除去部分溶剂，从而提高溶液的浓度或使溶质析出的操作叫蒸发。蒸发浓缩一般是在水浴中进行的，若溶液太稀且该物质对热稳定时，可先放在石棉网上直接加热蒸发，再用水浴蒸发。

无机实验中常用的蒸发容器是蒸发皿，它能使被蒸发液体具有较大的表面积，有利于蒸发。使用蒸发皿蒸发液体时，蒸发皿内所盛放的液体不得超过总容量的2/3，若待蒸发液体较多时，可随着液体的被蒸发而不断添补。随着蒸发过程的进行，溶液浓度增加，蒸发到一定程度后冷却，就可析出晶体。

3. 结晶与重结晶 当溶液蒸发到一定程度冷却后就有晶体析出，这个过程叫结晶。当物质的溶解度较大且随温度的下降变小，蒸发到溶液表面出现晶膜即可停止；若物质的溶解度随温度变化不大，为了获得较多的晶体，可在结晶析出后继续蒸发(如熬盐)；若物质的溶解度较小或高温时溶解度较大而室温(或低温)溶解度较小，则不必蒸发到液面出现晶膜就可冷却结晶。

析出晶体颗粒的大小与外界环境条件有关，若溶液浓度较高，溶质的溶解度较小，快速冷却并加以搅拌，都有利于析出细小晶体。反之，若让溶液慢慢冷却或静置有利于生成大晶体。快速生成小晶体时由于不易裹入母液及别的杂质而纯度较高，缓慢生长的大晶体纯度较低。

当第一次得到的晶体纯度不合要求时，重新加入尽可能少的溶剂溶解晶体，然后再蒸发、结晶、分离，得到纯度较高的晶体的操作过程叫重结晶。

(三) 过滤

过滤法是最常用的固－液分离方法。过滤时沉淀留在过滤器(漏斗)内，溶液则通过过滤器进入容器中，所得溶液称为滤液。

常用的过滤方法有常压过滤、减压过滤和热过滤。

1. 常压过滤 在常压下用普通漏斗过滤的方法称为常压过滤法。当沉淀物为胶体或微细的晶体时，用此法过滤较好，缺点是过滤速度较慢。常压过滤应选用长颈漏斗。漏斗大小应与滤纸大小相适应，折叠后滤纸边缘应低于漏斗边缘 3 ~ 5mm。

先把一张圆形滤纸对折两次，展开成成 60℃ 圆锥体(一侧三层，另一侧一层)，如实训图 20 所示。并调节圆锥的角度与漏斗角度相吻合。在三层滤纸的外面两层处撕去一角(留作以后擦拭烧杯用)，可使滤纸与漏斗紧贴。将折叠好的滤纸放入漏斗中，三层部分应放在漏斗出口短的一侧，一手按住三层滤纸一边，一手用洗瓶吹入少量蒸馏水将滤纸润湿，用干净的玻棒(或手指)轻压滤纸，赶走滤纸与漏斗壁间的气泡。使滤纸紧贴漏斗内壁。

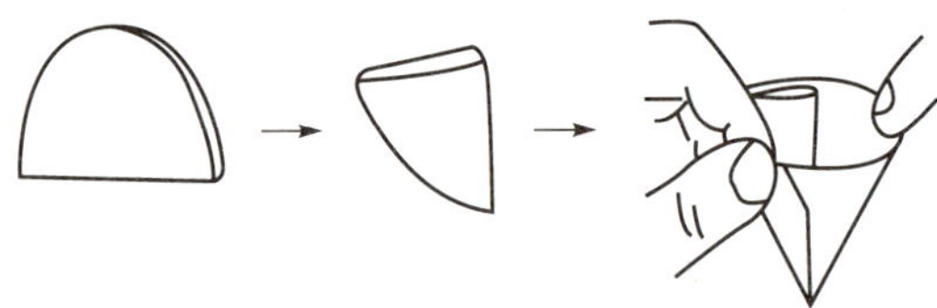

实训图 20　滤纸的折叠方法

过滤时，把漏斗放在漏斗架上，如实训图 21 所示，调整漏斗架的高度，使漏斗尖端紧靠在容器的内壁(以消除空气阻力，加快过滤速度，避免滤液溅失)，用倾泻法(先倾倒溶液，后转移沉淀)将溶液沿玻璃棒于靠近三层滤纸处缓慢倾入漏斗中。漏斗中液面高度应低于滤纸 2 ~ 3mm。如果沉淀需要洗涤，可等溶液转移完后，在盛有沉淀的容器中加入少量洗涤剂充分搅拌，待溶液静止，沉淀下沉后再把上层溶液倒入漏斗，如此重复洗涤2 ~ 3 次，最后把沉淀转移到滤纸上。若沉淀为胶体，应加热溶液破坏胶体，趁热过滤。

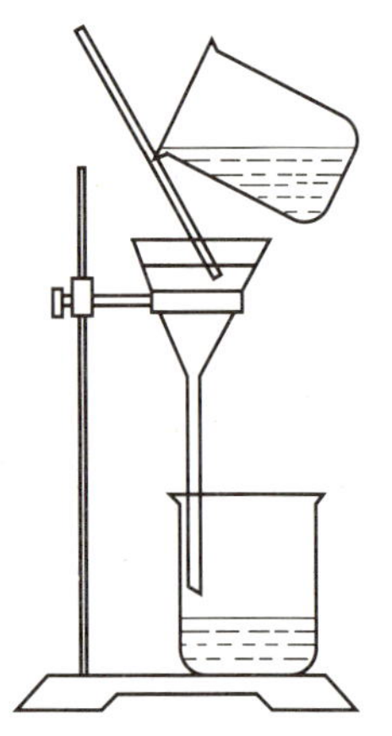

实训图 21　常压过滤

2. 减压过滤(抽滤或真空过滤) 采用真空泵抽气，使过滤器内外产生压力差而快速过滤，并抽干沉淀溶液中的过滤方法，称为减压过滤，又称为抽滤。

减压可加速过滤，适用于颗粒较粗的晶形沉淀，但不宜用于过滤颗粒太小的沉淀和胶体沉淀。因胶体沉淀在快速过滤时易透过滤纸，颗粒很细的沉淀会因减压抽吸易在滤纸上形成一层密实的沉淀，使溶液不易透过，反而达不到加速过滤的目的。

减压过滤装置由布氏漏斗、抽滤瓶、安全瓶和水泵(或油泵)组成，如实训图 22 所示。减压过滤的方法是先剪好一张比布氏漏斗内径略小的圆形滤纸，滤纸的大小以能盖严布氏漏斗上的小孔为准，将滤纸平整地放在抽滤漏斗内，用少量水润湿滤纸，把漏斗插入单孔胶皮塞中，并与抽滤瓶相连，注意漏斗下端的斜削面要对着吸滤瓶侧面的支管。用橡皮管把吸滤瓶与水流抽气泵(或真空泵的抽气接口)接好，慢慢打开水龙头(或合上电闸)。抽滤时可先用倾泻法，加入量不要超过漏斗高度的 2/3。

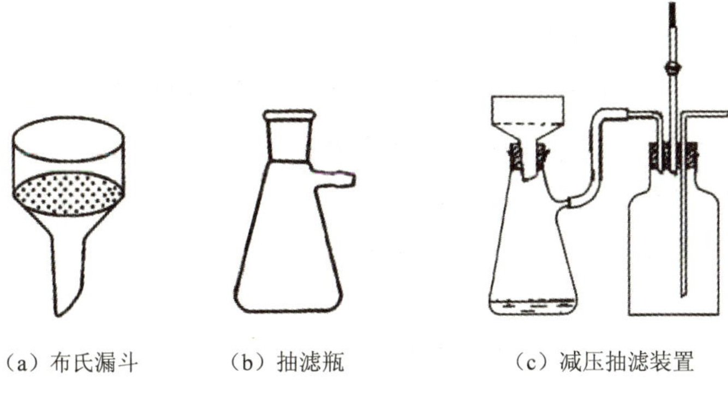

实训图 22　减压过滤装置

用真空泵进行抽滤时，为了防止滤液倒流和潮湿空气抽入泵内，在吸滤瓶和真空泵之间要连一个安全瓶和装有干燥剂的干燥瓶。

过滤完后，应先把连接吸滤瓶的橡皮管拔下，然后关闭水龙头(或停真空泵)，以防倒吸。取下漏斗后把它倒扣在滤纸上或容器中，轻轻敲打漏斗边缘，使滤纸和沉淀脱离漏斗，滤液则从吸滤瓶的上口倾出，不要从侧面的尖嘴倒出，以免弄脏滤液。

3. 热过滤　如果某些溶质在温度降低时易析出晶体。若不希望它在过滤中析出，通常使用热过滤法过滤。热过滤时，把玻璃漏斗放在铜质的热水漏斗内(实训图 23)。热水漏斗内装有热水(不需太满，以免水加热至沸后溢出)，用酒精灯加热热水漏斗，以维持溶液的温度。热过滤法选用的玻璃漏斗，其颈的外露部分要短(为什么?)。

实训图 23　热过滤

实训三　溶液的配制和稀释

一、实训目的

1. 理解溶液浓度的计算方法和加水稀释的计算，及溶液的配制操作步骤。

2. 掌握电子台秤（分析天平）、量筒（量杯）、移液管（吸量管）和容量瓶等仪器的正确使用。

3. 学会固体试剂的正确取用和液体试剂的正确倾倒、物质的溶解、定容操作。

二、实训原理

1. 质量浓度溶液的配制 根据物质B的质量浓度 $\varphi_B = \frac{V_B}{V}$，即1L溶液中所含的溶质B的质量（$m_B$），计算需要多少克溶质。用电子天平称取所需质量的溶质。再将溶质溶解后加蒸馏水到需要的体积，混合均匀即得。

2. 溶液的稀释 根据溶液稀释前后溶质的量不变即：$c_1 \times V_1 = c_2 \times V_2$（稀释公式）。利用稀释公式或十字交叉法计算出所需浓溶液的体积。然后用量筒量取一定体积的浓溶液，再加蒸馏水到需要配制的稀溶液的体积，混合均匀即得。

提示：（1）使用稀释公式时，①溶液浓度的表示方法要相同。当表示方法不同时，通过溶液浓度表示方法的换算公式，换算成同种溶液浓度的表示方法；②溶液体积的单位要相同。

（2）稀释浓硫酸时，切不可将水倒入浓硫酸中！一定要将浓硫酸慢慢地加入水中，并且边加边搅拌。

三、实训仪器和药品

1. 仪器 10mL量筒，100mL量筒，50mL量筒，100mL烧杯，200mL烧杯，试剂瓶，药匙，试管刷，电子台秤（精确到0.01g），100mL的容量瓶。

2. 试剂 浓硫酸（$\omega_B = 0.98$，$\rho = 1.84g \cdot L^{-1}$）

3. 其他 NaCl固体，$\varphi_B = 0.95$的酒精。

四、实验内容

1. 100g质量分数为0.9%的生理盐水

（1）计算：计算出配制100g生理盐水需要NaCl多少克？

（2）称量和量取：用电子台秤称取所需NaCl的质量。

（3）溶解：将NaCl放入烧杯中，加适量的蒸馏水使之完全溶解。

（4）定量转移：将烧杯中的溶液倒入100mL量筒中，用蒸馏水洗涤烧杯2～3次，洗液一并倒入量筒里。

（5）装瓶：往量筒中加蒸馏水使溶液的总体积为100mL，混合均匀，把配制好的溶液装入试剂瓶中，盖好瓶塞，贴上标签，放入试剂柜中。

2. 用市售的浓硫酸($\omega_B=0.98$, $\rho=1.84g\cdot L^{-1}$)配制 $3mol\cdot L^{-1}H_2SO_4$ 溶液 50mL

(1)计算配制溶液 50mL 需要浓硫酸多少毫升?

(2)用干燥的 10mL 量筒量取所需体积的浓硫酸,慢慢加入到盛有 20mL 蒸馏水的烧杯中,边加边搅拌,冷却后,定量转移至 100mL 的量筒中。

(3)最后加蒸馏水使溶液的体积为 50mL,混合均匀即可。

将配制的溶液倒入指定的回收瓶中。

3. 用市售的 $\varphi_B=0.95$ 医用酒精配制 $\varphi_B=0.75$ 的消毒用酒精 100mL

(1)计算配制 100mL $\varphi_B=0.75$ 消毒酒精需要 $\varphi_B=0.95$ 酒精多少毫升?

(2)用 100mL 量筒量取所需体积的 $\varphi_B=0.95$ 酒精。

(3)在量筒中加蒸馏水使溶液的总体积为 100mL,搅拌均匀即可。

将配制的溶液倒入指定的回收瓶中。

4. $0.1000mol\cdot L^{-1}Na_2CO_3$ 溶液(100mL)的配制

(1)计算:计算出配制 $0.1000mol\cdot L^{-1}Na_2CO_3$ 溶液 100mL 所需 Na_2CO_3 的质量。

(2)称量:用分析天平称取所需 Na_2CO_3 的质量。

(3)溶解:将 Na_2CO_3 放入洁净的烧杯中,加适量的蒸馏水使之完全溶解。

(4)定量转移:将烧杯中的溶液倒入 100mL 容量瓶中,用少量蒸馏水洗涤烧杯 2~3 次,洗液一并倒入容量瓶中。再加蒸馏水至容量瓶,离刻度线 2~3cm,改用胶头滴管滴加蒸馏水至容量瓶 100mL 刻度线。

(5)装瓶:盖上塞子,摇匀。即配成 $0.1000mol\cdot L^{-1}Na_2CO_3$ 溶液 100mL。把配制好的溶液装入试剂瓶中,盖好瓶塞,贴上标签,备用。

五、思考题

1. 实验室需要配制 20% 的硫酸溶液 60g,求:需溶质的质量分数为 98%、密度为 $1.84g\cdot mL^{-1}$ 的浓硫酸多少升?

2. 实验室要配制溶质的质量分数为 40%,密度为 $1.30g\cdot mL^{-1}$ 的硫酸溶液 200mL,求:需要溶质的质量分数为 98%、密度为 $1.84g\cdot mL^{-1}$ 的浓硫酸溶液和溶质的质量分数为 20%、密度为 $1.14g\cdot mL^{-1}$ 的稀硫酸溶液各多少升?

3. 若配制溶液为 NaOH 溶液时,

(1)为什么称取 NaOH 要用干燥的小烧杯,而且要迅速称取?

(2)能否在量筒中溶解 NaOH?

4. 稀释浓硫酸时,

(1)为什么量取浓硫酸时要用干燥的量筒?

(2)为什么一定要将浓硫酸慢慢加入到水中,并且要边加边搅拌?

附：实训操作指导

（一）量筒（量杯）、胶头滴管、移液管（吸量管）的使用

1. 量筒（量杯）

量筒为玻璃质，规格以刻度所能量度的最大容积（mL）表示，常用的有 5mL、10mL、50mL、100mL、500mL 等规格。上口大、下端小的称为量杯，见实训图 24。

实训图 24　量筒量杯

作用：量筒（量杯）用于量取一定体积液体。如需准确量取一定体积液体应用移液管或吸量管。

注意：(1) 读数时应平视液面，既不能俯视也不能仰视，弯月面下面与刻度线刚好相切见实训图 25。

(2) 量筒不能加热；不能量热的液体；不能用作反应容器。

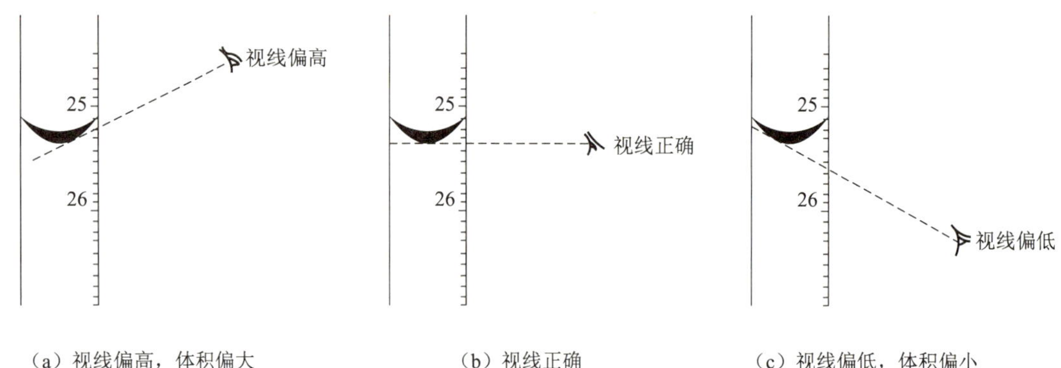

实训图 25　量筒的读数

2. 胶头滴管

胶头滴管由玻璃尖管和胶皮帽组成，见实训图 26。

作用：胶头滴管用于吸取少量液体；离心分离时吸取上层液体；滴加液体。

使用方法：使用胶头滴管时，用右手拇指和食指挤压胶头排出空气，无名指和中指夹住玻璃管，将滴管尖嘴插入试剂瓶中液面以下，放松拇指和食指，液体即被吸入管内；再把胶头滴管移出，垂直置于试管或其他容器口正上方 1cm 处，挤压胶头，使液体滴入容器中。见实训图 27。

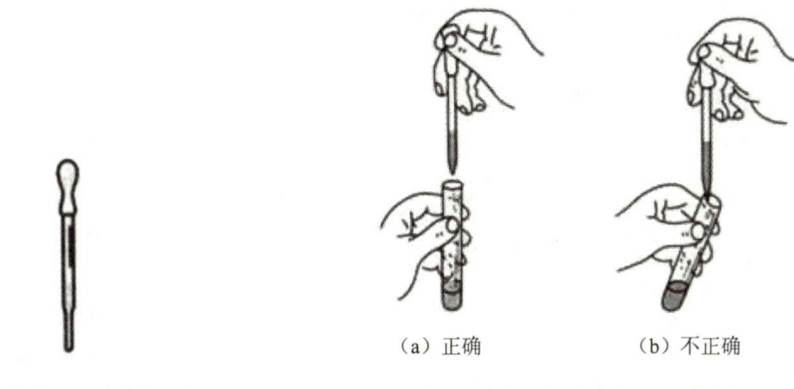

实训图 26　胶头滴管

实训图 27　向试管中滴加液体

注意：胶头滴管要防止坠落摔坏；液体不得吸进滴管胶皮帽内；用后应立即洗净；胶帽坏了要及时更换。

3. 移液管(吸量管)

玻璃质，规格以刻度所能量度的最大容积(mL)表示，常用的吸量管有 1mL、2mL、5mL、10mL 等规格；常用的移液管有 10mL、25mL、50mL 等规格。

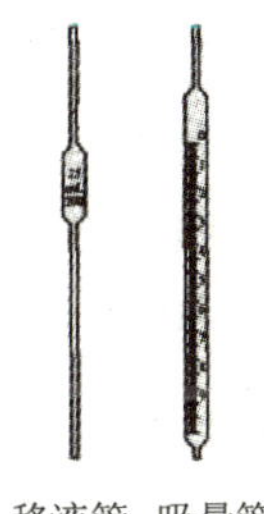

实训图 28　移液管(吸量管)

作用：移液管和吸量管用于准确移取一定体积液体。

移液管和吸量管使用方法基本相同，操作如下：

(1)洗涤：吸量管和移液管统称吸管。管上刻有容积和测定体积的温度。使用前应依次用洗液、自来水、蒸馏水洗至不挂水珠为止。

用洗液洗涤移液管的方法如下：右手拇指及中指拿住管颈标线以上部位，插入洗液，左手捏住洗耳球挤出球内空气，将洗耳球下端尖嘴插入吸管上端口内[见图 29(a)]，利用洗耳球内负压将洗液吸至移液管球部约 1/4 处(吸量管吸至管容量约 1/3 处)，用右手食指按住管口，取出移液管，将其横过来，左右两手分别拿住移液管上下端(不要拿黏有洗液的外壁)，缓慢转动移液管，使洗液布满全管，然后将洗液倒回原瓶。

(2)润洗：移取溶液前，先用少量待量取的液体润洗 3 次。方法同洗涤。

(3)移液：移液管经润洗后，移取溶液时，右手手指拿住管标线上部，使移液管下端伸入溶液液面下约 1cm 处[见实训图 29(a)]，不可伸入太深或太浅，防止管外壁粘液带出额外的液体或管口露出液面造成吸空。左手持洗耳球，捏扁洗耳球挤出空气并将其下端尖嘴插入移液管上端口内，然后逐渐松开洗耳球吸上溶液，眼睛注意管内液体上升情况，移液管应随容器中液面的下降而下伸。当溶液上升到标线以上时，迅速用右手食指紧按管口，将移液管从液面下取出，靠在盛溶液容器的内壁上，然后稍微放松食指，液体流出，当管内液面下降到与标线相切时，应立即按紧食指，液体不再流出。把移液管移入准备接受溶液的容器中，仍要使其尖嘴接触容器内壁，并使容器倾斜而移液管直立[见实训图29(b)]。抬起食指，使溶液沿壁自由流下，待溶液全部流出后，需等15秒钟后再拿出移液管，但不要将管尖内残留的液体吹出，制管时已考虑到这部分残留液体所占体积。有的移液管(吸量管)标有“吹”(或“E”)的字样，使用时则需将残留在管尖的液体吹出，因为在制作此种吸管时，将尖嘴内的液体包括在移取一定体积的溶液之内。

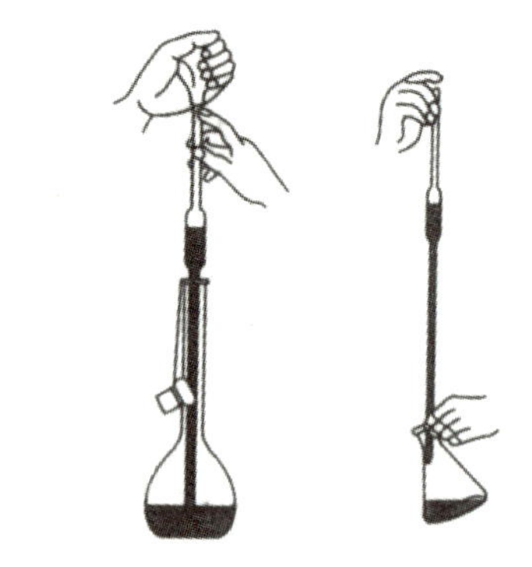

(a) 用移液管吸取溶液 (b) 排放溶液

实训图29　移液管的操作方法

注意：移液管(吸量管)不能加热或移取热溶液。为了减少测量误差，吸量管每次都应从最上面刻度起往下放出所需体积的液体。

(二)容量瓶的使用

容量瓶是一种细颈梨形的平底玻璃瓶，带有磨口塞子，颈上有标线，见图实训图30。规格以刻度线以下的容积(mL)表示，一般表示在20℃时，液体充满到标线时的体积。常用的有10mL、25mL、50mL、100mL、250mL、500mL、1000mL等规格。

作用：容量瓶用于配制准确浓度一定体积溶液。

容量瓶的使用方法：

(1)检漏：容量瓶在使用前应先检查是否漏水。瓶中注入自来水至标线附近，盖好瓶塞。左手按住瓶塞，右手拿住瓶底，将瓶倒立片刻，观察瓶塞周围有无漏水现象。若不漏水，将瓶正立，瓶塞旋转180°后，再次倒立，检查是否漏水。若两次操作，容量瓶瓶塞周围都无水漏出，方可使用。

容量瓶

实训图30　容量瓶

(2)洗涤：先用自来水冲洗，再用蒸馏水润洗三次备用。容量瓶的瓶塞是磨口的，不同容量瓶的瓶塞不能互换，使用过程中瓶塞不应放在桌面上，以免沾污。所以一般用线绳或者橡皮圈将它系在瓶颈上。

(3)溶解：在配制溶液前，应先将称量好的固体物质放入干净的烧杯中用少量的蒸馏水溶解，溶解后转移到容量瓶里。如用浓溶液配制稀溶液，为了防止稀释放热使溶液溅出，一般应在烧杯中加入少量的蒸馏水，将一定体积的浓溶液沿玻璃棒分数次缓慢倒入水中同时搅动，待溶液冷却后，再转移到容量瓶中。

(4)转移：将烧杯中的溶液沿玻璃棒小心地转移到容量瓶中，用玻璃棒引流时，玻璃棒的一端应靠在容量瓶瓶颈刻度线下方的内壁上，不要让玻璃棒的其他部位接触容量瓶瓶口，以防止液体流至容量瓶外壁。为保证溶质能全部转移到容量瓶中，再用洗瓶以少量水淋洗烧杯和玻璃棒3次，并将每次的淋洗液注入容量瓶中。

(5)定容：分多次加水稀释、振摇。当加到接近标线约0.5～1cm左右时，等30秒钟，待颈部的水充分流下后，应改用胶头滴管小心滴加蒸馏水至弯月面的最下沿与标线正好相切。若加水超过刻度线，则需重新配制。

(6)混匀：盖紧瓶塞，将容量瓶倒转多次，并在倒转时加以摇动，以保证瓶中溶液浓度上下各部分均匀。静置后如果发现液面低于刻度线，这是因为容量瓶内极少量溶液在瓶颈处润湿，并不影响所配制溶液的浓度。

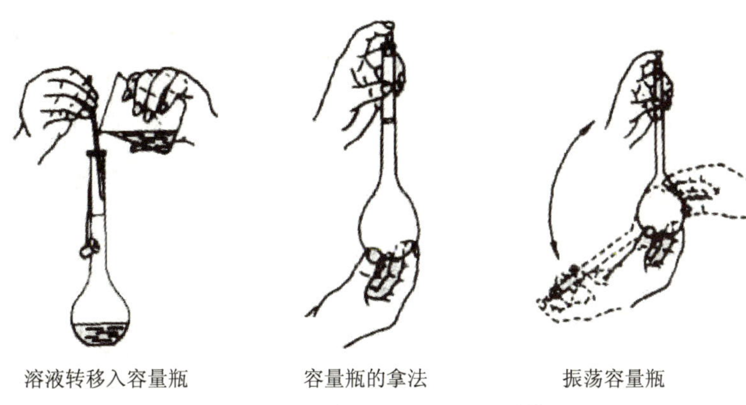

溶液转移入容量瓶　　容量瓶的拿法　　振荡容量瓶

实训图31　容量瓶使用方法

注意：①容量瓶只能用于配制溶液，不能存储溶液，因为溶液可能腐蚀容量瓶瓶体而影响容量瓶的精度。②容量瓶不能用毛刷洗刷，尽可能用水冲洗，必要时才用洗液浸洗，用完立即洗净，自然晾干，不能加热，不能放在烘箱中烘干。③不用时可在瓶塞与瓶口间夹一张纸条，防止瓶塞与瓶口黏连。

实训四　胶体溶液和高分子化合物溶液

一、实训目的

1. 制备胶体溶液。
2. 验证胶体溶液的主要性质。
3. 观察溶胶的聚沉作用和高分子化合物溶液对溶胶的保护作用。
4. 通过实验认识活性炭的吸附现象。

二、实训原理

胶体是一种分散相粒子直径为1～100nm的分散体系，主要包括溶胶和高分子化合物溶液两大类。固体分散相分散在互不相溶的液体介质中所形成的胶体称为溶胶。制备溶胶的方法一般有分散法和凝聚法。本实验主要采用化学凝聚法，利用化学反应生成不溶性产物，不溶性产物从其饱和状态析出，以保证粒子为胶体颗粒。$Fe(OH)_3$溶胶是利用 $FeCl_3$ 溶液在沸水中进行水解反应制备而成的。反应式如下：

$$FeCl_3 + 3H_2O \xlongequal{\text{煮沸}} Fe(OH)_3 + 3HCl$$

部分反应： $Fe(OH)_3(\text{溶胶}) + HCl \xlongequal{} FeOCl + 2H_2O$

再电离： $FeOCl \xlongequal{} FeO^+ + Cl^-$

由于水解进行得不完全，溶液中还存在着少量 Fe^{3+} 和 Cl^-，它们起着稳定剂的作用。由 m 个 $Fe(OH)_3$分子聚集成的胶核选择性地吸附了与 n 个($n < m$)其组成相似的 FeO^+ 离子而带正电荷，FeO^+离子又吸附溶液中带相反电荷的 Cl^- 和胶核共同组成胶粒，还有一部分 Cl^- 松散的分布在胶粒周围形成一个扩散层。胶粒和扩散层一起组成胶团。胶团的结构也可以用下式表示：

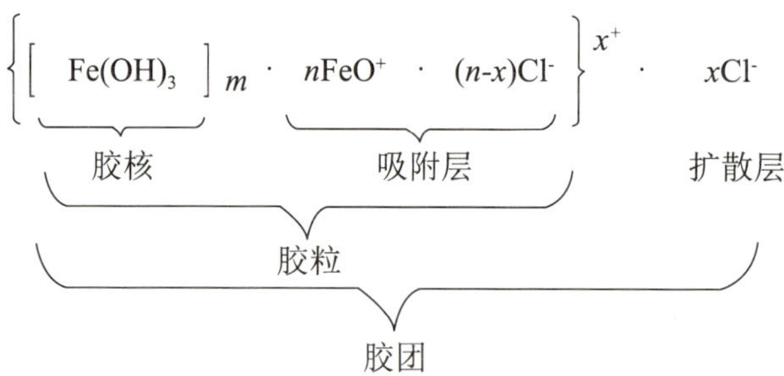

从上述结构中可以看出，整个胶团是电中性的。在外电场的作用下，胶粒在介质中定向移动的现象称为电泳。根据胶粒电泳的方向可以确定胶粒带有何种电荷。

溶胶稳定的主要因素是胶粒带电和水化膜的存在。溶胶的稳定性是相对的，当稳定性因素遭到破坏时，胶粒就会相互聚集成较大的颗粒而聚沉。引起溶胶聚沉的因素很多，如加入少量电解质、加反电荷溶胶以及加热。其中最重要的是电解质的作用，与胶粒带相反电荷的离子称为反离子，反离子的价数越高，聚沉能力越强。

在暗室中，用一束聚焦的光束照射溶胶，在与光束垂直的方向观察，可以看到溶胶中有一道明亮的光柱，这种现象称为丁铎尔现象。这种现象是由胶粒对光的散射作用产生的。利用丁铎尔现象可以区分溶胶和其他分散系。

高分子化合物溶液的分散相是单个的大分子，属均相体系。当把足量的高分子化合物溶液加入到溶胶中时，可在胶粒周围形成高分子保护层，提高溶胶的稳定性，使溶胶不易发生聚沉。

活性炭是一种疏松多孔、表面积大、难溶于水的黑色粉末。吸附能力强，可以用来吸附各种色素、有毒气体，所以常用作吸附剂。

三、实训仪器和药品

1. 仪器 试管及试管架，烧杯(100mL)，三脚架，石棉网，酒精灯，表面皿，量筒(10mL、50mL)，丁铎尔效应装置，电泳装置(U形管、直流电源、电极)。

2. 试剂 $1mol \cdot L^{-1}$ $FeCl_3$、Na_2SO_4、NaCl、$AlCl_3$，$0.05mol \cdot L^{-1}$ KI、$AgNO_3$，$0.02mol \cdot L^{-1}K_2CrO_4$，$0.01mol \cdot L^{-1}Pb(NO_3)_2$，硫酸铜溶液、明胶溶液、活性炭、品红溶液、硫化砷溶胶、酚酞。

四、实训内容

1. 胶体的制备

(1) $Fe(OH)_3$溶胶的制备：在洁净的小烧杯中加入30mL蒸馏水，加热至沸腾，在搅拌下逐滴加入$1mol \cdot L^{-1}FeCl_3$溶液1mL(每毫升约20滴)，继续煮沸，直到生成深红色的$Fe(OH)_3$溶胶。制得的溶胶备用。

(2) AgI溶胶的制备：用量筒量取$0.05mol \cdot L^{-1}$KI溶液20mL放入小烧杯中，边振摇边滴$0.05mol \cdot L^{-1}AgNO_3$，直到产生微黄色的AgI溶胶。

2. 胶体溶液的聚沉

(1) 加入少量电解质：取两支试管(编号1、2)，各加入自制的氢氧化铁溶胶1mL。在一支试管里逐滴滴加$1mol \cdot L^{-1}Na_2SO_4$直至出现沉淀为止，记录滴加的$Na_2SO_4$溶液的滴数。在另一只试管里逐滴加入相同滴数的$1mol \cdot L^{-1}$NaCl溶液，观察有无沉淀生成？试解释。

取两支试管(编号3、4)，各加入硫化砷溶胶1mL。然后，在一支试管中逐滴加入$1mol \cdot L^{-1}$NaCl溶液，在另一支试管里逐滴加入$1mol \cdot L^{-1}AlCl_3$溶液，直到它们分别出现沉淀为止。比较两支试管中溶胶聚沉所需电解质的量。试解释。

(2) 加入带相反电荷的溶胶：取1支试管(编号5)，加入氢氧化铁溶胶和硫化砷溶胶各1mL，振荡，观察有何现象发生？试解释。

(3) 加热：取1支试管(编号6)，加入2mL氢氧化铁溶胶，加热至沸腾，观察现象。

3. 胶体的丁铎尔现象 将制备的氢氧化铁溶胶放入试管中，置丁铎尔效应器内观察有无丁铎尔现象。改用硫酸铜溶液做同样的实验，观察有无丁铎尔现象。

4. 胶体的电泳 如实验图32所示，将制得的

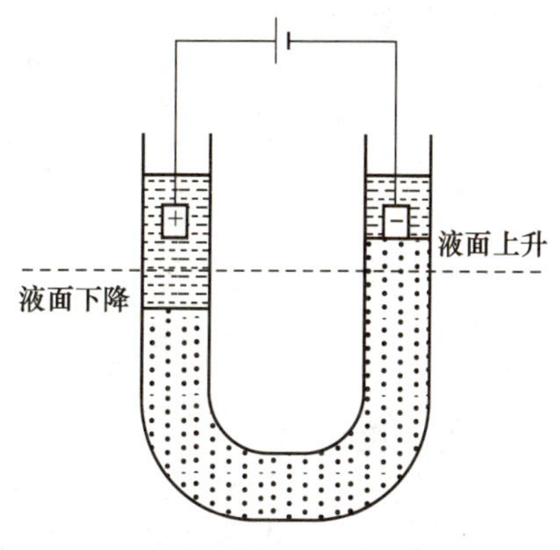

实训图32 电泳现象

$Fe(OH)_3$溶胶放入U形管中，在管的左右两边沿管壁小心滴入约2～3mL电解质溶液(做导电用)，使电解质与溶胶之间保持清晰的界面，两边的分界面要高度一致。然后插入电极，通电后，观察现象。

5. 高分子化合物对溶胶的保护作用

(1)取两支试管(编号7、8)，在一支试管中加入1mL明胶溶液，另一支试管中加入1mL蒸馏水，然后在两支试管中分别加入$1mol \cdot L^{-1}$ NaCl溶液5滴，振荡。再在两支试管中分别滴加2滴$0.1mol \cdot L^{-1}$ $AgNO_3$溶液，观察两试管中的现象有什么不同?

(2)取两支试管(编号9、10)，分别加入$1mol \cdot L^{-1}$ NaCl溶液5滴，再各加2滴$0.1mol \cdot L^{-1}$ $AgNO_3$溶液，振荡。然后，在一支试管中加入1mL明胶溶液，在另一支试管中加入1mL蒸馏水，观察两试管中的现象。

6. 活性炭的吸附作用

(1)活性炭对色素的吸附：在一支试管(编号11)中加入4mL品红溶液和一药匙活性炭，用力振荡试管后静置。观察上清液颜色有何变化。试解释。

将上述试管(编号11)里的物质用力摇动后过滤，过滤完毕，移去装有滤液的烧杯。在一个干净的空烧杯中，用4～5mL乙醇洗涤滤纸及滤纸上的残留物，观察滤液的颜色。试解释。

(2)活性炭对重金属离子的吸附：在一支试管(编号12)里加入蒸馏水约3mL，再滴加5滴$0.01mol \cdot L^{-1}$ $Pb(NO_3)_2$溶液，然后加入$0.01mol \cdot L^{-1}$ K_2CrO_4溶液5滴，观察现象。写出有关化学反应方程式。

另取一支试管(编号13)加入蒸馏水约3mL，再滴加5滴$0.01mol \cdot L^{-1}$ $Pb(NO_3)_2$溶液，和一小勺活性炭，振荡试管，静置片刻后过滤去活性炭。然后在滤液中滴加5滴$0.01mol \cdot L^{-1}$ K_2CrO_4溶液，观察现象。与上述试管比较有何不同，试解释。

五、注意事项

1. $Fe(OH)_3$溶胶的制备时小烧杯一定要清洁干净，加入蒸馏水，不能用自来水。蒸馏水沸腾，在搅拌下逐滴加入$FeCl_3$后继续煮沸，生成深红色的$Fe(OH)_3$溶胶，煮沸时间不宜过长。制得的溶胶不能长时间存放，若底部有沉淀物应除去。

2. 可以使用激光笔检验胶体是否生成，激光笔不可直射眼睛。

六、思考题

1. 制备$Fe(OH)_3$溶胶时，如何才能避免生成$Fe(OH)_3$沉淀?

2. 为什么使等量的硫化砷溶胶聚沉时所需$AlCl_3$和NaCl的量不同?

3. 在高分子化合物对溶胶的保护作用实验中，为什么加入明胶的先后不同会产生不同的现象？

4. 哪些因素可以使溶胶发生聚沉？

实训五　化学反应速率与化学平衡

一、实训目的

1. 理解化学反应速率的概念，化学反应速率的测定方法。
2. 熟悉浓度、温度、催化剂对反应速率的影响。
3. 熟悉浓度、温度对化学平衡的影响。

二、实训原理

（一）过二硫酸铵与碘化钾反应速率的测定原理

在水溶液中，过二硫酸铵与碘化钾发生如下反应：

$$(NH_4)_2S_2O_8 + 3KI \xlongequal{} (NH_4)_2SO_4 + K_2SO_4 + KI_3$$

$$S_2O_8^{2-} + 3I^- \xlongequal{} 2SO_4^{2-} + I_3^- \qquad (1)$$

根据反应速率定义，如果要测定该反应的反应速率，关键需要知道某个时间段里某反应物或生成物的浓度变化量（Δc）。

$$\nu \frac{\Delta c}{\Delta t}$$

为测出反应(1)在 Δt 的时间间隔里 $S_2O_8^{2-}$ 的浓度变化量 $\Delta c(S_2O_8^{2-})$，可以先向 KI 溶液中加入一定体积已知浓度的 $Na_2S_2O_3$溶液和淀粉溶液，最后再加入$(NH_4)_2S_2O_8$溶液，一旦加入$(NH_4)_2S_2O_8$溶液，反应(1)开始进行，而生成的 I_3^- 离子会与 $Na_2S_2O_3$ 发生如下反应：

$$2S_2O_3^{2-} + I_3^- \xlongequal{} S_4O_6^{2-} + 3I^- \qquad (2)$$

这个反应非常快，几乎瞬间就能完成，相比下，反应(1)就比反应(2)要慢得多。一旦 $Na_2S_2O_3$被反应完，反应(1)生成的微量 I_3^- 就会立即与淀粉反应，使溶液呈蓝色。

从反应开始至出现蓝色这段时间（Δt）里，根据反应(1)和反应(2)的计量关系，由 $Na_2S_2O_3$的消耗量可得出这段时间里 $S_2O_8^{2-}$ 的浓度变化量 $\Delta c(S_2O_8^{2-})$，即可求出在这段时间里过二硫酸铵与碘化钾反应的反应速率，如下式：

$$\nu(S_2O_8^{2-}) = \left|\frac{\Delta c(S_2O_8^{2-})}{\Delta t}\right| = \left|\frac{2\Delta c(S_2O_3^{2-})}{\Delta t}\right|$$

（二）平衡移动的相关反应

$$FeCl_3 + 6KSCN \rightleftharpoons K_3[Fe(SCN)_6] + 3KCl$$

血红色

$$2NO_2 \rightleftharpoons N_2O_4$$

红棕色　　无色

三、实训仪器和药品

1. 仪器　大试管、量筒（100mL、10mL）、烧杯（100mL、50mL）、温度计、酒精灯、秒表、热水浴、二氧化氮平衡仪。

2. 药品　0.20mol·L^{-1} $(NH_4)_2S_2O_8$、KI、$(NH_4)_2SO_4$、KNO_3、$Cu(NO_3)_2$，0.010mol·L^{-1} $Na_2S_2O_3$，2%淀粉溶液。

四、实训内容

（一）化学反应速率的测定及影响因素

1. 浓度对化学反应速率的影响及化学反应速率的测定　分别用3个量筒量取0.20mol·L^{-1} KI溶液20.0mL、0.010mol·L^{-1} $Na_2S_2O_3$溶液8.0mL、2%淀粉溶液4.0mL，都倒入100mL的烧杯中，混合均匀。然后用另一个量筒量取20.0mL 0.20mol·L^{-1}的$(NH_4)_2S_2O_8$溶液，迅速倒入烧杯中后，立即按动秒表计时，并不断搅拌，仔细观察（可在烧杯底部放一张白纸，以便观察颜色）。当溶液出现蓝色时，立即按停秒表，记录反应时间和室温。

用同样的方法，按照实训表5－1的数据完成编号2～5的实验。

实训表5－1　浓度对反应速率的影响及化学反应速率的计算

实验内容		实验编号				
		1	2	3	4	5
试剂用量（mL）	0.010mol·L^{-1} $Na_2S_2O_3$溶液	8.0	8.0	8.0	8.0	8.0
	0.20mol·L^{-1} KI溶液	20.0	20.0	20.0	10.0	5.0
	2%淀粉溶液	4.0	4.0	4.0	4.0	4.0
	0.20mol·L^{-1} $(NH_4)_2S_2O_8$溶液	20.0	10.0	5.0	20.0	20.0
	0.20mol·L^{-1} KNO_3溶液	—	—	—	10.0	15
	0.20mol·L^{-1} $(NH_4)SO_4$溶液	—	10.0	15.0	—	—
起始浓度（mol·L^{-1}）	$Na_2S_2O_3$溶液					
	KI溶液					
	$(NH_4)_2S_2O_8$溶液					
数据记录及处理	室温（℃）					
	反应时间 Δt(s)					
	浓度变化量 $\Delta c(S_2O_8^{2-})$（mol·L^{-1}）					
	化学反应速率 v（mol·L^{-1}·s^{-1}）					
实验结论						

2. 温度对反应速率的影响 按照实训表5－1中编号4的试剂用量，将装有KI溶液、$Na_2S_2O_3$溶液、淀粉溶液、KNO_3溶液的烧杯和装有$(NH_4)_2S_2O_8$溶液的大试管均放入热水浴中加热，当溶液温度高于室温10℃左右时，将大试管中的$(NH_4)_2S_2O_8$溶液的迅速加入烧杯中，并按下秒表计时，当溶液刚出现蓝色时，按停秒表，记录反应时间。用同样的方法测定冰水浴中，低于室温10℃左右时反应所需时间。（通常短时间内室温变化不大，编号2可直接用实训表5－1的数据）

实训表5－2 温度对化学反应速率的影响

实验编号	1	2	3
反应温度 T(℃)		室温	
反应时间 Δt(s)			
反应速率 v($mol \cdot L^{-1} \cdot s^{-1}$)			
实验结论			

3. 催化剂对反应速率的影响 按照实训表5－1中编号4的试剂用量，将KI溶液、$Na_2S_2O_3$溶液、淀粉溶液、KNO_3溶液加入100mL烧杯中，然后向烧杯中滴2滴0.20$mol \cdot L^{-1}$$Cu(NO_3)_2$溶液，混合均匀后，迅速加入$(NH_4)_2S_2O_8$溶液，立即计时，当蓝色出现时停表，记录数据。

实训表5－3 催化剂对化学反应速率的影响

实验内容	加催化剂	不加催化剂
反应时间 Δt(s)		
反应速率 v($mol \cdot L^{-1} \cdot s^{-1}$)		
实验结论		

（二）化学平衡的影响因素

1. 浓度对化学平衡的影响 在小烧杯中加入20mL蒸馏水，再滴加0.5$mol \cdot L^{-1}$$FeCl_3$溶液和0.5$mol \cdot L^{-1}$KSCN溶液各2滴，混合均匀，溶液呈血红色。然后将该溶液分盛入4支试管（每支试管5mL）。按照下表要求分别加入相关物质，充分摇匀后，比较4支试管中溶液的颜色变化。

实训表5－4 浓度对化学平衡的影响

实验编号	1	2	3	4
加入0.5$mol \cdot L^{-1}$$FeCl_3$	2滴	—	—	—
加入0.5$mol \cdot L^{-1}$KSCN	—	2滴	—	—
加入固体KCl	—	—	少量	—
颜色变化				无（对照）
实验结论				

2. 温度对化学平衡的影响 将二氧化氮平衡仪的一边烧瓶放入盛有冰水的烧杯中，

另一边的烧瓶放入盛有热水的烧杯中，比较两边烧瓶中气体的颜色变化。

五、思考题

1. 为什么可以用溶液出现蓝色的时间长短来计算反应速率？溶液出现蓝色后，过二硫酸铵与碘化钾的化学反应是否已经终止？

2. $(NH_4)SO_4$溶液和KNO_3溶液的作用是什么？能否用蒸馏水替代？

3. 缓慢加入$(NH_4)_2S_2O_8$溶液对实验结果有什么影响？

实训六 缓冲溶液

一、实训目的

1. 掌握缓冲溶液的配制方法。

2. 掌握用 pH 试纸测定溶液的方法。

3. 了解缓冲容量与缓冲剂浓度和缓冲组分的比值关系。

二、实训指导

能够抵抗外加少量强酸、强碱或适当稀释而保持溶液 pH 基本不变的溶液称为缓冲溶液。在配制缓冲溶液时既要有一定的 pH 值，还要有较大的缓冲容量。配制一定 pH 值的缓冲溶液的基本原则是：首先要选择合适的缓冲对，一般选择 pK_a 值与欲配制的缓冲溶液的 pH 值尽量接近的缓冲对；其次所配制的缓冲溶液要有一定的总浓度，一般缓冲溶液的总浓度为 0.05 ~0.5mol · L^{-1}。

缓冲溶液的 pH 值可用下式计算：

$$pH = pK_a + \lg\frac{c_b}{c_a} \quad 或 \quad pH = pK_a + \lg\frac{n_b}{n_a}$$

当共轭酸与共轭碱的浓度相等时，溶液的 pH 值可由以下公式计算：

$$pH = pK_a + \lg\frac{V_b}{V_a}$$

三、实训仪器和试剂

1. 仪器 10mL 吸量管、烧杯、试管、量筒等。

2. 试剂 HCl(0.1mol · L^{-1})、pH4 的 HCl 溶液、HAc 溶液(0.1mol · L^{-1}、1mol · L^{-1})、NaOH 溶液(0.1mol · L^{-1}、2mol · L^{-1})；pH10 的 NaOH 溶液、$NH_3 \cdot H_2O$ 溶液(0.1mol · L^{-1})、NaAc 溶液(0.1mol · L^{-1}、1mol · L^{-1})、NaH_2PO_4溶液(0.1mol · L^{-1})、Na_2HPO_4溶液

($0.1mol \cdot L^{-1}$)、NH_4Cl 溶液($0.1mol \cdot L^{-1}$)以及甲基红指示剂、精密 pH 试纸。

四、实训内容

1. 缓冲溶液配制 配制甲、乙、丙三种指定 pH 值的缓冲溶液各 10mL，三种缓冲溶液的组成如实训表 6－1 所示。计算三种缓冲溶液中各组分所需体积，并填入表中。

实训表 6－1 缓冲溶液理论配制与实验测定

缓冲溶液	pH 值	组 成	各组分体积(mL)	测得 pH 值
甲	4	$0.1mol \cdot L^{-1}$ HAc		
		$0.1mol \cdot L^{-1}$ NaAc		
乙	7	$0.1mol \cdot L^{-1}$ NaH_2PO_4		
		$0.1mol \cdot L^{-1}$ Na_2HPO_4		
丙	10	$0.1mol \cdot L^{-1}$ $NH_3 \cdot H_2O$		
		$0.1mol \cdot L^{-1}$ NH_4Cl		

根据计算所得各组分体积用量，用 10mL 小量筒配制甲、乙、丙三种缓冲溶液于已标号的 3 支试管中。用精密 pH 试纸测定所配制缓冲溶液的 pH 值，填入表中。试比较实验值与计算值是否相符(保留溶液，留作下面实验用)。

2. 缓冲溶液的性能

(1)缓冲溶液对强酸和强碱的缓冲能力。

①在两支试管中各加入 3mL 蒸馏水，用 pH 试纸测定其 pH 值，然后分别加入 3 滴 $0.1mol \cdot L^{-1}$ HCl 和 $0.1mol \cdot L^{-1}$ NaOH 溶液，再用 pH 试纸测其 pH 值，比较加入强酸和强碱后蒸馏水的 pH 值变化。

②将实验 1 中配制的甲、乙、丙三种溶液依次各取 3mL，每种取 2 份，分别置于带有标签的 6 支试管中，然后分别加入 3 滴 $0.1mol \cdot L^{-1}$ HCl 和 $0.1mol \cdot L^{-1}$ NaOH 溶液，用 pH 试纸测其 pH 值，并填入实训表 6－2 中。比较加入强酸和强碱后三种缓冲溶液的 pH 值变化。

实训表 6－2 缓冲溶液的性质

缓冲溶液	甲		乙		丙	
	加酸	加碱	加酸	加碱	加酸	加碱
测得 pH						
$\vert \Delta pH \vert$						

(2)缓冲溶液对稀释的缓冲能力。按实训表 6－3 所示，在 4 支试管中依次加入 pH＝4 的缓冲溶液、pH＝4 的 HCl 溶液、pH＝10 的缓冲溶液、pH＝10 的 NaOH 溶液各 1mL，然后在各试管中分别加入 10mL 蒸馏水，混合后用精密 pH 试纸测量其 pH 值。比较各试管中溶液加入蒸馏水后的 pH 值变化，并解释原因。

实训表6－3 缓冲溶液的稀释

试管编号	1	2	3	4
溶液	pH＝4 的缓冲溶液	pH＝4 的 HCl 溶液	pH＝10 的缓冲溶液	pH＝4 的 NaOH 溶液
稀释后的 pH				
｜ΔpH｜				

3. 缓冲容量

(1)缓冲容量与缓冲剂浓度的关系。取 2 支试管，在一支试管中用吸量管分别加入 3mL 0.1mol·L^{-1}HAc 溶液和 3mL 0.1mol·L^{-1}NaAc 溶液，另一只试管中用吸量管分别加入 3mL 1mol·L^{-1}HAc 溶液和 3mL 1mol·L^{-1}NaAc 溶液，摇动使之混合均匀。用精密 pH 试纸测量两试管中溶液的 pH 值。

在两试管中分别滴入 2 滴溴酚红指示剂，观察溶液的颜色，然后在两试管中分别滴加 2mol·L^{-1}NaOH 溶液(每加一滴均需充分振摇)，直到溶液的颜色变成红色。记录各管所加 NaOH 溶液的滴数。解释所得的结果。

(2)缓冲容量与缓冲组分比值的关系。取 2 支试管，在一支试管中用吸量管分别加入 5mL 0.1mol·$L^{-1}$$Na_2HPO_4$和 5mL 0.1mol·$L^{-1}$$NaH_2PO_4$溶液，另一支试管中用吸量管分别加入 9mL 0.1mol·$L^{-1}$$Na_2HPO_4$和 3mL 0.1mol·$L^{-1}$$NaH_2PO_4$，用精密 pH 试纸测量两试管内溶液的 pH 值。然后在每支试管中加入 1mL 0.1mol·L^{-1}NaOH 溶液，再用精密 pH 试纸测量两试管内溶液的 pH 值。比较每一试管在加入 NaOH 溶液前后的 pH 值改变？解释所得的结果。

五、注意事项

1. 配制缓冲溶液时，应根据计算结果，用刻度吸量管准确地移取共轭酸和共轭碱。
2. 溴酚红指示剂的变色范围为 5.0～6.8，pH＜5.0 呈黄色，pH＞6.8 呈红色。

六、实训思考

1. 利用精密 pH 试纸检验溶液的 pH 值时，应注意哪些问题？
2. 影响缓冲容量的因素有哪些？

附：实训操作指导

试纸的使用

化学实验中常用的试纸有红色石蕊试纸、蓝色石蕊试纸、pH 试纸、淀粉碘化钾试纸和醋酸铅试纸。本实验主要介绍 pH 试纸的使用。

1. pH 试纸的原理和作用 pH 试纸的应用非常广泛。pH 的反应原理是基于 pH 指示剂法，目前，一般的 pH 分析试纸中含有甲基红[pH4.2(红)~6.2(黄)]、溴甲酚绿[pH3.6(黄)~5.4(绿)]、溴百里香酚蓝[pH6.7(黄)~7.5(蓝)]，这些混合的酸碱指示剂适量配合可以反映 pH4.5~9.0 的变异范围。pH 试纸遇到酸碱性强弱不同的溶液时，显示出不同的颜色，可与标准比色卡对照，来快速判断溶液酸碱性强弱和粗略读取溶液的 pH 值大小。

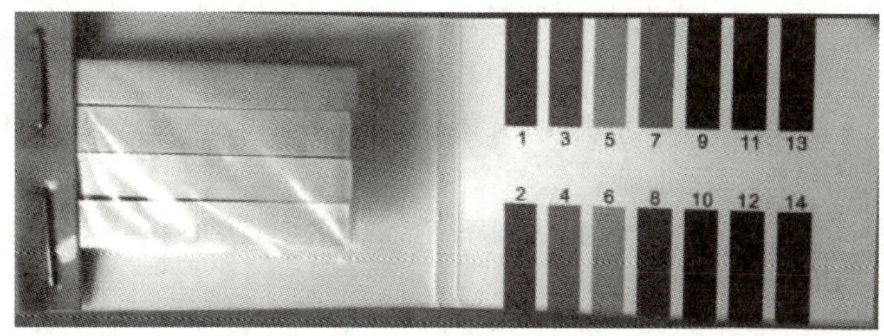

实训图 33 广泛 pH 试纸

2. pH 试纸的分类 pH 试纸分为广泛 pH 试纸和精密 pH 试纸。广泛 pH 试纸测量范围是 1~14，对比比色卡，只能测出 pH 整数值，精确至 1。精密 pH 试纸可以将 pH 值精确到小数点后一位。按测量区间分：有 pH(0.5~5.0)、pH(3.8~5.4)、pH(5.4~7.0)、pH(5.5~9.0)、pH(6.4~8.0)等。pH 试纸不能超过测量的范围。可以先用广泛试纸大致测出溶液的酸碱性，再用的精密试纸进行精确测量。

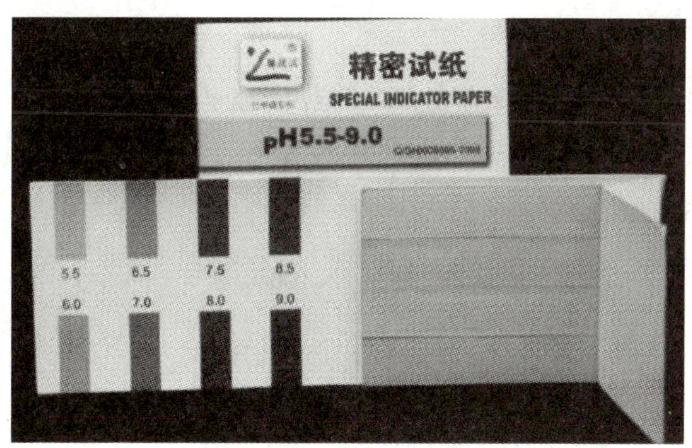

实训图 34 精密 pH 试纸

精密 pH 试纸的比色卡和广泛试纸的比色卡不同。广泛 pH 试纸的比色卡是隔一个 pH 值一个颜色。而精密 pH 试纸按测量精度上可分 0.5 级、0.3 级、0.2 级或更高精度。

3. pH 试纸的使用方法

(1)检测溶液酸碱度时：取一小块试纸放在表面皿、点滴板或玻璃片上，用清洁玻璃棒蘸取待测液点滴于试纸中部，观察颜色变化，稳定后，在半分钟内与标准颜色卡对比，判断溶液酸碱度。

(2)检验气体酸碱度时，先用蒸馏水将试纸润湿，黏在玻璃棒一端，送到盛有待测气体的容器口附近，观察颜色变化，并在半分钟内与标准比色卡比较，判断气体酸碱度。

4. 注意事项

(1)切忌不要将 pH 试纸直接浸入待测液，因其会污染待测液。

(2)试纸不可接触试管口、瓶口、导管口等。

(3)测定溶液的 pH 时，试纸不可事先用蒸馏水润湿，因为润湿试纸相当于稀释被检验的溶液，这会导致测量不准确。

(4)取出试纸后，应将盛放试纸的容器盖严，以免被实验室的一些气体污染。

实训七　醋酸电离度和电离常数的测定

一、实训目的

1. 测定醋酸的电离度和电离平衡常数。
2. 学习使用 pH 计。
3. 掌握容量瓶和吸量管的基本操作。

二、实训指导

醋酸是一元弱酸，在水溶液中存在着以下电离平衡：

$$HAc = H^+ + Ac^-$$

若 c 为 HAc 的原始浓度，则有：

$$\alpha = \frac{[H^+]}{c} \times 100\%$$

$$K_a = \frac{[H^+][Ac^-]}{[HAc]} = \frac{[H^+]^2}{c-[H^+]}$$

根据以上关系，通过测定已知浓度 HAc 溶液的 pH 值，就可算出$[H^+]$，从而可以计算该 HAc 溶液的电离度和平衡常数。

三、实训仪器和试剂

1. 仪器　pHS－3C 型酸度计，吸量管(10mL)，小烧杯(50mL)，容量瓶(50mL)。

2. 试剂　0.2mol·L^{-1}HAc 标准溶液。

四、实训内容

1. 配制不同浓度的 HAc 溶液 用移液管或吸量管分别取 2.50mL、5.00mL、25.00mL 0.2mol·L^{-1}的 HAc 标准溶液，分别加入到三只 50mL 的容量瓶中，用蒸馏水稀释至刻度，摇匀，得到三种不同浓度的 HAc 溶液。计算三个容量瓶中 HAc 溶液的准确浓度。

2. 测定不同浓度 HAc 的溶液的 pH 值，并计算电离度和电离常数 将以上三种不同浓度的 HAc 溶液分别加入到三只洁净干燥的 50mL 烧杯中，另取一只洁净干燥的 50mL 烧杯，加入 HAc 标准溶液溶液。将以上四种不同浓度的溶液分别编号，然后按照由稀到浓的顺序在 pHS－3C 型酸度计上分别测定它们的 pH 值，并记录测得的 pH 值和室温。分别计算电离度和电离常数。

3. 数据记录及结果处理

室温：　　℃

实验序号	c(HAc)	pH 值	[H$^+$] (mol·L^{-1})	电离度 α	K_a 计算值	K_a 平均值
1						
2						
3						
4						

五、注意事项

1. 玻璃电极在初次使用前，必须在蒸馏水中浸泡一昼夜以上，平时也应浸泡在蒸馏水中以备随时使用。

2. 测定醋酸溶液 pH 值用的小烧杯，必须洁净、干燥，否则，会影响醋酸起始浓度，以及所测得的 pH 值。

3. pH 计使用时按浓度由低到高的顺序测定 pH 值，每次测定完毕，都必须用蒸馏水将电极头清洗干净，并用滤纸擦干。

六、思考题

1. 改变所测 HAc 溶液的浓度或温度，电离度或电离常数是否有变化？若有变化，怎样变？

2. 若所用 HAc 溶液的浓度极稀，是否还能用近似公式 $K_a=\frac{[H^+]^2}{c}$来计算 K_a，为什么？

附：实训操作指导

pHS－3C 酸度计及其使用

pHS－3C 型酸度计是精密数字显示 pH 计。该仪器常用来测定水溶液的 pH 值和电位(mV)值。本指导主要介绍测量溶液 pH 值时的使用方法。

在测定溶液的 pH 值时，常以玻璃电极为指示电极、饱和甘汞电极为参比电极，浸入待测溶液中组成原电池。在具体测定时应先用已知 pH 的标准缓冲溶液来校正 pH 计，然后再测定待测液的 pH。

1. 酸度计的构造和功能 pHS－3C 型酸度计外型结构和后面板如实训图 35 所示，其操作键盘如实训图 36 所示。

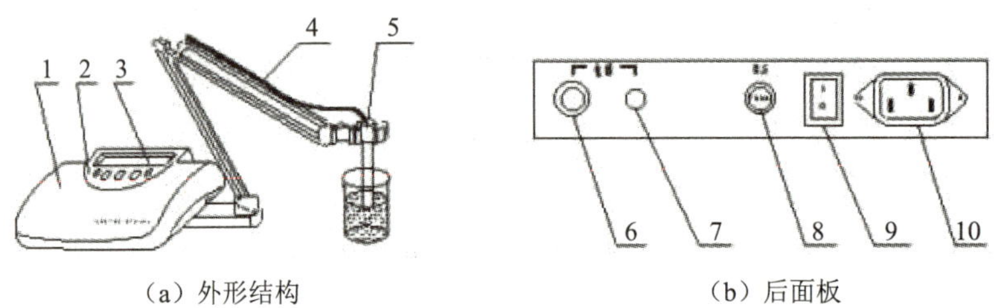

（a）外形结构　　（b）后面板

1. 机箱；2. 键盘；3. 显示屏；4. 多功能电极架；5. 电极；6. 测量电极插座；7. 参比电极接口；8. 保险丝；9. 电源开关；10. 电源插座

实训图 35　pHS－3C 型酸度计

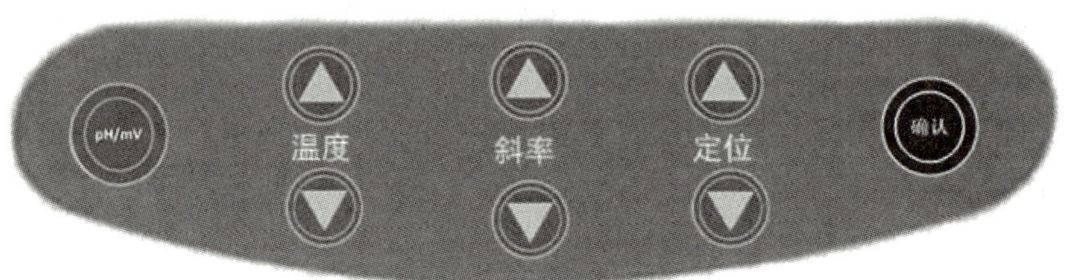

实训图 36　操作键盘

实训表 7－1

按键	功　能
pH/mV	“pH/mV”转换键，pH、mV 测试模式转换，在测量状态下，按一次进入“pH”测量模式，再按一次进入“mV”测量模式
温度	“温度补偿键”，对温度进行手动设置，补偿由于溶液温度不同对测量结果产生的影响，在测定 pH 和校正时，调节至溶液温度值
斜率	“斜率键”，用于补偿电极转换系数。由于实际电极系统不能达到理论上转换系数(100%)，设置此键对两点校正法测量结果进行 pH 校正，使仪器测量更精准

续 表

按键	功 能
定位	"定位键"，用于消除电极不对称电位和液接电位对测量结果所产生的误差。玻璃电极和甘汞电极(或复合电极)浸入 pH 为 7 缓冲溶液时，其电势不能达到理论上 0mV(pH 为 7)，而有一定数值，该电势差称之为不对称电位。其大小与玻璃电极膜的材料性质、内外参比体系、待测溶液性质和温度等因素有关。为了提高测定准确度，测定前必须通过定位按键(或旋钮)调节消除
△	"数值上升键"，按此键能调节数值上升
▽	"数值下降键"，按此键能调节数值下降
确定	"确定键"按此键能确认上一步操作

2. 酸度计校正常用的标准缓冲溶液

(1)磷酸标准缓冲溶液：精密称取在 115 ±5℃ 干燥 2 ~3 小时的无水磷酸氢二钠 3. 54g 与磷酸二氢钾 3. 40g，加水使之溶解并稀释至 1000mL。

(2)邻苯二甲酸标准缓冲溶液：精密称取在 115 ±5℃ 干燥 2 ~3 小时的邻苯二甲酸氢钾 10. 21g，加水使之溶解并稀释至 1000mL。

(3)草酸盐标准缓冲液：精密称取在 54 ±3℃ 干燥 4 ~5 小时的草酸三氢钾 12. 71g，加水使之溶解并稀释至 1000mL。

(4)硼砂标准缓冲液：精密称取硼砂 3. 81g(注意避免风化)，加水使之溶解并稀释至 1000mL，将溶液置于聚乙烯塑料瓶中，密封，避免空气中 CO_2 进入。

(5)氢氧化钙标准缓冲溶液：在 25℃下，用无 CO_2 水和过量氢氧化钙经充分振摇制成饱和溶液，取上清液使用。因本缓冲液是 25℃时的氢氧化钙饱和溶液，所以临用前需核对溶液温度是否在 25℃，否则需调温至 25℃再经沉淀溶解平衡后，方可取上清液使用。存放时应防止空气中 CO_2 进入。一旦出现浑浊，应弃去重配。

上述标准缓冲溶液必须用 pH 基准试剂配制。不同温度时各种标准缓冲液 pH，见附录六。

3. 使用方法

(1)开机前准备

①接通电源：将电源插头插入 220V 交流电源上，输出插头插入仪器后面板电源插孔。

②电极安装：将复合电极装在电极架上，拔下电极下端的电极保护套；拔去仪器后电极插座上的短路插头，接上电极插头。

③按下电源开关，预热 5 分钟。

(2)校正：酸度计的校正，分为一点校正，用一种缓冲液定位，一般用于粗略测量；两点校正，用两种缓冲液定位，一般用于精确测量；三点校正，用于精确测量。

下列为两点校正操作步骤：

①按"pH/mV"按钮将屏幕显示转换为 pH，使仪器进入 pH 测量状态，斜率默认

为100%。

②用去离子水清洗复合电极，用软质滤纸轻轻吸干玻璃泡上水分。

③把用去离子水清洗过的电极插入pH=6.86的标准缓冲溶液中(如0.025mol·kg^{-1}混合磷酸盐)中，将“温度△ ▽”调至与待测溶液温度一致，按“确定”完成设置。读数稳定后，按“定位△ ▽”(此时pH指示灯慢闪烁，表明仪器在定位标定状态)，使仪器显示的pH与该标准缓冲液在当前温度下的pH一致(例如混合磷酸盐25℃时，pH值为6.86；10℃时，pH=6.92)，然后按“确认”键，仪器进入pH测量状态，pH指示灯停止闪烁，按“确认”完成。

④取出电极，用去离子水清洗电极后，用软质滤纸轻轻吸干玻璃泡上水分。

⑤将复合电极插入另一种标准缓冲溶液(如0.05mol·kg^{-1}邻苯二甲酸氢钾或0.01mol·kg^{-1}四硼酸钠)中，“用温度△ ▽”和“确定”完成温度设置。读数稳定后，按“斜率△ ▽”，使仪器显示的pH与该标准缓冲溶液在当前温度下的pH一致，按“确认”完成。

一般来说，仪器在连续使用时，每天应校正一次。校正用的缓冲溶液pH应接近被测溶液pH。

(3)测量溶液pH：先用去离子水清洗复合电极，再用被测溶液清洗后，将电极插入被测溶液中，用玻璃棒搅拌(或摇动)使溶液均匀，在显示屏上读出待测溶液pH。

若被测溶液与校正时所用的标准缓冲溶液温度不同，应将温度设置为待测溶液温度，再测量。精确测量时，被测溶液温度最好与校正溶液温度保持一致。

(4)测定完毕，移走溶液，关上“电源”开关，拔去电源。用蒸馏水冲洗电极，管口套上帽。

4. 注意

(1)经标定后，“定位”键及“斜率”键不能再按，如果触动此键，此时仪器pH指示灯闪烁，请不要按“确认”键，而是按“pH/mV”键，使仪器重新进入pH测量即可，而无须再进行标定。

(2)标定的缓冲溶液一般第一次用pH=6.86的溶液，第二次用接近被测溶液pH值的缓冲液，如被测溶液为酸性时，缓冲溶液应选pH=4.00；如被测溶液为碱性时则选pH=9.18的缓冲溶液。

(3)应避免电极下部的玻璃泡与硬物或污物接触。若玻璃泡上发现污染，可用医用棉花轻擦玻璃泡或用0.1mol·L^{-1}盐酸清洗。

(4)复合电极外参比溶液为3mol·L^{-1}氯化钾溶液，补充液可从电极上端小孔中加入。

(5)复合电极使用后，应清洗干净，套上保护套，保护套中加入少量补充液以保持电极顶端球泡湿润。

(6)新的或长久不用的复合电极，使用前应浸泡在 $3mol \cdot L^{-1}$ 氯化钾溶液中活化24小时。

实训八　醋酸银溶度积常数的测定

一、实训目的

1. 学习测定难溶盐 AgAc 溶度积常数的原理和方法。
2. 学习移液管(吸量管)、滴定管和 pH 试纸的正确使用。
3. 进一步巩固酸碱滴定、过滤等基本操作。

二、实训原理

一定温度下，难溶电解质溶液中，存在沉淀溶解平衡。对于 AgAc，其溶度积常数表达式为：

$$AgAc \rightleftharpoons Ag^{+} + Ac^{-}$$

$$K_{sp} = [Ag^{+}][Ac^{-}]$$

首先 $AgNO_3$ 和 NaAc 反应，生成 AgAc 沉淀，达到沉淀溶解平衡后将沉淀过滤出来，以 Fe^{3+} 为指示剂，用已知浓度的 KSCN 溶液滴定一定体积的滤液，滴定结束时根据消耗的 KSCN 的量计算出溶液中 $[Ag^{+}]$，再根据实验初始加入的 $AgNO_3$ 和 NaAc 的量求出平衡时 $[Ac^{-}]$，从而得到 $K_{sp}(AgAc)$。

$$AgNO_3 + NaAc \rightleftharpoons AgAc\downarrow + NaNO_3$$

$$Ag^{+} + SCN^{-} \rightleftharpoons AgSCN\downarrow$$

$$Fe^{3+} + 3SCN^{-} \rightleftharpoons Fe(SCN)_3$$

计算公式

$$[Ag^{+}] = \frac{V(KSCN)c(KSCN)}{V(液)}$$

$$[Ac^{-}] = [Ag^{+}]$$

$$K_{sp} = [Ag^{+}][Ac^{-}]$$

三、实训仪器和试剂

1. 仪器　滴定管、移液管、吸量管、烧杯、锥型瓶、漏斗、洗瓶、pH 试纸、滤纸、玻璃棒、温度计。

2. 试剂　NaAc 溶液($0.20mol \cdot L^{-1}$)、$AgNO_3$ 溶液($0.20mol \cdot L^{-1}$)、HNO_3 溶液($6mol \cdot L^{-1}$)、KSCN 溶液($0.10mol \cdot L^{-1}$)、$Fe(NO_3)_3$ 溶液。

四、实训内容

1. 用吸量管分别移取20.00mL、30.00mL的0.2mol·L^{-1} $AgNO_3$溶液于两个干燥的锥型瓶中，然后用另一吸量管分别加入40.00mL、30.00mL 0.2mol·L^{-1} NaAc溶液于上述二锥型瓶中，摇动锥型瓶约3分钟，然后静置30分钟使沉淀完全。

2. 分别将上述两瓶中混合液过滤，滤液用两个干燥洁净的小烧杯承接(滤液必须完全澄明，否则应重新过滤)。

3. 用移液管吸取25mL上述1号瓶中滤液放入两个洁净的锥型瓶中，加入1mL 6mol·L^{-1} HNO_3和5滴0.1mol·L^{-1} $Fe(NO_3)_3$溶液，若溶液显红色，再加几滴6mol·L^{-1} HNO_3直至无色。

4. 将0.10mol·L^{-1} KSCN溶液装入滴定管，调至"0"刻度，开始滴定锥形瓶中的滤液至溶液呈恒定浅红色，且保持半分钟不褪色为止。记录所用KSCN溶液的体积。

5. 重复操作3、4步骤，测定2号瓶中滤液。记录所用KSCN溶液的体积。分别计算出$[Ag^+]$和$[Ac^-]$，求出醋酸银的K_{sp}，取两次所得的K_{sp}平均值即为醋酸银的溶度积常数。

实训表8-1　数据记录与处理

实 验 项 目	1	2
$V(AgNO_3)$/mL		
$V(NaAc)$/mL		
混合物总体积/mL		
被滴定混合物体积/mL		
$c(KSCN)$/mol·L^{-1}		
滴定前KSCN溶液的读数/mL		
滴定后KSCN溶液的读数/mL		
滴定用KSCN溶液的体积/mL		
混合液中Ag^+总浓度		
混合液中Ac^-总浓度		
AgAc沉淀平衡后$[Ag^+]$		
AgAc沉淀平衡后$[Ac^-]$		
$K_{sp}(AgAc)$		
$K_{sp}(AgAc)$平均值		
测定相对误差/%		

五、注意事项

1. $AgNO_3$溶液和NaAc溶液在锥型瓶中反应时，要不断摇动锥型瓶。

2. 生成AgAc的反应约需30分钟，一定要沉淀完全。

3. 实验参考值 $K_{sp}=[Ag^+][Ac^-]=4.4\times10^{-3}$。

4. 实验用到干燥的烧杯、锥形瓶，须提前准备好。

六、思考题

1. 注意本实验中所用仪器哪些是需要干燥的，为什么？

2. 滴定时加入 $Fe(NO_3)_3$溶液为指示剂，为什么若溶液显红色必须加几滴 $6mol\cdot L^{-1}$ HNO_3直至无色？

附：实训操作指导

滴定管的使用

滴定管主要用于滴定分析，是滴定时准确测量标准液体体积的量器。滴定管有常量与微量滴定管之分，常量滴定管的容积有 20、25、50、100mL 四种规格，最小刻度为 0.1mL，估计读数 0.01mL；微量滴定管分为一般微量滴定管与自动微量滴定管，容积有 1、2、3、5、10mL 五种规格，刻度精度因规格不同而异，一般可准确至 0.005mL 以下。

常量滴定管有三种：酸式滴定管、碱式滴定管和酸碱两用滴定管，见实训图 37。

酸式滴定管的下端有玻璃活塞开关，它用来盛装酸性、氧化性（$KMnO_4$、I_2）以及盐类的稀溶液，不宜盛装碱性溶液。碱式滴定管的下端连接一橡皮管，管内有玻璃球以控制溶液的流出速度，橡皮管下端再连一尖嘴玻璃管。碱式滴定管用来盛放碱性溶液，凡是能与橡皮管起反应的氧化性溶液都不能盛放在碱式滴定管中。酸碱两用滴定管的下端有聚四氟乙烯塑料活塞，能耐酸、碱溶液腐蚀，既可以盛放酸性或氧化性溶液，也可以盛放碱液。

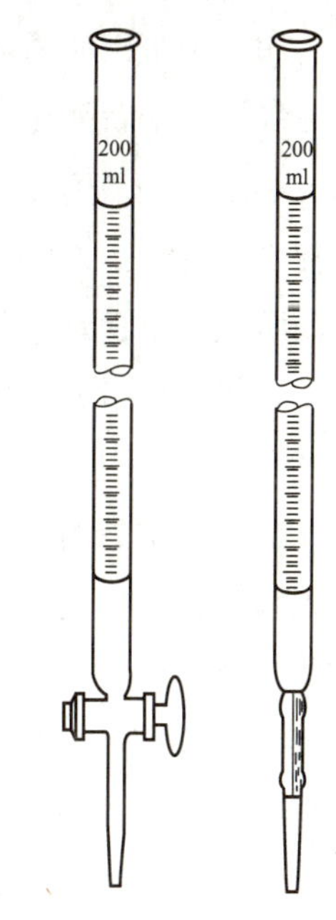

实训图 37 酸式、碱式滴定管

1. 滴定管的使用

（1）检漏：酸式滴定管使用前应检查活塞转动是否灵活，然后检查是否漏水。检漏的方法是先将活塞关闭，在滴定管内盛满水，擦干滴定管外部，夹在滴定管夹上，直立放置 2 分钟，观察管口及活塞两端是否有水渗出；再将活塞转动 180°，再放置 2 分钟，看是否有水渗出。如无渗水现象，活塞转动也灵活，即可洗净使用，否则应涂抹凡士林。

活塞涂凡士林的操作为：取下活塞，用滤纸将活塞和活塞套内的水擦干，用手指均匀地涂一薄层凡士林于活塞的两头（小心不要让凡士林堵住塞孔），然后将活塞插入活塞套中，向同一方向不断旋转活塞，直至转动部分均匀透明，最后用橡皮圈套住活塞末端，以防活塞脱落。

碱式滴定管则要检查玻璃珠的大小和乳胶管的内径是否匹配，是否漏水，能否灵活控制液滴的大小和流出速度，如不符合要求，应重新装配。

(2)洗涤：滴定管可先用自来水冲洗，如挂液，可用滴定管刷蘸肥皂水或洗涤剂洗刷(但不能用去污粉)，用水冲洗后若仍挂水珠，则酸式滴定管可直接在管中加入铬酸洗液浸泡，而碱式滴定管则先要去掉乳胶管，然后再加洗液浸泡。用洗液洗后再用自来水冲洗干净，最后用蒸馏水冲洗 2 ~3 次。

(3)装液：用蒸馏水冲洗干净的滴定管，装入标准溶液之前还需用待装溶液荡洗 2 ~3 次，以除去滴定管内的残留水分，每次用量为 5 ~10mL。荡洗时，两手平端滴定管，慢慢旋转，使待装溶液润及全管内壁，并使溶液从滴定管下端流净。荡洗后，将标准溶液直接倒入滴定管中，并使液面在滴定管"0"刻度以上。

(4)排气泡：滴定管装满溶液后，应检查管尖嘴部分是否充满溶液，是否留有气泡。若是酸式滴定管，当有气泡时，可使滴定管倾斜 30°，左手迅速打开活塞，使溶液冲出管尖，反复数次，一般可以除去气泡。若是碱式滴定管，则使乳胶管向上弯曲，玻璃尖嘴斜向上方，用两指挤压玻璃珠，使溶液从尖嘴处喷出，气泡也随之排出。

除去气泡后重新补充溶液，调节液面至 0. 00mL 刻度。

(5)滴定操作：滴定时，将滴定管垂直地夹在滴定管架上，左手控制滴定管滴加溶液，右手振摇锥形瓶。

使用酸式滴定管时，左手握住滴定管，无名指和小指向手心弯，无名指轻轻靠住出口管部分，拇指、食指和中指分别放在活塞柄上部和下部，控制活塞转动，如实训图 38 所示。注意不要向外用力，以免推出活塞造成漏水，应使活塞稍有一点向手心的回力。

使用碱式滴定管时，仍以左手握管，拇指在前、食指在后，其余三指辅助夹住出口管。用拇指和食指捏住玻璃珠所在部位，通常向右边挤压乳胶管，使溶液从玻璃珠旁的空隙处流出，如实训图 39 所示。

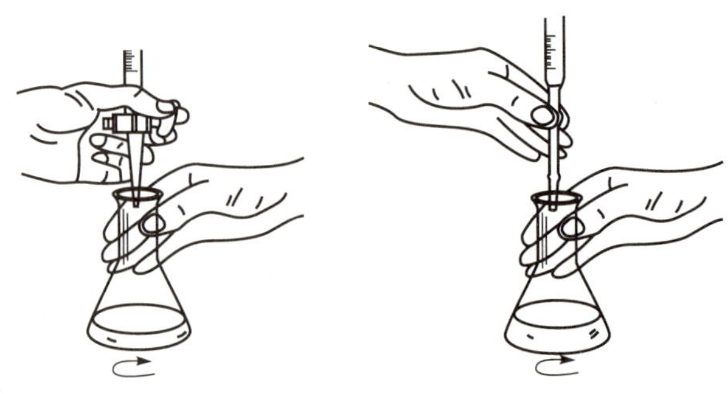

实训图 38　酸式滴定管操作　　实训图 39　碱式滴定管操作

滴定一般在锥形瓶中进行，用右手的拇指、食指和中指拿住锥形瓶，滴定管下端伸入瓶口约 1cm。左手握住滴定管滴加溶液，右手摇动锥形瓶，使溶液做圆周运动。注意滴定管尖不能碰到锥形瓶内壁。快到滴定终点时，要一边摇动，一边将溶液逐滴加入，甚至是半滴加入。用酸式滴定管时，可轻轻转动活塞，使溶液悬挂在管尖嘴上，形成半滴，用锥形瓶内壁将其沾落，再用洗瓶吹洗。对于碱式滴定管，加入半滴溶液时，应轻挤乳胶管使溶液悬挂在管尖嘴上，松开拇指与食指，用锥形瓶内壁将其沾落，再用洗瓶吹洗。

(6)读数：滴定管读数前，应注意管尖上有无挂着水珠，如挂有水珠，则不能准确读数。读数时将滴定管从滴定管架上取下，使滴定管保持垂直。管内液面呈凹液面，对于无色和浅色溶液，应读凹液面的最低处，即视线应与凹液面的最低点在同一水平面上，对于颜色较深的溶液，如 $KMnO_4$、I_2等，其凹液面不够清晰时，可读液面两侧的最高点相切。为了读数准确，滴定管装满或放出溶液后，必须等 1～2 分钟，使附着在内壁的溶液流下来，再读数。读取的数值必须读至小数点后第二位，即要求估计到 0.01mL。

实训九　氧化还原与电化学

一、实训目的

1. 掌握电极电势与氧化还原反应的关系。
2. 掌握浓度、介质 pH、温度、催化剂对电极电势和氧化还原反应的影响。
3. 学会原电池的组成和电动势的测定方法。

二、实训原理

对于一个给定的电极反应：$\text{Ox} + ne \rightleftharpoons \text{Red}$

$$\varphi = \varphi^{\ominus} + \frac{RT}{nF}\ln\frac{[Ox]}{[\text{Red}]}$$

在一定温度下，电极电势(φ)值越大，则该电对中氧化态的氧化能力越强，φ 值越小，则其还原态的还原能力越强。通过比较两电对的电极电势，可判断氧化还原反应进行的方向：任一氧化还原反应自发进行的方向，总是由两电对中电极电势较高的氧化态氧化电极电势较低的还原态。

电极电势数值的大小可用来衡量物质的氧化能力(或还原能力)的相对强弱，还用来判断氧化还原反应的方向。浓度、介质 pH、温度均可影响电极电势的数值。它们之间的关系可用 Nernst 方程式表示：

$$\varphi = \varphi^{\ominus} + \frac{RT}{nF}\ln\frac{[Ox]}{[\text{Red}]}$$

三、实训仪器、试剂及其他

1. 仪器 盐桥，铜片，锌片，酒精灯，烧杯(50mL)，试管，量筒(50mL)。

2. 试剂

(1)盐：0.1mol · L^{-1} KI、$FeCl_3$、KBr、$FeSO_4$、NH_4SCN、$CuSO_4$、$ZnSO_4$、$NH_4Fe(SO_4)_2$、Na_3AsO_3、Na_2SO_3、$KMnO_4$溶液，0.4mol · L^{-1} $K_2Cr_2O_7$，2mol · L^{-1} NaF，0.5mol · L^{-1} $FeSO_4$。

(2)酸：1mol · L^{-1} H_2SO_4，3.0mol · L^{-1} H_2SO_4。

(3)碱：6.0mol · L^{-1} $NH_3 \cdot H_2O$，6.0mol · L^{-1} NaOH。

3. 其他 CCl_4，饱和碘水，饱和溴水。

四、实训内容

(一)电极电势与氧化还原反应的关系

1. 在1支试管中加入10滴0.1mol · L^{-1} KI溶液和2滴0.1mol · L^{-1} $FeCl_3$溶液，摇匀后加入10滴CCl_4，充分震荡，观察CCl_4层颜色变化并解释原因。

2. 用0.1mol · L^{-1} KBr溶液代替上述KI溶液，重复上述同样实验，观察并解释原因。

3. 在2支试管中，分别加入5滴饱和碘水和饱和溴水，与6滴0.1mol · L^{-1} $FeSO_4$溶液相作用，观察现象。再各加2滴0.1mol · L^{-1} NH_4SCN试剂，观察现象并解释原因。

根据以上实验结果，定性比较Br_2/Br^-、I_2/I^-和Fe^{3+}/Fe^{2+} 3个电对的电极电势的相对大小，指出最强的氧化剂和还原剂，进而说明电极电势与氧化还原反应方向有何关系。写出有关的化学反应方程式。

(二)电动势的测定及浓度和介质pH值对电极电势的影响

1. 电动势的测定及浓度对电极电势影响

(1)在2只小烧杯中分别加入25mL 0.1mol · L^{-1} $CuSO_4$和0.1mol · L^{-1} $ZnSO_4$溶液，在$CuSO_4$溶液中插入铜片，在$ZnSO_4$溶液中插入锌片。用导线将铜片和锌片分别与伏特计的正极和负极相连，两烧杯之间以盐桥相通。按实训图40所示连接并测量该原电池两极间的电动势E_1，记下读数。

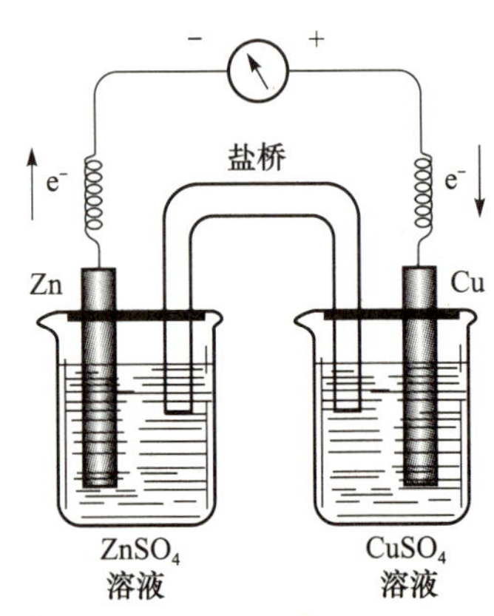

实训图40 原电池示意图

(2)取出盐桥，在$CuSO_4$溶液中加入6.0mol · L^{-1} $NH_3 \cdot H_2O$并不断搅拌至生成的沉淀完全溶解为止。放入盐桥测电动势E_2，记录读数。

(3)取出盐桥，再往$ZnSO_4$溶液中加入6.0mol ·

$L^{-1}NH_3 \cdot H_2O$ 并不断搅拌至生成的沉淀完全溶解为止。放入盐桥测电动势 E_3，记录读数。比较 3 次测定的电动势，用 Nernst 方程解释。

2. 介质 pH 值对电极电势影响

(1)取两只 50mL 烧杯，在一只烧杯中注入 30mL 0.5mol · $L^{-1}FeSO_4$溶液，插入铁片，另一只烧杯注入 30mL 0.4mol · $L^{-1}K_2Cr_2O_7$溶液中，插入碳棒。将铁片和碳棒通过导线分别与伏特计负极、正极相连，两烧杯溶液用盐桥连通，测量两电极间的电压。

(2)往 $K_2Cr_2O_7$溶液中加入 1mol · $L^{-1}H_2SO_4$溶液，观察电压有何变化？再往 $K_2Cr_2O_7$溶液中加入 6mol · L^{-1}NaOH 溶液，观察电压又有何变化？

(三)浓度和介质 pH 值对氧化还原反应方向的影响

1. 浓度的影响 在 1 支试管中加入 10 滴 0.1mol · L^{-1}KI 溶液和 10 滴 0.1mol · L^{-1} $NH_4Fe(SO_4)_2$溶液，混匀后再加入 10 滴 CCl_4振荡，观察 CCl_4层颜色有无变化？然后再加入 2mol · L^{-1}NaF 溶液，充分振荡，CCl_4层颜色有无变化，并解释原因。

2. 介质 pH 值的影响 在 1 支试管中加入 10 滴碘水，再滴加 10 滴 0.1mol · $L^{-1}Na_3AsO_3$溶液，观察现象。然后用 3.0mol · $L^{-1}H_2SO_4$酸化，又有何变化？再加入6mol · L^{-1}NaOH 溶液，又有何变化？写出反应式。

(四)介质 pH 值对氧化还原产物的影响

在三支试管中，各加 2 滴 0.1mol · $L^{-1}KMnO_4$溶液，再分别加入 1mol · $L^{-1}H_2SO_4$溶液、蒸馏水和 6mol · L^{-1}NaOH 溶液各 8 滴，再往三支试管中各加入 0.1mol · $L^{-1}Na_2SO_3$溶液 10 滴，摇匀，观察反应产物有何不同？写出反应式。

五、注意事项

1. 电极正负极不要接反。
2. 加热时试管口不要对着人。

六、思考题

1. 通过本次实训，你能归纳出影响电极电势的因素有哪些？
2. 分别往 $CuSO_4$和 $ZnSO_4$溶液中加入氨水时，Cu^{2+}和 Zn^{2+}浓度有何变化？对铜锌原电池的电动势有何影响？

实训十　配位化合物

一、实训目的

1. 掌握配合物和复盐、配离子与简单离子的区别，加深对配离子稳定性的理解。

2. 熟悉配合物的制备方法。

3. 熟悉酸碱平衡、沉淀平衡等与配位平衡的相互影响。

二、实训原理

配合物的组成一般可分为内界和外界两个部分。中心离子和配位体组成配合物的内界，即配合物的特征部分，其余简单离子处于外界。大多数配合物在水溶液中可以完全离解为配离子和外界离子，通常配离子在水中稳定性高，不易电离。中心体和配位体在溶液中的浓度极低，不易鉴定出来，而复盐能完全电离为简单离子。

配离子的稳定性是相对的，在一定条件下配位平衡还可与酸碱平衡、沉淀－溶解平衡或氧化还原平衡相互影响，使得在改变溶液 pH 值、加入沉淀剂、氧化剂或还原剂时，配位平衡发生移动。

三、实训仪器和试剂

1. 仪器 试管、试管夹、大小表面皿各 1 个、酒精灯、石棉网、铁架台、100mL 烧杯。

2. 药品 红色石蕊试纸、$0.5mol \cdot L^{-1}$的 Na_2S 溶液、CCl_4溶液、$1mol \cdot L^{-1}$ NaF 溶液、$2mol \cdot L^{-1}$ HNO_3溶液、$6mol \cdot L^{-1}$ $NH_3 \cdot H_2O$ 溶液、NaOH 溶液、$0.1mol \cdot L^{-1}$ $CuSO_4$溶液、$BaCl_2$溶液、$NH_4Fe(SO_4)_2$溶液、KSCN 溶液、$FeCl_3$溶液、$K_3[Fe(CN)_6]$溶液、$AgNO_3$溶液。

四、实训内容

（一）配离子的生成和配离子的稳定性

1. 配离子的生成 取 1 支大试管，加入 $0.1mol \cdot L^{-1}$ $CuSO_4$溶液 4mL，逐滴加入 $6mol \cdot L^{-1}$ $NH_3 \cdot H_2O$ 溶液，边滴加边振荡，观察产生沉淀的颜色，继续加入 $NH_3 \cdot H_2O$ 溶液，直至沉淀完全溶解后再多加 $NH_3 \cdot H_2O$ 溶液 1 滴～2 滴，观察溶液的颜色。

实训表 10－1 配离子的生成

实验内容	沉淀颜色及化学式	溶液颜色及化学式	生成配离子的离子方程式
配离子的生成			

2. 配离子的稳定性 另取 2 支试管，将上述配合物溶液各取 5 滴（剩余的溶液备用），在其中 1 支试管中加入 $0.1mol \cdot L^{-1}$ $BaCl_2$溶液 2 滴，在另 1 支试管中加入 $0.1mol \cdot L^{-1}$ NaOH 溶液 4 滴，观察现象，并解释。

实训表 10－2　配离子的稳定性

实验内容	加入 $BaCl_2$ 现象	加入 NaOH 现象	解释及相关离子方程式
配离子的稳定性			

3. 配合物与复盐的区别[$NH_4Fe(SO_4)_2$中简单离子鉴定]

(1)SO_4^{2-}离子的鉴定：取 1 支试管，加入 0.1mol·L^{-1} $NH_4Fe(SO_4)_2$溶液 1mL，滴加 0.1mol·L^{-1} $BaCl_2$溶液 2 滴，观察现象并记录。

(2)Fe^{3+}离子的鉴定：取 1 支试管，加入 0.1mol·L^{-1} $NH_4Fe(SO_4)_2$溶液 1mL，滴加 0.1mol·L^{-1} KSCN 溶液 2 滴，观察现象并记录。

(3)NH_4^+离子的鉴定：在一块大表面皿中心滴加 0.1mol·L^{-1} $NH_4Fe(SO_4)_2$溶液 5 滴，再滴加 6mol·L^{-1} NaOH 溶液 3 滴，在另一块较小的表面皿中心粘上一条湿润的红色石蕊试纸，将它盖在大表面皿上形成气室，将气室放在水浴上微热片刻，观察现象并记录。

实训表 10－3　配合物与复盐的区别

实验内容	SO_4^{2-}鉴定现象	Fe^{3+}鉴定现象	NH_4^+鉴定现象	离子方程式及结论
简单离子鉴定				

4. 配离子与简单离子的区别　取 2 支试管，在试管①中加入 0.1mol·L^{-1} $FeCl_3$溶液 1mL，滴加 0.1mol·L^{-1} KSCN 溶液 3 滴，观察溶液颜色。在试管②中加入 0.1mol·L^{-1} $K_3[Fe(CN)_6]$溶液 1mL，滴加 0.1mol·L^{-1} KSCN 溶液 3 滴，观察溶液颜色。

实训表 10－4　配离子与简单离子区别

实验内容	试管①的现象及离子方程式	试管②的现象	解释
配离子稳定性			

(二)配位平衡移动

1. 溶液 pH 值的影响　取 1 支试管，滴加 5 滴 0.1mol·L^{-1} $AgNO_3$溶液，再逐滴加入 6mol·L^{-1} $NH_3·H_2O$ 溶液，边滴加边振荡至生成的沉淀完全溶解。然后逐滴加入 2mol·L^{-1} HNO_3溶液，观察溶液颜色变化及是否有沉淀生成。继续加入 2mol·L^{-1} HNO_3溶液至溶液呈酸性，观察现象并解释。

实训表 10－5　溶液 pH 值对配位平衡的影响

实验内容	配离子制备离子方程式	酸性下现象及离子方程式	解释
酸效应			

2. 配位平衡与沉淀－溶解平衡　取 1 支试管，加入前面配制的$[Cu(NH_3)_4]SO_4$溶液 1mL，再向溶液中逐滴加入 0.5mol·L^{-1}的 Na_2S 溶液，观察现象。

实训表10-6 配位平衡与沉淀-溶解平衡

实验内容	加入 Na_2S 的现象及离子方程式	解释
沉淀反应的影响		

3. 配位平衡与氧化还原反应 取2支试管，在试管①中加入0.1mol·L^{-1} $FeCl_3$溶液5滴，滴加0.1mol·L^{-1}KI溶液5滴，加入CCl_4溶液5滴，振荡，观察CCl_4层的颜色。

在试管②中加入0.1mol·L^{-1} $FeCl_3$溶液5滴，逐滴加入1mol·L^{-1}NaF溶液至无色，再滴加0.1mol·L^{-1}KI溶液5滴和CCl_4溶液5滴，振荡，观察CCl_4层的颜色。

实训表10-7 配位平衡与氧化还原反应

实验内容	试管①的现象及离子方程式	试管②的现象及离子方程式	解释
氧化还原反应的影响			

五、思考题

1. 配合物与复盐离解的区别是什么？
2. 简述影响配位平衡的因素。
3. 衣服上粘有铁锈时，可用草酸洗去，试说明原因。

实训十一 碱金属和碱土金属元素及其化合物

一、实训目的

1. 验证常见碱金属和碱土金属的主要性质。
2. 进行碱金属的微溶盐和碱土金属一些难溶盐的生成实验，并验证其主要性质。
3. 熟悉Na^+、K^+、Ca^{2+}常用离子的鉴定方法。
4. 进行钾、钠、钙、钡的焰色反应的实验。

二、实训原理

碱金属和碱土金属是很活泼的两族金属元素。碱土金属的活泼性仅次于碱金属。钠、钾、镁和钙都能与水作用生成氢气。钠和钾与水作用很剧烈，而镁与水作用较为温和，这是因为在镁的表面形成了一层难溶于水的氢氧化物，阻碍了金属镁与水的进一步作用。

碱金属的盐类一般都易溶于水，仅有极少数的盐较为难溶。例如，钠盐有六羟基合锑(Ⅴ)酸钠$Na[Sb(OH)_6]$等；钾盐有钴亚硝酸钠钾$K_2Na[Co(NO_2)_6]$等。而碱土金属的盐类中，大多数是难溶的，这是区别于碱金属盐类的方法之一。

碱金属和碱土金属及其挥发性的化合物，在高温火焰中可呈现特征的颜色。钠呈黄色，钾呈紫色，锂呈红色，钙呈砖红色，钡呈黄绿色。这种在无色火焰中灼烧时使火焰呈现特征颜色的反应称为焰色反应，利用焰色反应可鉴别锂、钠、钾、钙、锶和钡等金属。

三、实训仪器和药品

1. 仪器 试管、烧杯、镊子、铂丝、酒精喷灯、玻璃棒。

2. 药品 金属钠、酚酞试液、镁粉、过氧化钠、红色石蕊试纸、$1mol \cdot L^{-1}$ NaCl 溶液、饱和六羟基锑酸钾溶液、$1mol \cdot L^{-1}$ KCl 溶液、饱和钴亚硝酸钠溶液、$0.1mol \cdot L^{-1}$ $MgCl_2$溶液、$0.1mol \cdot L^{-1}$ $CaCl_2$溶液、$0.1mol \cdot L^{-1}$ $BaCl_2$溶液、$0.1mol \cdot L^{-1}$ Na_2CO_3溶液、$2mol \cdot L^{-1}$硝酸、$6mol \cdot L^{-1}$醋酸溶液、浓盐酸、$2mol \cdot L^{-1}$ NaOH 溶液、$2mol \cdot L^{-1}$ $NH_3 \cdot H_2O$。

四、实训内容

1. 钠和水的反应 取 1 个烧杯，加入 20 ~ 30mL 蒸馏水，用镊子从煤油中取出一小块金属钠，用干燥滤纸将钠表面的煤油吸干，将金属钠放入水中，迅速用玻璃片盖住，观察现象。反应完毕后，在烧杯中滴入 2 滴酚酞试液，观察现象。写出反应的化学方程式。

2. 镁和水的反应 取 1 只试管，加入少量镁粉及 2mL 蒸馏水，观察有无反应。振摇并加热 2 ~ 3 分钟，再观察现象。加入 1 滴酚酞试液，观察颜色变化。

3. 过氧化钠与水的反应 取 1 只试管，加入 1mL 蒸馏水，再加入过氧化钠粉末适量，用带有余烬的火柴插入试管中，观察现象。反应完毕后，用红色石蕊试纸检验溶液。

4. 碱土金属氢氧化物溶解性的比较

(1)取 3 支试管，分别加入浓度均为 $0.1mol \cdot L^{-1}$的 $MgCl_2$、$CaCl_2$、$BaCl_2$溶液各 0.5mL，再分别加入 0.5mL $2mol \cdot L^{-1}$ NaOH 溶液，观察现象。写出反应的化学方程式。

(2)取 3 支试管，分别加入浓度均为 $0.1mol \cdot L^{-1}$的 $MgCl_2$、$CaCl_2$、$BaCl_2$溶液各 0.5mL，再分别加入 0.5mL $2mol \cdot L^{-1}$ $NH_3 \cdot H_2O$ 溶液，观察现象。写出反应的化学方程式。

说明碱土金属氢氧化物溶解度的大小顺序。

5. 碱金属微溶盐的生成

(1)微溶性钠盐的生成：取 1 只试管，加入 $1mol \cdot L^{-1}$ NaCl 溶液及饱和的六羟基锑酸钾溶液各 5 ~ 6 滴，观察现象，必要时可用玻璃棒摩擦试管内壁。此反应可用于 Na^+ 的鉴定。

(2)微溶性钾盐的生成：取 1 只试管，加入 $1mol \cdot L^{-1}$ KCl 溶液及饱和的钴亚硝酸钠溶液各 3 ~5 滴，观察现象。此反应可用于 K^+ 的鉴定。

6. 碱土金属难溶盐的生成及性质

(1)碳酸盐的生成：取 3 只试管，分别加入 0.1mol · L^{-1} $MgCl_2$ 溶液、0.1mol · L^{-1} $CaCl_2$ 溶液及 0.1mol · L^{-1} $BaCl_2$ 溶液 0.5mL，再分别加入 0.1mol · L^{-1} Na_2CO_3 溶液 0.5mL，观察有无沉淀生成。然后再分别加入 6mol · L^{-1} 醋酸溶液 1mL，观察现象。

(2)取 3 只试管，分别加入 0.1mol · L^{-1} $MgCl_2$ 溶液、0.1mol · L^{-1} $CaCl_2$ 溶液及 0.1mol · L^{-1} $BaCl_2$ 溶液 0.5mL，再分别加入 0.1mol · L^{-1} Na_2SO_4 溶液 0.5mL，观察有无沉淀生成。然后再分别加入 2mol · L^{-1} 硝酸 1mL，观察现象。比较 $MgSO_4$、$CaSO_4$、$BaSO_4$ 的溶解度。

7. 焰色反应 取 1 根顶端弯成环状的铂丝，蘸取浓盐酸在酒精喷灯上灼烧至无色，然后分别蘸取浓度均为 0.1mol · L^{-1} 的 NaCl、KCl、$CaCl_2$、$BaCl_2$ 溶液在无色火焰上灼烧，观察现象并比较它们的焰色。

五、注意事项

每进行完一种溶液的焰色反应后，均需蘸浓盐酸灼烧铂丝，烧至火焰无色后，再进行新溶液的焰色反应。

六、思考题

1. 使用和保存金属钠应该注意哪些问题？为什么？
2. 设计一个简单的方案，鉴别 K^+、Mg^{2+}、Ba^{2+} 3 种离子。

实训十二　卤素、氧硫元素及其化合物

一、实训目的

1. 比较卤素氧化性和卤离子还原性强弱的变化规律。
2. 验证过氧化氢的性质及鉴定方法。
3. 验证硫代硫酸盐的性质。
4. 练习萃取和分液的操作。

二、实训原理

1. 卤素单质具有氧化性，其离子具有还原性。卤素单质的氧化性按下列顺序变化：$F_2 > Cl_2 > Br_2 > I_2$

卤素离子的还原性按相反顺序变化：$I^- > Br^- > Cl^- > F^-$

2. 漂白粉与水或酸反应生成 HClO，表现出较强的氧化性，还可发挥漂白的作用。

3. 过氧化氢中的氧处于中间氧化态，所以既有氧化性，又有还原性。

过氧化氢的检验方法是在酸性溶液中加入重铬酸钾溶液，生成蓝色的过氧化铬 CrO_5。CrO_5 在水中不稳定，在乙醚中较稳定，所以常预先加入乙醚。反应为：

$$K_2Cr_2O_7 + H_2SO_4 + 4H_2O_2 = K_2SO_4 + 2CrO_5 + 5H_2O$$

4. 硫代硫酸盐有较强的还原性，还具有较强的配位能力。

三、实训仪器、试剂及其他

1. 仪器 试管、胶头滴管、分液漏斗、药匙、玻璃棒、铁架台等。

2. 试剂 浓 H_2SO_4、$1mol \cdot L^{-1}$ H_2SO_4 溶液、浓 $NH_3 \cdot H_2O$、$0.1mol \cdot L^{-1}$ KBr、$0.1mol \cdot L^{-1}$ KI、$0.1mol \cdot L^{-1}$ $K_2Cr_2O_7$ 溶液、$0.01mol \cdot L^{-1}$ $KMnO_4$ 溶液，$0.1mol \cdot L^{-1}$ $Na_2S_2O_3$、$0.1mol \cdot L^{-1}$ $AgNO_3$、$0.1mol \cdot L^{-1}$ $BaCl_2$、固体 NaCl、固体 KBr、固体 KI。

3. 其他 淀粉碘化钾试纸、醋酸铅试纸、淀粉液、氯水、溴水、碘水、四氯化碳、乙醚、$30g \cdot L^{-1}$ H_2O_2。

四、实训内容

（一）卤素氧化性的比较

1. 氯与溴的氧化性比较 在盛有 1mL $0.1mol \cdot L^{-1}$ KBr 溶液的试管中，逐滴加入氯水，振荡，有何现象？再加入 0.5mL CCl_4，充分振荡，又有何现象？试解释之。氯和碘的氧化性哪一个较强？

2. 溴与碘的氧化性比较 在盛有 1mL $0.1mol \cdot L^{-1}$ KI 溶液的试管中，逐滴加入溴水，振荡，有何现象？再加入 0.5mL CCl_4，充分振荡，又有何现象？试解释之。溴和碘的氧化性哪一个较强？

比较上面两个实验，氯、溴和碘的氧化性变化规律如何？

（二）卤素离子的还原性比较

1. 往盛有少量氯化钠固体的试管中加入 1mL 浓 H_2SO_4，有何现象？用玻璃棒蘸一些浓 $NH_3 \cdot H_2O$ 移近试管口以检验气体产物，写出反应式并加以解释。

2. 往盛有少量溴化钾固体的试管中加入 1mL 浓 H_2SO_4，有何现象？用湿的淀粉碘化钾试纸靠近试管口以检验气体产物，写出反应式并加以解释。

3. 往盛有少量碘化钾固体的试管中加入 1mL 浓 H_2SO_4，有何现象？用湿的醋酸铅试纸靠近试管口以检验气体产物，写出反应式并加以解释。

综合上述三个实验，说明氯、溴和碘离子的还原性的递变规律。

（三）萃取

用量筒取10mL碘水，用碘化钾－淀粉试纸试之。把碘水倒入分液漏斗，加入4mL CCl_4，振荡，静置，待分层后进行分液操作（用小烧杯接 CCl_4 溶液，回收）。再用淀粉碘化钾试纸试验萃取后的碘水，与萃取前的结果比较。

（四）过氧化氢的性质和检验

1. 氧化性 在小试管中加入0.1mol·L^{-1}KI溶液约1mL，用1mol·L^{-1} H_2SO_4 酸化后，加入2～3滴30g·L^{-1} H_2O_2 溶液，观察有何变化？再加入2滴淀粉液，有何现象？解释之。

2. 还原性 在试管里加入0.01mol·L^{-1} $KMnO_4$ 溶液约1mL，用1mol·L^{-1} H_2SO_4 酸化后，逐滴加入30g·L^{-1} H_2O_2 溶液（边滴加边振摇），至溶液颜色消失为止。写出化学反应方程式。

3. 过氧化氢的检验 取试管一支，加入2mL蒸馏水，加入1mL乙醚，0.1mol·L^{-1} $K_2Cr_2O_7$ 溶液和1mol·L^{-1} H_2SO_4 溶液各1滴，再加入3～5滴过氧化氢溶液。充分振荡，观察水层和乙醚层中的颜色变化。

（五）硫代硫酸盐的性质

1. 硫代硫酸钠与 Cl_2 的反应 取1mL 0.1mol·L^{-1} $Na_2S_2O_3$ 溶液于一试管中，加入2mL Cl_2 水，充分振荡，检验水中有无 SO_4^{2-} 生成。

2. 硫代硫酸钠与 I_2 的反应 取1mL 0.1mol·L^{-1} $Na_2S_2O_3$ 溶液于一试管中，加入2mL I_2 水，充分振荡，检验水中有无 SO_4^{2-} 生成。

3. 硫代硫酸钠的配位反应 取0.5mL 0.1mol·L^{-1} $AgNO_3$ 溶液于一试管中，连续滴加0.1mol·L^{-1} $Na_2S_2O_3$ 溶液，边滴加边振荡，直至生成的沉淀完全溶解。解释所见现象。

五、注意事项

1. 使用乙醚时要注意安全，提醒学生戴上口罩。
2. 使用溴水的操作要在通风橱中完成。
3. $Na_2S_2O_3$ 是重要的还原剂，其氧化产物视反应条件而不同，例如，I_2 将其氧化为连四硫酸钠。但在酸性溶液中因生成 $H_2S_2O_3$ 而分解，生成 SO_2 和S。

六、思考题

1. 如何检验硫代硫酸钠与 I_2 的反应中是否含 SO_4^{2-}？
2. 在 $AgNO_3$ 溶液与 $Na_2S_2O_3$ 溶液的反应中，有的同学的实验结果生成了黑色沉淀，有的同学的实验结果却无沉淀产生，这两种实验现象都正确吗？它们各在什么情况下出现？
3. 硫化物溶液和亚硫酸盐溶液不能长久保存，为什么？

实训十三 氮族、碳族、硼族元素及其化合物

一、实训目的

1. 掌握铵盐和硝酸盐的热稳定性检验原理和方法。
2. 了解碳酸盐的热稳定性以及硼酸的性质。
3. 了解氢氧化铝的两性和碳酸盐的水解性质。

二、实训原理

1. 铵盐由氨与相应的酸反应得到，受热易分解，分解产物因阴离子的不同而不同。硝酸盐受热也易分解，分解产物因阳离子的不同而不同。

2. 碳酸盐有正盐和酸式盐，正盐的稳定性大于酸式盐，酸式碳酸盐受热分解为相应的正盐；碳酸的正盐和酸式盐都易水解而使溶液呈碱性。碳酸盐的水溶液与某些含金属阳离子的盐反应可生成碳酸盐的沉淀、氢氧化物沉淀或碱式碳酸盐的沉淀，如与 Ca^{2+}、Sr^{2+}、Ba^{2+} 等反应生成碳酸盐的沉淀。

$$Ba^{2+} + CO_3^{2-} \xlongequal{} BaCO_3 \downarrow$$

Cu^{2+}、Mg^{2+}、Zn^{2+}、Co^{2+}、Ni^{2+} 等生成碱式碳酸盐沉淀；还有些阳离子生成氢氧化物沉淀，如 Cr^{3+}、Al^{3+}、Fe^{3+}。

$$2Cu^{2+} + 2CO_3^{2-} + H_2O \xlongequal{} Cu_2(OH)_2CO_3 \downarrow + CO_2 \uparrow$$

$$2Al^{3+} + 3CO_3^{2-} + 3H_2O \xlongequal{} 2Al(OH)_3 \downarrow + 3CO_2 \uparrow$$

3. 硼酸是典型的路易斯酸，但接受电子能力很弱，故为一元弱酸。硼酸与甘油结合后，酸性明显增强。利用硼酸的特性反应可鉴别硼酸和硼酸盐。

4. 铝的氢氧化物具有两性，即可溶于盐酸、以可溶于氢氧化钠，还可溶于氨水。

三、实训仪器、试剂及其他

1. 仪器 试管，胶头滴管，药匙，玻璃棒，铁架台等。

2. 试剂

(1)酸：浓 H_2SO_4，$6mol \cdot L^{-1}HCl$。

(2)碱：$6mol \cdot L^{-1}NaOH$，$NH_3 \cdot H_2O$，$2mol \cdot L^{-1}NH_3 \cdot H_2O$。

(3)盐：饱和 Na_2CO_3，$1mol \cdot L^{-1}Na_2CO_3$，$0.1mol \cdot L^{-1}NaHCO_3$，饱和 $Al_2(SO_4)_3$，$0.5mol \cdot L^{-1}Al_2(SO_4)_3$，$0.001mol \cdot L^{-1}Pb(NO_3)_2$，$1mol \cdot L^{-1}CuSO_4$，$1mol \cdot L^{-1}BaCl_2$，硼砂(饱和溶液)，固体 $NaNO_3$、$NaHCO_3$、$NaCO_3$、$NH_4H_2PO_4$、$Pb(NO_3)_2$、$AgNO_3$。

3. 其他 H_3BO_3，甘油，乙醇，石灰水等。

四、实训内容

（一）铵盐的热分解

1. 阴离子为挥发性酸根 在干燥试管内放入约1g的NH_4Cl固体，加热试管底部（底部略高于管口），用湿润的红色石蕊试纸在管口检验逸出的气体，观察试纸颜色的变化。继续加强热，石蕊试纸又怎样变化？观察试管上部冷壁上有白霜出现。解释实验过程中所出现的现象。

2. 阴离子为不发挥性酸根 在干燥试管中加入1g $NH_4H_2PO_4$的固体，用酒精灯加热，观察是否有气体放出并检验释放的气体为何物？

3. 阴离子为氧化性酸根 取少量NH_4NO_3的固体放在干燥的试管内，加热，观察现象。

总结铵盐的热分解产物与阴离子的关系，写出上述的热分解反应方程式。

（二）硝酸盐的热分解与阳离子的关系

取3支试管分别加入少量$AgNO_3$、$Pb(NO_3)_2$和$NaNO_3$固体，加热，观察有何现象产生？用带有余烬的火柴伸进管口，观察现象，并解释。

（三）碳酸盐的性质

1. 碳酸盐热稳定性的比较 大试管中装入3g $NaHCO_3$固体，将大试管固定在铁架台上，管口连一具塞玻璃管，玻璃管插入装有澄清石灰水的试管中，加热，观察石灰水有何变化。

用同样的方法加热Na_2CO_3，比较两者热稳定性大小。

2. 碳酸盐的水解

（1）取2支试管，分别加入0.1mol·L^{-1} Na_2CO_3溶液和0.1mol·L^{-1} $NaHCO_3$溶液各1mL，滴加酚酞试液2滴，观察现象并解释。

（2）取2支试管，分别加入1mol·L^{-1} $BaCl_2$溶液和1mol·L^{-1} $CuSO_4$溶液1mL，再分别加入1mol·L^{-1} Na_2CO_3溶液1mL。观察现象并解释。

（3）在0.5mL饱和$Al_2(SO_4)_3$溶液中加入1mL饱和Na_2CO_3溶液，有何现象？反应产物是什么？

（四）硼酸的性质和检验

1. 硼酸的生成 取1mL硼砂饱和溶液，测其pH。在该溶液中加入0.5mL浓H_2SO_4，用冰水冷却之，有无晶体析出？离心分离，弃去溶液，用少量冷水洗涤晶体2～3次，再用0.5mL H_2O使之溶解，用pH试纸测其pH。并与硼砂溶液比较。

2. 硼酸的性质 试管中加入少量 H_3BO_3 固体和 6mL 蒸馏水，微热，使固体溶解。把溶液分装于两支试管中，在一试管中加几滴[$C_3H_5(OH)_3$]，混匀。各加 1 滴甲基橙指示剂，观察溶液颜色。比较颜色差异并解释之。

3. 硼酸的鉴定 取少量硼酸晶体放在蒸发皿中，加几滴浓 H_2SO_4 和 2mL 乙醇，混合后点燃，观察火焰呈现出来的由硼酸三乙酯蒸气燃烧时所发出的特征绿色。

(五)氢氧化铝的性质

在 3 支试管中分别加入 0.5mL 0.5mol · L^{-1} $Al_2(SO_4)_3$ 溶液，再滴加 0.5mL 2mol · L^{-1} $NH_3 \cdot H_2O$，生成沉淀，然后离心分离，再弃去上清液。在 3 支试管中分别加入过量的 6mol · L^{-1} 的 $NH_3 \cdot H_2O$、NaOH 和 HCl 溶液。有何现象发生，写出反应方程式。

五、思考题

1. 为什么不能用 HNO_3 同 FeS 作用以制备 H_2S?
2. 为什么不能用磨口玻璃瓶盛装碱液?
3. 硼酸溶液加甘油后为什么酸度会变大?

实训十四 重要过渡金属元素及其化合物

一、实训目的

1. 验证铬、锰、铁、铜、锌、汞的重要化合物的主要的性质。
2. 进行一些过渡金属元素离子的特性反应实验。

二、实训指导

1. 铬是第四周期ⅥB 族元素，价层电子构型为 $3d^54s^1$，常见氧化态有 +3 和 +6；锰是第四周期ⅦB 族元素，价层电子构型为 $3d^54s^2$，常见氧化态有 +2、+4、+6 和 +7。

Cr^{3+} 盐溶液与适量的氨水或 NaOH 溶液作用时，有 $Cr(OH)_3$ 灰绿色胶状沉淀生成。$Cr(OH)_3$ 具有两性。

Cr^{3+} 在碱性介质中还原性较强。而在酸性介质中，铬酸盐和重铬酸盐都具有强氧化性。

铬酸盐和重铬酸盐在溶液中存在下列平衡：

$$2CrO_4^{2-} + 2H^+ \rightleftharpoons Cr_2O_7^{2-} + H_2O$$

加酸或碱都可使平衡发生移动，CrO_4^{2-} 与 $Cr_2O_7^{2-}$ 可相互转化。

2. Mn(Ⅳ)的化合物中，最重要的是 MnO_2，在酸性条件下是强氧化剂。$KMnO_4$ 氧化性极强，它们的还原产物随着介质的不同而不同。如在强碱性条件下被还原成 MnO_4^{2-}，在酸性条件下被还原成 Mn^{2+}，在中性条件下被还原成 MnO_2。

3. 铁是周期表中Ⅷ族元素，价电子构型是 $3d^64s^2$，常见的氧化数为 +2、+3。

Fe(Ⅱ)具有还原性。具有特性反应，可用来进行定性鉴别。

4. 铜位于周期表中ⅠB族，价电子构型是 $3d^{10}4s^1$，化学性质较稳定，通常有 +1 和 +2 两种氧化态的化合物。Cu^{2+} 是配合物的形成体，能与许多配体如 SCN^-、H_2O、NH_3 等以及一些有机配体形成配合物或螯合物。

$Cu(OH)_2$ 以碱性为主，溶于酸，但它又有微弱的酸性，溶于过量的浓碱溶液中。

5. 锌、汞是周期表中ⅡB族元素，价电子构型是 $(n-1)d^{10}ns^2$。$Zn(OH)_2$ 呈两性。

三、实训仪器、试剂及其他

1. 仪器 离心试管，试管，离心机，烧杯和酒精灯。

2. 试剂

酸：H_2SO_4($2mol \cdot L^{-1}$)，HNO_3($6mol \cdot L^{-1}$)，浓盐酸。

碱：NaOH($1mol \cdot L^{-1}$、$2mol \cdot L^{-1}$、$6mol \cdot L^{-1}$)，$NH_3 \cdot H_2O$($2mol \cdot L^{-1}$)。

盐：$0.01mol \cdot L^{-1}$ $KMnO_4$，$0.1mol \cdot L^{-1}$ $K_2Cr_2O_7$、NaCl、$SnCl_2$、$CrCl_3$、$FeCl_3$、Na_2SO_3、$CuSO_4$、$ZnSO_4$、KSCN、$MnSO_4$、$Hg(NO_3)_2$、$Hg_2(NO_3)_2$，$1mol \cdot L^{-1}$ 的盐溶液：$FeSO_4$、$K_3[Fe(CN)_6]$。

3. 其他 固体 MnO_2(固体)、3% H_2O_2、淀粉碘化钾试纸。

四、实训内容

1. 铬的化合物

(1) $Cr(OH)_3$ 的生成及其两性：在试管中加入 10 滴 $0.1mol \cdot L^{-1}$ $CrCl_3$ 溶液，逐滴加入 $2mol \cdot L^{-1}$ NaOH，观察沉淀的颜色。然后将沉淀分成两份，再分别加入 $6mol \cdot L^{-1}$ NaOH 和 $2mol \cdot L^{-1}$ H_2SO_4，观察沉淀是否溶解，并写出化学反应方程式。

(2) Cr(Ⅲ)的还原性：取 4～5 滴 $0.1mol \cdot L^{-1}$ $CrCl_3$ 溶液，滴加 $2mol \cdot L^{-1}$ NaOH 溶液，观察沉淀颜色，继续滴加 $6mol \cdot L^{-1}$ NaOH 溶液至沉淀溶解，再加入 2～3 滴 3% H_2O_2 溶液，加热，观察溶液颜色的变化，写出有关反应方程式。

(3) Cr(Ⅵ)的氧化性：取 5 滴 $0.1mol \cdot L^{-1}$ $K_2Cr_2O_7$ 溶液，滴加 5 滴 $3mol \cdot L^{-1}$ H_2SO_4 溶液，再加入少量 $0.1mol \cdot L^{-1}$ Na_2SO_3 溶液，观察溶液颜色变化，写出反应方程式。取 1mL $0.1mol \cdot L^{-1}$ $K_2Cr_2O_7$ 溶液，用 1mL $2mol \cdot L^{-1}$ H_2SO_4 酸化，再滴加少量乙醇，微热，观察溶液由橙色变为何色，写出反应方程式。

2. 锰的化合物

(1)$Mn(OH)_2$的生成和性质：取少量0.1mol·$L^{-1}$$MnSO_4$溶液，滴加2mol·$L^{-1}$NaOH溶液，观察形成的现象，静置后滴加6mol·$L^{-1}$$HNO_3$，观察溶液颜色的变化，写出反应方程式。

(2)MnO_2的生成和氧化性：取少量0.01mol·$L^{-1}$$KMnO_4$溶液，逐滴加入0.1mol·$L^{-1}$MnS溶液，观察$MnO_2$的生成。另取少量$MnO_2$固体于试管中，加入10滴浓盐酸，微热，用湿润的淀粉碘化钾试纸检验有无氯气生成。

(3)MnO_4^-的氧化性：取3支试管，各加入少量0.01mol·$L^{-1}$$KMnO_4$溶液，然后分别加入2滴2mol·$L^{-1}$$H_2SO_4$、$H_2O$和2mol·$L^{-1}$NaOH溶液，再在各试管中滴加0.1mol·$L^{-1}$$Na_2SO_3$溶液，观察紫红色溶液分别变为何色。写出有关反应方程式，并说明$KMnO_4$的还原产物与溶液酸碱性的关系。

3. 铁的化合物

(1)Fe^{2+}与碱的作用及其还原性：在试管中加入新配制的1mol·$L^{-1}$$FeSO_4$溶液1mL，逐滴加入1mol·$L^{-1}$NaOH溶液，观察$Fe(OH)_2$沉淀的生成，并写出化学反应方程式，将这些沉淀置于空气中，观察其颜色变化并给予解释。

(2)Fe^{2+}的特性反应：在试管中加入新鲜配制的1mol·$L^{-1}$$FeSO_4$溶液1mL，逐滴加入1mol·$L^{-1}$$K_3[Fe(CN)_6]$溶液2滴，产生深蓝色的沉淀，表示溶液中有$Fe^{2+}$存在。

(3)Fe^{3+}的特性反应：在试管中加入0.1mol·$L^{-1}$$FeCl_3$溶液1mL，然后加入0.1mol·$L^{-1}$KSCN溶液2滴，溶液变为血红色，表示溶液中有$Fe^{3+}$存在。

4. 铜的化合物

(1)$Cu(OH)_2$的生成和性质：在试管中加入1mL 0.1mol·$L^{-1}$$CuSO_4$和0.5mL 2mol·$L^{-1}$NaOH溶液，观察沉淀的颜色和状态。然后将沉淀分成两份，再分别加入6mol·L^{-1}NaOH和2mol·$L^{-1}$$H_2SO_4$，观察沉淀是否溶解，并写出有关的反应方程式。

(2)$[Cu(NH_3)_4]^{2+}$的生成：在试管中加入少量0.1mol·$L^{-1}$$CuSO_4$溶液，再逐滴加入2mol·$L^{-1}$$NH_3$·$H_2O$溶液，边滴边振摇，观察沉淀的生成和溶解以及颜色变化。写出化学反应方程式。

5. 锌的化合物

(1)$Zn(OH)_2$的生成和性质：在试管中加入1mL 0.1mol·$L^{-1}$$ZnSO_4$溶液和0.5mL 2mol·$L^{-1}$NaOH溶液，观察沉淀现象。然后将沉淀分成两份，再分别加入6mol·L^{-1}NaOH和2mol·$L^{-1}$$H_2SO_4$，观察沉淀是否溶解，并写出反应方程式。

(2)$[Zn(NH_3)_4]^{2+}$的生成：在试管中加入少量0.1mol·$L^{-1}$$ZnSO_4$溶液，再逐滴加入2mol·$L^{-1}$$NH_3$·$H_2O$溶液，边滴边振摇，观察沉淀的生成和溶解以及颜色变化，并写出化学反应方程式。

6. 汞的化合物

(1) $HgCl_2$与 Cu 的反应：滴加 1 滴 0.1mol · L^{-1} $HgCl_2$溶液于光亮的铜片上，静置片刻，用水冲去溶液，用滤纸擦去，观察白色光亮斑点的生成，并写出离子反应方程式。

(2) Hg(Ⅱ)与(Ⅰ)的相互转化：在 2 支试管中各加入滴加 0.1mol · L^{-1} $Hg(NO_3)_2$溶液和 0.1mol · L^{-1} $Hg_2(NO_3)_2$溶液，再分别滴入 2 滴 0.1mol · L^{-1} NaCl 溶液，观察有何现象？再分别滴加适量的 0.1mol · L^{-1} $SnCl_2$溶液，观察有何现象，两支试管的现象有何区别？写出化学反应方程式。

五、注意事项

$Fe(OH)_2$(白色)除具有碱性外，还具有还原性，溶液在空气中易被 O_2氧化。

六、思考题

1. 如何使 $Cr_2O_7^{2-}$(橙红色)转变为 Cr^{3+}(紫色)?

在少量重铬酸钾溶液中，加入少量你选择的还原剂，观察溶液颜色的变化(如果现象不明显，该怎么办?)写出反应方程式。

2. 如何存放 $KMnO_4$溶液？为什么?

3. 如何鉴别汞(Ⅱ)盐与汞(Ⅰ)盐?

附：实训操作指导

离心分离

离心分离是利用旋转运动产生离心力使沉淀与溶液分离的方法。在定性分析中常用，其操作如下。

1. 待沉淀完全后，将离心试管放入电动离心机(如实训图 41 所示)的一个套管内，离心管口稍高于套管，在对称位置放一支盛有等量水的离心管，以保持平衡，避免转动时发生抖动。

2. 启动离心机，从慢速开始，运转平稳后，再过渡到快速。离心时间和转速，由沉淀性质决定。结晶形紧密沉淀，以转速 1000r · min^{-1}，离心 1 ~ 2 分钟即可；无定形疏松沉淀，沉降较慢，转速可提高至 2000r · min^{-1}，离心 3 ~ 4 分钟。若分离效果欠佳，则可加热或加入电解质，使沉淀凝聚后，再离心分离。关机后，待离心机转动自行停止后，再将离心管取出。不得在离心机转动时，用手使其停止，以免受伤。

3. 离心沉降后，用滴管把清液与沉淀分开，操作方法是：将滴管清洗干净，用手指捏紧滴管上乳胶头，排出空气，将滴管轻轻插入清液，缓慢放松乳胶头，溶液缓慢进入管中，如实训图 42 所示。随着试管中清液减少，将滴管逐渐下移至绝大部分清液吸入管内为止。滴管尖端接近沉淀时，要特别小心，勿使其触及沉淀。

4. 如果要将沉淀溶解后，再做鉴定，则必须在溶解之前，将沉淀洗涤干净。以便除去沉淀中的溶液和吸附的杂质。常用洗涤剂是纯水，加洗涤剂后，用小玻璃棒充分搅拌，离心分离，清液用吸管吸出，反复洗涤 2 ~3 次。

实训图 41　电动离心机

实训图 42　用滴管把清液与沉淀分开

实验十五　溶液的配制操作考核

一、考核目的

1. 考核电子天平称量和吸量管的使用、物质的溶解、定量转移、定容和摇匀等基本操作和有关计算等。

2. 检查实验教学结果，调动学生的积极性，做到溶液配制操作的规范化。

二、仪器、试剂

1. 仪器　电子天平、100mL 烧杯、玻璃棒、100mL 容量瓶、5mL 吸量管、胶头滴管。

2. 试剂　$NaHCO_3$、浓盐酸(质量分数为 36.5%，密度为 $1.19g \cdot mL^{-1}$)。

三、考核内容

试题一　配制 100mL $0.2mol \cdot L^{-1}$ $NaHCO_3$溶液

1. 计算所需固体 $NaHCO_3$的质量；

2. 用电子天平称取所需 $NaHCO_3$并转移至烧杯中；

3. 加约 20mL 蒸馏水，用玻璃棒搅拌使之溶解，冷却后，定容于 100mL 的容量瓶中，将配好的溶液装于试剂瓶中，盖好塞子，贴上标签。

试题二　配制 100mL $0.1mol \cdot L^{-1}$ HCl 溶液

1. 计算配制 100mL $0.1mol \cdot L^{-1}$ HCl 所需浓盐酸的体积。

2. 用5mL吸量管移取浓盐酸，沿烧杯壁缓慢注入盛有约20mL蒸馏水的烧杯中，并不断搅拌。用玻璃棒引流，将烧杯中的溶液转入到100mL的容量瓶中，在用少量蒸馏水洗涤玻璃棒和烧杯3次，并将洗液也转入到容量瓶中。

3. 加蒸馏水至容量瓶3/4体积，初步混匀（不加盖子平摇），加水至距容量瓶刻度线约1cm时，改用胶头滴管加水至标线（视线与刻度线标线相切），盖紧瓶塞，摇匀，将配好的溶液装入试剂瓶中，贴上标签。

四、注意事项

1. 每题操作考核时间90分钟。

2. 考生须穿实验服，保持考场安静，到指定位置参加考试。

3. 操作要规范化

4. 实验台要整齐、清洁。

5. 实验报告的填写要符合要求。

6. 考核完毕，教师应指出学生不正确的操作并给予指导。

7. 浓盐酸是强酸，腐蚀性较强，操作中应做好安全防护措施，应将酸加入水中，以免发生安全事故。

8. 配制好的试剂应及时盛入试剂瓶，试剂瓶上必须标明名称、浓度和配制人、配制日期、有效期限。

五、考核评分标准

试题一　配制 100mL 0.2mol · L^{-1} $NaHCO_3$ 溶液

专业________班级________姓名__________学号________

考核项目	技 能 要 求	分数	评分
计算溶质质量（12 分）	溶质相对分子质量计算正确	4	
	根据溶质物质的量计算溶质质量，计算公式正确	4	
	代入数据计算，计算结果正确	4	
称量（电子天平）（23 分）	预热、检查并调整水平、清扫、调零	3	
	称量物放在天平盘中央	3	
	用药匙加药品操作正确，药品不洒落	4	
	随手轻轻关闭天平门	2	
	转移药品于烧杯中不洒落	4	
	复原天平、关机、清扫	2	
	测量结果记录正确	3	
	使用情况登记、放回凳子、台面整洁	2	
溶解（10 分）	称好的药品放在洗干净的小烧杯中	2	
	用量筒量取一定体积的蒸馏水倒入烧杯中	3	
	用玻璃棒轻轻搅动使物质溶解	2	
	玻璃棒不能连续碰烧杯壁或杯底，无液体溅出	3	
定量转移（30 分）	容量瓶洗涤干净、试漏操作正确	4	
	样品溶解完全后转移(无固体颗粒)	3	
	玻璃棒拿出前靠去所挂水	3	
	玻璃棒插入容量瓶磨口下端附近，不碰瓶壁	3	
	烧杯离瓶口的位置(2cm 左右)、倾完溶液后烧杯口应有上移动作	3	
	玻璃棒不在杯内滚动(玻璃棒不放在烧杯尖嘴处)	3	
	吹洗玻璃棒、容量瓶口侧	3	
	洗涤次数，至少三次	4	
	溶液不洒落	4	
定容（20 分）	2/3 ~ 3/4 水平摇动	3	
	近刻线停留两分钟左右	2	
	准确稀释至刻线(经考评员复核)	4	
	摇匀动作正确	3	
	摇动 7 ~ 8 次打开塞子并旋转 180 度	3	
	溶液全部落下后进行下一次摇匀	3	
	摇匀次数≥14 次	2	
其他（5 分）	将所用仪器洗涤干净，放回原处，按时完成实验	3	
	仪器摆放整齐，台面清洁，实验习惯良好	2	
成绩合计		100	
评语	考评员：		

试题二 配置 100mL 0.1mol · L^{-1}HCl 溶液

专业________班级________姓名________学号__________

考核项目		技能要求	分数	评分
溶质体积计算（12 分）		溶质相对分子质量计算正确	4	
		浓度换算公式正确，正确计算浓盐酸物质的量浓度	4	
		稀释前后物质的量相等公式正确，正确计算浓盐酸体积	4	
移取溶液（28 分）	洗涤、润洗（8 分）	洗涤，润洗动作正确	2	
		润洗前将水尽量沥(擦)干，润洗次数≥3 次	2	
		溶液无明显回流，润洗液量 1/4 球至 1/3 球	2	
		润洗液从尖嘴放出	2	
	吸液（7 分）	插入液面下 1～2cm	2	
		管尖随液面下降，不吸空	3	
		溶液不得放回至原溶液瓶	2	
	调刻度线（8 分）	调刻度线时管竖直，下端尖嘴靠壁	3	
		调刻度线准确，因调刻度线失败重吸≤1 次	3	
		调好刻度线时移液管下端没有气泡且无挂液	2	
	放溶液（5 分）	移液管竖直，靠壁，停顿约 15 秒钟，旋转	3	
		用少量水冲下接收容器壁上的溶液	2	
浓盐酸稀释（5 分）		浓盐酸缓慢加入适量水中，没有相反操作	3	
		用玻璃棒轻轻搅动，玻璃棒不能连续碰烧杯壁或杯底	2	
定量转移（30 分）		容量瓶洗涤干净、试漏操作正确	4	
		溶样后完全转移	3	
		玻璃棒拿出前靠去所挂液	3	
		玻璃棒插入容量瓶磨口下端附近，不碰瓶壁	3	
		烧杯离瓶口的位置(2cm 左右)、倾完溶液后烧杯口上提动作	3	
		玻璃棒不在杯内滚动(玻璃棒不放在烧杯尖嘴处)	3	
		吹洗玻璃棒、容量瓶口侧	3	
		洗涤次数至少三次	4	
		溶液不洒落	4	
定容（20 分）		2/3～3/4 水平摇动	3	
		近刻线停留两分钟左右	2	
		准确稀释至刻线(需经过考评员复核)	4	
		摇匀动作正确	3	
		摇动 7～8 次打开塞子并旋转 180 度	3	
		溶液全部落下后进行下一次摇匀	3	
		摇匀次数≥14 次	2	
其他（5 分）		将所用仪器洗涤干净，放回原处，按时完成实验	3	
		仪器摆放整齐，台面清洁，实验习惯良好	2	
成绩合计			100	
评语		考评员：		

附录

附录一　我国法定计量单位

国际单位制(SI)为世界范围内的“法定计量单位”。我国简称为国际制。国际单位制计量的单位和国家选定的其他计量单位，为国家法定计量单位。

附表1－1　SI基本单位

量的名称	单位名称	单位符号	
		国际	中文
长度	米(meter)	m	米
时间	秒(second)	s	秒
质量	千克(公斤)(kilogram)	kg	千克
电流	安[培](Ampere)	A	安
物质的量	摩[尔](mole)	mol	摩
热力学温度	开[尔文](Kelvin)	K	开
发光强度	坎[德拉](candela)	cd	坎

注：方括号内的字是在不致混淆的情况下可以省略；圆括号内的字为前者的同义词，具有同等的使用地位。

附表1－2　SI词头

因数	词头名称		符号
	中文	英文	
10^{18}	艾[可萨]	exa	E
10^{15}	拍[它]	peta	P
10^{12}	太[拉]	tera	T
10^{9}	吉[咖]	giga	G
10^{6}	兆	mega	M
10^{3}	千	kilo	k
10^{2}	百	hecto	h
10^{1}	十	deca	da
10^{-1}	分	deci	d

续 表

因数	词头名称		符号
	中文	英文	
10^{-2}	厘	centi	c
10^{-3}	毫	mmilli	m
10^{-6}	微	micro	μ
10^{-9}	纳[诺]	nano	n
10^{-12}	皮[可]	pico	p
10^{-15}	飞[母托]	femto	f
10^{-18}	阿[托]	atto	a

注：方括号内的字是在不致混淆的情况下可以省略；圆括号内的字为前者的同义词，具有同等的使用地位。

附表1－3　可与国际单位制单位并用的我国法定计量单位

量的名称	单位名称	单位符号	与SI单位的关系
时间	分	min	1min＝60s
	[小]时	h	1h＝60min＝3600s
	天(日)	d	1d＝24h＝86400s
质量	吨	t	1t＝1000kg
	原子质量单位	u	$1u = 1.660540 \times 10^{-27}kg$
体积	升	L，(l)	$1L = 1dm^3 = 10^{-3}m^3$
长度	海里	nmile	1nmile＝1852m(只用于航海)
[平面]角	度	°	$1° = (\pi/180)rad$
	[角]分	′	$1′ = (1/60)° = (\pi/1080)rad$
	[角]秒	″	$1″ = (1/60)′ = (\pi/64800)rad$
旋转速度	转每分	r/min	1r/min＝(1/60)s
面积	公顷	hm^2	$1hm^2 = 10^4m^2$

附录二　常用物理常数及单位换算

附表2－1　常用物理常数

常数名称	符号	数值
真空中的光速	c	$2.997925 \times 10^8 m \cdot s^{-1}$
电子电荷	e	1.60219×10^{-19}C(库伦)
质子电荷	－e	-1.60219×10^{-19}C(库伦)
电子静止质量	m_e	$9.10953 \times 10^{-31}kg$
普朗克(Planck)常数	h	6.62617×10－34J·s
阿佛加德罗(Avogadro)常数	NA	$6.022136 \times 10^{23} \cdot mol^{-1}$
玻尔(Bohr)半径	α_0	$5.29177 \times 10^{-11}m$
玻尔兹曼(Boltsmann)常数	k	$1.38066 \times 10^{-23}J \cdot K^{-1}$
法拉第(Faraday)常数	F	$9.64845 \times 10^4 C \cdot mol^{-1}$
气体常数	R	$8.31441J \cdot (K \cdot mol)^{-1}$

附表 2-2 常用单位换算

1 米(m) = 100 厘米(cm) = 10^3 毫米(mm) = 10^6 微米(μm) = 10^9 纳米(nm) = 10^{12} 皮米(pm)
1 大气压(atm) = 1.01325 巴(Bars) = 1.01325 × 10^5 帕(Pa) = 760 毫米汞柱(mmHg)(0℃)
1 卡(cal) = 4.1840 焦耳(J) = 4.1840 × 10^7 尔格(erg)
1 大气压·升 = 1.0133 焦耳(J) = 24.202 卡(cal)
1 电子伏特(eV) = 1.602 × 10^{-19} 焦(J) = 23.06 千卡·摩$^{-1}$(mol^{-1})
0℃ = 273.15K

附录三 常用无机化学试剂及其配制

一、化学试剂的规格和选用原则

名称	基准试剂	优质纯试剂	分析纯试剂	化学纯试剂	实验试剂
英文名称	primary standard	Guarantee Reagent	Analytical Reagent	Chemical Reagent	Laboratorial Reagent
英文缩写	——	GR	AR	CP	LR
标签颜色	——	绿色	红色	蓝色	棕色或黄色
适用范围	直接配制或标定标准溶液	精密分析和科学研究	一般分析和科学研究	一般定性和化学制备	一般化学制备
选用试剂原则	标定标准溶液用基准试剂；制备标准溶液可采用分析纯或化学纯试剂，但不经标定直接按称重计算浓度者，则应采用基准试剂；制备杂质限度检查用的标准溶液，采用优质纯或分析纯试剂；制备普通试液与缓冲溶液等可采用分析纯或化学纯试剂；一般化学制备等可采用化学纯或实验试剂				

二、市售常用酸碱试剂的浓度、含量及密度

试剂	浓度(mol/L)	含量(%)	密度(g/mL)
乙酸	6.2~6.4	36.0~37.0	1.04
冰醋酸	17.4	99.8(GR)、99.5(AR)、99.0(CP)	1.05
氨水	12.9~14.8	25~28	0.88
盐酸	11.7~12.4	36~38	1.18~1.19
氢氟酸	27.4	40	1.13
硝酸	14.4~15.2	65~68	1.39~1.40
高氯酸	11.7~12.5	70.0~72.0	1.68
磷酸	14.6	85	1.69
硫酸	17.8~18.4	95~98	1.83~1.84

三、常用无机化学试剂及其配制

名称	浓度	配制方法
盐酸	$6mol \cdot L^{-1}$	496mL 浓盐酸，用水稀释至 1L
	$3mol \cdot L^{-1}$(10%)	250mL 浓盐酸，用水稀释至 1L
	$2mol \cdot L^{-1}$	167mL 浓盐酸，用水稀释至 1L
	$0.1mol \cdot L^{-1}$	9mL 浓盐酸，用水稀释至 1L
硝酸	$6mol \cdot L^{-1}$	380mL 浓硝酸，用水稀释至 1L
	$2mol \cdot L^{-1}$(10%)	127mL 浓硝酸，用水稀释至 1L
硫酸	$6mol \cdot L^{-1}$	332mL 浓硫酸，缓慢注入 500mL 水中搅拌，冷却后加水稀释至 1L
	$2mol \cdot L^{-1}$	107mL 浓硫酸，缓慢注入 500mL 水中搅拌，冷却后加水稀释至 1L
	10%	64mL 浓硫酸，缓慢注入 500mL 水中搅拌，冷却后加水稀释至 1L
醋酸	$6mol \cdot L^{-1}$	353mL 冰醋酸，用水稀释至 1L
	$2mol \cdot L^{-1}$	118mL 冰醋酸，用水稀释至 1L
	$1mol \cdot L^{-1}$(6%)	57mL 冰醋酸，用水稀释至 1L
氨水	$6mol \cdot L^{-1}$(10%)	400mL 浓氨水，用水稀释至 1L
	$2mol \cdot L^{-1}$	133mL 浓氨水，用水稀释至 1L
氢氧化钠	$6mol \cdot L^{-1}$	250g 氢氧化钠固体溶于水，冷却后加水稀释至 1L
	10%	100g 氢氧化钠固体溶于水，冷却后加水稀释至 1L
	$2mol \cdot L^{-1}$	83g 氢氧化钠固体溶于水，冷却后加水稀释至 1L
	$0.1mol \cdot L^{-1}$	6mL 氢氧化钠饱和溶液，加水稀释至 1L
过氧化氢	3%	100mL 30% 双氧水加水稀释至 1L
氢氧化钾	$1mol \cdot L^{-1}$	56g 氢氧化钾固体溶于水，冷却后加水稀释至 1L
硝酸银	$0.1mol \cdot L^{-1}$	1.7g 硝酸银溶于水，稀释至 100mL，储存于棕色试剂瓶中
高锰酸钾	$0.01mol \cdot L^{-1}$	1.6g 高锰酸钾溶于水，稀释至 1L，储存于棕色试剂瓶中
铁氰化钾	$0.1mol \cdot L^{-1}$	33g 铁氰化钾溶于水，稀释至 1L
亚铁氰化钾	$0.1mol \cdot L^{-1}$	42g 铁氰化钾溶于水，稀释至 1L
碘化钾	$0.5mol \cdot L^{-1}$	83g KI 溶于水，稀释至 1L
1,10－菲啰啉	$1g \cdot L^{-1}$	1.0g 1,10－菲啰啉($C_{12}H_8N_2 \cdot H_2O$)[或 1.2g 1,10－菲啰啉(邻二氮菲)盐酸盐 $C_{12}H_8N_2 \cdot HCl \cdot H_2O$]，加适量水振摇至溶解(必要时加热)，再加水稀释至 1L
铬酸洗液	$50g \cdot L^{-1}$	5g 重铬酸钾溶于 10mL 水中，加热至溶解，冷却。将 90mL 浓硫酸在不断搅拌下缓慢注入上述溶液中
硫酸铁	$80g \cdot L^{-1}$	8g 硫酸铁(Ⅲ)铵 $NH_4Fe(SO_4)_2 \cdot 12H_2O$ 溶于 50mL，含有几滴硫(Ⅲ)铵

附录四 平衡常数

附表 4-1 弱酸、弱碱的电离平衡常数 $K_a(K_b)$

化学式	温度	解离常数，K	pK
HAc	298	1.76×10^{-5}	4.75
H_3AsO_4	291	$K_1=5.62\times10^{-3}$	2.25
	291	$K_2=1.70\times10^{-7}$	6.77
	291	$K_3=3.95\times10^{-12}$	11.53
H_3BO_3	239	7.3×10^{-10}	9.14
	298	5.8×10^{-10}	9.24
HBrO	298	2.06×10^{-9}	8.69
H_2CO_3	298	$K_1=4.30\times10^{-7}$	6.37
	298	$K_2=5.61\times10^{-11}$	10.25
$H_2C_2O_4$	298	$K_1=5.90\times10^{-2}$	1.23
	298	$K_2=6.40\times10^{-5}$	4.19
HCN	298	4.93×10^{-10}	9.31
HClO	291	2.95×10^{-5}	4.53
H_2CrO_4	298	$K_1=1.8\times10^{-1}$	0.74
	298	$K_2=3.20\times10^{-7}$	6.49
HF	298	3.53×10^{-4}	3.45
HIO	291	2.3×10^{-11}	10.64
HIO_3	298	1.69×10^{-1}	0.77
H_2O_2	298	2.4×10^{-12}	11.62
HNO_2	298	4.6×10^{-4}	3.37
H_3PO_4	298	$K_1=7.52\times10^{-3}$	2.12
	298	$K_2=6.23\times10^{-8}$	7.21
	298	$K_3=2.2\times10^{-13}$	12.67
H_2SO_3	291	$K_1=1.54\times10^{-2}$	1.81
	291	$K_2=1.02\times10^{-7}$	6.91
H_2SO_4	298	$K_2=1.20\times10^{-2}$	1.92
H_2S	291	$K_1=9.1\times10^{-8}$	7.04
	291	$K_2=1.1\times10^{-12}$	11.96
HCOOH	293	1.77×10^{-4}	3.75
CH_3COOH	298	1.76×10^{-5}	4.75
NH_4^+	298	5.68×10^{-10}	9.25
$NH_3\cdot H_2O$	291	1.79×10^{-5}	4.75
$Ca(OH)_2$	298	$K_1=3.74\times10^{-3}$	2.43
	298	$K_2=4.0\times10^{-2}$	1.40
$Zn(OH)_2$	298	$K_1=8.0\times10^{-7}$	6.10

摘自：West R C. Handbook of Chemistry and Physics，73th. ed. CRC Press，1993.

附表4-2 常见难溶电解质的溶度积常数 K_{sp}(298K)

难溶电解质	K_{sp}	难溶电解质	K_{sp}
AgAc	1.94×10^{-3}	$Fe(OH)_2$	4.87×10^{-17}
AgBr	5.35×10^{-13}	$Fe(OH)_3$	2.79×10^{-39}
AgCN	5.97×10^{-17}	FeS	1.59×10^{-19}
AgCl	1.77×10^{-10}	$FeCO_3$	3.2×10^{-11}
Ag_2CO_3	8.46×10^{-12}	$FeC_2O_4\cdot2H_2O$	3.2×10^{-7}
Ag_2CrO_4	1.12×10^{-12}	Hg_2Cl_2	1.43×10^{-18}
AgI	8.52×10^{-17}	Hg_2S	1.0×10^{-47}
Ag_2SO_4	1.20×10^{-5}	HgS(红)	4.0×10^{-53}
$Ag_2S(\alpha)$	6.3×10^{-50}	HgS(黑)	1.6×10^{-52}
$Ag_2S(\beta)$	1.09×10^{-49}	Hg_2I_2	5.2×10^{-29}
$Al(OH)_3$	1.3×10^{-33}	$Hg(OH)_2$	3.0×10^{-26}
$BaCO_3$	2.58×10^{-9}	$MgCO_3$	6.82×10^{-6}
$BaSO_4$	1.08×10^{-10}	MgF_2	5.16×10^{-11}
$BaCrO_4$	1.17×10^{-10}	$Mg(OH)_2$	5.61×10^{-12}
$CaCO_3$	3.36×10^{-9}	$Mn(OH)_2$	1.9×10^{-13}
$CaC_2O_4\cdot H_2O$	2.32×10^{-4}	MnS	4.65×10^{-14}
CaF_2	3.45×10^{-11}	$Ni(OH)_2$	5.48×10^{-15}
$Ca_3(PO_4)_2$	2.07×10^{-5}	NiS	1.07×10^{-21}
$CaSO_4$	4.93×10^{-7}	$PbBr_2$	6.60×10^{-6}
$Cd(OH)_2$	7.20×10^{-15}	$PbCl_2$	1.7×10^{-5}
CdS	1.40×10^{-29}	$PbCO_3$	7.4×10^{-14}
$Co(OH)_2$(桃红)	1.09×10^{-15}	$PbCrO_4$	2.8×10^{-13}
$Co(OH)_2$(蓝)	5.92×10^{-15}	PbF_2	3.3×10^{-8}
$CoS(\alpha)$	4.0×10^{-21}	PbS	9.04×10^{-29}
$CoS(\beta)$	2.0×10^{-25}	$PbSO_4$	2.53×10^{-8}
$Cr(OH)_3$	6.3×10^{-31}	PbI_2	9.8×10^{-9}
CuBr	6.27×10^{-9}	$Pb(OH)_2$	1.43×10^{-20}
CuCN	3.47×10^{-20}	$Sn(OH)_2$	5.45×10^{-27}
$CuCO_3$	1.4×10^{-10}	$SrCO_3$	5.60×10^{-10}
CuCl	1.72×10^{-7}	$SrSO_4$	3.44×10^{-7}
$CuCrO_4$	3.6×10^{-6}	$ZnCO_3$	1.46×10^{-10}
CuI	1.27×10^{-12}	$ZnC_2O_4\cdot2H_2O$	1.38×10^{-9}
CuOH	1.0×10^{-14}	$Zn(OH)_2$	3.0×10^{-17}
$Cu(OH)_2$	2.2×10^{-20}	$\alpha-ZnS$	1.6×10^{-24}
CuS	1.27×10^{-36}	$\beta-ZnS$	2.5×10^{-22}

摘自：Weast R C. CRC Handbook of Chemistry and physics. 80th. ed. CRC Press，1999－2000.

附表4-3 常见配位离子的稳定常数 $K_{稳}$

配离子	$K_{稳}$	$pK_{稳}$
$[Ag(CN)_2]^-$	1.3×10^{21}	21.11
$[Ag(NH_3)_2]^+$	1.1×10^{7}	7.04
$[Ag(SCN)_2]^-$	3.7×10^{7}	7.57
$[Ag(S_2O_3)_2]^{3-}$	2.9×10^{13}	13.46
$[Al(C_2O_4)_3]^{3-}$	2.0×10^{16}	16.30
$[AlF_6]^{3-}$	6.9×10^{19}	19.84
$[Cd(CN)_2]^{2-}$	6.0×10^{18}	18.78
$[CdCl_4]^{2-}$	6.3×10^{2}	2.80
$[Cd(NH_3)_4]^{2+}$	1.3×10^{7}	7.11
$[Cd(SCN)_4]^{2-}$	4.0×10^{3}	3.60
$[Co(NH_3)_6]^{2+}$	1.3×10^{5}	5.11
$[Co(NH_3)_6]^{3+}$	2.0×10^{35}	35.30
$[Co(NCS)_4]^{2-}$	1.0×10^{3}	3.0
$[Cu(CN)_2]^-$	1.0×10^{24}	24.0
$[Cu(CN)_4]^{3-}$	2.0×10^{30}	30.30
$[Cu(NH_3)_2]^+$	7.2×10^{10}	10.86
$[Cu(NH_3)_4]^{2+}$	2.1×10^{13}	13.32
$[FeCl_2]$	98	1.99
$[Fe(CN)_6]^{4-}$	1.0×10^{35}	35.0
$[Fe(CN)_6]^{3-}$	1.0×10^{42}	42.0
$[Fe(C_2O_4)_3]^{3-}$	2.0×10^{20}	20.30
$[Fe(NCS)_2]^+$	2.3×10^{3}	3.36
$[FeF_3]$	1.13×10^{12}	12.05
$[HgCl_4]^{2-}$	1.2×10^{15}	15.08
$[Hg(CN)_4]^{2-}$	2.5×10^{41}	41.40
$[HgI_4]^{2-}$	6.8×10^{29}	29.83
$[Hg(NH_3)_4]^{2+}$	1.9×10^{19}	19.28
$[Ni(CN)_4]^{2-}$	2.0×10^{31}	31.30
$[Ni(NH_3)_6]^{2+}$	5.5×10^{8}	8.74
$[Pb(CH_3COO)_4]^{2-}$	3.0×10^{8}	8.48
$[Pb(CN)_4]^{2-}$	1.0×10^{11}	11.0
$[Zn(CN)_4]^{2-}$	5.0×10^{16}	16.70
$[Zn(C_2O_4)_2]^{2-}$	4.0×10^{7}	7.60
$[Zn(OH)_4]^{2-}$	4.6×10^{17}	17.66
$[Zn(NH_3)_4]^{2+}$	2.9×10^{9}	9.46

摘自：Dean JA Lange's handbook of Chemistry. 13th ed. McG raw-Hill Bppk Co，1985.

附录五 标准电极电势（298K，1.01 ×10⁵ Pa）

附表5－1 酸性溶液中的标准电极电势

	电极反应	$\varphi^{\ominus}/V$
Ag	$AgBr + e^- \rightleftharpoons Ag + Br^-$	+0.07133
	$AgCl + e^- \rightleftharpoons Ag + Cl^-$	+0.2223
	$Ag_2CrO_4 + 2e^- \rightleftharpoons 2Ag + CrO_4^{2-}$	+0.4470
	$Ag^+ + e^- \rightleftharpoons Ag$	+0.7996
Al	$Al^{3+} + 3e^- \rightleftharpoons Al$	-1.662
As	$HAsO_2 + 3H^+ + 3e^- \rightleftharpoons As + 2H_2O$	+0.248
	$H_3AsO_4 + 2H^+ + 2e^- \rightleftharpoons HAsO_2 + 2H_2O$	+0.560
Bi	$BiOCl + 2H^+ + 3e^- \rightleftharpoons Bi + H_2O + Cl^-$	+0.1583
	$BiO^+ + 2H^+ + 3e^- \rightleftharpoons Bi + H_2O$	+0.320
Br	$Br_2 + 2e^- \rightleftharpoons 2Br^-$	+1.066
	$BrO_3^- + 6H^+ + 5e^- \rightleftharpoons 1/2Br_2 + 3H_2O$	+1.482
Ca	$Ca^{2+} + 2e^- \rightleftharpoons Ca$	-2.868
Cl	$ClO_4^- + 2H^+ + 2e^- \rightleftharpoons ClO_3^- + H_2O$	+1.189
	$Cl_2(g) + 2e^- \rightleftharpoons 2Cl^-$	+1.35827
	$ClO_3^- + 6H^+ + 6e^- \rightleftharpoons Cl^- + 3H_2O$	+1.451
	$ClO_3^- + 6H^+ + 5e^- \rightleftharpoons 1/2Cl_2 + 3H_2O$	+1.47
	$HClO + H^+ + e^- \rightleftharpoons 1/2Cl_2 + H_2O$	+1.611
	$ClO_3^- + 3H^+ + 2e^- \rightleftharpoons HClO_2 + H_2O$	+1.214
	$ClO_2 + H^+ + e^- \rightleftharpoons HClO_2$	+1.277
	$HClO_2 + 2H^+ + 2e^- \rightleftharpoons HClO + H_2O$	+1.645
Co	$Co^{3+} + e^- \rightleftharpoons Co^{2+}$	+1.92
Cr	$Cr_2O_7^{2-} + 14H^+ + 6e^- \rightleftharpoons 2Cr^{3+} + 7H_2O$	+1.232
Cu	$Cu^{2+} + e^- \rightleftharpoons Cu^+$	+0.153
	$Cu^{2+} + 2e^- \rightleftharpoons Cu$	+0.3419
	$Cu^+ + e^- \rightleftharpoons Cu$	+0.521
Fe	$Fe^{2+} + 2e^- \rightleftharpoons Fe$	-0.447
	$Fe^{3+} + e^- \rightleftharpoons Fe^{2+}$	+0.771
	$Fe(CN)_6^{3-} + e^- \rightleftharpoons Fe(CN)_6^{4-}$	+0.358
H	$2H^+ + 2e^- \rightleftharpoons H_2$	0.00000
Hg	$Hg_2Cl_2 + 2e^- \rightleftharpoons 2Hg + 2Cl^-$	+0.2681
	$Hg_2^{2+} + 2e^- \rightleftharpoons 2Hg$	+0.7973
	$Hg^{2+} + 2e^- \rightleftharpoons Hg$	+0.851
	$2Hg^{2+} + 2e^- \rightleftharpoons Hg_2^{2+}$	+0.920
I	$I_2 + 2e^- \rightleftharpoons 2I^-$	+0.5355
	$I_3^- + 2e^- \rightleftharpoons 3I^-$	+0.536
	$IO_3^- + 6H^+ + 5e^- \rightleftharpoons 1/2I_2 + 3H_2O$	+1.195
	$HIO + H^+ + e^- \rightleftharpoons 1/2I_2 + H_2O$	+1.439
K	$K^+ + e^- \rightleftharpoons K$	-2.931

续 表

	电 极 反 应	$\varphi^{\ominus}$/V
Pb	$PbO_2 + 4H^+ + 2e^- \rightleftharpoons Pb^{2+} + 2H_2O$	+1.455
	$PbO_2 + SO_4^{2-} + 4H^+ + 2e^- \rightleftharpoons PbSO_4 + 2H_2O$	+1.6913
S	$H_2SO_3 + 4H^+ + 4e^- \rightleftharpoons S + 3H_2O$	+0.449
	$S + 2H^+ + 2e^- \rightleftharpoons H_2S$	+0.142
	$SO_4^{2-} + 4H^+ + 2e^- \rightleftharpoons H_2SO_3 + H_2O$	+0.172
	$S_4O_6^{2-} + 2e^- \rightleftharpoons 2S_2O_3^{2-}$	+0.08
	$S_2O_8^{2-} + 2e^- \rightleftharpoons 2S_2O_4^{2-}$	+2.010
Sb	$Sb_2O_3 + 6H^+ + 6e^- \rightleftharpoons 2Sb + 3H_2O$	+0.152
	$Sb_2O_5 + 6H^+ + 4e^- \rightleftharpoons 2SbO^+ + 3H_2O$	+0.581
Sn	$Sn^{4+} + 2e^- \rightleftharpoons Sn^{2+}$	+0.151
V	$V(OH)_4^+ + 4H^+ + 5e^- \rightleftharpoons V + 4H_2O$	-0.254
	$VO^{2+} + 2H^+ + e^- \rightleftharpoons V^{3-} + H_2O$	+0.337
	$V(OH)_4^+ + 2H^+ + e^- \rightleftharpoons VO^{2+} + 3H_2O$	+1.00
Zn	$Zn^{2+} + 2e^- \rightleftharpoons Zn$	-0.7618

摘自：Weast RC. CRC Handbook of Chemistry and Physics. 80th ed. CRC Press，1999 - 2000.

附录六 常用缓冲溶液及其配制

一、常用缓冲溶液及其配制

缓冲溶液组成	pK	缓冲液	缓冲溶液配制方法
氨基乙酸 - HCl	2.35	2.3	150g 氨基乙酸溶于 500mL 水中，加 80mL 浓盐酸，用水稀释至 1L
H_3PO_4 - 枸橼酸盐		2.5	113g $Na_2HPO_4 \cdot 12H_2O$ 溶于 200mL 水后，加 387g 枸橼酸，溶解，过滤后，加水至 1L
一氯乙酸 - NaOH	2.86	2.8	200g 一氯乙酸溶于 200mL 水中，加 40gNaOH 溶解后，加水稀释至 1L
邻苯二甲酸氢钾 - HCl	2.95 (pK)	2.9	500g 邻苯二甲酸氢钾溶于 500mL 水中，加 80mL 浓盐酸，加水稀释到 1L
甲酸 - NaOH	3.76	3.7	95g 甲酸和 40g NaOH 于 500mL 水中，溶解，加水稀释至 1L
NH_4Ac - HAc		4.5	77gNH_4Ac 溶于 200mL 水中，加 59mL 冰醋酸，加水稀释到 1L
NaAc - HAc	4.74	4.7	83g 无水 NaAc 溶于水中，加 60mL 冰醋酸，加水稀释至 1L
NaAc - HAc	4.74	5	160g 无水 NaAc 溶于 200mL 水中，加 25mL 冰醋酸，加水稀释至 1L
NH_4Ac - HAc		5	250gNH_4Ac 溶于 200mL 水中，加 25mL 冰醋酸，加水稀释至 1L
六次甲基四胺 - HCl	5.15	5.4	40g 六次甲基四胺溶于 200mL 水中，加 10mL 浓盐酸，加水稀释至 1L

续 表

缓冲溶液组成	pK	缓冲液	缓冲溶液配制方法
$NH_4Ac-HAc$		6	600g NH_4Ac 溶于 200mL 水中，加 20mL 冰醋酸，加水稀释至 1L
醋酸钠－磷酸盐		8	50g 无水 NaAc 和 50g $NaHPO_4\cdot 12H_2O$
Tis(三氢甲基氨基甲醛)－HCl	8.21	8.2	25g Tis 试剂溶于水中，加 8mL 浓盐酸，加水稀释至 1L
NH_3-NH_4Cl	9.26	9.2	54g NH_4Cl 溶于水中，加 63mL 浓氨水，加水稀释至 1L
NH_3-NH_4Cl	9.26	9.5	54g NH_4Cl 溶于水中，加 126g 浓氨水，加水稀释到 1L
NH_3-NH_4Cl	9.26	10	54g NH_4Cl 溶于水中，加 350mL 浓氨水，加水稀释到 1L

二、常用标准缓冲溶液 pH

温度（℃）	0.05mol/L 草酸三氯钾	饱和酒石酸氢钾	0.05mol/L 邻苯二甲酸氢钾	0.025mol/L 磷酸二氢钾	0.01mol/L 四硼酸钠和磷酸氢二钠	氢氧化钙（25℃饱和溶液）
0	1.666	——	4	6.984	9.464	13.43
5	1.668	——	3.998	6.951	9.395	13.21
10	1.67	——	3.997	6.923	9.332	13
15	1.672	——	3.998	6.9	9.276	12.81
20	1.675	——	4	6.881	9.225	12.63
25	1.679	3.557	4.005	6.865	9.18	12.45
30	1.683	3.552	4.011	6.853	9.139	12.29
35	1.688	3.549	4.018	6.844	9.102	12.13
37	1.69	3.548	4.022	6.841	9.088	12.07
40	1.694	3.547	4.027	6.838	9.068	11.98
45	1.7	3.547	4.047	6.834	9.038	11.84
50	1.707	3.549	4.06	6.833	9.011	11.71
55	1.715	3.554	4.075	6.834	8.985	11.57

主要参考书目

[1]叶国华．无机化学[M]．北京：中国中医药出版社，2015.

[2]蔡自由，叶国华．无机化学[M]．第3版．北京：中国医药科技出版社，2017.

[3]冯务群．无机化学[M]．第3版．北京：人民卫生出版社，2014.

[4]吉林大学，武汉大学，南开大学无机教研室．无机化学[M]．第3版．北京：高等教育出版社，2015.

[5]刘志红．无机化学[M]．第2版．西安：第四军医大学出版社，2014.

[6]吴小琼，王志江．无机化学[M]．西安：西安交通大学出版社，2012.

[7]江勇．无机化学[M]．北京：科学出版社，2014.

[8]铁步荣，杨怀霞．无机化学[M]．第3版．北京：中国中医药出版社，2017.

[9]蔡自由，钟国清．基础化学实训教程[M]．第2版．北京：科学出版社，2016.

[10]蔡自由，黄月君．无机化学[M]．第2版．北京：中国医药科技出版社，2013.

[11]刘幸平，吴巧凤．无机化学[M]．第2版．北京：人民卫生出版社，2016.

[12]铁步荣．无机化学习题集[M]．第3版．北京：中国中医药出版社，2015.

[13]高职高专化学教材编写组．无机化学[M]．北京：高等教育出版社，2013.

[14]杨艳杰．化学[M]．第2版．北京：人民卫生出版社，2010.

[15]铁步荣．无机化学实验[M]．北京：中国中医药出版社，2010.

[16]谢庆娟．无机化学[M]．北京：人民卫生出版社，2005.

[17]武汉大学，吉林大学等．无机化学[M]．第3版．北京：高等教育出版社，2003.

[18]铁步荣，邵丽心．无机化学[M]．北京：科学出版社，2002.

[19]黄南珍．无机化学[M]．北京：人民卫生出版社，2003.

[20]宋天佑．无机化学[M]．北京：高等教育出版社，2015.

[21]刘幸平．无机化学习题集[M]．北京：人民卫生出版社，2015.

[22]宋天佑．无机化学习题集[M]．北京：高等教育出版社，2015.

[23]许善锦．无机化学[M]．北京：人民卫生出版社，2003.

[24]祁嘉义．基础化学[M]．北京：高等教育出版社，2003.

元素周期表

族 / 周期	I A 1	II A 2	III B 3	IV B 4	V B 5	VI B 6	VII B 7	VIII 8	9	10	I B 11	II B 12	III A 13	IV A 14	V A 15	VI A 16	VII A 17	0 18	电子层	0族电子数
1	1 H 氢 $1s^1$ 1.008																	2 He 氦 $1s^2$ 4.003	K	2
2	3 Li 锂 $2s^1$ 6.941	4 Be 铍 $2s^2$ 9.012											5 B 硼 $2s^22p^1$ 10.81	6 C 碳 $2s^22p^2$ 12.01	7 N 氮 $2s^22p^3$ 14.01	8 O 氧 $2s^22p^4$ 16.00	9 F 氟 $2s^22p^5$ 19.00	10 Ne 氖 $2s^22p^6$ 20.18	L K	8 2
3	11 Na 钠 $3s^1$ 22.99	12 Mg 镁 $3s^2$ 24.31											13 Al 铝 $3s^23p^1$ 26.98	14 Si 硅 $3s^23p^2$ 28.09	15 P 磷 $3s^23p^3$ 30.96	16 S 硫 $3s^23p^4$ 32.06	17 Cl 氯 $3s^23p^5$ 35.45	18 Ar 氩 $3s^23p^6$ 39.95	M L K	8 8 2
4	19 K 钾 $4s^1$ 39.10	20 Ca 钙 $4s^2$ 40.08	21 Sc 钪 $3d^14s^2$ 44.96	22 Ti 钛 $3d^24s^2$ 47.87	23 V 钒 $3d^34s^2$ 50.94	24 Cr 铬 $3d^54s^1$ 52.00	25 Mn 锰 $3d^54s^2$ 54.94	26 Fe 铁 $3d^64s^2$ 55.85	27 Co 钴 $3d^74s^2$ 58.93	28 Ni 镍 $3d^84s^2$ 58.69	29 Cu 铜 $3d^{10}4s^1$ 63.55	30 Zn 锌 $3d^{10}4s^2$ 65.39	31 Ga 镓 $4s^24p^1$ 69.72	32 Ge 锗 $4s^24p^2$ 72.64	33 As 砷 $4s^24p^3$ 74.92	34 Se 硒 $4s^24p^4$ 78.96	35 Br 溴 $4s^24p^5$ 79.90	36 Kr 氪 $4s^24p^6$ 83.80	N M L K	8 18 8 2
5	37 Rb 铷 $5s^1$ 85.47	38 Sr 锶 $5s^2$ 87.62	39 Y 钇 $4d^15s^2$ 88.91	40 Zr 锆 $4d^25s^2$ 91.22	41 Nb 铌 $4d^45s^1$ 92.91	42 Mo 钼 $4d^55s^1$ 95.94	43 Tc 锝 $4d^55s^2$ 〔98〕	44 Ru 钌 $4d^75s^1$ 101.1	45 Rh 铑 $4d^85s^1$ 102.9	46 Pd 钯 $4d^{10}$ 106.4	47 Ag 银 $4d^{10}5s^1$ 107.9	48 Cd 镉 $4d^{10}5s^2$ 112.4	49 In 铟 $5s^25p^1$ 114.8	50 Sn 锡 $5s^25p^2$ 118.7	51 Sb 锑 $5s^25p^3$ 121.8	52 Te 碲 $5s^25p^4$ 127.6	53 I 碘 $5s^25p^5$ 126.9	54 Xe 氙 $5s^25p^6$ 131.3	O N M L K	8 18 18 8 2
6	55 Cs 铯 $6s^1$ 132.9	56 Ba 钡 $6s^2$ 137.3	57～71 La～Lu 镧系	72 Hf 铪 $5d^26s^2$ 178.5	73 Ta 钽 $5d^36s^2$ 180.9	74 W 钨 $5d^46s^2$ 183.8	75 Re 铼 $5d^56s^2$ 186.2	76 Os 锇 $5d^66s^2$ 190.2	77 Ir 铱 $5d^76s^2$ 192.2	78 Pt 铂 $5d^96s^1$ 195.1	79 Au 金 $5d^{10}6s^1$ 197.0	80 Hg 汞 $5d^{10}6s^2$ 200.6	81 Tl 铊 $6s^26p^1$ 204.4	82 Pb 铅 $6s^26p^2$ 207.2	83 Bi 铋 $6s^26p^3$ 209.0	84 Po 钋 $6s^26p^4$ 〔209〕	85 At 砹 $6s^26p^5$ 〔210〕	86 Rn 氡 $6s^26p^6$ 〔222〕	P O N M L K	8 18 32 18 8 2
7	87 Fr 钫 $7s^1$ 〔223〕	88 Ra 镭 $7s^2$ 〔226〕	89～103 Ac～Lr 锕系	104 Rf 𬬻* $(6d^27s^2)$ 〔261〕	105 Db 𬭊* $(6d^37s^2)$ 〔262〕	106 Sg 𬭳* $(6d^47s^2)$ 〔263〕	107 Bh 𬭛* $(6d^57s^2)$ 〔264〕	108 Hs 𬭶* $(6d^67s^2)$ 〔265〕	109 Mt 鿏* $(6d^77s^2)$ 〔268〕	110 Uun * 〔269〕	111 Uuu * 〔272〕	112 Uub * 〔277〕	……							

镧系	57 La 镧 $5d^16s^2$ 138.9	58 Ce 铈 $4f^15d^16s^2$ 140.1	59 Pr 镨 $4f^36s^2$ 140.9	60 Nd 钕 $4f^46s^2$ 144.2	61 Pm 钷 $4f^56s^2$ 〔145〕	62 Sm 钐 $4f^66s^2$ 150.4	63 Eu 铕 $4f^76s^2$ 152.0	64 Gd 钆 $4f^75d^16s^2$ 157.3	65 Tb 铽 $4f^96s^2$ 158.9	66 Dy 镝 $4f^{10}6s^2$ 162.5	67 Ho 钬 $4f^{11}6s^2$ 164.9	68 Er 铒 $4f^{12}6s^2$ 167.3	69 Tm 铥 $4f^{13}6s^2$ 168.9	70 Yb 镱 $4f^{14}6s^2$ 173.0	71 Lu 镥 $4f^{14}5d^16s^2$ 175.0
锕系	89 Ac 锕 $6d^17s^2$ 〔227〕	90 Th 钍 $6d^27s^2$ 232.0	91 Pa 镤 $5f^26d^17s^2$ 231.0	92 U 铀 $5f^36d^17s^2$ 238.0	93 Np 镎 $5f^46d^17s^2$ 〔237〕	94 Pu 钚 $5f^67s^2$ 〔244〕	95 Am 镅* $5f^77s^2$ 〔243〕	96 Cm 锔* $5f^76d^17s^2$ 〔247〕	97 Bk 锫* $5f^97s^2$ 〔247〕	98 Cf 锎* $5f^{10}7s^2$ 〔251〕	99 Es 锿* $5f^{11}7s^2$ 〔252〕	100 Fm 镄* $5f^{12}7s^2$ 〔257〕	101 Md 钔* $5f^{13}7s^2$ 〔258〕	102 No 锘* $5f^{14}7s^2$ 〔259〕	103 Lr 铹* $5f^{14}6d^17s^2$ 〔262〕

示例：92 U 铀 $5f^36d^17s^2$ 238.0

- 原子序数 —— 92
- 元素符号，红色指放射性元素 —— U
- 元素名称，注 * 的是人造元素 —— 铀
- 外围电子层排布，括号指可能的电子层排布 —— $5f^36d^17s^2$
- 相对原子质量（加括号的数据为该放射性元素半衰期最长同位素的质量数）—— 238.0

图例：金　属；非金属；稀有气体；过渡元素

注：

相对原子质量录自2001年国际原子量表，并全部取4位有效数字。